Grundzüge der Beschaffung, Produktion und Logistik

Sebastian Kummer (Hrsg.)
Oskar Grün
Werner Jammernegg

Grundzüge der Beschaffung, Produktion und Logistik

2., aktualisierte Auflage

Mit über 200 Abbildungen

PEARSON
Studium

ein Imprint von Pearson Education
München • Boston • San Francisco • Harlow, England
Don Mills, Ontario • Sydney • Mexico City
Madrid • Amsterdam

Bibliografische Information der Deutschen Nationalbibliothek

Die Deutsche Nationalbibliothek verzeichnet diese Publikation in der Deutschen Nationalbibliografie; detaillierte bibliografische Daten sind im Internet über *http://dnb.d-nb.de* abrufbar.

10 9 8 7 6 5 4 3 2

11 10

ISBN 978-3-8273-7351-9

ein Imprint der Pearson Education Deutschland GmbH,
Martin-Kollar-Straße 10-12, D-81829 München/Germany

www.pearson-studium.de
Lektorat: Mailin Bremer, mbremer@pearson.de
Dr. Rainer Fuchs, rfuchs@pearson.de
Christian Schneider, cschneider@pearson.de
Korrektorat: Brigitta Keul, München
Einbandgestaltung: Thomas Arlt, tarlt@adesso21.net
Herstellung: Elisabeth Prümm, epruemm@pearson.de
Satz: mediaService, Siegen (www.media-service.tv)
Druck und Verarbeitung: Kösel, Krugzell (www.KoeselBuch.de)

Printed in Germany

Inhaltsübersicht

Inhaltsverzeichnis

Teil III Produktion 171

Kapitel 13 Produktion 173

Kapitel 14 Klassifikation von Produktionsprozessen 187

Kapitel 15 Produktionsmanagement 215

Teil IV Logistik 245

Vorwort der Autoren zur 1. Auflage

Beschaffung, Produktion und Logistik zählen zu den Kerngebieten der Betriebswirtschaftslehre. Dementsprechend sind sie ein unverzichtbarer Bestandteil im Lehrangebot des Faches. Darüber hinaus handelt es sich um wichtige Gestaltungsbereiche der Wirtschaftspraxis, unabhängig von Branche und Betriebsgröße. Neben altbekannten Problemen und Lösungsansätzen zeichnen sich in allen drei Bereichen tief greifende Veränderungen ab. Die Bedeutung der Beschaffung ist mit der in vielen Branchen zu beobachtenden Erhöhung des Fremdbezugsanteils und der stärkeren Lieferanteneinbindung sowie dem Trend zum weltweiten Einkauf (Global Sourcing) merklich gewachsen. Die Produktion, früher eine Domäne der Industrie, ist inzwischen zu einem Schlüsselfaktor der Dienstleistungsbetriebe geworden, wobei sowohl in der Güter- als auch in der Dienstleistungsproduktion die Orientierung an den individuellen Kundenbedürfnissen (Customization) angestrebt wird. Die Logistik leistet als Querschnittsfunktion innerbetrieblich und betriebsübergreifend (Supply Chain) einen unverzichtbaren Integrationsbeitrag.

Das Buch soll Studierende und Praktiker in die Themenbereiche Beschaffung (Teil II), Produktion (Teil III) und Logistik (Teil IV) einführen. Es bietet den Lesern ohne betriebswirtschaftliche Vorkenntnisse im Teil I darüber hinaus eine leicht verständliche Darstellung der Grundlagen der betrieblichen Leistungserstellung. Das Buch entstand aus einer gemeinsamen Lehrveranstaltung der Autoren an der Wirtschaftsuniversität Wien, wo diese Themenbereiche ein Modul des Common Body of Knowledge in der Studieneingangsphase bilden. Die Autoren zeichnen für ihren jeweiligen Themenbereich verantwortlich, Sebastian Kummer fungiert darüber hinaus als Herausgeber.

Die Kollegen Peter Faller und Herbert Meyr haben mit ihren kritischen Anmerkungen und Anregungen einen dankenswerten Beitrag zur Entstehung dieses Buches geleistet. Verlagsseitig haben uns Rainer Fuchs und Dennis Brunotte ausgezeichnet und geduldig unterstützt. Schließlich danken wir den Studierenden und Tutoren der Wirtschaftsuniversität Wien für ihre Rückmeldungen, Fragen und Anregungen, die besonders bei der Auswahl der Materialien, der Beispiele und der Kontrollfragen hilfreich waren.

Zusätzliche Materialien zum Buch sind in elektronischer Form über die Website des Verlages und auf DVD beim Verlag kostenlos erhältlich.

Wien, im August 2006
Sebastian Kummer,
Oskar Grün,
Werner Jammernegg

Vorwort der Autoren zur 2. Auflage

Der Erfolg der ersten Auflage und das positive Feedback zeigen uns, dass sich unser Konzept der Integration von Beschaffung, Produktion und Logistik in der betriebswirtschaftlichen Grundausbildung bewährt hat. Wir gehen diesen Weg weiter, haben aber das Konzept und die Materialien inhaltlich und didaktisch ergänzt.

Wir haben den Stoff sowohl in der Tiefe, z.B. Ergänzung der formalen Darstellungen bei Produktionsfunktionen oder der Ableitung von Lagerhaltungsmodellen, als auch in der Breite, z.B. Konzepte des Qualitätsmanagements, des Lean Managements oder des Beschaffungscontrolling, ergänzt.

Im Hinblick auf die didaktischen Anforderungen wurde das Textbuch durch ein Übungsbuch ergänzt.

Wie bereits zur ersten Auflage sind ergänzende Materialien zum Textbuch in elektronischer Form über die Website des Verlages beim Verlag kostenlos erhältlich.

Die Autoren zeichnen weiterhin für ihren jeweiligen Themenbereich verantwortlich, Sebastian Kummer fungiert darüber hinaus als Herausgeber.

Die ProfessorInnen Peter Faller, Kathrin Fischer, Herbert Meyr und Gerd Rainer Wagner haben mit ihren kritischen Anmerkungen und ihren Anregungen einen wesentlichen Beitrag zur Überarbeitung des Textbuches geleistet, wofür wir Ihnen danken. Unser Dank gilt auch dem Verlag für die gute Zusammenarbeit, insbesondere Herrn Christian Schneider und Herrn Dr. Rainer Fuchs. Schließlich danken wir den Studierenden und TutorInnen der Wirtschaftsuniversität Wien, insbesondere Frau Andrea Wittmann, für ihre zahlreichen Rückmeldungen, Fragen und Anregungen.

Wien, im Januar 2009
Sebastian Kummer,
Oskar Grün,
Werner Jammernegg

Die Autoren

Teil I

Univ.Prof. Dr. Sebastian Kummer ist Vorstand des Instituts für Transportwirtschaft und Logistik der Wirtschaftsuniversität Wien. Als praxisorientierter Wissenschaftler führt er sowohl wissenschaftliche Forschungsprojekte als auch Beratungsvorhaben zu aktuellen Fragen des Logistikmanagements und des Supply Chain Management durch.
E-Mail: *sebastian.kummer@wu-wien.ac.at*

Mag. Wolfram Groschopf ist Mitarbeiter des Instituts für Transportwirtschaft und Logistik der Wirtschaftsuniversität Wien. Im Rahmen seiner Lehr- und Forschungstätigkeit beschäftigt er sich mit Logistikmanagement und Supply Chain Management.
E-Mail: *wolfram.groschopf@wu-wien.ac.at*

Teil II

Univ.Prof. Dr. Oskar Grün ist Vorstand des Instituts für Organisation und Materialwirtschaft der Wirtschaftsuniversität Wien. Konzeptionelle Fragen sowie Kern- und Supportprozesse der Materialwirtschaft bilden den Schwerpunkt seiner Lehre und Forschung.
E-Mail: *oskar.gruen@wu-wien.ac.at*

Mag. Jean-Claude Brunner ist wissenschaftlicher Mitarbeiter am Institut für Organisation und Materialwirtschaft der Wirtschaftsuniversität Wien. Seine Forschungsinteressen sind Organisationsgrenzen und Wertschöpfungsnetzwerke.
E-Mail: *jean-claude.brunner@wu-wien.ac.at*

Teil III

Univ.Prof. Dipl.-Ing. Dr. Werner Jammernegg ist Professor am Institut für Produktionsmanagement der Wirtschaftsuniversität Wien. Seine Schwerpunkte in Forschung, Lehre und Beratung liegen im Operations Management und im Supply Chain Management.
E-Mail: *werner.jammernegg@wu-wien.ac.at*

Mag. Martin Poiger ist wissenschaftlicher Mitarbeiter am Institut für Produktionsmanagement der Wirtschaftsuniversität Wien und beschäftigt sich im Zuge seiner Lehr- und Forschungstätigkeit mit Operations Management und Supply Chain Management.
E-Mail: *martin.poiger@wu-wien.ac.at*

Mag. Andreas Unterweger ist als Lektor am Institut für Produktionsmanagement der Wirtschaftsuniversität Wien tätig und beschäftigt sich vorwiegend mit der Wissensvermittlung von betriebswirtschaftlichen Inhalten.
E-Mail: *andreas.unterweger@wu-wien.ac.at*

Teil IV

Univ.Prof. Dr. Sebastian Kummer

TEIL I

Grundlagen der betrieblichen Leistungserstellung

Sebastian Kummer
Wolfram Groschopf

Dieser erste Teil vermittelt Ihnen die Grundlagen der betrieblichen Leistungserstellung aus unterschiedlichen Perspektiven. Zunächst beschreiben wir grundlegende Ziele, die Unternehmen verfolgen. Danach stellen wir Ihnen Beschaffung, Produktion und Logistik als betriebliche Funktionen, Funktionsbereiche und Spezielle Betriebswirtschaftslehren vor. Davon ausgehend beschreiben wir die Transformationsebenen der betrieblichen Leistungserstellung. Im Folgenden führen wir Sie in die faktorbezogene Sichtweise ein und stellen die betriebliche Leistungserstellung als Input-Output-System dar. Außerdem lernen Sie die historische Paradigmenentwicklung in der Betriebswirtschaftslehre von der Faktorbetrachtung zur Prozessbetrachtung kennen. Wir erläutern anschließend die Prozess(Fluss-)orientierte Sichtweise der Leistungserstellung. Den Abschluss des ersten Teils bildet die Fallstudie über das Unternehmen Kurt Mann Bäckerei & Konditorei, die die einzelnen Funktionsbereiche und ihr Zusammenwirken veranschaulicht.

Sie lernen:

- Ziele als Ausgangspunkt wirtschaftlicher Handlungen zu verstehen
- Beschaffung, Produktion und Logistik als betriebliche Funktionen, Funktionsbereiche und Spezielle Betriebswirtschaftslehren zu begreifen
- Transformationsebenen in einem Unternehmen zu unterscheiden
- Produktionsfaktoren zu differenzieren und Beispiele zu nennen
- Güter- und Dienstleistungsproduktion voneinander zu unterscheiden
- Faktor-, Funktions- und Prozessbetrachtung zu beurteilen
- Das Geschäftsprozessmodell anzuwenden
- Kennzahlen und Kennzahlensysteme zu erklären
- Konzepte zur Effizienzsteigerung zu verstehen
- Die Bereiche „Beschaffung", „Produktion" und „Logistik" anhand einer Fallstudie einzuschätzen

Betriebliche Leistungserstellung

1

ÜBERBLICK

Die Begriffe „Beschaffung“, „Produktion“ und „Logistik“ bezeichnen verschiedene Sachverhalte:

- In der Unternehmenspraxis benennen sie entweder die betrieblichen Funktionen oder die betrieblichen Funktionsbereiche (Organisationseinheiten), in denen Material und Waren beschafft, produziert, gelagert, transportiert und umgeschlagen werden (vgl. Abschnitt 1.1)
- In der betriebswirtschaftlichen Forschung und Lehre bezeichnen Beschaffung, Produktion und Logistik auch Spezielle Betriebswirtschaftslehren (vgl. Abschnitt 1.2)

1.1 Ziele als Ausgangspunkt wirtschaftlichen Handelns

Wirtschaften bedeutet planmäßiges Handeln mit der Absicht, Bedürfnisse zu befriedigen. Die Bedürfnisbefriedigung erfolgt durch die Wahl zwischen alternativ zu verwendenden knappen Mitteln unter Einhaltung des ökonomischen Prinzips (vgl. Abschnitt 3.5). Als **Betrieb** wird die kleinste Einheit verstanden, in der sich durch Zusammenfassung von Menschen und Sachen wirtschaftliche Handlungen vollziehen lassen. **Unternehmen** (Unternehmungen) sind Betriebe, die vornehmlich auf die Deckung fremder Bedürfnisse ausgerichtet sind. Im Gegensatz dazu können Haushalte als Betriebe aufgefasst werden, die vornehmlich zur Deckung des Eigenbedarfs dienen.

Das **allgemeine Sachziel** eines Unternehmens erstreckt sich auf die Bereitstellung von Gütern und Dienstleistungen (zusammengefasst als Produkte) mit dem Ziel der Bedürfnisbefriedigung. Daraus folgen **spezielle Sachziele**, die angeben, welche Produkte hergestellt und am Markt verkauft werden sollen. Diese werden durch Art und Menge der in einem bestimmten Zeitraum bereitzustellenden Produkte im betrieblichen Leistungsprogramm festgelegt.[1]

Formalziele (Erfolgsziele) geben an, wie die **Sachziele** eines Unternehmens erreicht werden sollen. Sie liefern Handlungskriterien für die Art der Leistungserstellung. **Formalziel-Inhalte** können

- **wirtschaftlich** (z.B. Gewinnerzielung, Kostendeckung),
- **technisch** (z.B. Flexibilität der Produktion),
- **sozial** (z.B. gesellschaftliche Verantwortung, humane Arbeitsbedingungen) oder
- **ökologisch** (z.B. Umweltschutz) sein.[2]

Eine verstärkte Integration von wirtschaftlichen, sozialen und ökologischen Formalzielen wird seit den 1990er Jahren im Rahmen des **nachhaltigen Wirtschaftens** verfolgt.

Der Begriff **„Nachhaltigkeit“** (engl. sustainability) lässt sich bis ins 18. Jahrhundert zurückverfolgen und hat seinen Ursprung in der Forstwirtschaft. Die Grundidee dabei war, nicht mehr Holz aus dem Wald zu entnehmen als nachwächst, um den Wald nicht zu schädigen.

1 Vgl. Zelewski, S. (2008), S. 53
2 Vgl. Zelewski, S. (2008), S. 12 f.

Definition

Nachhaltiges Wirtschaften (engl. sustainable development) bedeutet, dass den Bedürfnissen der heutigen Generation dergestalt Rechnung getragen werden sollte, dass die Möglichkeit künftiger Generationen, ihre Bedürfnisse zu befriedigen, nicht gefährdet wird.[3]

Erfolgswirtschaftliche Formalziele stehen oftmals im Konflikt mit sozialen und ökologischen Formalzielen. Das bedeutet, dass die Verfolgung eines Zieles meist nur zu Lasten eines anderen Zieles möglich ist. So kann die Schaffung von besseren Arbeitsbedingungen für die Mitarbeiter oder die Beschaffung von modernen, schadstoffarmen Transportmitteln kurzfristig den Unternehmensgewinn verringern. Daher wurden solche Maßnahmen von vielen Unternehmen in der Vergangenheit nur zögernd in Angriff genommen. Bei langfristiger Betrachtung wird deutlich, dass die kurzfristigen Gewinne weniger Akteure zu hohen Kosten für die Allgemeinheit führen (externe Kosten). Um dieser Entwicklung Einhalt zu gebieten, ist eine Zusammenarbeit folgender Akteure notwendig:[4]

Unternehmen sind gefordert, Nachhaltigkeit als strategische Herausforderung zur Integration von wirtschaftlichen, sozialen und ökologischen Zielen zu erfassen. In den Unternehmensbereichen Beschaffung, Produktion und Logistik können durch eine effiziente Ausgestaltung der Leistungserstellung sowie verstärkte inner- und zwischenbetriebliche Zusammenarbeit Ressourcen geschont und ein verantwortungsvoller Umgang mit Mensch und Natur erreicht werden. Viele Unternehmen ergreifen freiwillig Maßnahmen, die unter dem Begriff „Corporate Social Responsibility“ (CSR) zusammengefasst werden. Beispiele für die umweltverträgliche und kostensenkende Ausgestaltung der betrieblichen Organisationsbereiche Beschaffung, Produktion und Logistik werden in der Fallstudie in Kapitel 5 vorgestellt.

Auf **politischer Ebene** sind konsistente Rahmenbedingungen für die nachhaltige Entwicklung notwendig. Zentrale Herausforderungen sind die enge Zusammenarbeit zwischen verschiedenen Institutionen, die Einbindung von Betroffenen in die politische Entscheidungsfindung, die Auswahl und der adäquate Einsatz unterschiedlicher Steuerungsinstrumente und die Etablierung von Partnerschaften zwischen dem öffentlichen und dem privaten Sektor.

Die **Gesellschaft** und somit jedes Individuum soll Konsum- und Verhaltensmuster hinterfragen. Dazu sind nicht nur Information und Bildungsarbeit erforderlich, sondern auch die Entwicklung von Verhaltensangeboten. Da nachhaltige Konsum- und Verhaltensmuster von subjektiven Bedürfnissen und lokalem Wissen abhängig sind, ist die Zivilgesellschaft gefordert, Entscheidungen in Politik und Wirtschaft mitzugestalten.

3 Vgl. Rat der europäischen Kommission (2006), S. 2
4 Vgl. Research Institute for Managing Sustainability (2008), *http://www.sustainability.at*

1.2 Beschaffung, Produktion und Logistik als betriebliche Funktionen und Funktionsbereiche

Zur Zielerreichung organisieren Unternehmen ihre Aufgabenerfüllung auf unterschiedliche Art und Weise. Die traditionelle Organisationsform ist die funktionale Organisation.

Definition

Eine **Funktion** entsteht durch die Zusammenfassung gleichartiger Aufgaben.

Definition

Ein **Funktionsbereich** ist ein abgegrenzter Bereich zur Aufgabenerfüllung innerhalb einer betrieblichen Organisation. Im Organigramm einer funktionalen Organisation findet sie sich als Element der Aufbauorganisation wieder.

Die Abbildung 1.1 zeigt eine derartige Gliederung nach Funktionsbereichen mit Entwicklung, Beschaffung, Produktion, Absatz etc.

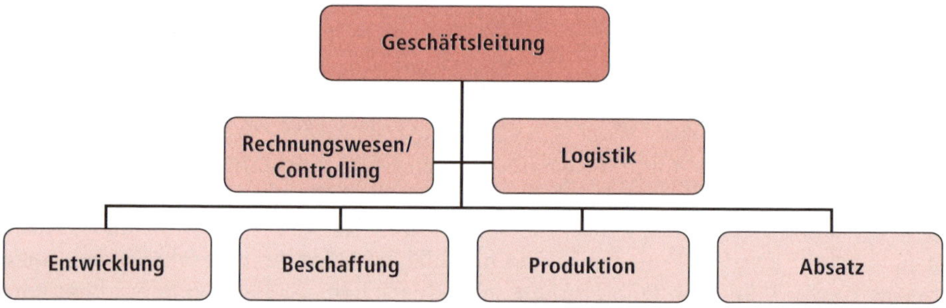

Abbildung 1.1: Beispiel einer Aufbauorganisation (Organigramm)

Aufgabe der **Beschaffung** ist es, das Unternehmen mit Roh-, Hilfs- und Betriebsstoffen, Zulieferteilen, Waren, Betriebsmitteln, Dienstleistungen, Personal, Informationen und Kapital in entsprechender Art, Menge und Qualität zum richtigen Zeitpunkt und am richtigen Ort zu versorgen (vgl. Teil II).

Die **Produktion** erzeugt aus den beschafften Materialien und Teilen durch Kombination der Produktionsfaktoren (Arbeit, Betriebsmittel, Material) die durch das Sachziel vorgegebenen Produkte. Bei der Dienstleistungsproduktion sind Arbeit und Informationen die wesentlichen Produktionsfaktoren. Die Kriterien Zeit, Flexibilität, Qualität und Wirtschaftlichkeit spielen bei der Gestaltung des Produktionsprozesses eine wesentliche Rolle (vgl. Teil III).

Unter dem Begriff **Absatz** (Vertrieb) werden die Maßnahmen zum Verkauf (marktliche Verwertung) der erstellten Leistungen zusammengefasst, die wiederum Zahlungsvorgänge auslösen. Der Absatz von Sachgütern und Dienstleistungen ist die Grundlage aller anderen unternehmerischen Aktivitäten, da die Absatzmengen, die im Rahmen der Absatzplanung ermittelt werden, die Planungsgrundlage für die anderen Funktionen (Beschaffung, Produktion und Logistik) bilden.

Die Funktion **Logistik** umfasst alle Transport-, Lager- und Umschlagsvorgänge, die in und zwischen Unternehmen getätigt werden, sowie deren Steuerung. Üblicherweise erfolgt eine Konzentration auf die drei genannten Leistungen Transport, Lagerung und Umschlag. Darüber hinaus existieren logistische Dienstleistungen wie Verpacken, Kommissionieren, Etikettieren oder Palettieren, deren Management ebenfalls von Bedeutung ist. Die Logistik als Koordinationsfunktion geht über die Optimierung der material- und warenflussbezogenen Dienstleistungen innerhalb der betrieblichen Funktionsbereiche hinaus und zielt auf eine Abstimmung zwischen den unterschiedlichen Funktionsbereichen hin. Deshalb bezeichnet man die Logistik auch als **Querschnittsfunktion**. Ein in der Praxis wichtiges Beispiel hierfür ist das Just-in-Time-Prinzip als Verbindung zwischen den beiden Funktionen Beschaffung und Produktion (vgl. Teil IV).

Durch die Bündelung von Aufgaben zu Funktionen und deren Erfüllung in Funktionsbereichen werden Spezialisierungsvorteile erzielt. Wesentliche Spezialisierungsvorteile liegen in der Realisierung von Lern- bzw. Erfahrungskurveneffekten in den einzelnen Funktionsbereichen. Darüber hinaus lassen sich Teilsysteme wie die Beschaffung einfacher leiten, als das Gesamtsystem Unternehmen.

1.3 Beschaffung, Produktion und Logistik als Spezielle Betriebswirtschaftslehren

Die Betriebswirtschaftslehre als eine realwissenschaftliche Disziplin der Sozial- und Geisteswissenschaften beschreibt und erklärt wirtschaftliche Aktivitäten in Unternehmen und entwickelt Handlungsempfehlungen. In diesem Zusammenhang hat sich eine Vielzahl von Teildisziplinen herausgebildet. Abbildung 1.1 greift die Klassifikation der **Speziellen Betriebswirtschaftslehren** von Jürgen Weber auf und unterscheidet:

- **Wirtschaftszweiglehren** beschäftigen sich mit den spezifischen wirtschaftlichen Aktivitäten und Problemen von Unternehmen in einzelnen Wirtschaftszweigen.
- **Faktorenlehren** treffen Aussagen über wirtschaftliche Aktivitäten im Zusammenhang mit wichtigen Produktionsfaktoren.
- **Funktionenlehren** haben die wirtschaftlichen Aktivitäten einzelner betrieblicher Funktionsbereiche als Erkenntnisobjekt.
- **Führungslehren** beschreiben und erklären Führungshandlungen. Außerdem sollen Handlungsempfehlungen für die Führung von Unternehmen abgeleitet werden. Auch bei den Führungslehren zeigt sich eine zunehmende Spezialisierung auf einzelne Führungsteilsysteme.
- **Metaführungslehren** oder **Querschnittsfunktionslehren** befassen sich mit wirtschaftlichen Aktivitäten, die nicht einzelne Faktoren, Funktionen oder Führungsteilsysteme betreffen, sondern übergreifend eine Koordination der wirtschaftlichen Aktivitäten im Unternehmen vornehmen.

Die Speziellen Betriebswirtschaftslehren Beschaffung und Produktion (auch „Produktionswirtschaft“) zählen zu den Funktionenlehren. Gegenstand der Speziellen Betriebswirtschaftslehre der Logistik sind sowohl Funktionen wie Lagerung und Transport als auch Funktions- und Führungsteilsysteme koordinierende Aktivitäten. Logistik ist – wie das Supply Chain Management – den Metaführungslehren zuzuordnen (vgl. Abbildung 1.2). Lagerung(swirtschaft) und Transport(wirtschaft) gehören zu den Funktionenlehren.

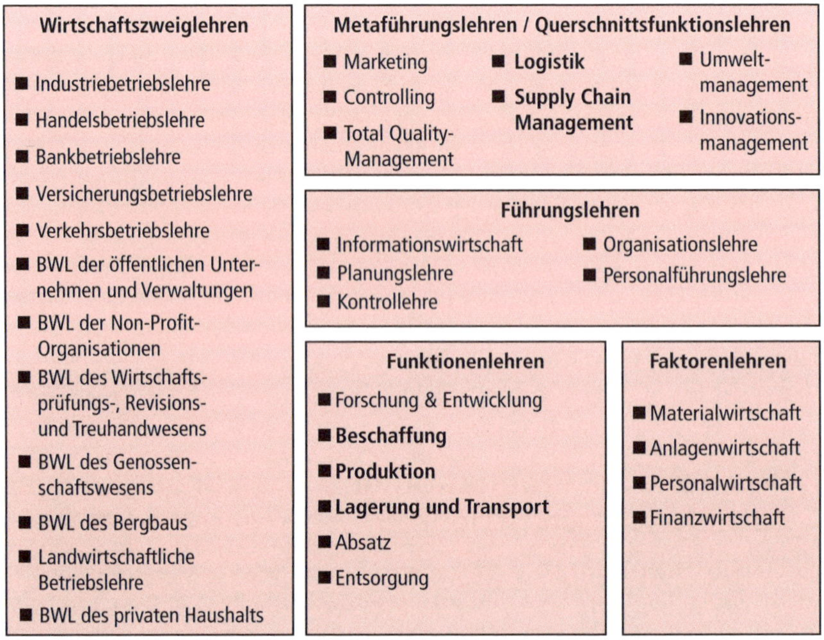

Abbildung 1.2: Unterscheidung spezieller Betriebswirtschaftslehren nach Jürgen Weber[5]

ZUSAMMENFASSUNG

Die Begriffe „Beschaffung“, „Produktion“ und „Logistik“ können betriebliche Funktionen, Funktionsbereiche (Organisationseinheiten) oder Spezielle Betriebswirtschaftslehren bezeichnen. Es wird zwischen Sachzielen und Formalzielen unterschieden. Sachziele geben an, welche Produkte (Güter und Dienstleistungen) hergestellt und verkauft werden (allgemeines Sachziel) bzw. die Art und Menge der bereitzustellenden Produkte (spezielle Sachziele). Formalziele (Erfolgsziele) beschreiben die Art, wie Sachziele im Unternehmen verwirklicht werden sollen.

Beschaffung und Produktion zählen wie die logistischen Teilaufgaben Lagerung und Transport zu den Funktionenlehren. Die Logistik als Koordinationsfunktion ist den Metaführungslehren zuzuordnen.

ZUSAMMENFASSUNG

5 Vgl. Weber, J. (1996), S. 66

1.4 Übungsfragen

1. Erläutern Sie den Unterschied zwischen Sach- und Formalzielen.
2. Welche unterschiedlichen Bedeutungen haben die Begriffe „Beschaffung“, „Produktion“ und „Logistik“?
3. Ordnen Sie Beschaffung, Produktion und Logistik in das Schema der Speziellen Betriebswirtschaftslehren nach Jürgen Weber ein.
4. Warum wird Logistik als Querschnittsfunktion bezeichnet?

Lösungen zu den Übungsfragen und weiterführende Materialien finden Sie auf der Companion Website zum Buch unter *www.pearson-studium.de*.

Transformationsebenen im Unternehmen

2

ÜBERBLICK

Ergänzend zu den im ersten Kapitel behandelten Funktionen, Funktionsbereichen und Speziellen Betriebswirtschaftslehren werden im folgenden Abschnitt die Transformationsebenen im Unternehmen erklärt.[1]

Die finanziellen, güter-, informations-, planungs- und entscheidungsbezogenen wechselseitigen Beziehungen bzw. Veränderungen in einem Unternehmen können als Transformationsebenen betrachtet werden (Güterebene, Finanzebene, dispositive Ebene). Die folgende Abbildung 2.1 gibt einen Überblick über die drei Transformationsebenen und deren Hauptflussrichtungen.

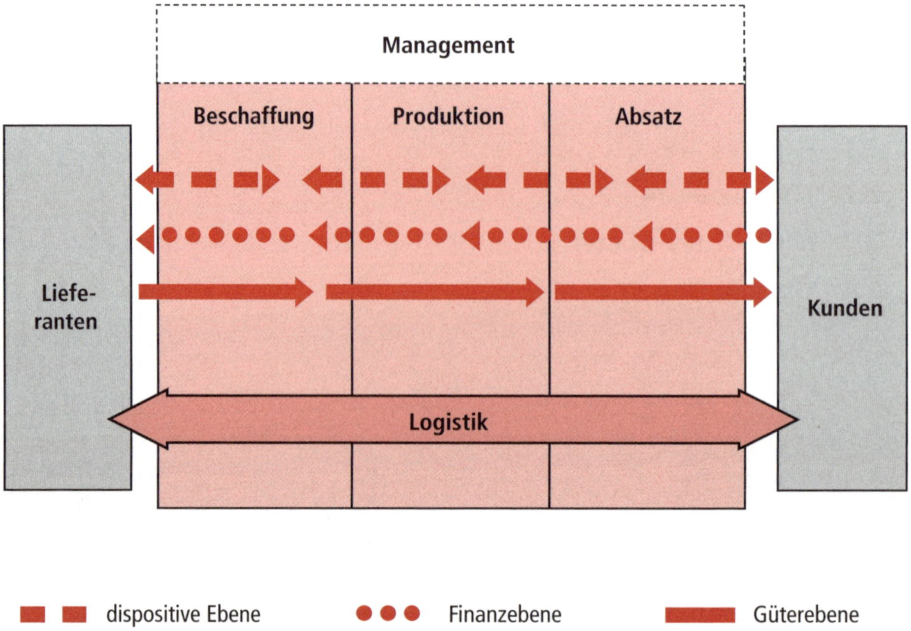

Abbildung 2.1: Transformationsebenen im Unternehmen

2.1 Güterebene

Die **Güterebene** (bonetäre Ebene; lat. bonum, das Gut) behandelt den Güterfluss von Roh-, Hilfs- und Betriebsstoffen, Zulieferteilen, Waren, Halbfertig- und Fertigprodukten innerhalb eines Unternehmens und zwischen Unternehmen **(Realgüterstrom)**. Beispiele für diese Transformationsebene sind der innerbetriebliche Weitertransport mittels Montagestraße, Verladung von Schiff auf LKW oder der Pakettransport der Post.

Der Material- und Güterfluss beginnt beim **Lieferanten** mit der Lieferung an das Unternehmen und erstreckt sich über den **Wareneingang** (Eingangslager) bis zur **Produktion**, wo die Verarbeitung der Materialien erfolgt. Nach der Fertigung „fließt" das Produkt über **Fertigwaren- und Auslieferungslager** zum **Kunden**. Der Strom von Recyclinggütern, Verpackungen und Leergut verläuft in die entgegengesetzte Richtung zurück zum Lieferanten oder zu einem Entsorgungsunternehmen (vgl. Abbildung 2.2).

1 In Anlehnung an Grün, O. (1994), S. 455 ff.

Bei speziellen Fertigungssystemen (z.B. Lohnfertigung) können auch Materialien vom Kunden bereitgestellt werden. Diese werden dann im Unternehmen bearbeitet und fließen im bearbeiteten Zustand an den Kunden zurück.

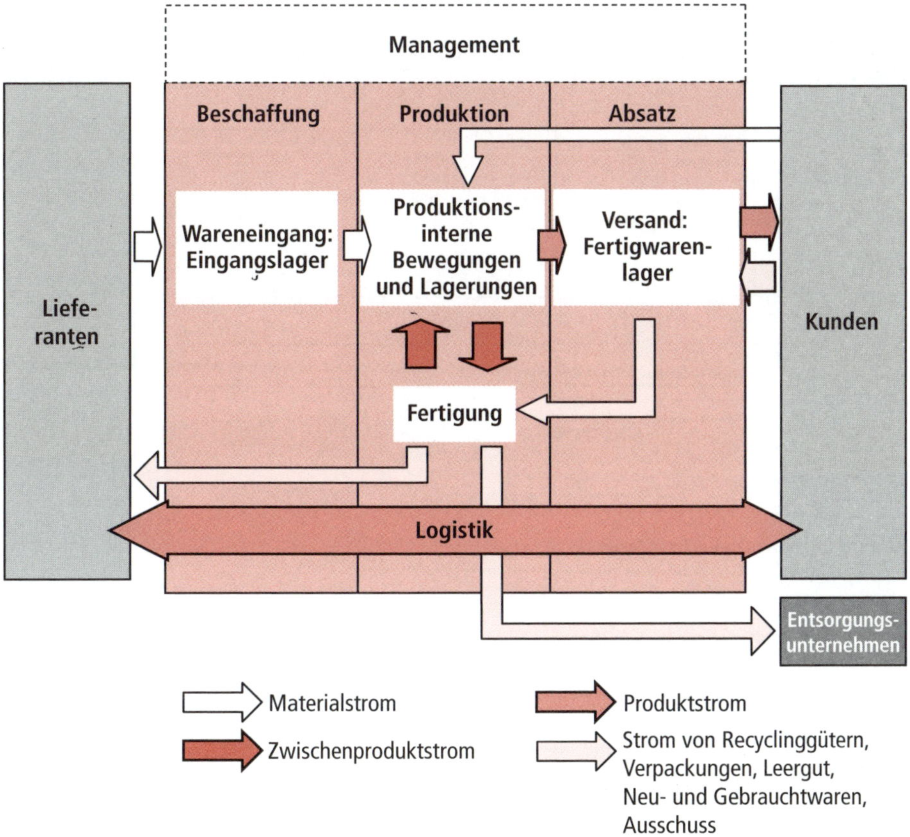

Abbildung 2.2: Gütertransformation

2.2 Finanzebene

Die **Finanzebene** (monetäre Ebene, lat. moneta, die Münze) erfasst den Geldfluss innerhalb eines Unternehmens und zwischen Unternehmen (Nominalgüterstrom). Im Einzelnen handelt es sich um **Zahlungsströme**, die vom **Kunden zum Produzenten** (Bezahlung des Kaufpreises am Absatzmarkt) und vom **Produzenten zum Lieferanten** (Bezahlung der Faktorpreise am Beschaffungsmarkt) verlaufen. Die ausgelösten **Zahlungsverpflichtungen** werden vom Kunden in Form von Bargeld oder bargeldlos als Buchgeld (Giralgeld) abgegolten. **Gutschriften** als Folge von Retournierungen, Gegenlieferungen oder anderen Gegengeschäften verlaufen in entgegengesetzter Richtung.[2] Manche Unternehmen arbeiten mit **internen Verrechnungspreisen**, um die Leistungen einzelner Abteilungen an andere Abteilungen abzurechnen (vgl. Abbildung 2.3).

2 Vgl. Grün, O. (1994), S. 457 f.

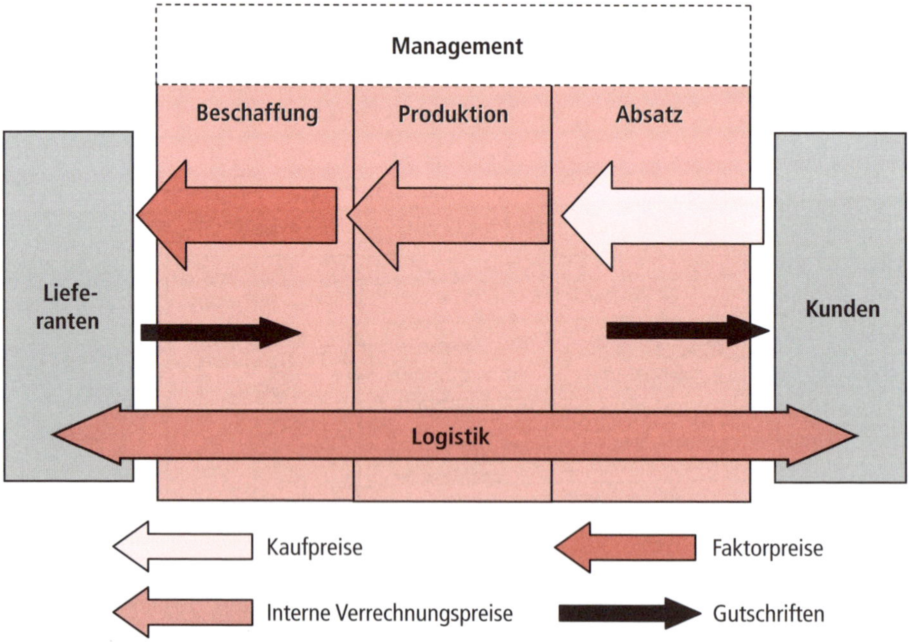

Abbildung 2.3: Finanzielle Transformation

2.3 Dispositive Ebene

Die **dispositive Ebene** (Informations-, Planungs- und Entscheidungsebene) behandelt den Informationsfluss, sämtliche Planungsprozesse und das Fällen von Entscheidungen in einem Unternehmen, also Management- und Führungsprozesse

- innerhalb des Unternehmens (interne dispositive Tätigkeiten) wie die Bestimmung eines Produktionsplans,
- zwischen Unternehmen und Lieferanten beziehungsweise Kunden (externe dispositive Tätigkeiten) wie die Abwicklung eines Kaufvertrags von der Anfrage bis hin zur Rechnungslegung,
- mit sonstigen Institutionen wie Kooperationspartner, Banken, öffentliche Verwaltung.

Die Tätigkeiten auf der dispositiven Ebene sind den Tätigkeiten auf den anderen Ebenen (bonetär, monetär) zeitlich vorgelagert[3] und dienen der Umsetzung, Steuerung und Kontrolle der einzelnen betrieblichen Aktivitäten.

Die interne Anforderung der Produktionsabteilung von Rohstoffen für den Produktionsprozess löst nach eventuellen Rückfragen eine externe Anfrage der Beschaffungsabteilung beim Lieferanten aus. Der Lieferant seinerseits versorgt die Beschaffungsabteilung mit Informationen zum gewünschten Material und erstellt entsprechende Angebote. Nach Vereinbarung der Details wie Preis, Qualität, Menge, Liefer- und Zahlungsbedingungen

3 Vgl. Grün, O. (1994), S. 458

bestellt die Beschaffungsabteilung beim Lieferanten. Eine entsprechende Meldung darüber geht an die Produktionsabteilung. Die Auftragsbestätigung und die Rechnung des Lieferanten sowie die Rechnungserledigung komplettieren den Beschaffungsprozess auf der dispositiven Ebene. Die Informationsflüsse auf der Absatzseite zwischen Kunden und Absatzabteilung verlaufen analog (vgl. Abbildung 2.4).

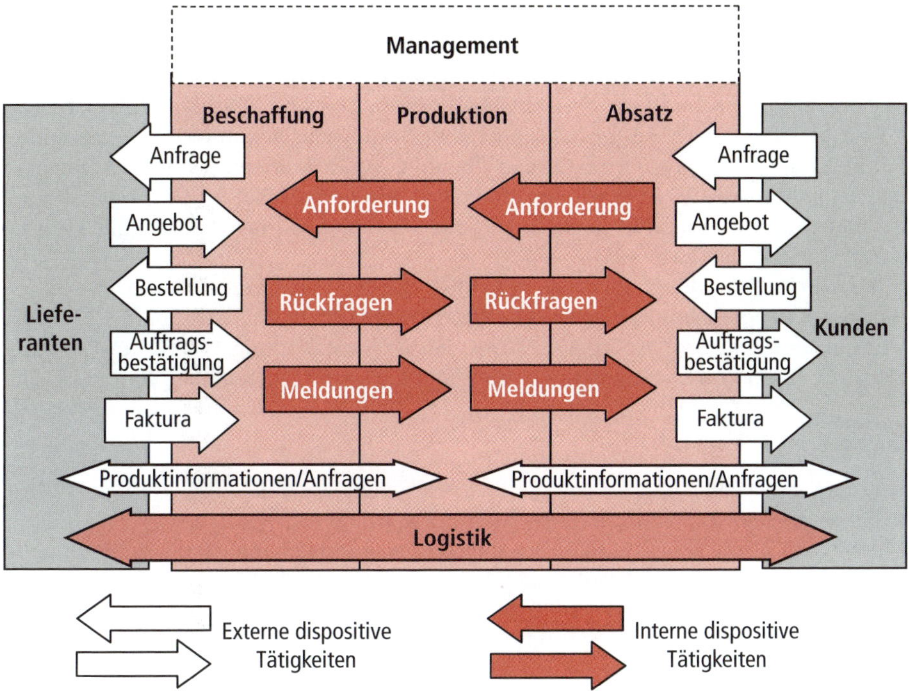

Abbildung 2.4: Dispositive Transformation

Die dispositive Ebene in einem Unternehmen umfasst drei Management-Ebenen. Dabei handelt es sich um Entscheidungen über Ziele, Aufgaben und Prozesse eines Unternehmens.

Strategisches Management

Das strategische Management umfasst Grundsatzentscheidungen der betrieblichen Leistungserstellung. Ziel ist die Nutzung von Chancen und die Abwehr von Gefahren. Bei strategischen Entscheidungen können die Geschäftsidee ebenso wie die Ressourcenausstattung des Unternehmens verändert werden. In der Regel sind strategische Entscheidungen langfristig (länger als fünf Jahre), wobei die Fristigkeit von der Geschäftstätigkeit abhängt. In High-Tech-Industrien kann ein Zeitraum von drei Jahren langfristig sein, bei einem Energieversorgungsunternehmen ist ein langfristiger Zeitraum eher 10-20 Jahre.

Auf der strategischen Entscheidungsebene, die als **Top-Management** (mitarbeitende Eigentümer des Unternehmens, Geschäftsführer und Vorstandsmitglieder) bezeichnet wird, werden Führungsentscheidungen getroffen, die den Betrieb als Ganzes betreffen, wie z.B. Vorgabe der anzustrebenden Unternehmensziele, Festlegung der Unternehmenspolitik, Koordination der betrieblichen Teilpläne und Kontrolle der Zielerreichung.

Taktisches Management

Das taktische Management befasst sich mit der Konkretisierung der vom Top-Management getroffenen strategischen Grundsatzentscheidungen. Die Geschäftsidee wird ebenso als gegeben betrachtet, wie die grundsätzliche Ressourcenausstattung des Unternehmens. Allerdings ist es Aufgabe der taktischen Planung, die Ressourcen des Unternehmens so anzupassen, dass die konkreten Ziele erreicht werden. Der Zeitraum ist mittelfristig und wird meist mit zwei bis fünf Jahren angegeben, wobei auch hier die Fristigkeit von der Geschäftstätigkeit abhängt.

Taktische Entscheidungen werden vom **Middle-Management** getroffen. Dazu gehören Leiter der einzelnen Funktionsbereiche des Unternehmens (z.B. Beschaffung, Produktion, Logistik, Finanzen). Auf dieser Ebene werden Entscheidungen, z.B. zum Leistungsprogramm und den Kapazitäten des Unternehmens, getroffen (Rahmenplanung).

Operatives Management

Das operative Management bezeichnet kurzfristige Entscheidungen (bis zu einem Jahr), die zur Umsetzung der Rahmenplanung nötig sind.

Operative Entscheidungen obliegen dem **Lower-Management**. Dazu gehören Abteilungsleiter, Meister und Vorarbeiter. Diese Ebene trifft Entscheidungen zum wirtschaftlichen Vollzug der Prozesse der Leistungserstellung für ein gegebenes Produktprogramm (Detailplanung), z.B. Produktionsmengen-Entscheidungen.

Auf der dispositiven Ebene eines Unternehmens spielen das betriebliche **Rechnungswesen** und das **Controlling** eine wesentliche Rolle. Das Rechnungswesen mit seinen Teilbereichen Finanz-, Betriebsbuchhaltung (Kostenrechnung), Planungsrechnung und Statistik hat die Aufgabe, das betriebliche Geschehen zu dokumentieren, zu planen und zu kontrollieren. Das Controlling unterstützt das Management bei der Entscheidungsfindung durch Vorgaben (z.B. Budgets) und bewertet die getroffenen Entscheidungen.

Definition

Controlling ist eine spezifische Führungs- und Managementfunktion. Kernaufgaben sind die Gestaltung des Planungsprozesses, die Kontrolle der gesetzten Ziele, die Versorgung des Managements mit führungsrelevanten Informationen und die Unterstützung des Managements.[4]

Ein wichtiges Instrument der Akteure auf der dispositiven Ebene sind **Kennzahlen** bzw. **Kennzahlensysteme**, mit denen betriebliches Geschehen in Zahlen abgebildet werden soll (vgl. Abschnitt 3.5).

4 Vgl. Weber, J., Schäffer, U. (2006), S. 13

Z U S A M M E N F A S S U N G

Die drei Transformationsebenen betreffen unterschiedliche Aspekte der Leistungserstellung. Die Güterebene (bonetäre Ebene) behandelt den Materialfluss vom Lieferanten über den Wareneingang bis in die Produktion und – nach erfolgter Produktion – den Fluss der fertigen Güter über Auslieferungslager zum Kunden. Gegenstand der Finanzebene (monetäre Ebene) sind Geldflüsse in und zwischen Unternehmen. Diese Geldflüsse werden durch Zahlungsverpflichtungen für Materialien, Halbfertigprodukte oder erbrachte Dienstleistungen ausgelöst. Die Aktivitäten der dispositiven Ebene sind den Tätigkeiten auf den anderen Ebenen zeitlich vorgelagert. Sie dient der Umsetzung, Steuerung und Kontrolle der betrieblichen Aktivitäten.

Z U S A M M E N F A S S U N G

2.4 Übungsfragen

1. Welche Transformationsebenen lassen sich im Unternehmen unterscheiden?
2. Welche Arten von Strömen unterscheidet man auf der Güterebene?
3. Wozu dienen interne Verrechnungspreise auf der monetären Ebene?
4. Welche Vorgänge löst die interne Anforderung der Produktionsabteilung (z.B. nach Rohstoffen) im Unternehmen und beim Lieferanten aus?

Lösungen zu den Übungsfragen und weiterführende Materialien finden Sie auf der Companion Website zum Buch unter *www.pearson-studium.de*.

WWW.PEARSON-STUDIUM.DE CWS COMPANION WEBSITE

Faktorbetrachtung (Input – Output)

3

ÜBERBLICK

3.1 Einführung

Die Produktion ist Teil der betrieblichen Leistungserstellung (vgl. Kapitel 1). Das Wort Produktion (lat.: producere = hervorbringen) bezeichnet den Transformations- bzw. Wertschöpfungsprozess, der Ausgangsstoffe (Rohstoffe, Zwischenprodukte) unter Einsatz von Arbeitskraft, Betriebsmitteln und Energie in Güter transformiert (**Sachgüterproduktion**). Im Gegensatz dazu erfordern Dienstleistungen (z.B. Beratungsleistungen) bei ihrer Herstellung keine Werkstoffe, weisen aber oft „Begleitgüter" auf (z.B. Gutachten bei Beratungsleistungen).[1] In diesem Fall spricht man von **Dienstleistungsproduktion**. Die betriebliche Leistungserstellung kann somit als Transformations- bzw. Wertschöpfungsprozess gesehen werden. Mit einem Input (Material, Betriebsmittel, Personal etc.) wird ein Output (Sachgüter oder Dienstleistungen) geschaffen.

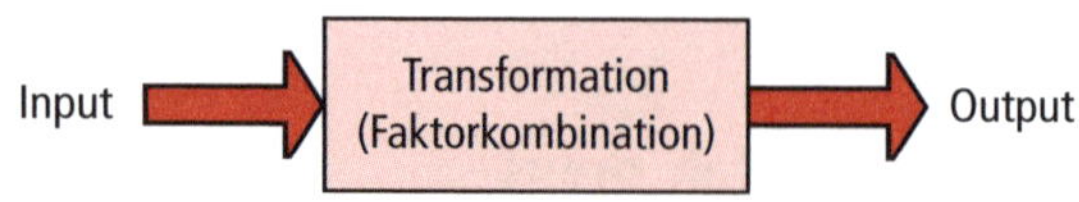

Abbildung 3.1: Das Produktionssystem

3.2 Input (Produktionsfaktoren)

Die **Produktionsfaktoren** stellen den **Input** der Transformation dar. Die folgende Abbildung 3.2 gibt einen Überblick über die verschiedenen Klassifikationsschemata von Produktionsfaktoren.

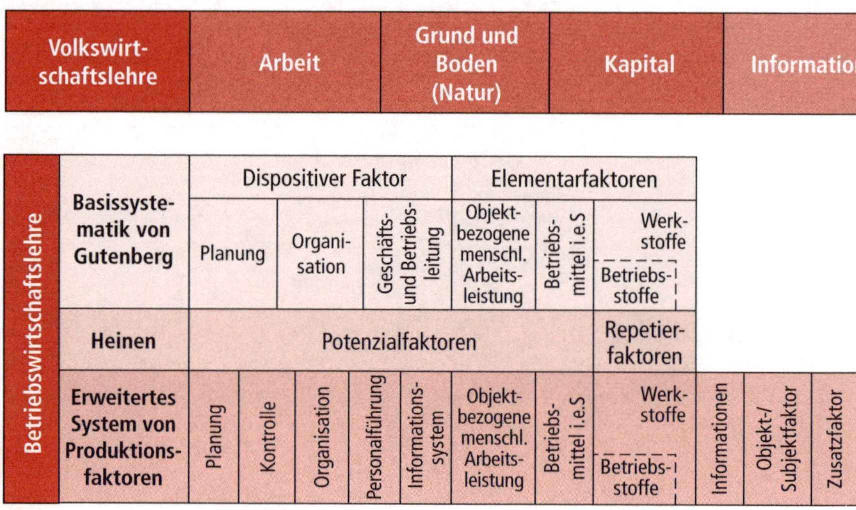

Abbildung 3.2: Produktionsfaktoren

1 Vgl. Schmalen, H. (2003), S. 30

In der **Volkswirtschaftslehre** wird zwischen menschlicher Arbeit, Grund und Boden, Kapital und Information unterschieden. In der **Betriebswirtschaftslehre** gibt es verschiedene Klassifizierungen von Produktionsfaktoren.

Der deutsche Betriebswirt **Erich Gutenberg** unterscheidet zwischen Elementarfaktoren und dispositiven Produktionsfaktoren. Die **Elementarfaktoren** umfassen die objektbezogene menschliche Arbeit, die Betriebsmittel und die Werkstoffe. Die dispositiven Faktoren steuern den Einsatz und die Kombination der Elementarfaktoren.

Die **menschliche Arbeitsleistung** wird differenziert nach objektbezogener und dispositiver Arbeitsleistung. Die **objektbezogene Arbeitsleistung** umfasst die ausführenden Tätigkeiten bei der Produktion, der Vorbereitung der Produktion, der Güterverteilung, der Aufrechterhaltung der Betriebsbereitschaft sowie bei Veränderungen in der Produktionsstätte. Die dispositive Arbeitsleistung (**dispositiver Faktor**) beinhaltet die Planung, Organisation und Führung (Geschäfts- und Betriebsleitung) der Faktorkombination. Nach heutiger Auffassung zählen hierzu auch die Kontrolle und der führungsbezogene Teil der Informationssysteme (z.B. internes und externes Rechnungswesen). In der anglo-amerikanisch geprägten Literatur wird hierfür zumeist der Begriff „Management" verwendet.

Betriebsmittel sind alle Einrichtungen und technischen Anlagen (vor allem Maschinen), die für den betrieblichen Leistungsprozess notwendig sind.

Zu den Produktionsfaktoren zählen auch die im Produktionsprozess benötigten **Werkstoffe** (Material). Werkstoffe umfassen Roh-, Hilfs-, Betriebsstoffe und die Zulieferteile.

- **Rohstoffe** gehen als wesentlicher Bestandteil in das Fertigungserzeugnis ein, z.B. Holz bei der Möbelherstellung.
- **Hilfsstoffe** gehen ebenfalls in das Fertigungsprodukt ein, gelten aber (vor allem wegen ihres geringen Wertanteils) als unwesentlicher Bestandteil, z.B. Schrauben.
- **Betriebsstoffe** gehen nicht in das Fertigerzeugnis ein, sondern werden im Produktionsprozess verbraucht, z.B. Strom.
- **Zulieferteile** sind halbfertig und fertig bezogene Teile, die in das Produkt eingebaut werden, z.B. Computer-Chips.

Erich Gutenberg wurde am 13. Dezember 1897 in Herford (Ostwestfalen) als Sohn eines Fabrikanten geboren und starb am 22. Mai 1984 in Köln. Er gilt als Begründer der modernen deutschen Betriebswirtschaftslehre.

Er promovierte 1921 in Volkswirtschaftslehre in Halle an der Saale. Von 1924 bis 1930 war er wissenschaftlicher Assistent an der Westfälischen Wilhelms-Universität in Münster, wo er 1928 in BWL habilitierte. Er hatte von 1948 bis 1951 den Lehrstuhl für BWL an der Johann Wolfgang Goethe-Universität in Frankfurt/Main inne. Danach wurde er als Nachfolger von Eugen Schmalenbach an die Universität zu Köln auf den Lehrstuhl für Allgemeine BWL und die Spezielle BWL der Wirtschaftsprüfung und des Treuhandwesens berufen (1951 bis 1966).

In seinem bedeutendsten dreibändigen Werk „Grundlagen der Betriebswirtschaftslehre" entwickelte Gutenberg ein neues System der BWL. Er betrachtete den Betrieb nun nicht mehr in seinen einzelnen Funktionsbereichen, sondern in der Gesamtheit als Kombination von Produktionsfaktoren. Im Mittelpunkt stand die Produktivitätsbeziehung zwischen Input und Output, die Produktionsfunktion. Ausgangspunkt seiner Modellierung war die mikroökonomische Theorie. Er gilt als Begründer einer einflussreichen „Schule" und erhielt zahlreiche Ehrungen und Auszeichnungen.

Auswahl seiner Werke:

- „Grundlagen der Betriebswirtschaftslehre" (drei Bände), 1951 bis 1969
- „Betriebswirtschaftslehre als Wissenschaft", 1957
- „Unternehmensführung: Organisation und Entscheidungen", 1962

Der deutsche Betriebswirt **Edmund Heinen** unterscheidet in seinen Schriften zwischen Potenzialfaktoren und Repetierfaktoren.

Potenzialfaktoren sind „Nutzenpotenziale", die nicht durch einmaligen Verbrauch aufgezehrt werden. Typische Beispiele hierfür sind Betriebsmittel und menschliche Arbeit. Potenzialfaktoren sind in der Regel nicht teilbar. **Repetierfaktoren** gehen hingegen mit ihrem Einsatz im Produktionsprozess unter. Sie werden entweder verbraucht (z.B. Energie, Betriebsstoffe) oder physikalisch bzw. chemisch umgewandelt (z.B. Rohöl).

Edmund Heinrich Heinen wurde am 18. Mai 1919 in Saarbrücken geboren und starb am 22. Juni 1996 in München. Er gilt als Schöpfer und Wegbereiter der deutschsprachigen entscheidungsorientierten Betriebswirtschaftslehre.

Der zweite Weltkrieg und die anschließende Gefangenschaft unterbrachen sein Studium. In Frankfurt/Main legte Heinen 1948 das Examen als Diplom-Kaufmann ab. Ein Jahr später promovierte er an der Universität in Saarbrücken. Nach der Habilitation 1951 war er dort zunächst als Privatdozent, dann ab 1954 als Professor tätig. Drei Jahre später folgte Heinen einem Ruf an die Universität München, wo er als ordentlicher Professor das Institut für Industrieforschung gründete und bis 1987 leitete.

In seinen zahlreichen Veröffentlichungen entwickelte der Schüler von Erich Gutenberg die Betriebswirtschaftslehre entscheidend weiter. Seine Werke wurden in viele Sprachen übersetzt, allein fünf Bücher ins Japanische. Heinen erfuhr unzählige Ehrungen und Auszeichnungen (u.a. das Bundesverdienstkreuz).

Auswahl seiner Werke:

- „Die Kosten – ihr Begriff und ihr Wesen", 1956
- „Handelsbilanzen", 1958
- „Einführung in die Betriebswirtschaftslehre", 1968
- „Kosten und Kostenrechnung", 1975

Das **erweiterte System der Produktionsfaktoren** umfasst neben den klassischen Produktionsfaktoren auch Informationen, Objektfaktoren und Zusatzfaktoren:

- Es ist unbestritten, dass **Informationen** unverzichtbare Produktionsfaktoren darstellen. Es wird lediglich darüber gestritten, ob Informationen eine eigene Kategorie von Produktionsfaktoren darstellen. Wegen der wachsenden Bedeutung von Informationen wird dies hier bejaht.
- **Objektfaktoren** sind Faktoren, die vom Kunden zur Leistungserstellung bereitgestellt werden. In der Sachgüterproduktion sind dies z.B. bereitgestellte Halbfertigprodukte, die bearbeitet werden. Noch wichtiger sind die Objektfaktoren bei der Dienstleistungsproduktion. Der Objektfaktor beim Gütertransport ist das zu transportierende Gut. Ohne dieses kann die Produktion nicht erfolgen. Wird eine Dienstleistung an einer Person erbracht, z.B. Personentransport oder Haarschnitt, muss diese Person anwesend sein. Da Menschen keine Objekte sind, wird hier die Bezeichnung **Subjektfaktor** verwendet. Dieser Begriff macht ein weiteres Problem der Dienstleistungsproduktion am Menschen deutlich. Eine objektiv gleiche Leistungserstellung wird häufig von verschiedenen Personen – oder sogar von derselben Person zu unterschiedlichen Zeitpunkten – unterschiedlich beurteilt.
- **Zusatzfaktoren** sind Faktoren, die für die Erstellung eines Produktes unentgeltlich oder entgeltlich eingesetzt werden. Dies sind insbesondere Dienstleistungen, die von Betriebsfremden erbracht werden: Nutzung der materiellen (z.B. Verkehrsinfrastruktur) und immateriellen (z.B. staatliches Rechtssystem) Infrastruktur sowie die Beanspruchung der Umwelt.

3.3 Transformation

Im Zuge der Transformation werden die Produktionsfaktoren (Input) kombiniert. Dadurch entsteht Output in Form von Gütern und/oder Dienstleistungen.

Die traditionelle Produktionstheorie befasst sich mit dieser Faktorkombination. Zur Beschreibung unterschiedlicher Faktorkombinationen wurden Produktionsfunktionen entwickelt. Die Produktionsfunktionen beschreiben, wie sich der Output (x) ändert, wenn die Mengen und die Zusammensetzung der Produktionsfaktoren (r_1, r_2, … r_n) variiert werden:

$$x = f(r_1, r_2, \ldots r_n)$$

Die Produktionstheorie unterscheidet zwei Typen der Faktorkombination:

1. **Substitutionalität** bedeutet, dass die Produktionsfaktoren in unterschiedlichen Mengenkombinationen eingesetzt werden können. Um dasselbe Produktionsergebnis (Output) zu erzielen, kann ein geringerer Einsatz eines Faktors (z.B. menschliche Arbeitsleistung) durch einen Mehreinsatz eines anderen Produktionsfaktors (z.B. Maschinen) ausgeglichen werden. Bei der **totalen Faktorsubstitution** kann ein Faktor durch einen anderen vollständig ersetzt werden.

   Bei der **partiellen (teilweisen) Faktorsubstitution** (synonym auch beidseitig begrenzte Faktorkombination)[2] muss jeder Produktionsfaktor mit einer Mindestmenge eingesetzt werden. Bei der partiellen Substitution wird häufig das sogenannte **Ertragsgesetz** unterstellt, das auf das im 18. Jh. entwickelte Gesetz vom abnehmenden Bodenertrag von Turgot zurückgeht So führt beispielsweise in der Landwirtschaft der Einsatz von Düngemitteln bei gleichbleibender Menge an Saatgut bis zu einer bestimmten Einsatzmenge zu höheren Produktionserträgen, im Falle einer Überdüngung jedoch zu sinkenden Erträgen.

   In der Betriebswirtschaftslehre wird das Ertragsgesetz als Produktionsfunktion vom Typ A bezeichnet. Voraussetzung ist, dass die Faktoren in gewissen Grenzen frei variierbar sind, also die Einsatzmenge eines Faktors variiert werden kann, während die Einsatzmengen der anderen Faktoren konstant bleiben.[3] Daher werden in Folge alle Faktoren außer r_1 konstant gesetzt und die Variation von r_1 betrachtet. Daher gilt:

$$x = f(r_1, \underbrace{r_2, \ldots r_n}_{\text{konstant}(r^c)})$$

   Die Kernaussage ist, dass bei einem vermehrten Einsatz eines Produktionsfaktors zunächst der Gesamtertrag progressiv ansteigt (siehe Abbildung 3.3, Phase I). Bei weiterem Einsatz desselben Faktors nimmt der Gesamtertrag nur noch degressiv zu (Phasen II, III), bis das Ertragsmaximum erreicht ist. Danach führt jede zusätzliche Steigerung des Einsatzes dieses Produktionsfaktors sogar zu einem Rückgang des Gesamtertrags (Phase IV).

2 Vgl. Corsten, H. (2004), S. 54 f.
3 Vgl. Gutenberg, E. (1973), S. 304

Der Durchschnittsertrag $\overline{x}$ ist das Verhältnis zwischen Gesamtertrag und Einsatzmenge des variablen Faktors und lautet:

$$\overline{x} = \frac{x}{r_1}$$

Der Durchschnittsertrag steigt in den Phasen I und II mit zunehmendem Faktoreinsatz an. An der Grenze von Phase II zu III erreicht der Durchschnittsertrag sein Maximum und nimmt ab diesem Punkt ab.

Der Grenzertrag x' ist der Zuwachs der Ausbringungsmenge, der durch den zusätzlichen Einsatz einer Einheit des variablen Faktors erzielt werden kann und wird definiert als:

$$x' = f'(r_1)$$

Der Grenzertrag nimmt in Phase I zu und erreicht an der Grenze der Phasen I und II sein Maximum, da hier die Gesamtertragskurve die größte Steigung aufweist. In den Phasen II und III nimmt der Grenzertrag bereits ab, erreicht an der Grenze zwischen den Phasen III und IV den Nullpunkt, da sich hier das Maximum der Gesamtertragskurve befindet, und wird in Folge negativ.

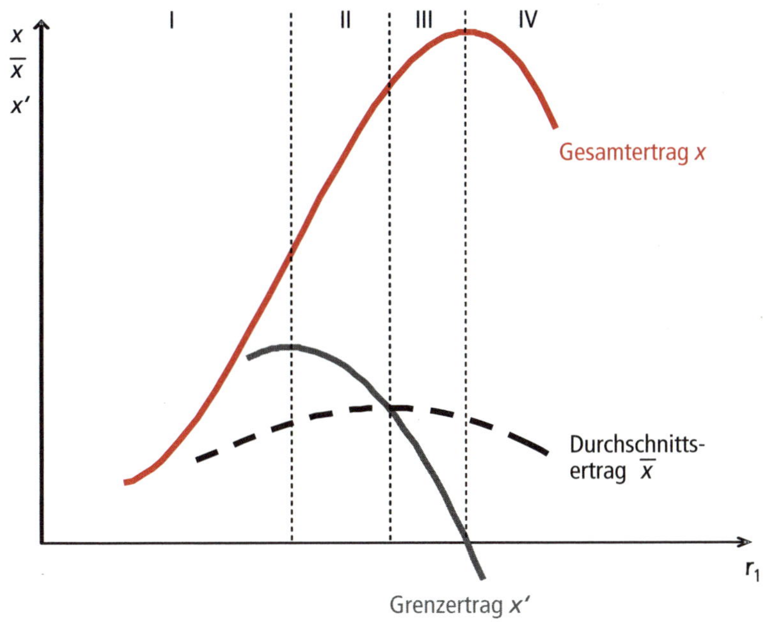

Abbildung 3.3: Produktionsfunktion vom Typ A

2. **Limitationalität**. Beim Vorliegen einer limitationalen Produktionsfunktion können die Produktionsfaktoren nur in einem bestimmten Verhältnis zueinander eingesetzt werden. Die grundlegende Form dieser Produktionsfunktion ist die **linear-limitationale Produktionsfunktion** (Leontief-Produktionsfunktion). Bei einem konstanten Mengenverhältnis der Produktionsfaktoren führt eine Steigerung des Einsatzes derselben zu einem proportionalen Anstieg des Produktionsertrags (Produktionselastizitäten = 1). So wird beispielsweise in der Tischproduktion ein Tisch ($x = 1$) aus den Produktionsfaktoren Tischplatte ($r_1 = 1$) und Tischbeinen ($r_2 = 4$) hergestellt (vgl. Abbildung 3.4). Dieses Verhältnis (1:4) muss immer gegeben sein. Die Steigerung nur eines Faktors führt zu keiner Steigerung des Produktionsertrags (Output). Die notwendige Einsatzmenge jedes Produktionsfaktors (r_i) je Produkteinheit bei effizienter Produktion wird im Inputkoeffizienten (a_i) ausgedrückt, somit gilt:

$$r_i = a_i \times x$$

Da im Normalfall nicht alle Produktionsfaktoren in unbegrenzten Mengen verfügbar sind, kann ein einzelner Produktionsfaktor den maximal erzielbaren Output x beschränken und wird daher als limitationaler Produktionsfaktor bezeichnet. Wenn beispielsweise die Produktionsfaktoren für das Produkt Tisch in den Mengen $r_1 = 4$ und $r_2 = 12$ gegeben sind, dann bildet r_2 den limitationalen Faktor, da mit dieser Menge nur maximal drei Tische hergestellt werden können. Somit gilt für den maximal erzielbaren Output x:

$$x = Min(\frac{r_1}{a_1}, \frac{r_2}{a_2})$$

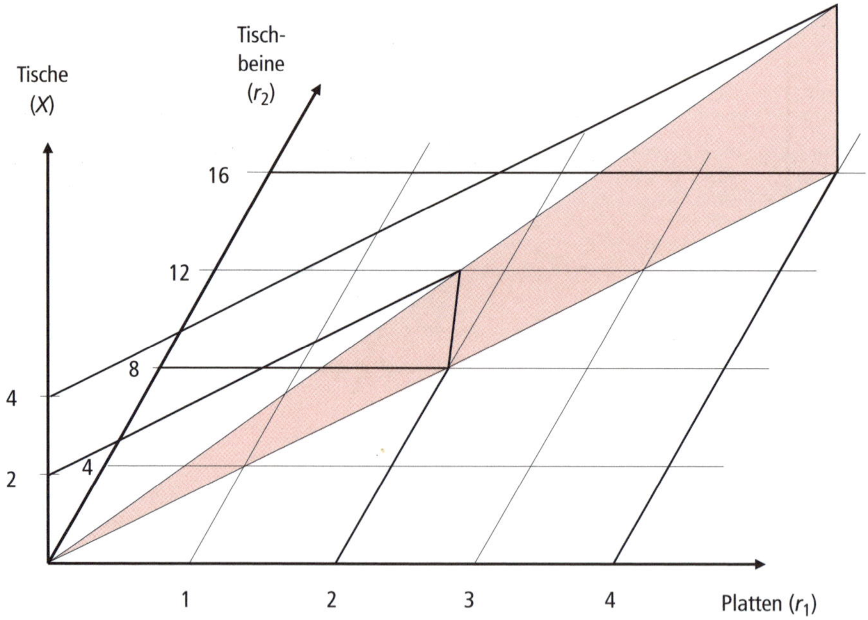

Abbildung 3.4: Linear-limitationale Produktionsfunktion

Die von Gutenberg entwickelte Produktionsfunktion vom Typ B ist limitational. Die linear-limitationale Produktionsfunktion kann als praxisrelevanter Spezialfall angesehen werden (vgl. Stücklisten in Abschnitt 7.2). In der Produktionsrealität finden sich jedoch häufig auch nicht lineare Zusammenhänge, z.B. steigt bei einer Erhöhung der Geschwindigkeit beim Autofahren der Einsatz des Produktionsfaktors Treibstoff überproportional.

Zur Erhöhung des Produktionsertrags stehen nach Gutenberg grundsätzlich drei Möglichkeiten zur Verfügung:

1. Bei der **intensitätsmäßigen Anpassung** bleiben die Anzahl der Potenzialfaktoren und deren Einsatzzeit gleich. Die Mengensteigerung wird durch eine intensivere Nutzung der Potenzialfaktoren erzielt, z.B. durch Erhöhung der Drehzahl der Maschinen.
2. Bei der **zeitlichen Anpassung** wird mit einer gleichbleibenden Anzahl von Potenzialfaktoren die Einsatzzeit verlängert, z.B. durch die Einführung einer weiteren Schicht.
3. Bei der **mengenmäßigen Anpassung** bleiben die Einsatzzeit und die Intensität der Nutzung der Potenzialfaktoren gleich. Die Mengensteigerung wird durch eine Erhöhung der Anzahl der Potenzialfaktoren erreicht, z.B. durch den Einsatz zusätzlicher Maschinen.

3.4 Output (Güter und Dienstleistungen)

Output eines Produktionsprozesses sind entweder Güter oder Dienstleistungen (Güter- oder Dienstleistungsproduktion). Güter sind materielle Leistungen und werden von Sachleistungsbetrieben produziert, z.B. Pkw-Produktion, Möbeltischlerei, Bäckerei. Bei Dienstleistungen handelt es sich um körperlich nicht greifbare (immaterielle) Leistungen.

Zu den Dienstleistungen zählen:

- Persönliche Dienste an Menschen (z.B. Information, ärztliche Behandlung) oder an der Gesellschaft (z.B. Schulwesen)
- Dienste zur Vollendung des Produktionsprozesses bzw. des Güterkreislaufes:
  - Finanzielle Dienste (Banken, Versicherungen)
  - Überbrückungsdienste (Handel, Transportwesen)
  - Beratungsdienste (Werbung, Rechtsberatung)
- Erhaltungs- und Reparaturdienste (Reinigung, Inspektion)

Dienstleistungen werden von Dienstleistungsbetrieben erbracht, z.B. Transportbetriebe, Handels- und Bankbetriebe. Dienstleistungen fungieren entweder unterstützend für die Gütererstellung (z.B. technische Beratung) oder sind unmittelbar verbrauchsorientiert (d.h. autonome Leistungen für den Konsumenten, z.B. Tourismus).

Dienstleistungen werden entweder direkt an Menschen (Subjekte), z.B. ein Haarschnitt, oder an Objekten, z.B. der Transport eines Gutes, erbracht. Die Menschen bzw. Objekte, an denen die Dienstleistung vollzogen wird, werden vereinzelt als „externe Faktoren" bezeichnet. Wenn sie fehlen, kann die Dienstleistungsproduktion nicht erfolgen.

Die mangelnde Speicherfähigkeit erfordert eine Synchronisierung von Produktion und Verbrauch bzw. von Leistungserstellung und Leistungsabgabe.

Folgende Tabelle 3.1 zeigt die charakteristischen Merkmale von Gütern und Dienstleistungen:

Güter	Dienstleistungen
Materieller Output	Immaterieller Output
Lagerungsfähig, im Voraus produzierbar (Lager zwischen Produktion und Konsumierung möglich)	Lager im engeren Sinne nicht möglich, jedoch Verschiebung der Dienstleistungsproduktion in aufkommensschwache Zeiten (z.B. Flugreisen, Urlaube)
Zuerst Erstellung des Produkts, dann Kundenerfahrung	Erbringung der Leistung und Kundenerfahrung häufig gleichzeitig
Bei Erstellung der Leistung ist die Anwesenheit des Kunden NICHT notwendig	Erfordert in der Regel die physische Anwesenheit des Objekt- (Dienstleistungen an Objekten) oder Subjektfaktors (Dienstleistungen an Menschen) bei Erstellung
Herstellungsprozesse richten sich nach ökonomischen und materialbedingten Vorgaben	Höhere Anforderungen bezüglich Gestaltung der Prozesse (Umgangsformen, Umweltgestaltung, Kundenorientierung)
Messung der Qualität des Produkts oftmals standardisiert (z.B. DIN, ISO)	Messung der Qualität der Leistung erfolgt oft subjektiv durch den Kunden
Beispiele: Handwerksbetriebe (Maurer, Tischler), Industriebetriebe	Beispiele: Banken, Versicherungen, Transportunternehmen, Gastronomie, Friseure, Handelsunternehmen

Tabelle 3.1: Merkmale von Gütern und Dienstleistungen

3.5 Effizienz von Faktoren

Der im Rahmen der betrieblichen Leistungserstellung erzielbare oder erzielte mengenmäßige Gesamtertrag hängt vom Einsatz der Produktionsfaktoren ab. Das mengenmäßige Gesamtergebnis ist eine Funktion der jeweils eingesetzten Produktionsfaktoren (Produktionsfunktion).[4]

Kennzahlen (auch KPIs = Key Performance Indicators, Ratios, Kennziffern oder Messzahlen genannt[5]) sind quantitative Daten, die als bewusste Vereinfachung der komplexen wirtschaftlichen Realität über zahlenmäßig erfassbare betriebswirtschaftliche Sachverhalte informieren sollen. Sie dienen dazu, schnell und prägnant einen ökonomischen Sachverhalt zahlenmäßig zu erfassen, für den eine Vielzahl relevanter Einzelinformationen vorliegen, deren umfassende Auswertung für den normalen Informationsbedarf zu aufwendig ist. [6]

Die Effizienz von Faktoren kann u.a. mit folgenden Kennzahlen dargestellt werden:

- Produktivität
- Wirtschaftlichkeit
- Rentabilität

4 Vgl. Lechner, K., Egger, A., Schauer, R. (2005), S. 409 ff.
5 Vgl. Probst, J. (2004), S. 13
6 Vgl. Küpper, H.-U., Weber, J. (1995), S. 172

Die **Produktivität** drückt die mengenmäßige Ergiebigkeit einer wirtschaftlichen Tätigkeit aus und erlaubt Aussagen darüber, wie gut die eingesetzten Faktoren genutzt werden. Diese Kennzahl gilt für die Betrachtung eines einzelnen Faktors, eines Betriebs oder einer Branche. Bei der Produktivitäts-Kennzahl steht der Output (Sachgüter, Dienstleistungen) in Relation zu den Input-Faktoren, wobei nach einzelnen Produktionsfaktoren (Material, Arbeit, ...) differenziert werden kann.

$$Arbeitsproduktivität = \frac{Produktmenge}{Arbeitsstunden}$$

Eine Steigerung der Arbeitsproduktivität kann z.B. durch den Einsatz anderer Betriebsmittel erfolgen (besseres Werkzeug, größeres Fahrzeug), eventuell aber auch durch organisatorische Verbesserungen erreicht werden.

$$Maschinenproduktivität = \frac{Produktmenge}{Maschinenstunden}$$

$$Materialergiebigkeit = \frac{Produktmenge}{Materialverbrauch}$$

Wirtschaftlichkeit ist die monetär bewertete Ergiebigkeit. Die Wirtschaftlichkeit wird meist als Verhältnis zwischen den Erträgen und Aufwendungen oder zwischen den Leistungen und Kosten definiert. Das Wirtschaftlichkeitsprinzip (auch ökonomisches Prinzip) fordert, dass mit gegebenen Mitteln ein möglichst großer Bedarfsdeckungseffekt (Maximumprinzip) oder ein gegebener Bedarfsdeckungseffekt mit möglichst wenigen Mitteln (Minimumprinzip) erzielt werden soll.

$$Wirtschaftlichkeit = \frac{Erträge}{Aufwendungen} \text{ oder } \frac{Leistungen}{Kosten}$$

Die **Rentabilität** eines Unternehmens gibt an, wie hoch sich das eingesetzte Kapital während einer bestimmten Zeitspanne verzinst hat. Die Rentabilität bezeichnet somit das Verhältnis des Gewinns zum erzielten Umsatz (Umsatzrentabilität) oder zum eingesetzten Kapital (Kapitalrentabilität). Bei Betrachtung der Eigenkapitalrentabilität wird nur das von den Eigentümern im Unternehmen eingesetzte Kapital in die Rentabilitätsrechnung einbezogen.[7]

$$Umsatzrentabilität = \frac{Gewinn}{Umsatz}$$

$$Eigenkapitalrentabilität = \frac{Gewinn}{Eigenkapital}$$

Eine wichtige Nebenbedingung zur Aufrechterhaltung der Geschäftstätigkeit ist die **Liquidität**. Sie beschreibt die Fähigkeit eines Unternehmens, das finanzielle Gleichgewicht zu wahren, also seinen Zahlungsverpflichtungen fristgerecht zu entsprechen. Dabei ist es unerheblich, ob die Zahlung der fälligen Verbindlichkeiten aus eigenen Mitteln oder durch die Aufnahme von Krediten erfolgt. Die Einhaltung der Liquidität bzw. die Sicherung des finanziellen Gleichgewichts ist wichtig, da sonst die Existenz

7 Vgl. Schmalen, H. (2003), S. 32 f.

des Unternehmens gefährdet ist. Sind im Unternehmen nicht genügend Geldmittel vorhanden, bedeutet dies Zahlungsunfähigkeit oder Illiquidität.[8]

$$Liquidität = \frac{Flüssige\ Mittel\ im\ Betrachtungszeitraum}{Zahlungsverpflichtungen\ im\ Betrachtungszeitraum}$$

Für die Sicherung der Liquidität reichen Kennzahlen in der Regel nicht aus. Vielmehr bedarf es dafür eines Finanzplans, der alle Einnahmen und Ausgaben periodengerecht erfasst.

Da einzelne Kennzahlen häufig nur begrenzte Aussagekraft haben, werden mehrere Kennzahlen in **Kennzahlen-Systemen** zusammengefasst, strukturiert und aufeinander abgestimmt, um die Aussagekraft zu erhöhen.

Das folgende Kennzahlen-System (**ROI-System**) zeigt, wie einzelne Größen (z.B. Umsatz, Kosten, Preis, Menge, Anlage- und Umlaufvermögen) in der Kennzahl ROI zusammenfließen. Der Return on Investment (ROI) bildet die Spitze dieses Kennzahlen-Systems und besteht aus einzelnen Komponenten (z.B. Umsatz). Die folgende Abbildung 3.5 gibt einen Überblick über das ROI-System.

$$ROI = \frac{Gewinn}{Umsatz} \times \frac{Umsatz}{Kapital}$$

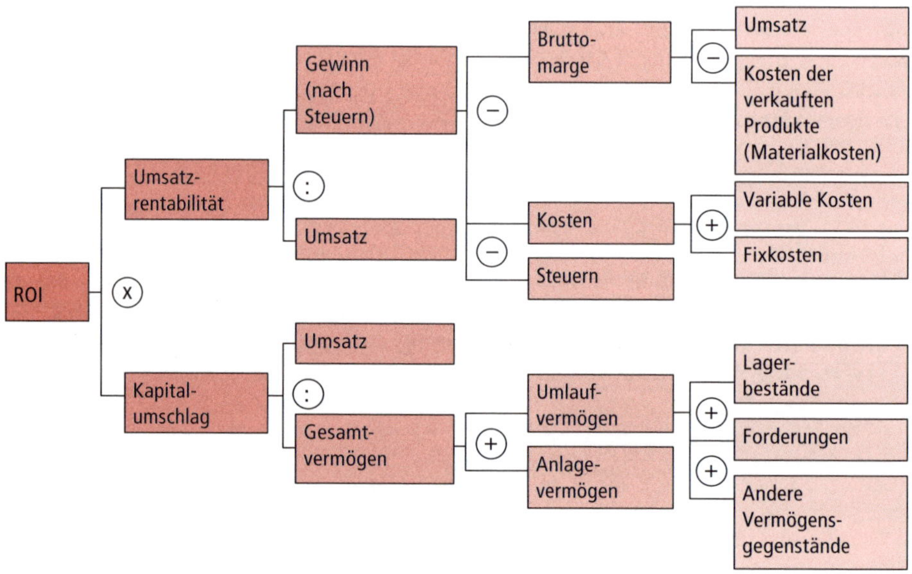

Abbildung 3.5: Das ROI-System

Die Veränderung der einzelnen Rechengrößen wirkt sich direkt auf den ROI aus.[9] So bedeutet z.B. eine Erhöhung der Materialergiebigkeit (Senkung des Materialeinsatzes pro Output-Einheit) eine Steigerung von Bruttomarge, Gewinn (nach Steuern) und Umsatzrentabilität. Dies wirkt sich positiv auf den ROI aus, wie in der folgenden Abbildung 3.6 dargestellt wird.

8 Vgl. Schmalen, H. (2003), S. 35

9 Vgl. Zäpfel, G. (2001), S. 44

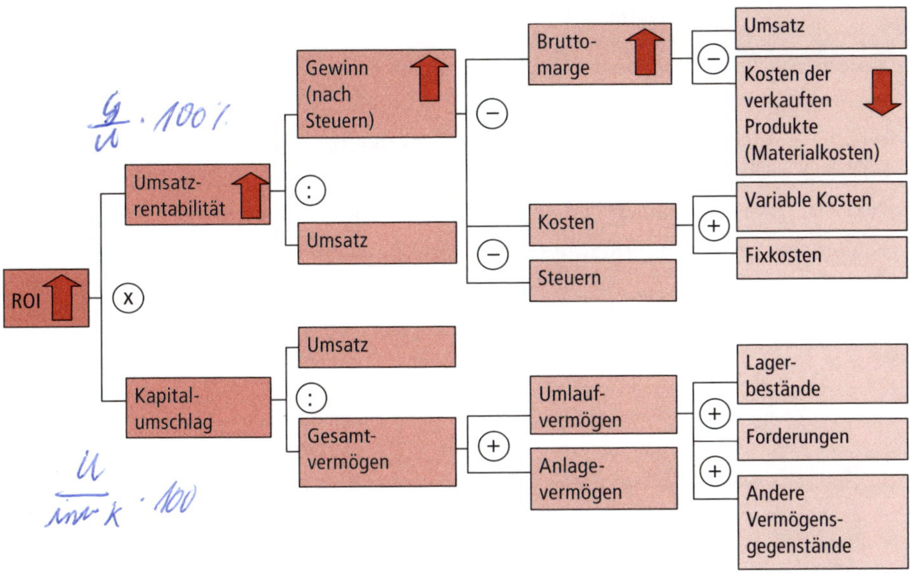

Abbildung 3.6: Steigerung des ROI durch Erhöhung der Materialergiebigkeit

Z U S A M M E N F A S S U N G

Im Rahmen der Faktorbetrachtung werden Unternehmen als Input-Output-Systeme dargestellt. Aus einzelnen Input-Faktoren (Produktionsfaktoren) wird durch Transformation (Produktion, Faktorkombination) ein Produktionsergebnis (Output) geschaffen. Output der betrieblichen Produktion können Güter (z.B. Pkw) oder Dienstleistungen (z.B. Haarschnitt) sein. Diese unterscheiden sich grundlegend dadurch, dass Güter materiell und lagerungsfähig sind. Dienstleistungen hingegen sind immateriell und erfordern zur Leistungserstellung in der Regel die physische Anwesenheit des Objekt- oder Subjektfaktors.

Zur Messung der Effizienz einzelner Produktionsfaktoren werden Kennzahlen verwendet. Diese können in Kennzahlen-Systemen (z.B. ROI-System) miteinander verknüpft werden, um die Auswirkungen der Veränderung eines Faktors auf den Erfolg des gesamten Unternehmens zu messen.

Z U S A M M E N F A S S U N G

3.6 Übungsfragen

1. Welche Faktoren unterscheidet Gutenberg in seiner Basis-Systematik?
2. Was bedeutet Faktorkombination?
3. Welche zusätzlichen Faktoren werden im erweiterten System von Produktionsfaktoren berücksichtigt?
4. Welche Arten von Output gibt es und wie unterscheiden sie sich?
5. Vergleichen Sie den Informationsgehalt von Kennzahlen und Kennzahlen-Systemen.

Lösungen zu den Übungsfragen und weiterführende Materialien finden Sie auf der Companion Website zum Buch unter *www.pearson-studium.de*.

Prozessbetrachtung

4

ÜBERBLICK

Innerhalb der Betriebswirtschaftslehre lassen sich im Zeitablauf unterschiedliche Ansätze beobachten. Trotz der Vielzahl der Entwicklungen soll der Versuch einer groben Skizzierung der für Beschaffung, Produktion und Logistik wichtigsten Entwicklungsstufen unternommen werden. Die Entwicklung der Betriebswirtschaftslehre und die Adaption betriebswirtschaftlicher Theorien in den Unternehmen sind wesentlich durch Einflüsse aus der anglo-amerikanischen Einzelwirtschaftslehre (Business Administration) gekennzeichnet. Abbildung 4.1 zeigt einen Überblick über die Entwicklung von der Funktions- hin zur Prozessorientierung innerhalb der Betriebswirtschaftslehre, die anschließend kurz erläutert wird.

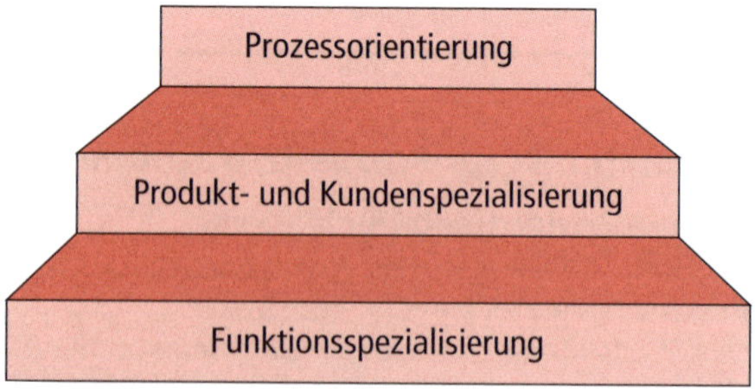

Abbildung 4.1: Betriebswirtschaftliche Entwicklungsstufen

4.1 Von der Funktions- zur Prozessbetrachtung

Die Grundlagen für die Funktionsspezialisierung durch Arbeitsteilung finden sich in den Theorien von Adam Smith und Frederick Winslow Taylor. Die erste Theorie zur **Funktionsspezialisierung** durch Arbeitsteilung in der klassischen Literatur stammt von **Adam Smith**. Um den Grundgedanken der Produktivitätssteigerung durch Arbeitsteilung zu verdeutlichen, wählte Smith das Beispiel der Stecknadelproduktion:

> *Der eine Arbeiter zieht den Draht, der andere streckt ihn, ein dritter schneidet ihn, ein vierter spitzt ihn zu, ein fünfter schleift das obere Ende, damit der Kopf aufgesetzt werden kann. Um eine Stecknadel anzufertigen, sind somit etwa 18 verschiedene Arbeitsgänge notwendig. Ich selbst habe eine kleine Manufaktur gesehen, in der nur zehn Leute beschäftigt waren, sodass einige von ihnen zwei oder drei solcher Arbeiten übernehmen mussten. So waren die zehn Arbeiter imstande, täglich etwa 48.000 Nadeln herzustellen, jeder also ungefähr 4.800 Stück. Hätten sie indes alle einzeln und unabhängig voneinander gearbeitet, noch dazu ohne besondere Ausbildung, so hätte der Einzelne gewiss nicht einmal 20, vielleicht sogar keine einzige Nadel am Tag zustande gebracht. Mit anderen Worten, sie hät-*

ten mit Sicherheit nicht den zweihundertvierzigsten, vielleicht nicht einmal den vierhundertachtzigsten Teil von dem produziert, was sie nunmehr infolge einer sinnvollen Teilung und Verknüpfung der einzelnen Arbeitsgänge zu erzeugen imstande waren.[1]

Die Arbeitsteilung wirkt laut Smith in dreifacher Weise auf die Produktivität: Zum einen steigert die Arbeitsteilung die Geschicklichkeit eines jeden einzelnen Arbeiters. Zum anderen spart sie Zeit, die sonst beim Wechsel zwischen unterschiedlichen Tätigkeiten verloren geht, und schließlich liefert sie Anreize, Maschinen einzusetzen, welche die Arbeit erleichtern und beschleunigen.[2]

Adam Smith wurde 1723 in Kirkcaldy (Schottland) geboren und starb 1790 in Edinburgh. Er gilt als Begründer der liberalen Nationalökonomie.[3] In Glasgow und Oxford studierte Smith Mathematik, Philosophie, Sprachen und Ökonomie. 1750 wurde er Professor für Logik an der Universität von Glasgow. Im Jahre 1752 erhielt er den Lehrstuhl für Moralphilosophie, den er bis 1764 innehatte. Nach einigen Jahren der literarischen Tätigkeit veröffentlichte er 1776 das bahnbrechende Werk „An Inquiry into the Nature and Causes of the Wealth of Nations" (kurz: „Wealth of Nations"). Im Jahr 1779 übernahm er das Amt des königlichen Zollkontrolleurs für Schottland, das er bis zu seinem Tode bekleidete.

Auswahl seiner Werke:

- „The Theory of Moral Sentiments", 1759
- „An Inquiry into the Nature and Causes of the Wealth of Nations", 1776

Grundgedanke des **Scientific Management** von **Frederick Winslow Taylor** ist es, durch Arbeitsteilung menschliche Funktionsträger so effizient wie möglich einzusetzen. Die Arbeitsteilung führt zu einer starken Zerlegung und Spezialisierung der Arbeitsprozesse. Ein Mitarbeiter soll sich also nicht mit vielen verschiedenartigen Aufgaben befassen, sondern sich konsequent auf eine oder wenige Aufgaben spezialisieren. Ein weiterer Gedanke Taylors, der im Hinblick auf die Entwicklung der Unternehmen wichtig erscheint, ist die Trennung disponierender und ausführender Funktionen im Unternehmen.

1 Vgl. Smith, A. (2005), S. 90
2 Vgl. Smith, A. (2005), S. 91 ff.
3 Vgl. Hesse, H. (2003), S. 334 f.

Frederick Winslow Taylor wurde am 20.3.1856 in Philadelphia geboren, wo er am 21.3.1915 auch verstarb. Er gilt als Begründer des Scientific Management, einer Weiterentwicklung der Funktionsspezialisierung, die die industrielle Produktion revolutionierte und Unternehmen auch heute noch beeinflusst.[4]

Taylor absolvierte von 1874 bis 1878 eine Lehre zum Modellbauer und Maschinisten und begann danach als Ingenieur bei einem amerikanischen Stahlkonzern. In seiner Freizeit studierte er Maschinenbau und widmete sich der Entwicklung von Golfschlägern und anderen Sportartikeln. Im Jahr 1898 wurde er Berater bei der Bethlehem Iron Company und begann mit der ersten systematischen Erfassung von Arbeitsprozessen. Trotz der erzielten Produktivitätssteigerungen wurde Taylor im Jahr 1901 entlassen, da seine Methoden von der Belegschaft und der Unternehmensführung als inhuman kritisiert wurden. So machte sich Taylor selbstständig und erlangte durch seine Publikationen große Bekanntheit. Er beriet in Folge mehr als 200 amerikanische und europäische Unternehmen bei der streng wirtschaftlichen Planung ihrer Produktionsabläufe und der von ihm entwickelten „wissenschaftlichen Betriebsführung".

Auswahl seiner Werke:

- „A Piece-Rate System", 1895
- „Shop Management", 1903
- „The Principles of Scientific Management", 1911

Auf die Phase der Funktionsspezialisierung folgte die Phase der **Produkt- und Kundenspezialisierung**. Ziel der Unternehmen war es dabei, sich stärker an den Bedürfnissen der Kunden zu orientieren, d.h. die Wünsche der Kunden besser zu erkennen bzw. zu wecken und diese zu befriedigen. Die Produkte wurden individualisierter und an den Kunden angepasst erzeugt.

4.2 Prozess(Fluss-)orientierte Sichtweise

Aufbauend auf der Produkt- und Kundenspezialisierung war es Ziel der Unternehmen, den Fluss von Material und Informationen durch das Unternehmen zu verbessern. Dies ergibt sich aus der Forderung der Kunden nach geringeren Lieferzeiten und aus dem Bestreben der Unternehmen, durch kürzere Durchlaufzeiten der Unsicherheit über die zukünftige Nachfrage besser zu begegnen. Kürzere Reaktionszeiten und größere Flexibilität führen bei großer Unsicherheit zu geringeren Gesamtkosten. Allerdings wird das Management komplexer Beschaffungs- und Produktionssysteme bei steigenden Anforderungen an Präzision, Schnelligkeit und Flexibilität immer schwieriger. Hier setzt die **Prozessorientierung** (Flussorientierung) an, um die unternehmensinternen und -übergreifenden Waren- und Informationsströme besser zu koordinieren.

4 Vgl. Hesse, H. (2003), S. 358 f.

Als Pionier gilt in diesem Zusammenhang die japanische Toyota Motor Company. Dort wurde bereits nach dem Zweiten Weltkrieg mit der Entwicklung eines prozessorientierten Produktionssystems unter dem Namen „Lean Production" begonnen (vgl. Abschnitt 4.3.3).

4.2.1 Begriff und Merkmale des Prozessmanagements

In der Umgangssprache wird das Wort „Prozess" mit Dynamik, Entwicklung oder dem „Fließen" von Dingen assoziiert (lat. procedere = Voranschreiten).

Definition Ein **Geschäftsprozess** ist ein abgrenzbarer, meist arbeitsteiliger Vorgang, der zur Erstellung oder Verwertung betrieblicher Leistungen führt. Die Betonung liegt hierbei auf der Leistungsorientierung im Rahmen einer Kunden-Lieferanten-Beziehung. Es geht sowohl um die Orientierung des Leistungsangebots am externen Kunden als auch um die Orientierung an den internen Kunden (z.B. zwischen den einzelnen Produktionsstufen).[5]

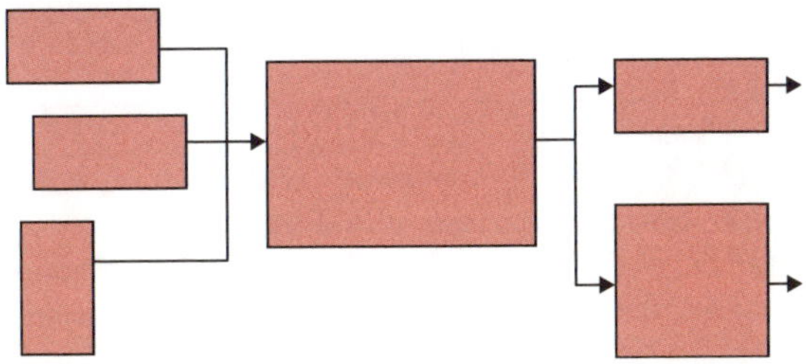

Ein Geschäftsprozess (**Hauptprozess**) ist somit eine Folge zusammenhängender Aktivitäten (**Teilprozesse**), die in einer Leistungsbeziehung stehen und innerhalb einer bestimmten Zeitspanne nach bestimmten Regeln stattfinden. Für die Teilprozesse können unterschiedliche Varianten existieren (**Prozessvarianten**). Jeder Geschäftsprozess beinhaltet eine Transformation von Input-Einheiten in Output (Güter oder Dienstleistungen) mittels Ressourcen (Betriebsmittel und Mitarbeiter). Input eines Geschäftsprozesses sind Flusseinheiten (Flow Units) in Form von Material, Kunden, Daten/Information/Wissen oder Geld.

Wie Abbildung 4.2 zeigt, bestehen sowohl Geschäftsprozesse als auch deren Teilprozesse jeweils aus Input-Output-Beziehungen, die durch einen Transformationsprozess verbunden sind. Auch das Management des Geschäftsprozesses (Prozessmanagement) kann als Input-Output-Transformation dargestellt werden.

5 Vgl. Zäpfel, G., Piekarz, B. (1996), S. 100

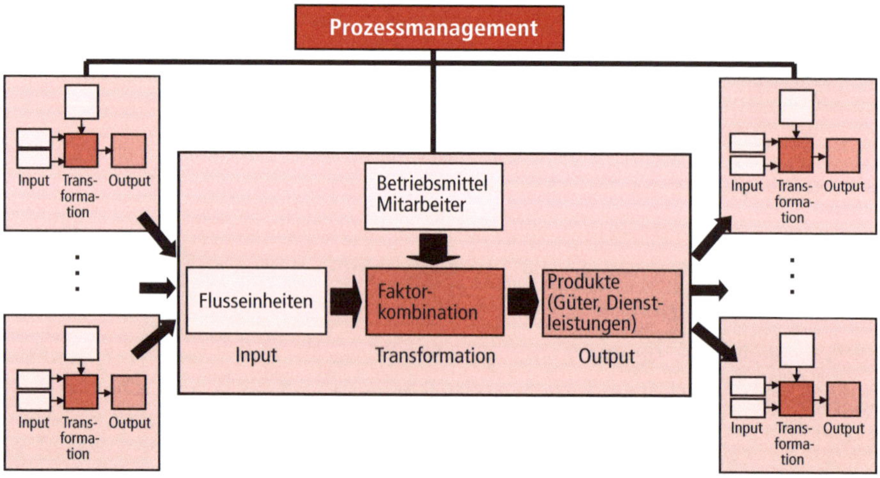

Abbildung 4.2: Geschäftsprozessmodell

Bei der Planung und Organisation unternehmensinterner Prozesse wird im Folgenden von **Prozessmanagement** gesprochen, bei unternehmensübergreifenden Prozessen wird der Begriff des **Supply Chain Managements** (vgl. Teil IV) verwendet.

Definition

Supply Chain Management (SCM) ist ein prozessorientierter Managementansatz, der alle Flüsse von Rohstoffen, Bauteilen, Halbfertig- und Fertigprodukten und Informationen entlang der Wertschöpfungskette/Lieferkette (Supply Chain) vom Rohstofflieferanten bis zum Endkunden umfasst und das Ziel der Ressourcenoptimierung für alle an der Supply Chain beteiligten Unternehmen verfolgt.

4.2.2 Praxisbeispiele zu Geschäftsprozessen

Die Autoteile GmbH beschäftigt sich schwerpunktmäßig mit der Verwertung von Unfallfahrzeugen und dem Handel gebrauchter Autoteile. Zur Ergänzung des Sortiments werden auch Neuteile und für die Reparatur notwendige Materialien angeboten.

Die Autoteile GmbH unterhält vier „Produktionsstandorte" (Niederlassungen), in denen Unfallfahrzeuge gelagert und verwertet sowie die für den Vertrieb bestimmten Teile gelagert werden. In diesen Niederlassungen wird auch das gesamte Teilespektrum vertrieben. Außerdem verfügt das Unternehmen über zehn Verkaufsläden, die Endkunden sowie freie Werkstätten beraten und die eine distributionslogistische Funktion wahrnehmen: Mitarbeiter der Läden holen von den Niederlassungen Teile und liefern diese entweder direkt oder nach Zwischenlagerung an die Kunden aus. Diese Form des Vertriebs erfolgt auch von den Produktionsstandorten. Die folgenden Abbildungen 4.3 und 4.4 zeigen die Teilprozesse der beiden Geschäftsprozesse Verwertung und Handel.

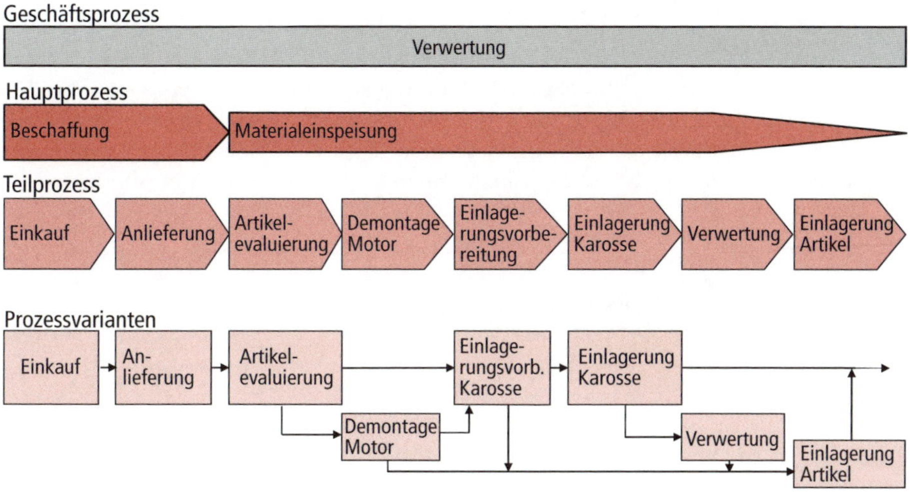

Abbildung 4.3: Geschäftsprozess – Verwertung (Autoteile GmbH)

Aus der Abbildung wird deutlich, dass es unterschiedliche Prozessvarianten gibt. Der Teilprozess „Demontage" wird nur durchgeführt, wenn Unfallfahrzeuge mit Motor angeliefert werden. Er entfällt, wenn Autozubehör und Teile beschafft werden oder die Unfallfahrzeuge keinen Motor mehr haben.

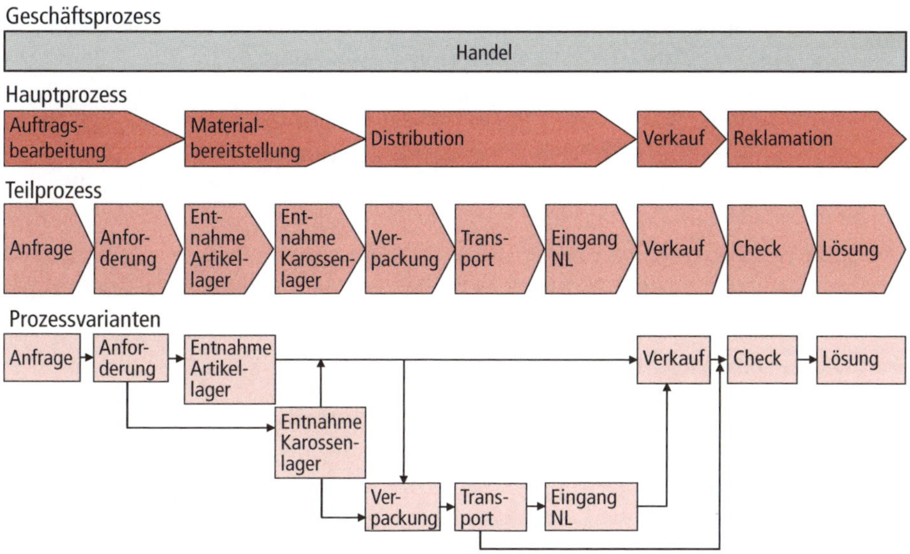

Abbildung 4.4: Geschäftsprozess – Handel (Autoteile GmbH)

Bestellt ein Kunde ein Teil, so wird eine interne Anforderung generiert. Die für den Auftrag benötigten Teile können entweder aus dem Artikel- oder dem Karossenlager entnommen werden. Werden die Teile an andere Niederlassungen (NL) oder direkt an den Endkunden versendet, so werden sie verpackt und transportiert. Werden die Teile am Standort direkt verkauft, so entfallen der Verpackungs- und Transportprozess.

4.2.3 Das SCOR-Modell als unternehmensübergreifendes Prozessmanagement

Eine besondere Ausprägung des Geschäftsprozessmanagements stellt das Supply Chain Operations Reference (SCOR)-Modell dar. Mit diesem Modell können bestehende Geschäftsprozesse erfasst und analysiert werden. Dies kann sowohl für ein einzelnes Unternehmen, als auch unternehmensübergreifend für gesamte Supply Chains erfolgen (vgl. Abschnitt 4.2.1).

Definition

Das **Supply Chain Operations Reference-Modell** (SCOR-Modell) ist ein Werkzeug zur Messung der Effizienz unternehmensinterner und unternehmensübergreifender Geschäftsprozesse.

Das Modell wurde vom Supply Chain Council (SCC), einer unabhängigen Non-Profit-Organisation, entworfen. Die Idee einer Standardmethode zur Beschreibung und Analyse aller Gesichtspunkte einer Supply Chain (SC) wurde Anfang 1996 von zwei Bostoner Unternehmensberatungen entwickelt. Mittlerweile hat das SCC an die 1.000 Mitglieder weltweit und gilt als Standardtool im Supply Chain Management. Interessierte Leser finden weitere Informationen dazu unter *http://www.supply-chain.org*.

Das SCOR-Modell integriert folgende Konzepte in einem umfassenden Referenzmodell:[6]

- **Business Process Reengineering** dient der Erhebung des aktuellen Zustandes eines Geschäftsprozesses und der Ableitung eines Idealzustandes für die Zukunft. Der Idealzustand wird oftmals durch radikale Änderungen im Unternehmen herbeigeführt (Abschnitt 4.3.2).
- **Benchmarking** ist eine Methode zur Erhebung und Verbesserung der Leistungsfähigkeit von Geschäftsprozessen durch den Vergleich mit Unternehmen derselben und anderer Branchen.
- **Best Practice Analysen** werden zur Identifikation von Management-Praktiken und Softwarelösungen eingesetzt, die zu bestmöglichen betrieblichen Leistungen innerhalb einer bestimmten Branche führen.

Das SCOR-Modell ist ein allgemein gehaltenes Referenzmodell und kann auf Geschäftsprozesse unterschiedlicher Supply Chains angewendet werden. Die Hauptaufgabe besteht in der Beschreibung aller auf die Befriedigung der Kundenbedürfnisse gerichteten Aktivitäten und Prozesse in Form einer einheitlichen Sprache. Das SCOR-Modell bildet somit eine weithin anerkannte Struktur als Basis für spezifische Modelle unterschiedlicher Branchen, um die Zusammenarbeit von Unternehmen in Supply Chains zu erleichtern und Ansatzpunkte für die unternehmensübergreifende Messung der Effizienz zu schaffen.

6 Vgl. Supply Chain Council (2008), S. 1, *http://www.supply-chain.org*

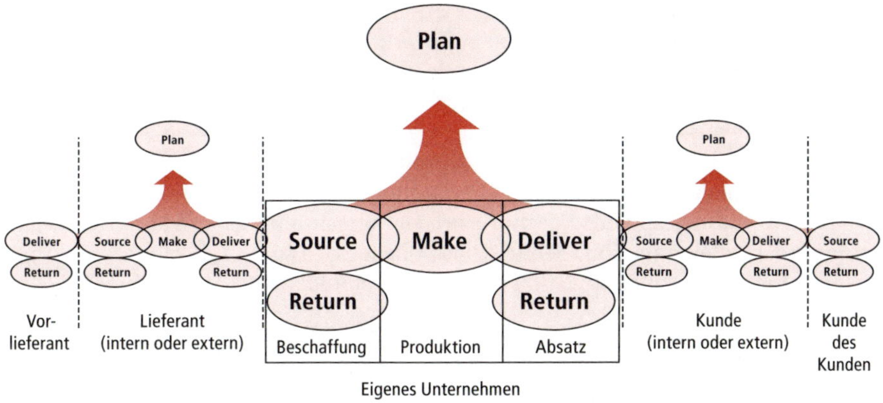

Abbildung 4.5: Wirkungsbereich und Prozesse des SCOR-Modells [7]

Im Rahmen des SCOR-Modells werden alle beteiligten Vorlieferanten und Lieferanten, das eigene Unternehmen sowie direkte Kunden und deren Kunden in Form einer integrierten Supply Chain betrachtet (vgl. Abbildung 4.5). Die Prozesse „source", „make", „deliver" und „return" entsprechen den Tätigkeiten der einzelnen Unternehmensbereiche auf der Güterebene (vgl. Abbildungen 4.5 und 2.2), der Prozess „plan" entspricht den Informationsflüssen auf der dispositiven Ebene (vgl. Abbildung 2.4).

Das SCOR-Modell besteht aus vier hierarchisch angeordneten Ebenen, wobei nur die oberen drei Ebenen im Rahmen des Modells näher spezifiziert sind: Auf der **höchsten Ebene** (Ebene 1) werden Umfang und Inhalt der Aufgaben aller Teilnehmer einer Supply Chain beschrieben, voneinander abgegrenzt und den folgenden fünf Prozesstypen zugeordnet:

- **Planung (plan)** umfasst alle Planungsprozesse, die die gesamte Supply Chain betreffen und sorgt damit für eine Abstimmung der folgenden vier Prozesse.
- **Beschaffung (source)** beinhaltet die Beschaffungsprozesse, beispielsweise den Einkauf oder die Qualitätsprüfung von Material.
- **Herstellung (make)** umfasst die betriebliche Transformation, beispielsweise Produktionsprozesse und produktionsinterne Lagervorgänge.
- **Lieferung (deliver)** bezieht sich auf die Distributionsprozesse und stellt die Schnittstelle zu den Kunden dar, beispielsweise die Auftragsverwaltung und der Versand.
- **Rücksendung (return)** spricht die Rücklaufprozesse an, wie beispielsweise den Rücklauf von überschüssigen oder defekten Produkten.[8]

Die unternehmensübergreifende Darstellung der Prozesse erfolgt durch die Verknüpfung der Prozesse der beteiligten Unternehmen einer Supply Chain. Beispielsweise sind die Top-Level-Prozesse „Deliver" eines Lieferanten und „Source" des Abnehmers auf der nächsten Stufe miteinander verknüpft.

7 Vom Verfasser übersetzt: Supply Chain Council (2008), *http://www.supply-chain.org*

8 Vgl. Weber, J. (2002), S. 198 ff.

Auf der **Konfigurationsebene** (Ebene 2) werden die fünf oben beschriebenen Prozesstypen in insgesamt 30 Prozesskategorien aufgelöst. Diese Ebene macht wegen des erhöhten Detaillierungsgrades Schnittstellenprobleme und Steuerungsaktivitäten sowie die Verknüpfung der Teilprozesse besser sichtbar.

Die Prozesskategorien teilen sich auf der **Gestaltungsebene** (Ebene 3) weiter in Prozesselemente mit definierten Inputs und Outputs auf.

Die **Implementierungsebene** (Ebene 4) betrachtet die Details der Prozesselemente und ist für die anwendungsspezifische und stark implementierungsbezogene Detaillierung einzelner Prozesselemente vorgesehen. Diese Ebene wird im SCOR-Modell nicht näher betrachtet.[9] Einen Überblick über alle vier Ebenen gibt folgende Abbildung 4.6:

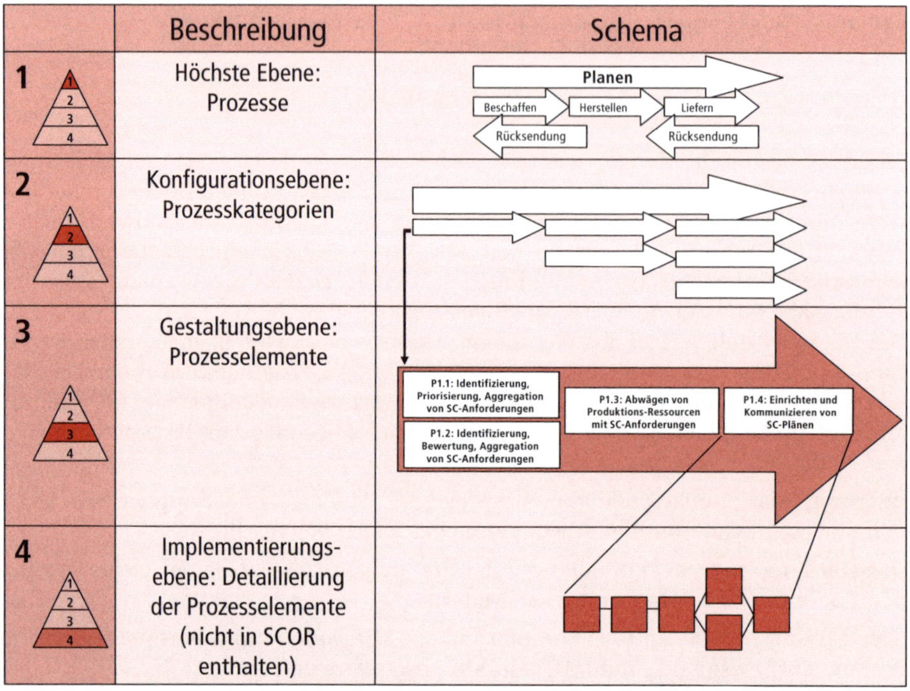

Abbildung 4.6: Ebenen des SCOR-Modells [10]

Zur Messung der Prozesseffizienz gibt es im Rahmen des SCOR-Modells ein System von Kennzahlen (**SCOR Metrics**). Diese sind analog zu den vier Ebenen meist hierarchisch aufgebaut. So setzt sich eine Kennzahl auf Ebene 1 aus mehreren Kennzahlen der darunter liegenden Ebenen zusammen und betrifft meist mehrere der oben angeführten Prozesse. Kennzahlen auf Ebene 1 werden den beiden Sichtweisen „**Kundensicht**" und „**interne Sicht**" zugeordnet (vgl. Tabelle 4.1). [11]

9 Vgl. Stölzle, W., Halsband, E. (2005), S. 541 f.
10 Vom Verfasser modifiziert nach: Supply Chain Council (2008), S. 6, *http://www.supply-chain.org*
11 Vgl. Supply Chain Council (2008), S. 14, *http://www.supply-chain.org*

	Kundensicht			interne Sicht	
Leistungsmerkmal	Zuverlässigkeit	Reaktionsfähigkeit	Flexibilität	Kosten	Kapital
Lieferzuverlässigkeit	x				
Lieferverfügbarkeit	x				
Perfekte Auftragserfüllung	x				
Durchlaufzeit der Auftragsabwicklung		x			
Reaktionszeit der Supply Chain			x		
Flexibilität der Produktion			x		
Kosten des Supply Chain Management				x	
Herstellkosten				x	
Wertzuwachs der Produktivität				x	
Garantieaufwendungen				x	
Cash-to-Cash Cycle Time					x
Lagerreichweite					x
Kapitalumschlag					x

Tabelle 4.1: SCOR-Modell: Spitzenkennzahlen[12]

Aus Sicht des Kunden sind die wichtigsten Aspekte die Zuverlässigkeit, die Reaktionsfähigkeit und die Flexibilität des Lieferanten. So lässt sich beispielsweise die Reaktionsfähigkeit des Lieferanten an der Durchlaufzeit der Auftragsabwicklung messen, also jener Zeit, die der Lieferant benötigt, um einen Kundenauftrag zu bearbeiten.

Für die interne Sichtweise des Unternehmens können beispielsweise die anfallenden Herstellkosten oder der Kapitalumschlag von Bedeutung sein.

Als Beispiel einer Spitzenkennzahl des SCOR-Modells beschreibt die **Cash-to-Cash Cycle Time** die Zeitdauer, wie lange eingesetztes Kapital von der Bezahlung des Materials bis zur Bezahlung durch den Kunden gebunden ist (vgl. Abbildung 4.7).

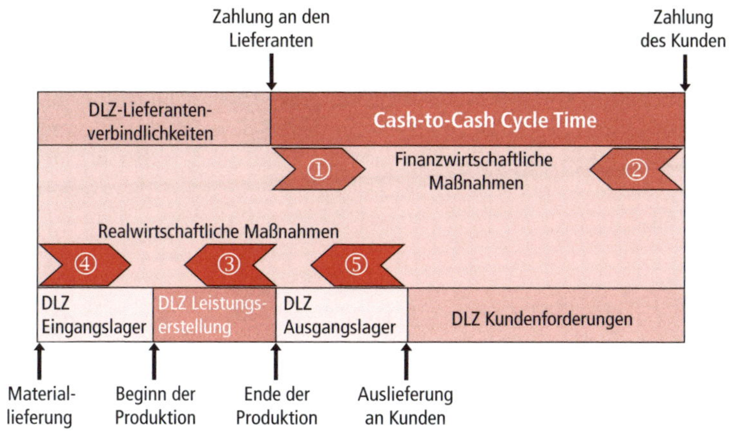

Abbildung 4.7: Cash-to-Cash Cycle Time

12 Vgl. Supply Chain Council (2008), *http://www.supply-chain.org*

Die Cash-to-Cash Cycle Time kann wie folgt anhand der einzelnen Durchlaufzeiten (DLZ) berechnet werden:

Cash-to-Cash Cycle = DLZ Eingangslager
+ DLZ Leistungserstellung (inkl. Zwischenlagerungen)
+ DLZ Ausgangslager
+ DLZ Kundenforderung
– DLZ Lieferantenverbindlichkeiten

Die Reduzierung der Cash-to-Cash Cycle Time kann zum einen durch finanzwirtschaftliche Maßnahmen erfolgen, nämlich durch:

1. Verlängerung des Lieferantenzahlungsziels: Das Unternehmen vereinbart mit den Lieferanten eine Verlängerung des Zahlungsziels, d.h. die Durchlaufzeit der Lieferantenverbindlichkeiten steigt.
2. Beschleunigung der Kundenzahlung: Das Unternehmen vereinbart mit den Kunden eine Verkürzung des Zahlungsziels, z.B. verbunden mit dem Einräumen von Skonti als Anreiz, oder die Rechnungsstellung erfolgt zeitgleich mit der Lieferung. Diese Maßnahmen verkürzen die Durchlaufzeit der Kundenforderungen.

Zum anderen kann die Cash-to-Cash Cycle Time durch realwirtschaftliche Maßnahmen reduziert werden, wie:

3. Verringerung der Durchlaufzeit der Leistungserstellung: Gelingt es einem Unternehmen z.B. durch eine Beschleunigung oder eine Parallelisierung von Produktionsprozessen, Produkte rascher an die Kunden auszuliefern, so verkürzt sich die Durchlaufzeit der Leistungserstellung.
4. Verringerung der Durchlaufzeit im Eingangslager: Ein späterer Anlieferungszeitpunkt bedeutet kürzere Lagerzeiten. Dies kann z.B. durch eine genauere Disposition oder durch Just-in-Time-Anlieferungen erreicht werden. Die spätere Anlieferung führt dazu, dass die Lieferanten – bei gleicher Durchlaufzeit der Lieferantenverbindlichkeiten (Zahlungsziel) – später bezahlt werden müssen. Dadurch wird die Cash-to-Cash Cycle Time verkürzt.
5. Verringerung der Durchlaufzeit im Ausgangslager: Ein früherer Auslieferungszeitpunkt bedeutet kürzere Lagerzeiten. Dies kann z.B. durch eine genauere Disposition erreicht werden. Die frühere Auslieferung führt dazu, dass die Kunden – bei gleicher Durchlaufzeit der Kundenforderungen – früher bezahlen müssen. Bei einer Lagerproduktion (Make to Stock) kann durch eine bessere Prognose der Lagerbestand im Ausgangslager reduziert werden. Hierdurch reduziert sich die Durchlaufzeit im Ausgangslager. Durch beide Maßnahmen wird die Cash-to-Cash Cycle Time verkürzt.

4.3 Messung und Steigerung der Prozesseffizienz

4.3.1 Messung der Effizienz

Für ein effizientes Management von Geschäftsprozessen ist es notwendig, die Prozesse nach den Kriterien „Zeit", „Kosten", „Qualität" und „Flexibilität" zu beurteilen. Damit wird der Forderung nach geringen Kosten und kurzen Zeiten bei höchstmöglicher Qualität Rechnung getragen. Diese Ziele bilden ein „magisches Viereck", wobei zwischen den einzelnen Zielen häufig Konflikte auftreten, das heißt, bei dem Versuch, eine der Zielgrößen zu verbessern, verschlechtert sich meist der Erfüllungsgrad einer der anderen Zielgrößen (vgl. Abbildung 4.8). Folgende Kennzahlen sind bei der Betrachtung der Geschäftsprozesse von Bedeutung:

Zeit, z.B.:

- Lieferzeit (Wie schnell kann ein Unternehmen liefern?)
- Termintreue (Werden Leistungen zum vereinbarten Termin erbracht?)

Kosten, z.B.:

- Anteil der Materialkosten an den Gesamtkosten
- Anteil der Personalkosten an den Gesamtkosten

Qualität, z.B.:

- Ausschussrate (Anteil des Ausschusses am Gesamt-Output)
- Kundenzufriedenheit (z.B. Anzahl der Reklamationen)

Flexibilität, z.B.:

- Flexibilität im Produktangebot (qualitative Flexibilität: Variantenvielfalt)
- Flexibilität in der Produktionsmenge (quantitative Flexibilität)

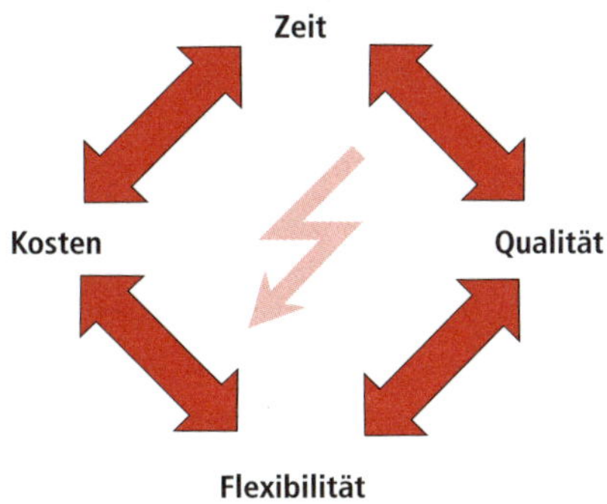

Abbildung 4.8: Zielgrößen und Zielkonflikte beim Prozessmanagement

In vielen Unternehmen werden Spitzenkennzahlen zur Effizienzmessung der betrieblichen Leistungserstellung eingesetzt. Die Spitzenkennzahlen in Tabelle 4.1 sind eine weit verbreitete Messmethode.

4.3.2 Steigerung der Effizienz (BPR, KAIZEN)

Kennzahlen-Systeme (vgl. Abschnitt 3.5) und das SCOR-Modell (vgl. Abschnitt 4.2.3) sind Instrumente zur Diagnose der betrieblichen Leistung. Unternehmen müssen auf veränderte Umweltbedingungen und Anforderungen am Markt rasch reagieren. Um die notwendigen Veränderungen im Unternehmen planen und umsetzen zu können, ist ein konsequentes Management von Veränderungsprozessen (Change Management) notwendig.

Im Folgenden werden zwei Ausprägungen von Modellen zur Effizienzsteigerung vorgestellt: das Business Process Reengineering (BPR) und das KAIZEN-Konzept.

- **BPR (Business Process Reengineering)**: Der Begriff wurde 1993 von Michael Hammer und James Champy geprägt. Sie verstehen darunter ein fundamentales Überdenken und die radikale Restrukturierung von Geschäftsprozessen, um drastische Verbesserungen in kritischen Leistungsgrößen wie Kosten, Qualität, Service und Geschwindigkeit zu erzielen. Grundidee des BPR ist, dass Geschäftsprozesse definiert, optimiert und soweit wie möglich durch Informationstechnologie unterstützt werden sollen. Dabei gelten vier Grundsätze:
  - BPR orientiert sich an den kritischen Geschäftsprozessen.
  - Die Geschäftsprozesse müssen auf die Kunden ausgerichtet werden.
  - Das Unternehmen muss sich auf seine Kernkompetenzen konzentrieren.
  - Die Möglichkeiten der aktuellen Informationstechnologie zur Unterstützung der Prozesse müssen intensiv genutzt werden.
- **KAIZEN**: Dieses ursprünglich japanische Konzept wurde unter dem Namen „**kontinuierliche Verbesserungsprozesse**" (KVP) auch für den deutschen Sprachraum adaptiert. Es dient dazu, Verbesserungspotenziale zu finden und diese auszuschöpfen. Im Gegensatz zu BPR ist KAIZEN ein kontinuierlicher Prozess, wodurch das Risiko einer einzelnen Fehlentscheidung minimiert wird (vgl. Abbildung 4.9). Häufig wird dieses Konzept auch den eigenen Lieferanten vorgeschrieben, um Kostensenkungen zu erzielen. Auf japanischen Ansätzen zur Verbesserung von Unternehmen basieren auch sogenannte **Qualitätszirkel**. Hierbei werden Gruppen von fünf bis zehn Mitarbeitern gebildet, die ihr arbeitsspezifisches Wissen und ihre Erfahrung einbringen, um Probleme ihrer Arbeit zu besprechen. Durch selbst entwickelte Lösungen sollen die Produkt- und Arbeitsqualität verbessert und die Arbeitszufriedenheit aller Mitarbeiter gesteigert werden.

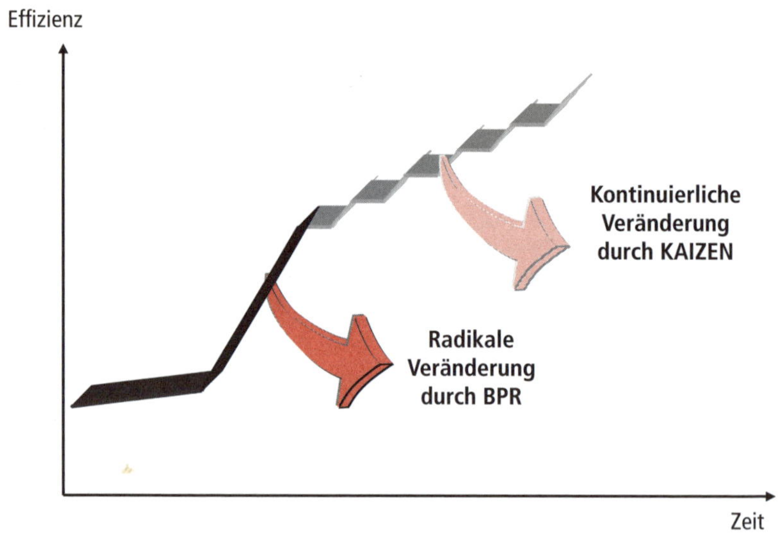

Abbildung 4.9: KAIZEN-Konzept

4.3.3 Lean Management

Ein oftmals praktiziertes Konzept zur Koordination und Steigerung der Effizienz betrieblicher Produktions- und Logistikprozesse ist die aus Japan stammende **Lean Production** (engl. für schlanke oder fitte Produktion). Die Ökonomen James P. Womack, Daniel T. Jones und Daniel Roos beschreiben das Konzept der Lean Production in ihrem Werk „The machine that changed the world" als Konzept, das in jeder Branche weltweit einsetzbar sein sollte.[13] Die japanische Toyota Motor Company gilt als Vorreiter und hat bereits nach dem Zweiten Weltkrieg begonnen, das Konzept der Lean Production zu entwickeln. Deren Grundgedanke besteht darin, die Fertigung des Unternehmens effizient unter Vermeidung jeder Verschwendung zu gestalten. Zum Konzept der **Lean Production** gehören Strategien wie KAIZEN (vgl. Kapitel 4.3.2) oder Kanban (vgl. Teil IV).

Dieser aus der Produktion stammende Ansatz hat sich auch in anderen Bereichen etabliert, beispielsweise in der Beschaffung (Lean Supply), in der Logistik (Lean Logistics) und in der Administration (Lean Administration). Im englischsprachigen Raum hat er den Status einer umfassenden Management-Strategie unter der Bezeichnung Lean Thinking erreicht. Im deutschsprachigen Raum hat sich dafür der Begriff **„Lean Management"** durchgesetzt.

Definition

Lean Management ist eine Management-Strategie zur effizienten Ausgestaltung von betrieblichen Leistungssystemen unter den Prämissen der konsequenten Kundenorientierung und der Vermeidung jeglicher Verschwendung.

Im Rahmen dieses Ansatzes wird davon ausgegangen, dass der **Wert** eines Produktes vom Hersteller erzeugt, jedoch nur vom Kunden (Endverbraucher) bestimmt wird. Im Rahmen dieser **konsequenten Kundenorientierung** wird nicht nur der Endkunde, sondern auch inner- und zwischenbetrieblich jede nachfolgende Produktionsstufe als Kunde betrachtet. Die Weitergabe fehlerhafter Teile oder unvollständiger Informationen erfüllt somit nicht den Kundennutzen und ist Verschwendung (japanisch: „muda").

Um „muda" zu identifizieren, wird der **Wertstrom** eines Produktes (Gut, Dienstleistung) erhoben. Dieser setzt sich aus allen erforderlichen Tätigkeiten der Produktentwicklung, der Transformation im Rahmen der betrieblichen Leistungserstellung und dem Informationsmanagement zusammen. Alle Aktivitäten werden in einer umfassenden **Wertstromanalyse** im Hinblick auf die Schaffung von Nutzen für den Kunden analysiert. Schließlich wird jede Aktivität einer der folgenden Gruppen zugeordnet:[14]

1. Aktivitäten mit eindeutiger Wertschöpfung für den Kunden (z.B. Zusammenbau eines Computers).
2. Scheinleistungen (muda Typ I): Nicht direkt wertschöpfende Aktivitäten, die jedoch notwendig sind, um Aktivitäten mit eindeutiger Wertschöpfung für den Kunden durchzuführen (z.B. Anlieferung der Computerplatinen).
3. Blindleistungen (muda Typ II): Aktivitäten, die für den Kunden keinen Wert erzeugen und vermeidbar wären (z.B. unnötig lange Lagerzeiten der Computerplatinen).

13 Vgl. Womack, J. P., Jones, D. T., Roos, D. (1990), S. 4 ff.
14 Vgl. Womack, J. P., Jones, D. T. (2004), S. 28 f.

Auf Basis dieser Wertstromanalyse werden im folgenden Schritt Blindleistungen so rasch wie möglich eliminiert. In weiterer Folge wird versucht, Scheinleistungen kontinuierlich auf ein Mindestmaß zu verringen. Dies ist oftmals nur durch ein Umdenken des Managements im Sinne der **Schaffung von Transparenz** und durch grundlegende Eingriffe in die Prozesse der Leistungserstellung entlang der gesamten Supply Chain möglich. Letztlich geht es darum, einen **Fluss aller wertschöpfenden Aktivitäten** zu ermöglichen.

Produktionssysteme sollen demnach so gestaltet sein, dass nicht wertschöpfende Tätigkeiten (z.B. Wartezeiten, Zwischenlagerungen) wegfallen und Durchlaufzeiten von Produktentwicklung, Auftragsbearbeitung und Produktion deutlich reduziert werden können. Durch diese Neugestaltung wird die Gesamtdurchlaufzeit gesenkt und die Flexibilität der Leistungserstellung deutlich erhöht, sodass kundenspezifische Produkte und Leistungen erst nach Vorliegen einer Kundenbestellung produziert werden **(Pull-Prinzip)**.

Die konsequente abteilungs- und unternehmensübergreifende Orientierung am Kunden im Rahmen des Lean Managements führt zu einem **Perfektionsstreben** und damit zur Aufdeckung und Beseitigung immer weiterer „mudas". So soll die stetige Reduktion von Arbeit, Zeit, Raum, Kosten und Fehlern schließlich das hervorbringen, was der Kunde tatsächlich wünscht, und die eigene Wettbewerbssituation stärken.[15]

ZUSAMMENFASSUNG

Die betriebliche Leistungserstellung wird im Rahmen der prozess(fluss-)orientierten Sichtweise als Verkettung von Geschäftsprozessen betrachtet. Geschäftsprozesse (Hauptprozesse) bestehen aus mehreren Teilprozessen, die zueinander in einer Leistungsbeziehung stehen und nach bestimmten Regeln ausgeführt werden. Für jeden Teilprozess können unterschiedliche Prozessvarianten existieren. Das Management von Geschäftsprozessen innerhalb eines Unternehmens heißt Prozessmanagement, das Management von Geschäftsprozessen, die mehrere Unternehmen betreffen, heißt Supply Chain Management.

Die Messung der Effizienz von Geschäftsprozessen erfolgt anhand der Kriterien „Zeit", „Kosten", „Qualität" und „Flexibilität". Dazu wird häufig das Supply Chain Operation Reference-Modell (SCOR-Modell) eingesetzt. Die Steigerung der Effizienz von Geschäftsprozessen kann entweder radikal durch das Business Process Reengineering (BPR) oder durch eine kontinuierliche Verbesserung der Geschäftsprozesse (KAIZEN) erfolgen.

Lean Management ist ein Denkansatz, der sich aus der japanischen Lean Production entwickelt hat. Die fünf Prinzipien des Lean Managements sind Kundenorientierung, Betrachtung des gesamten Wertstroms, Fluss der Produktion, Produktion nach dem Pull-Prinzip und Streben nach Perfektion.

ZUSAMMENFASSUNG

15 Vgl. Womack, J.P., Jones, D.T. (2004), S. 30 ff.

4.4 Übungsfragen

1. Erläutern Sie den Unterschied zwischen Funktionsspezialisierung und Prozessorientierung.
2. Wie wirkt sich die Arbeitsteilung laut den Theorien von Smith und Taylor auf die Produktivität aus?
3. Wofür steht der Begriff „Geschäftsprozess“? Woraus setzt sich ein Hauptprozess zusammen?
4. Welche Kennzahlen werden zur Messung der Effizienz herangezogen?
5. Erläutern Sie den Begriff „Cash-to-Cash Cycle Time“.
6. Welche Modelle zur Effizienzsteigerung gibt es?

Lösungen zu den Übungsfragen und weiterführende Materialien finden Sie auf der Companion Website zum Buch unter *www.pearson-studium.de*.

Fallstudie „Der Mann, der verwöhnt“

5

ÜBERBLICK

5.1 Einführung

Im folgenden Kapitel wird das österreichische Traditionsunternehmen Kurt Mann Bäckerei & Konditorei („Der Mann") vorgestellt. „Der Mann verwöhnt" seine Kunden seit dem Jahr 1860 mit selbst produzierten Backwaren und Süßspeisen und ist somit ein anschauliches Beispiel einer Erfolgsgeschichte in der österreichischen Unternehmenslandschaft.

Das Unternehmen gehört zur Sparte „Gewerbe und Handwerk", der in Österreich eine besonders wichtige Rolle durch die Nahversorgung der Bevölkerung mit einem umfassenden Produktions- und Dienstleistungsangebot zukommt. Auf Unternehmen dieser Sparte entfällt ein Anteil von fast 20 % an der nationalen Bruttowertschöpfung (Wert der erzeugten Güter und Dienstleistungen abzüglich eingesetzter Vorleistungen). Sie sind wegen ihrer Rolle als wichtigster Arbeitgeber und größter Anbieter von Lehrstellen (knapp 50 % aller Lehrstellen) der bedeutendste Wirtschaftszweig innerhalb der österreichischen Gesamtwirtschaft.

5.1.1 Steckbrief

Der folgende Abschnitt gibt einen Überblick über die Unternehmensentwicklung und die Organisationsstruktur von „Der Mann":

Firmengeschichte	
1860	Unternehmensgründung durch Anton Mann in Oberweiden (Niederösterreich)
1909	Verlegung des Firmensitzes in die Hauptstadt Wien
1973	Kurt Mann übernimmt die Firmenleitung in 4. Generation
1986	Beginn des Aufbaus eines eigenen Filialnetzes („Backshops")
2004	Bau und Inbetriebnahme des neuen Produktionsstandortes („Backzentrum") in Wien
2008	Eröffnung des 68. Backshops

Abbildung 5.1: Bäckerei 1948 (Quelle: Der Mann)

Abbildung 5.2: Backzentrum 2004 (Quelle: J. Zinner)

Basisdaten 2005 bis 2008				
	2008	2007	2006	2005
Umsatz in Mio. €	45	40	36	33
produzierte Brote / Tag in Stück	35.000	32.000	29.000	26.500
SUMME Mitarbeiter	740	710	680	645
Mitarbeiter Backzentrum	185	180	174	162
Mitarbeiter Filialen	555	530	506	483

Zusatzinformationen „Der Mann"	
Firmenname	Kurt Mann Bäckerei & Konditorei GmbH & Co KG
Firmensitz	Wien
Eigentümer	Senator Kurt Mann
Gewerbeberechtigungen	Bäcker, Konditor (Zuckerbäcker) und Einzelhandel mit Nahrungs- und Genussmitteln
Einteilung des Geschäftsjahres	Vom Kalenderjahr abweichend – jeweils April bis März des Folgejahres
Website	*http://www.dermann.at*
Firmenlogo	DerMann der verwöhnt

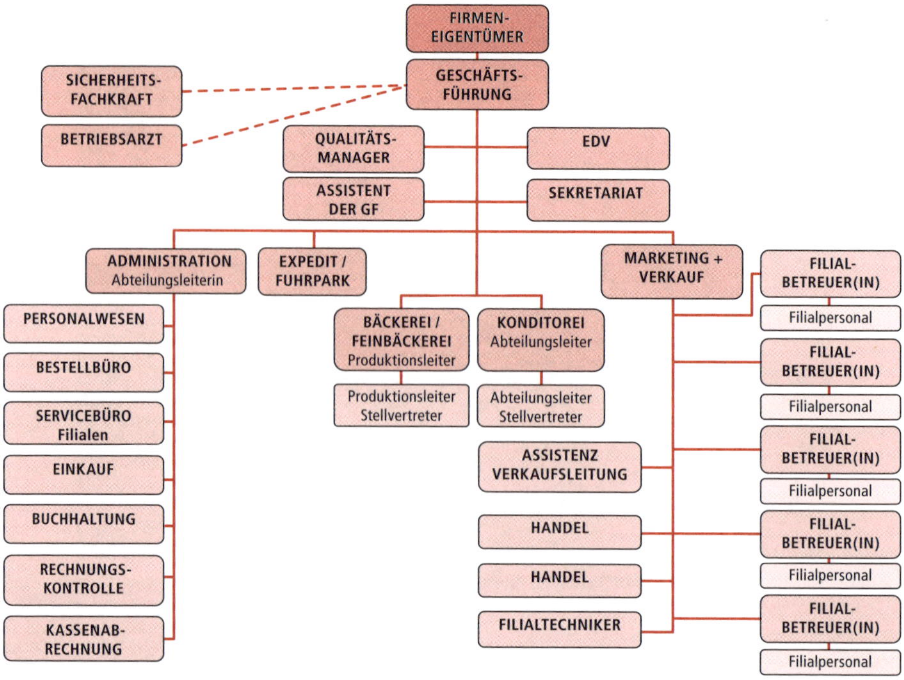

Abbildung 5.3: Organigramm „Der Mann"

5.1.2 Geschäftskonzept

Die Geschäftstätigkeit der Firma Mann umfasst die Herstellung und den Verkauf des eigenen Produktprogramms (vgl. Tabelle 5.1). Zusätzlich werden zugekaufte Handelswaren (z.B. Milchprodukte, Getränke) vertrieben, die einen Anteil von 13 % am Gesamtumsatz der eigenen Filialen ausmachen. Alle Handelswaren werden von den Lieferanten direkt an die einzelnen Filialen geliefert.

Produktprogramm	Produktionsmenge/Tag (in Stück)
Mehlspeisen	35.000
Kleingebäck	85.000
Brote	35.000
Snacks	6.000
SUMME	161.000

Tabelle 5.1: Produktprogramm und Produktionsmengen/Tag

Die Herstellung des gesamten Produktprogramms erfolgt im unternehmenseigenen Backzentrum in Wien, der Verkauf der Produkte geschieht sowohl über das eigene Filialnetz als auch über Handelsketten. Den wichtigsten Distributionskanal bilden die eigenen Filialen, die 80 % des Gesamtumsatzes erwirtschaften. Aktuell betreibt „Der Mann" 68 eigene Filialen im Großraum Wien. Jedes Jahr werden durchschnittlich fünf zusätzliche Filialen eröffnet. Um den Kunden möglichst frische Produkte anbieten zu können, wird jede Filiale dreimal täglich mit Frischware und ungebackenem Kleingebäck beliefert. Alle Filialen verfügen über einen eigenen Ladenbackofen, in dem laufend Kleingebäck frisch gebacken wird.

5.1.3 Wettbewerbssituation

Da sich die Geschäftstätigkeit von „Der Mann" auf den Großraum Wien erstreckt, zählen grundsätzlich alle im Großraum Wien tätigen Anbieter von Nahrungsmitteln, die zum sofortigen Verzehr geeignet sind, zu den Mitbewerbern. Um das Marktsegment klarer abzugrenzen, werden nur Bäckereien, die mehr als eine Filiale betreiben, als Mitbewerber betrachtet. Supermärkte und andere Verkäufer von Snacks und Backwaren werden nicht berücksichtigt.

Die **numerische Distribution**[1] ist eine Kennzahl, welche die Anzahl eigener Filialen in Relation zum Gesamtmarkt setzt. Den Gesamtmarkt bilden demnach die Filialen aller Premium-Anbieter von Backwaren in Wien. Daraus ergibt sich die folgende Wettbewerbssituation:

$$Numerische\ Distribution\ Der\ Mann = \frac{Anzahl\ eigener\ Filialen\ (in\ Periode)}{Gesamtzahl\ Filialen\ (in\ Periode)}$$

$$= \frac{68}{362} \approx 18{,}8\%$$

Anbieter	Anzahl Filialen in Wien (2008)	in %
Bäckerei Anker	164	45,30
Bäckerei Der Mann	68	18,80
Bäckerei Ströck	65	18,00
Bäckerei Felber	42	11,60
Bäckerei Schwarz	15	4,10
Bäckerei Geier	8	2,20
SUMME	362	100,00

Tabelle 5.2: Wettbewerbssituation Premium-Bäckereien in Wien[2]

1 Vgl. Hesse, J., Neu, M., Theuner, G. (2007), S. 215 f.
2 Quelle: eigene Recherche auf Internetseiten der Bäckereien

Die Betrachtung der numerischen Distribution auf Basis der Filialen zeigt, dass „Der Mann" knapp vor der Bäckerei Ströck an zweiter Stelle in Wien liegt. Die Stärkung der eigenen Wettbewerbssituation erfolgt in erster Linie durch den Ausbau des eigenen Filialnetzes und begleitenden Marketing-Maßnahmen.

5.2 Grundlagen der betrieblichen Leistungserstellung

Um die Versorgung aller Filialen mit frischen Produkten sicherzustellen, ist ein leistungsfähiges Produktionssystem notwendig, dessen Funktionsweise im Folgenden vorgestellt wird.

Die Herstellung des gesamten Produktprogramms erfolgt im unternehmenseigenen Backzentrum. Zunächst soll die Stellung des Backzentrums mittels der SCOR-Systematik in der Supply Chain von „Der Mann" verdeutlicht werden (vgl. Abbildung 5.4).

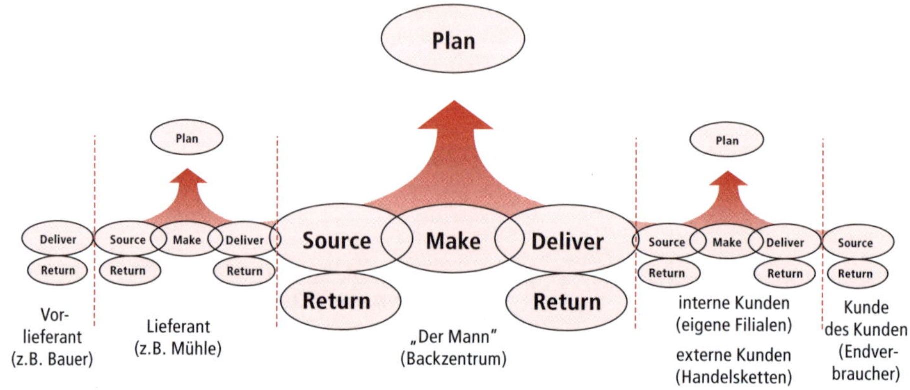

Abbildung 5.4: Supply Chain „Der Mann" [3]

Die Flüsse von Rohstoffen, unfertigen und fertigen Produkten auf der **Güterebene** verlaufen von den (Vor-)Lieferanten durch das Backzentrum von „Der Mann" mit den Hauptbereichen Wareneingang, Produktion und Absatzbereich hin zu den eigenen Filialen oder zu externen Kunden und schließlich zum Endverbraucher. Einen Überblick über die einzelnen Funktionsbereiche des Backzentrums gibt die folgende Abbildung 5.5.

3 Vom Verfasser modifiziert: Supply Chain Council (2008), *http://www.supply-chain.org*

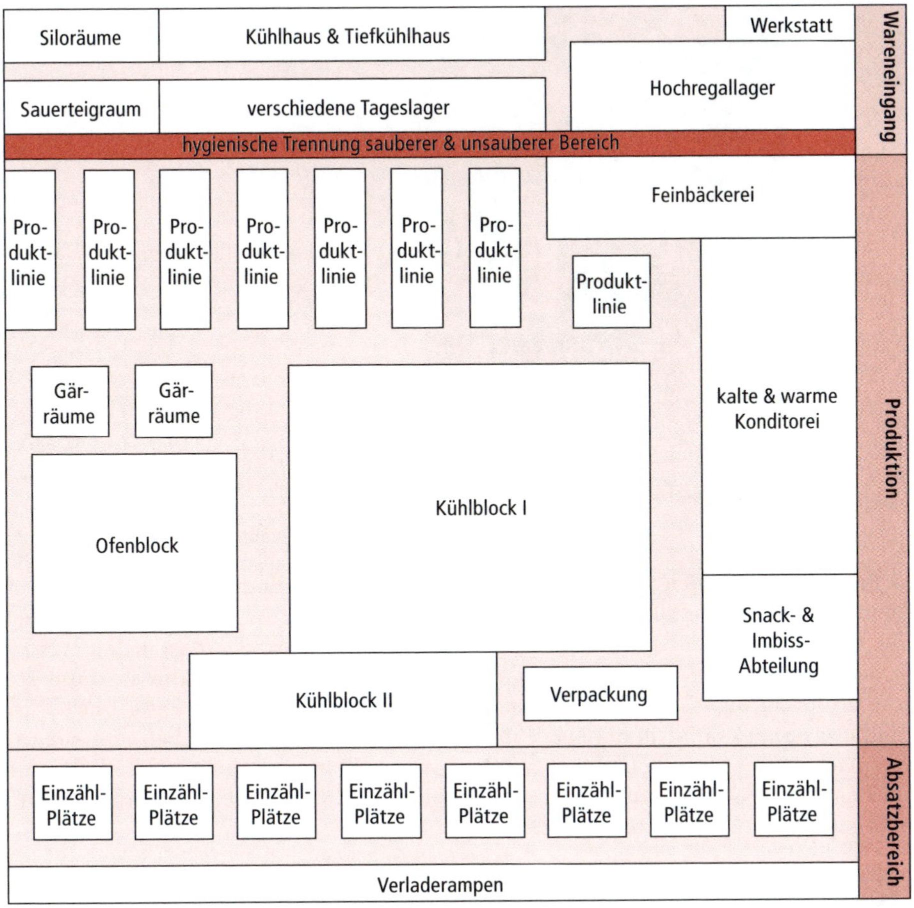

Abbildung 5.5: Überblickdarstellung Backzentrum

Nach der Anlieferung durch die Lieferanten erfolgen im **Wareneingang** die Übernahme der angelieferten Rohstoffe und die Wareneingangsprüfung. Danach werden die Rohstoffe in speziellen Eingangslagern zwischengelagert (z.B. Mehl im Silo). Der Wareneingang ist von der Produktion (Backstube) durch eine Hygieneschleuse getrennt, durch die keine Verpackungen der Lieferanten gelangen dürfen. Die in diesem Bereich anfallenden Tätigkeiten basieren auf den Bestellungen der Beschaffungsabteilung und sind großteils der Beschaffungslogistik zuzuordnen.

Abbildung 5.6:
Silolager (Quelle: J. Zinner)

Der **Produktionsbereich** ist in unterschiedliche Produktlinien zur Fertigung der einzelnen Produkte unterteilt, die je nach Produktionsverfahren entweder im Gärraum zwischengelagert oder direkt in den Ofen oder den Kühlblock transportiert werden. Für Mehlspeisen und Snacks gibt es eigene Produktionsbereiche, die an die besonderen Anforderungen der Produkte angepasst sind (Feinbäckerei, kalte und warme Konditorei, Snack- und Imbissabteilung). Der Verpackungsbereich befindet sich aus hygienischen Gründen ebenfalls in der Produktion. Während die Produktionsplanung dem Bereich Produktion zuzuordnen ist, zählen der innerbetriebliche Transport und die Lagerung zur Produktionslogistik.

Abbildung 5.7:
Produktion (Quelle: J. Zinner)

Zum **Absatzbereich** gehört der Warenversand inklusive der Einzählplätze zur Zusammenstellung (Kommissionierung) der Produkte gemäß den Bestellungen der eigenen Filialen und der Handelsketten. Die korrekt kommissionierten Teilmengen gelangen von den Einzählplätzen über die Verladerampe in die Fahrzeuge und werden an die Filialen und externen Kunden ausgeliefert. Die Kommissionierung sowie die Auslieferung basieren auf den einzelnen Kundenbestellungen und werden von den Mitarbeitern der Distributionslogistik durchgeführt.

Abbildung 5.8: Einzählplätze (Quelle: J. Zinner)

Die Flüsse auf der **Finanzebene** sind gegenläufig zu den eben dargestellten Flüssen auf der Güterebene. Die Einnahmen aus Umsatzerlösen fließen von den Kunden in das Unternehmen. Von dort fließen die Ausgaben für Faktorpreise (Rohstoffe, Handelswaren, Betriebsmittel) zu den Lieferanten.

Einen Überblick über typische Entscheidungen auf der **dispositiven Ebene** bei „Der Mann" gibt die folgende Tabelle 5.3:

Managementebene	Typische Entscheidungen
Strategisches Management	Änderung des Produktsortiments, Standortentscheidung für neue Filialen
Taktisches Management	Abschluss von Lieferantenverträgen, Planung von Verkaufsförderungsmaßnahmen
Operatives Management	Nachbestellung von Rohstoffen, Personaleinsatzplanung

Tabelle 5.3: Managemententscheidungen bei „Der Mann"

Zur Messung der **Effizienz des Faktoreinsatzes** wird der mengen- oder wertmäßige Output des Unternehmens in Form von Kennzahlen ermittelt.

- Arbeitsproduktivität

  Dieses mengenmäßige Input-Output-Verhältnis zeigt, wie effizient die eingesetzten Faktoren (Mitarbeiter, Material oder Betriebsmittel) sind. Im vorliegenden Beispiel wird die Anzahl der Mitarbeiter in der Produktion in Relation zur Anzahl der täglich hergestellten Produkte gesetzt. Bezugsgrößen zur Errechnung der Arbeitsproduktivität sind im vorliegenden Beispiel nur direkt in der Produktion beschäftigte Mitarbeiter und die Produktionsmenge eines Tages. Bei „Der Mann" erzeugen 120 Mitarbeiter in der Produktion täglich 161.000 Produkte.

$$Arbeitsproduktivität = \frac{Anzahl\ erzeugter\ Einheiten}{Anzahl\ der\ Mitarbeiter}$$

$$= \frac{161.000}{120} = 1341{,}67\ \text{Stück / Mitarbeiter}$$

- Wirtschaftlichkeit

  Im Gegensatz zur Produktivität betrachtet die Wirtschaftlichkeit das wertmäßige Input-Output-Verhältnis. Im vorliegenden Fall wird die (Gesamt)Wirtschaftlichkeit des Unternehmens betrachtet. Das Verhältnis des Ertrags (Output: 45.000.000 €) zu den Aufwendungen (Input: 44.100.000 €) ergibt:

$$Wirtschaftlichkeit = \frac{Output\ wertmäßig}{Input\ wertmäßig} = \frac{45.000.000}{44.100.000}$$
$$= 1{,}02€\ Ertrag\,/\,1€\ Aufwand$$

5.3 Beschaffung

Aufgabe der Beschaffung ist die **Versorgung des Unternehmens** mit allen Produktionsfaktoren, die nicht selbst erstellt werden (Beschaffung im weiteren Sinne). Im folgenden Abschnitt wird beispielhaft die Beschaffung von Rohstoffen dargestellt.

Alle Beschaffungsaktivitäten sind bei „Der Mann" im Bereich „Einkauf" zusammengefasst und organisatorisch dem Bereich Administration zugeordnet. Das Bestellbüro ist ebenfalls dem Bereich Administration zugeordnet und dient als Sammelstelle aller internen und externen Kundenbestellungen (vgl. Abbildung 5.3).

Für das Produktprogramm von „Der Mann" werden monatlich 400 unterschiedliche Artikel von fast 100 Lieferanten bestellt. Der Großteil der Bestellungen betrifft Rohstoffe mit 300 Bestellpositionen pro Monat. Eine Auswahl der wichtigsten Rohstoffe zeigt Tabelle 5.4.

Rohstoffbedarf pro Monat (in t)	
Mehl	440
Eier	24
Butter	15
Zucker	19
Marmeladen	14
Kürbis-, Sonnenblumenkerne	10
Tomaten	3,5
Käse	2

Tabelle 5.4: Auszug aus dem Bedarfssortiment inklusive Bestellmengen

Ausgehend vom Produktprogramm wird im **Bedarfssortiment** festgelegt, welche Rohstoffe eingekauft werden. Die einzelnen **Bedarfsmengen** der Rohstoffe werden im Rahmen der **Bedarfsermittlung** festgelegt. Dazu wird der Bedarf an fertigen Erzeugnissen **(Primärbedarf)** prognostiziert. Dieser wird aus den Verkaufszahlen des vergangenen Geschäftsjahres berechnet, unter Berücksichtigung der durchschnittlich fünf neu eröffneten Filialen pro Jahr und der Kontingente für Verkaufsförderungsmaßnahmen, die von der Marketing- und Verkaufsabteilung angefordert werden.

Anhand dieser Werte lassen sich relativ stabile Prognosen errechnen, und durch Multiplikation des Primärbedarfs mit den je Erzeugnis benötigten Mengen an Rohstoffen lässt sich auch der Rohstoffbedarf **(Sekundärbedarf)** ermitteln. Diese Vorgehensweise nennt man **verbrauchsorientierte Bedarfsermittlung**. Kurzfristige **Bedarfsschwankungen** werden durch Sicherheitsbestände an Rohstoffen und zusätzliche Bestellungen aufgefangen (vgl. Kapitel 7).

Zur Deckung des Rohstoffbedarfs setzt „Der Mann" im Rahmen eines modernen Supply Chain Managements auf eine kooperative **Lieferantenpolitik**, um der Firmendevise „beste Produkte aus besten Rohstoffen" gerecht zu werden. Dies zeigt sich in langfristigen, partnerschaftlichen Beziehungen zu den Lieferanten, die fast alle im geografischen Umfeld des Unternehmens angesiedelt sind (Local Sourcing). Ziel dieser Beschaffungsstrategie ist es, den hohen Qualitätsanforderungen an die eingesetzten Rohstoffe Rechnung zu tragen und effiziente Beschaffungsprozesse zu gewährleisten. So sind beispielsweise die gesamte Beschaffung und das Lagerbestandsmanagement des wichtigsten Rohstoffs Mehl an eine Mühle fremdvergeben (Outsourcing). Mit den anderen Lieferanten werden jährlich Rahmenverträge mit wöchentlichen Lieferabrufen vereinbart. Absolute Frischware der Saison (z.B. Erdbeeren) wird täglich angeliefert. Aufgrund der Verderblichkeit der Rohstoffe erfolgen Bestellungen somit in kurzen **Bestellrhythmen**.

Die **Lieferantenbewertung** erfolgt anhand von Reklamationsstatistiken. Sollte irgendein Parameter außerhalb der mit dem Lieferanten vereinbarten Toleranzen liegen (z.B. die Kühlkette wurde unterbrochen), dann wird die Ware zurückgeschickt und es erfolgt ein Vermerk in der Reklamationsstatistik, die mindestens ein Mal pro Jahr ausgewertet wird. Darüber hinaus werden unregelmäßige Audits bei Lieferanten oder der Abruf diverser Zertifikate der Lieferanten durchgeführt.

5.4 Produktion

Wie bereits erwähnt, produziert „Der Mann" für zwei verschiedene Kundenkreise, steht also zu den einzelnen Absatzmärkten in unterschiedlichen Beziehungen:

- Die Produktion für die eigenen Filialen (interne Kunden) erfolgt auf Basis der täglichen Bestellungen der einzelnen Filialen. Dies kann als **prognosegetrieben** (Make To Stock) bezeichnet werden, da jede Filiale die Bestellmengen auf Basis des erwarteten Absatzes (Prognose) kalkuliert. Die Endkunden sind in der Regel Privatpersonen, die Produkte zum eigenen Verzehr kaufen.
- Die Produktion für Handelsketten gehört zur **Kundenauftragsproduktion** (Make To Order), da in diesem Fall genau definierte Mengen an Produkten gemäß dem Auftrag der Handelsketten hergestellt werden.

Die Struktur der Produktion bei „Der Mann" ist der **umgruppierenden Produktion** zuzuordnen, da aus einer Vielzahl von Zutaten und Materialien verschiedenste Produktvarianten hergestellt werden. Zur Fertigung der über 200 Produktvarianten stehen Produktionsflächen von knapp 8.000 m^2 zur Verfügung, die modernsten technischen Standards entsprechen. Das Backzentrum gliedert sich in die Bereiche „Bäckerei", „Feinbäckerei", „Konditorei" und „Snackerzeugung" (vgl. Abbildung 5.5), wobei auf klimatisch und hygienisch getrennte Produktionsbereiche größter Wert gelegt wird.

Neben den 120 Mitarbeitern in der Produktion und den Rohstoffen sind die Betriebsmittel die wichtigsten **Ressourcen** der Produktion. Daher wurden bei der **Anlagenplanung** im Hinblick auf das zukünftige Unternehmenswachstum beim Bau des neuen Backzentrums bewusst ausreichende Reserven berücksichtigt, damit Produktionsengpässe vermieden werden. Die zur Verfügung stehende Backfläche beträgt 305 m^2, verteilt auf 15 Backöfen:

Backöfen	Anzahl	Backfläche in m^2
Thermoöl-Durchlaufofen	1	80
Thermoöl-Etagenofen	2	115
Stikkenofen	10	80
Statikofen	2	30

Tabelle 5.5: Auszug aus der Kapazitätsplanung (Backöfen)

Das **Produktionsmanagement** trägt dafür Sorge, dass ausreichend Ressourcen für die Produktion zur Verfügung stehen. Dazu werden **Arbeitspläne** erstellt, in denen Reihenfolge und Bearbeitungszeiten der einzelnen Produktionsschritte angeführt werden. Die **Kapazitätsdaten** der einzelnen Maschinen geben die **Maximalkapazität**, also den maximal erzielbaren Output pro Maschine und Zeiteinheit an (z.B. Semmeln pro Arbeitsstunde). Einen Überblick über die Transformation der Inputfaktoren zu „Back(kunst)werken“ gibt die Abbildung 5.9:

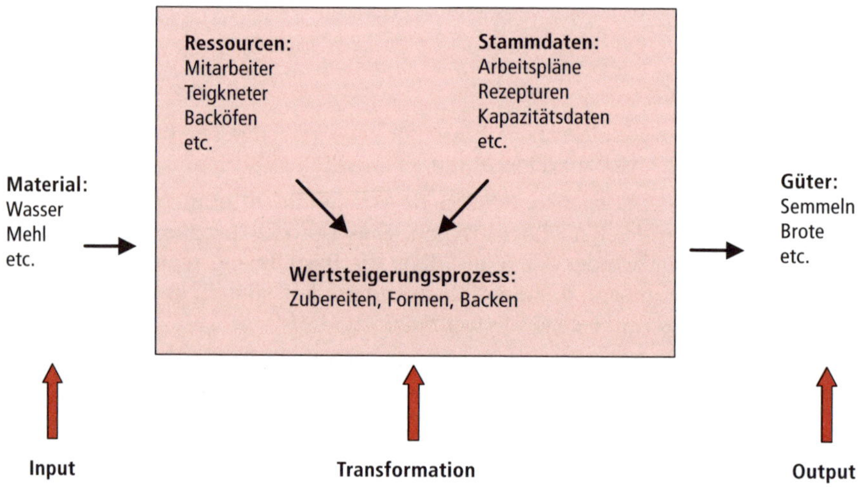

Abbildung 5.9: Produktionssystem Bäckerei

Grundlage für die Zusammensetzung der einzelnen Produkte ist die Rezept-Bibliothek, in der alle **Rezepturen** gespeichert sind. Die Zutaten werden auf Knopfdruck vollautomatisch aus dem Wareneingangslager direkt in die Produktion transportiert und gewogen. Danach erfolgt im Teigkneter die Teigbereitung, bevor die weiteren Produktionsschritte durchlaufen werden. 30 % der Gesamtproduktion an Semmeln werden vor der Auslieferung gebacken, während 70 % der Semmeln tiefgefroren und erst in den Filialen frisch gebacken werden.

5.5 Logistik

Logistische Tätigkeiten fallen bei „Der Mann“ entlang der gesamten Wertschöpfungskette an: im Rahmen der Zulieferung von Rohstoffen, in allen drei Teilbereichen des Backzentrums und bei der Distribution an die Kunden. Den Bereich der Logistik betreffen somit alle Stationen des Material- und Warenflusses mit den entsprechenden Informationsflüssen.

- **Beschaffungslogistik**

  Die Aufgaben der Beschaffungslogistik betreffen den Wareneingang und beinhalten eine Vielzahl an Teiltätigkeiten: Nach der Anlieferung der Rohstoffe per LKW zur Warenannahme werden sie entladen, gemäß den Vereinbarungen mit den Lieferanten anhand der Lieferscheine hinsichtlich Qualität und Bestellmengen geprüft und in die entsprechenden Eingangslager transportiert.

  Die **Lagerhaltungsstrategie** folgt dem FIFO-Verfahren („First In First Out“). Dieses Verfahren besagt, dass jene Rohstoffe, die zuerst angeliefert werden, wegen ihrer begrenzten Haltbarkeit in der Produktion als Erste verarbeitet werden. Die **Lagerbestände** werden möglichst gering gehalten, um wenig Kapital in Form von Rohstoffen im Lager zu binden und um die Gefahr des Verderbens auszuschließen. Die **Bestandsführung** im Lager wird teilweise den Lieferanten übertragen (z.B. bei Mehl), die häufig, meist wöchentlich liefern und auch Lagerhaltungsaufgaben wahrnehmen. Zur Vermeidung von **Fehlmengen**, die zum Stillstand der Produktion führen können, gibt es **Sicherheitsbestände** im Lager. Die Übergabe der Rohstoffe aus dem Wareneingang in die Produktion erfolgt ausnahmslos über die Hygieneschleuse. Aus hygienischen Gründen dürfen keine Verpackungen der Lieferanten in die Produktion gelangen (vgl. Abbildung 5.5 „Trennung sauberer und unsauberer Bereich“).

- **Produktionslogistik**

  Die Maschinen sind prozessorientiert angeordnet (Fertigungslayout). Die Orientierung an der Abfolge der einzelnen Produktionsschritte ermöglicht klar definierte Produktionsabläufe und kurze interne Transportwege zwischen den einzelnen Produktionsschritten.

  Der **innerbetriebliche Transport** erfolgt zum Teil automatisch über ein computergesteuertes Rohrleitungssystem, durch das Rohstoffe aus dem Wareneingangsbereich direkt in die Produktion gelangen, wo die Zutaten gemischt und weiter verarbeitet werden. Der innerbetriebliche Transport zwischen den einzelnen Produktionsschritten erfolgt vor allem mittels Fließbändern, „Stikkenwägen“ (siehe folgende Abbildung 5.10) oder manuell.

Abbildung 5.10: Stikkenwagen und Brotstraße (Quelle: J. Zinner)

Als **Produktionslager** dienen in erster Linie die Gärräume und die Transportmittel selbst, für die bestimmte Abstellzonen im Produktionsbereich gekennzeichnet sind. Dabei wird auf Abstände zwischen Transportmitteln und Wänden geachtet, um Verunreinigungen auszuschließen. Nach Abschluss der Produktion fließen die fertigen Erzeugnisse in den Absatzbereich.

- **Distributionslogistik**

  Die Distributionslogistik übernimmt alle warenbezogenen Aufgaben von der Fertigstellung der Produktion bis zur Übernahme durch den Kunden. Ausgangspunkt der Tätigkeiten sind die Bestellungen der einzelnen Filialleiter und der externen Kunden.

  Um allen Kunden die georderten Arten und Mengen an Produkten liefern zu können, müssen die bestellten Teilmengen zusammengestellt werden. Diese Bündelung von Teilmengen ist Aufgabe der **Kommissionierung** und geschieht bei „Der Mann" im Bereich der Einzählplätze in einem einstufigen Verfahren mithilfe eines Warenverteilsystems („dispoTool-System", vgl. Abbildung 5.11): Jedem Kunden wird ein Display mit darunter befindlichen Kisten zugeordnet. Um Kommissionierungsfehler zu vermeiden, sind die einzelnen Kundenplätze durch herabhängende Ketten voneinander getrennt.

Abbildung 5.11: Kommissionierung mit „dispoTool" (Quelle: L. Groschopf)

Alle Displays sind mit einem Touch-Industrie-PC verbunden, auf dem die bestellten Mengen jedes Artikels gespeichert sind. Nach Anwählen eines bestimmten Artikels auf dem PC (z.B. Semmel) wird die Bestellmenge dieses Artikels für jeden Kunden auf den Displays angezeigt (vgl. Abbildung 5.12). Auf Basis dieser Daten verteilt ein Kommissionierer die angezeigten Teilmengen auf die entsprechenden Kisten. Sobald eine Kundenbestellung vollständig kommissioniert ist, wird diese schnellstmöglich verladen und ausgeliefert.

Die **Distribution** der Produkte erfolgt größtenteils mit dem eigenen Fuhrpark. Er umfasst aktuell 16 Fahrzeuge, die täglich durchschnittlich 430 Lieferungen zustellen. Bei Engpässen werden zusätzliche Transportkapazitäten bei Logistikdienstleistern (LDL) angemietet. Für die Optimierung der Transportwege wird ein System zur Tourenplanung eingesetzt. Es stellt sicher, dass die richtigen Produkte in der gewünschten Menge zum vereinbarten Zeitpunkt am richtigen Ort und zu minimalen Kosten bis zu dreimal täglich frisch ausgeliefert werden können. Darüber hinaus trägt die Optimierung der Transporte zur Verringerung der Umweltbelastung bei.

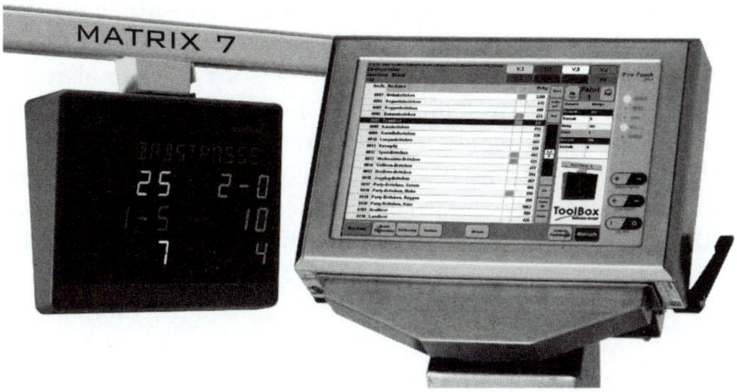

Abbildung 5.12: Display und Touch-Industrie-PC (Quelle: ToolBox GmbH)

5.6 Nachhaltiges Wirtschaften im Unternehmen

„Der Mann" setzt laufend Maßnahmen zur Verbesserung von Produktsicherheit, Qualität, Hygiene und Umweltverträglichkeit ein. Seit dem Jahr 2006 ist das Unternehmen nach dem International Food Standard (IFS) zertifiziert. Dieser Standard dient sowohl der Überprüfung, als auch der Zertifizierung von Systemen zur Gewährleistung von Lebensmittelsicherheit und Qualität im Rahmen der Produktion von Lebensmitteln (vgl. *http://www.food-care.info*). 2008 wurde das Unternehmen im Rahmen des Ökobusiness-Plans, einem Umwelt-Service-Paket der Stadt Wien zur Verbesserung der Wettbewerbsfähigkeit und der Öko-Effizienz von Unternehmen, prämiert und gilt als vorbildlich im Hinblick auf Umweltschutz und Ressourcenverträglichkeit.

Neben der bereits angesprochenen Optimierung von Transportrouten werden bei „Der Mann" zahlreiche Maßnahmen ergriffen, die entlang der gesamten **Wertschöpfungskette** (Supply Chain) die Ziele der Ressourcenschonung und Umweltverträglichkeit verfolgen. Das Credo des Eigentümers Kurt Mann lautet:

Als Bäckermeister sehe ich es als meine Verpflichtung, heimische landwirtschaftliche Produkte umweltschonend zu abwechslungsreichen, genussvollen Backwaren zu verarbeiten. Oberste Prämissen dabei sind seit jeher höchste Qualität, Hygiene und Frische.

Auf der **Beschaffungsseite** wird beim Einkauf von Rohstoffen darauf geachtet, dass die Lieferanten aus der Region stammen (Local Sourcing), was kurze Anlieferungswege und rasche Verfügbarkeit bedeutet. Dies steigert die lokale Wertschöpfung und reduziert Umweltbelastungen durch den Anlieferungsverkehr. Nach der Anlieferung wird ein Großteil der Rohstoffe in Silos gelagert, um Verpackungsmaterial einzusparen.

Im **Produktionsbereich** senken hohe technische Standards und ein modernes Energiemanagement den Energieverbrauch und damit verbundene Energiekosten. Eine wichtige Maßnahme ist die Energierückgewinnung: Die Abwärme der Backöfen wird für die Fußbodenheizung und das Warmwasser verwendet.

Um den Stromverbrauch niedrig zu halten, ist das Backzentrum mit modernen Leuchtmitteln ausgestattet, die teilweise mit Bewegungsmeldern gekoppelt sind. Die Außenbeleuchtung wird über Lichtsensoren gesteuert. Im Jahr 2008 wurde das Druckluftsystem optimiert, wodurch der Strombedarf zur Drucklufterzeugung um 30 % (ca. 66.000 kWh) pro Jahr gesenkt wird.

Zur optimalen Überwachung des Wasserverbrauchs gibt es zahlreiche Wasserzähler, die einen sehr guten Überblick über die einzelnen Verbraucher im Betrieb ermöglichen. So können undichte Leitungen oder Wasserverschwendung zeitnah erkannt werden.

Zu den wichtigsten ressourcenschonenden Maßnahmen im **Absatzbereich** zählen der Einsatz einer modernen Fahrzeugflotte, computergestützte Methoden zur Tourenplanung und die Verlagerung eines Großteils der Auslieferungsaktivitäten in möglichst verkehrsarme Zeiten am frühen Morgen vor den Hauptverkehrszeiten. In den Morgenstunden können die Auslieferungen um 10 – 35 % rascher abgewickelt werden, woraus sich erhebliche Einsparungen für das Unternehmen ergeben. Alle eigenen Fahrzeuge sind mit einer verstellbaren Trennwand für den Tiefkühl- und Normaltemperaturbereich und einem Kühlaggregat ausgestattet. Somit sind die Fahrzeuge flexibel einsetzbar und können je nach Bedarf ohne großen Aufwand an die aktuellen Anforderungen angepasst werden.

Im Bereich der **Entsorgungslogistik** werden Konzepte zur Verwertung von unverkäuflichen oder überzähligen Produkten angewandt: Backwaren mit leichten Mängeln (z.B. zu geringes Gewicht) und überzählige Produkte werden karitativen Organisationen gespendet. Nicht verkaufte Backwaren aus den Filialen werden im Sinne einer nachhaltigen Entsorgung in einer Biogasanlage in Energie umgewandelt.

5.7 Verwendete Literatur

Corsten, H. (2004): Produktionswirtschaft, 10. Auflage, München/Wien.

Grün, O. (1994): Industrielle Materialwirtschaft, in Schweitzer, M. (Hrsg.): Industriebetriebslehre, 2. Auflage, München, S. 449–568.

Gutenberg, E. (1973): Grundlagen der Betriebswirtschaftslehre, Band 1, 20. Auflage, Berlin, Heidelberg, New York.

Hesse, H. (2003): Ökonomen Lexikon, Düsseldorf.

Hesse, J., Neu, M., Theuner, G. (2007): Marketing-Grundlagen, 2. Auflage, Berlin.

Küpper, H.-U., Weber, J. (1995): Grundlagen des Controlling, Stuttgart.

Lechner, K., Egger, A., Schauer, R. (2005): Einführung in die allgemeine Betriebswirtschaftslehre, 22. Auflage, Wien.

Probst, J. (2004): Kennzahlen leicht gemacht, Frankfurt.

Rat der europäischen Kommission (2006): Die erneuerte EU-Strategie für nachhaltige Entwicklung (DOC 10917/06), Brüssel.

Schmalen, H. (2003): Grundlagen und Probleme der Betriebswirtschaft, Köln.

Smith, A. (2005): Untersuchung über Wesen und Ursache des Reichtums der Völker, aus dem Englischen übersetzt von Streissler, M., Basel u.a.

Stölzle, W., Halsband, E. (2005): Das Supply Chain Operations Reference (SCOR)-Modell, in: Controlling, Heft 8/9, S. 541–543.

Weber, J. (1996): Zur Bildung und Strukturierung spezieller Betriebswirtschaftslehren, in: Die Betriebswirtschaftslehre, 56. Jg., Nr. 1, S. 63–84.

Weber, J. (2002): Logistik- und Supply Chain Controlling, 5. Auflage, Stuttgart.

Weber, J., Schäffer, U. (2006): Einführung in das Controlling, 11. Auflage, Stuttgart.

Womack, J.P., Jones, D.T., Roos, D. (1990): The machine that changed the world, New York.

Womack, J.P., Jones, D.T. (2004): Lean Thinking, aus dem Englischen übersetzt von Meyer, H.-P., Bühler, M., Frankfurt.

Zäpfel, G. (2001): Grundzüge des Produktions- und Logistikmanagements, München.

Zäpfel, G., Piekarz, B. (1996): Supply Chain Controlling, Wien.

Zelewski, S. (2008): in Corsten, H., Reiß, M. (Hrsg.); Betriebswirtschaftslehre, Band 1, 4. Auflage, München.

Internetquellen:
Research Institute for Managing Sustainability (2008): *http://www.sustainability.at*
Supply Chain Council (2008): SCOR Overview Version 9.0,
http://www.supply-chain.org/galleries/public-gallery/SCOR%209.0 %20Overview%20Booklet.pdf (10.08.2008)

Weiterführende Materialien finden Sie auf der Companion Website zum Buch unter *www.pearson-studium.de.*

TEIL II

Beschaffung

Oskar Grün
Jean-Claude Brunner

Die Beschaffung zählt zu den Kernfunktionen des Unternehmens. Sie ist der Produktion vorgelagert. Für den Handel gilt wegen der überragenden Bedeutung der Beschaffung, der Slogan „Im Einkauf liegt der Gewinn“. Im Zuge der Erhöhung des Fremdbezuges hat die Beschaffung auch in anderen Branchen stark an Bedeutung gewonnen, u.a. in der Automobilindustrie.

Der Teil *Beschaffung* umfasst sieben Kapitel. In Kapitel 6 werden die Funktionen, die Objekte, die Prozesse, die Institutionen, die Ziele und Effizienzkriterien sowie die aktuellen Trends der Beschaffung erläutert. Das Kapitel 7 behandelt die Grundbegriffe und vorbereitenden Maßnahmen sowie die Methoden der Bedarfsermittlung (programmorientierte, verbrauchsorientierte und Schätzverfahren). Im Kapitel 8 wird die Beschaffungsmarktforschung dargestellt. Das Kapitel 9 beschäftigt sich mit der Bedeutung, den Varianten, den Anlässen, den Kriterien und den Instrumenten der strategisch bedeutsamen Entscheidung über Make or Buy. Die Grundbegriffe und Prozesse der Bestellung, die Bestellmengenentscheidung und die Bestellpolitiken finden sich im Kapitel 10. Kapitel 11 geht auf die Alternativen und Trends der Lieferantenbeziehungen, die Kriterien und Instrumente der Lieferantenbewertung sowie die Lieferantenpolitik und die Lieferantenentwicklung ein. Abschließend führt Kapitel 12 in das Beschaffungscontrolling ein. Die logistischen Aspekte der Beschaffung, insbesondere die physische Bereitstellung des Materials, werden in Teil IV *Logistik* abgehandelt.

Sie lernen:

- Den Beschaffungsbereich anhand seiner Funktionen und Objekte von anderen Unternehmensbereichen abzugrenzen und die Trends der Beschaffung zu erkennen
- Den Zusammenhang von Bedarfsermittlung, Beschaffungsmarktforschung, Entscheidungen über Make or Buy, Lieferantenmanagement und Bestellung zu verstehen
- Die ABC-Analyse sowie Verfahren zur programm- und verbrauchsorientierten Bedarfsermittlung einzusetzen
- Die Unterschiede und den Zusammenhang zwischen Marktbeobachtung und Marktanalyse aufzuzeigen
- Eine Make or Buy-Entscheidung mithilfe der Kostenvergleichsrechnung und der Nutzwertanalyse (Punktbewertung) zu treffen
- Trends bei der Auswahl der Lieferanten zu erkennen und deren Konsequenzen für die Lieferantenbeziehungen darzulegen
- Lieferantenpolitiken in Abhängigkeit vom Beschaffungsrisiko und vom Einfluss auf das Betriebsergebnis zu unterscheiden
- Die Bestellung in Prozesse zu gliedern und das Grundmodell zur Ermittlung der optimalen Bestellmenge grafisch und mithilfe einer Formel anzuwenden
- Die Bedeutung des Beschaffungscontrolling und seine wichtigsten Instrumente zu erkennen

Das Aufgabenfeld der Beschaffung

6

ÜBERBLICK

Die Beschaffung zählt wie die Produktion, der Absatz und die Logistik zu den Kernfunktionen des Unternehmens. Dementsprechend früh und intensiv hat die Betriebswirtschaftslehre das Thema „Beschaffung“ behandelt.

Sie ist Teil des betrieblichen **Transformationsprozesses** mit seinen drei Ebenen: Die beschaffungsrelevanten Aspekte der **Güterebene** (Realgütertransformation, z.B. Anlieferungen und innerbetriebliche Transporte) werden in Teil IV behandelt. Die Beschaffungsaspekte der **Finanzebene** (Nominalgütertransformation) betreffen im Wesentlichen die Beschaffungsspezialisten bzw. das Finanz- und Rechnungswesen, z.B. die Rechnungserledigung für Materiallieferungen. Die Mehrzahl der Beschaffungsprozesse (von der Bedarfsermittlung bis zum Beschaffungscontrolling) ist der **dispositiven Ebene** zuzurechnen.

Das Kapitel *Aufgabenfeld* dient der Einführung und beschäftigt sich mit Definition und Abgrenzung (6.1), mit Prozessen und Institutionen (6.2), mit Zielen und Erfolgspotenzial (6.3) sowie mit Trends (6.4).

6.1 Definition und Abgrenzung

Definition

Unter **Beschaffung im weiteren Sinn** versteht man alle Maßnahmen zur Versorgung des Unternehmens mit jenen Produktionsfaktoren, die nicht selbst erstellt werden.

Objekte der Beschaffung sind das Material (Roh-, Hilfs- und Betriebsstoffe, Zulieferteile), Handelswaren, Ersatzteile, Dienstleistungen, Betriebsmittel (Anlagen), Personal, Informationen und Kapital.

- **Rohstoffe** gehen mit hohen Mengen- bzw. Wertanteilen in das Endprodukt ein (z.B. Mehl bei Backwaren, Holz bei Möbeln, Stahlbleche bei Automobilen). Rohstoffe sind aus der Erzeugnisgliederung (Stückliste, vgl. Abschnitt 7.2) bzw. aus Rezepturen (wie bei Backwaren) zu ersehen.
- **Hilfsstoffe** gehen ebenfalls in das Produkt ein, allerdings nur mit geringen Mengenbzw. Wertanteilen (z.B. Gewürze bei Backwaren, Leim und Farbe bei Möbeln, Schrauben und Schweißmaterial bei Automobilen). Auch die Hilfsstoffe sind in den Stücklisten bzw. Rezepturen aufgeführt.
- **Betriebsstoffe** gehen nicht in das Endprodukt ein. Sie sind für das Betreiben der Produktionsanlagen erforderlich und dienen somit der Aufrechterhaltung des Produktionsprozesses (z.B. Schmierstoffe und Energie für Mischanlagen, Sägen oder Pressen).
- **Zulieferteile** gehen als Komponenten in das Endprodukt ein (Matratzen in Betten, Prozessoren und Gehäuse in PCs). Zulieferteile sind wie Roh- und Hilfsstoffe in der Stückliste aufgeführt.

- **Handelswaren** dienen der Ergänzung und Erweiterung der eigenen Produkt(ions)-palette (z.B. Getränke, um das Sortiment der Backwaren zu ergänzen). Sie werden nicht (allenfalls geringfügig) bearbeitet, d.h. direkt nach der Beschaffung in das Fertigwarenlager überstellt.
- **Ersatzteile** sind erforderlich, weil die Betriebsmittel (Anlagen) im Zuge ihrer Nutzung verschleißen bzw. beschädigt werden. Ihr Einsatz erfolgt anlässlich der Instandhaltung oder des Umbaus der Betriebsmittel. Ihr Bedarf wird anhand der Konstruktionspläne der Betriebsmittel unter Berücksichtigung der Instandhaltungsintervalle ermittelt.
- **Dienstleistungen** sind immaterielle Güter (z.B. EDV-Leistungen oder Leistungen des Facility Management/Gebäudeservice wie Reinigung, Wachdienst). Im Zuge des Trends zum Outsourcing (siehe unten) nimmt die Bedeutung des Dienstleistungseinkaufs ständig zu.
- **Betriebsmittel** (Anlagen) sind Maschinen und Einrichtungen zur Erstellung betrieblicher Leistungen (z.B. Backofen, Fräsmaschinen, Stapler, Förderbänder). Die Beschaffung von Maschinen und Einrichtungen dient dem Ersatz alter Anlagen (Ersatzinvestition), der Vergrößerung der Fertigungskapazität (Erweiterungsinvestition) oder der Kostensenkung (Rationalisierungsinvestition).
- **Personal** (Human Resources) wird im Wege der internen bzw. externen Rekrutierung beschafft, wobei man nach den Qualifikationen differenziert (Fachkräfte vs. ungelernt/angelernt/Auszubildende; Generalisten vs. Spezialisten etc.).
- **Informationen** sind zweckbezogenes Wissen. Mitarbeiter aller Unternehmensbereiche und Hierarchiestufen benötigen diese als Entscheidungsgrundlage. Im Einzelnen handelt es sich um Informationen über Produkte, Kunden, Märkte (Mitbewerber) und Verfahren. Sie werden teils intern generiert (z.B. durch Beobachtung des Kundenverhaltens), teils extern beschafft (z.B. von Auskunftsbüros, Marktforschungsinstituten). Mit der Einführung des Wissensmanagements (Knowledge Management) haben die Gewinnung, Verteilung und Nutzung des Wissens stark an Bedeutung gewonnen.
- **Kapital** (als finanzielle Mittel) ist erforderlich, um die Produktionsfaktoren zu beschaffen und zu nutzen (Investitionen in Material/Dienstleistungen, Betriebsmittel, Personal, Informationen). Kapitalgeber sind die Eigentümer des Unternehmens, die Lieferanten, die Banken und andere Finanzdienstleister wie Investmentgesellschaften und Versicherungen sowie die öffentliche Hand (z.B. als Subventionsgeber).

Roh-, Hilfs- und Betriebsstoffe sowie Zulieferteile fassen wir unter dem Begriff „Material" zusammen. Es handelt sich dabei ebenso wie bei den Handelswaren, den Ersatzteilen und den Dienstleistungen um sog. **Repetierfaktoren**, im Unterschied zu Betriebsmitteln und Personal, die als **Potenzialfaktoren** bezeichnet werden (vgl. Abschnitt 3.2).

Die Beschaffung der Produktionsfaktoren unterscheidet sich hinsichtlich des Mengenvolumens, des Wertvolumens, der Beschaffungsprozesse und der Qualifikation der Prozessbeteiligten sowie der Folge- und Begleitprozesse. Dies soll am Beispiel von Material und Betriebsmitteln gezeigt werden.

	Material	Betriebsmittel
Mengenvolumen/Periode z.B. „Der Mann" 2008	440 t Mehl pro Monat 19 t Zucker pro Monat	Erweiterung des Filialnetzes um fünf Filialen pro Jahr, weitere fünf Filialen werden pro Jahr generalsaniert
Wertvolumen/Periode z.B. „Der Mann" 2008	Wareneinsatz ca. 15 Mio. EUR	Investitionen in Sachanlagen ca. 4 Mio. EUR
Beschaffungsprozess/ Qualifikation	Routinemäßig, programmierbar, z.T. EDV-gestützt	Diskontinuierlich, vielfach komplexer Entscheidungsprozess, an dem Bedarfsträger, Beschaffungsspezialisten, Lieferanten, Berater, Unternehmensleitung mitwirken
Folge-/Begleitprozesse	Anlieferung, Bereitstellung, Lagerung, Entsorgung	Sondertransport, Errichtung, Wartung, Stilllegung, Abbau, Entsorgung

Tabelle 6.1: Vergleich der Beschaffung von Material und Betriebsmitteln

Wegen dieser Unterschiede ist es zweckmäßig, die Beschaffungskompetenz auf verschiedene Organisationseinheiten mit jeweils objektspezifischem Know-how zu übertragen. So wird die Beschaffung von Einrichtungen und Maschinen von eigenen Beschaffungsstellen (technischer Einkauf, Anlagenwirtschaft) besorgt. Bei der Beschaffung von Personal arbeiten die Personalabteilung und das jeweilige Linienmanagement zusammen. Die Personalabteilung beobachtet den Arbeitsmarkt, selektiert die BewerberInnen vor und erledigt die Einstellungsformalitäten. Das betroffene Linienmanagement definiert die Arbeitsanforderungen und trifft die Letztentscheidung über die Einstellung. Informationen werden sowohl von den Entscheidungsträgern selbst als auch von Spezialisten des Informationswesens beschafft. Auch die Beschaffung von Kapital erfordert Spezialkenntnisse und obliegt deshalb der Finanzwirtschaft.

Wie aus Tabelle 6.1 ersichtlich, wirken an der Beschaffung von Betriebsmitteln gewöhnlich mehrere interne und externe Institutionen mit, die gemeinsam ein **Buying-Center** bilden. Man spricht in diesem Zusammenhang von Organizational Buying (vgl. dazu die Klassiker Webster/Wind 1972).

Die Spezialisierung auf Beschaffungsobjekte hat sich auch in der Betriebswirtschaftslehre durchgesetzt, wie die folgende Tabelle zeigt:

Beschaffungsobjekt	Betriebswirtschaftliches Fach
Material, Handelswaren, Ersatzteile, Dienstleistungen	Materialwirtschaft, Logistik
Betriebsmittel	Produktionsmanagement, Industriebetriebslehre
Personal	Personalwesen
Informationen	Informationswirtschaft
Kapital	Finanzwesen

Tabelle 6.2: Zuordnung der Beschaffungsobjekte zu betriebswirtschaftlichen Fächern

Da hier nicht der Raum ist, alle Beschaffungsobjekte abzuhandeln, konzentrieren wir uns im Folgenden auf die Objekte Material, Handelswaren, Ersatzteile sowie Dienstleistungen und verwenden deshalb einen enger gefassten Beschaffungsbegriff:

Definition

Beschaffung im engeren Sinn umfasst alle Maßnahmen zur Versorgung des Unternehmens mit Material (Roh-, Hilfs- und Betriebsstoffe, Zulieferteile), Handelswaren, Ersatzteilen und Dienstleistungen.

Die Begriffe Beschaffung und Einkauf werden hier synonym verwendet. In einer engeren Begriffsfassung bezeichnet „Einkauf" nur operative Tätigkeiten der Beschaffung oder die vertraglichen Aspekte zwischen Abnehmern und Lieferanten.

6.2 Prozesse und Institutionen

Die Beschaffung wird in der folgenden Abbildung als Bündel unterschiedlicher Prozesse dargestellt, an denen mehrere interne und externe Institutionen auf unterschiedlichen Transformationsebenen beteiligt sind. Die Beschaffungslogistik wird im Kapitel 18.1 behandelt.

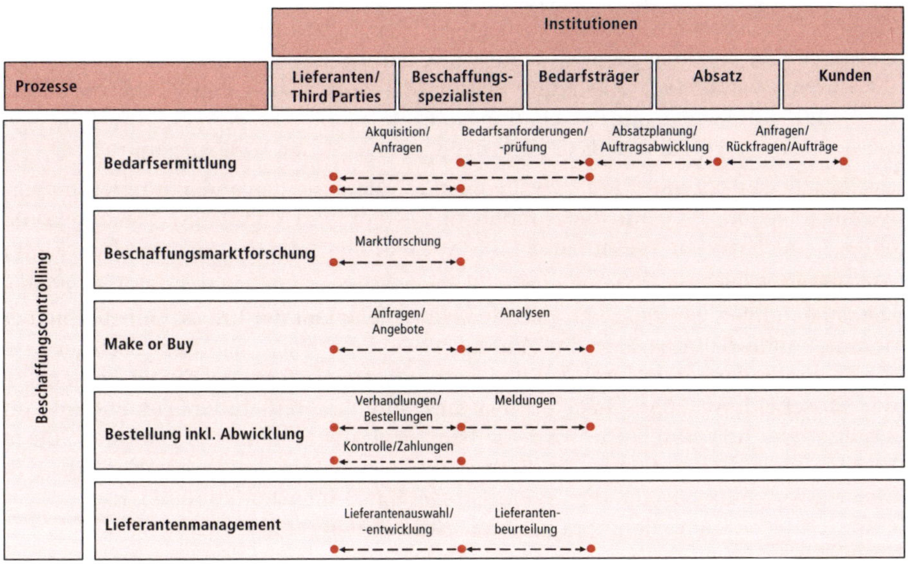

Abbildung 6.1: Beschaffungsprozesse

Wir unterscheiden sechs verschiedene Beschaffungsprozesse:

- **Bedarfsermittlung**, d.h. die Feststellung von Art und Qualität (sog. Bedarfssortiment), Menge, Zeitpunkt und Ort des Bedarfs aufgrund von Anforderungen der Bedarfsträger (Produktion bzw. Absatz), die ihrerseits auf Kundennachfragen basieren (vgl. Kapitel 7).
- **Beschaffungsmarktforschung**, d.h. die Sammlung, Analyse, Aufbereitung und Weiterleitung von Marktinformationen für Beschaffungsentscheidungen (vgl. Kapitel 8).

- **Make or Buy-Entscheidungen**, d.h. Entscheidungen über Eigenerstellung oder Fremdbezug unter Berücksichtigung der jeweiligen Kernkompetenzen, der Kosten, der Bedarfscharakteristika, der Produktionskapazität des Abnehmers, des Lieferangebotes und des Kapitalbedarfs (vgl. Kapitel 9).
- **Bestellung inkl. Bestellabwicklung**, d.h. Ermittlung von Bestellmengen und -zeitpunkten, Vereinbarung der Lieferbedingungen, Bestellüberwachung, Wareneingangskontrolle, Rechnungsprüfung und -erledigung (vgl. Kapitel 10).
- **Lieferantenmanagement**, d.h. Bestimmung des Lieferantenkreises, Auswahl, Beurteilung und Entwicklung der Lieferanten nach Maßgabe der Lieferantenpolitik (vgl. Kapitel 11).
- **Beschaffungscontrolling,** d.h. die Unterstützung des Beschaffungsmanagements durch die Mitwirkung an der Formulierung der Beschaffungsziele und -strategien, Entwicklung von Instrumenten zur Steuerung der Beschaffungsprozesse, Überwachung der Zielerreichung und Einleitung von Korrekturmaßnahmen (vgl. Kapitel 12).

Die an den Beschaffungsprozessen beteiligten **Institutionen** sind die Bedarfsträger, die Kunden, der Absatz, die Lieferanten/Third Parties und die Beschaffungsspezialisten.

- Bei der Auftragsfertigung ist der **Kunde** der Prozessauslöser. Die Produktion und in weiterer Folge die Beschaffungsspezialisten werden in der Regel erst aktiv, wenn ein konkreter Auftrag eines Kunden vorliegt, z.B. der Auftrag zur Lieferung einer Spezialmaschine. Dem Auftrag gehen üblicherweise Anfragen seitens der und Rückfragen an die Kunden voraus (vgl. Abschnitt 14.1.2). Man spricht hier von **Einzelbeschaffung im Bedarfsfall**, wobei die Beschaffungsobjekte nicht oder nur kurzfristig gelagert werden, ehe sie von den Bedarfsträgern eingesetzt werden (vgl. Abschnitt 14.1).
- Der **Absatz** ist das Bindeglied zwischen den Kunden und den anderen unternehmensinternen Stellen. Er berät die Kunden und beeinflusst damit ihre Nachfrage. Ihm obliegen auch die Auftragsannahme und wesentliche Teile der Auftragsabwicklung.
- Als **Bedarfsträger** bezeichnet man alle betrieblichen Stellen/Bereiche, die Güter/Dienstleistungen verbrauchen. In Industriebetrieben ist der Produktionsbereich der dominierende Bedarfsträger, im Handel ist es der Absatz. Die Bedarfsträger lösen durch ihre Bedarfsanforderungen den Beschaffungsprozess aus. Sie wirken auch an der Entscheidung über Make or Buy und am Lieferantenmanagement mit und erhalten von den Beschaffungsspezialisten Meldungen über die getätigten Bestellungen. Im Fall der **Just-in-Time**-(produktionssynchronen) Beschaffung löst der Materialverbrauch durch den Bedarfsträger eine (meist automatisierte) Bedarfsanforderung an die Lieferanten aus (vgl. Abschnitt 18.1.2).
- **Lieferanten** werden eingeschaltet, wenn sich der Abnehmer gegen die Eigenerstellung (Make) und für den Fremdbezug (Buy) entscheidet. Sie sind die Adressaten der Bestellungen und wirken an der Bestellabwicklung mit. Die Lieferanten versuchen, die Beschaffungsspezialisten und die Bedarfsträger durch ihre absatzpolitischen Instrumente bei der Bedarfsermittlung in ihrem Sinne zu beeinflussen. Die Beschaffungsspezialisten nehmen ihrerseits im Wege des Lieferantenmanagements Einfluss auf das Verhalten der Lieferanten. Bei den sog. **Third Parties** handelt es sich in der Regel um spezialisierte Dienstleister wie Logistikunternehmen, die im Auftrag der Lieferanten oder der Abnehmer z.B. Transport- oder Lagerdienste leisten.

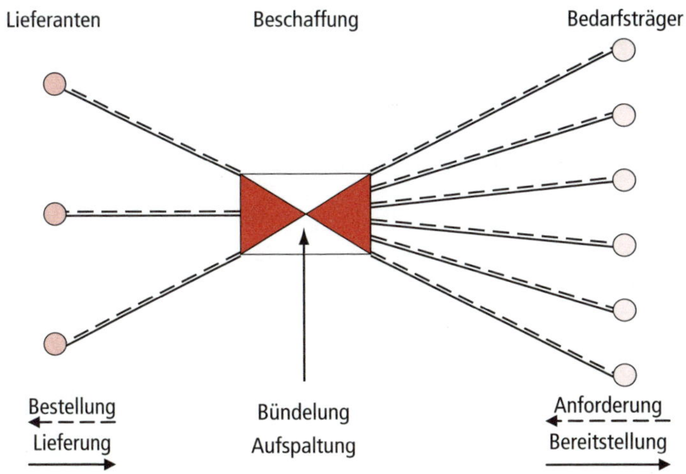

Abbildung 6.2: Beschaffungsspezialisten als Grenzsystem

- Die **Beschaffungsspezialisten** (eine oder mehrere Stellen) sind als Institution an der Schnittstelle zwischen dem Unternehmen und dem Beschaffungsmarkt angesiedelt. Wie aus Abbildung 6.2 ersichtlich, bündeln die Beschaffungsspezialisten die Anforderungen der Bedarfsträger zu Bestellungen bei den Lieferanten. Deren Lieferungen werden entsprechend den Anforderungen auf die einzelnen Bedarfsträger aufgeteilt. Man unterscheidet zwischen **zentraler** und **dezentraler Beschaffung**. Zentral bedeutet, dass die Bedarfsdeckung durch die Beschaffungsspezialisten erfolgt. Dezentral bedeutet, dass die jeweiligen Bedarfsträger ihren Bedarf selbst decken. Für die Zentralisierung der Beschaffung sprechen vor allem die Stärkung der Verhandlungsposition gegenüber den Lieferanten und günstigere Einkaufspreise. Gegen die Zentralisierung sprechen die Gefahr der zu starken Formalisierung und Bürokratisierung sowie damit verbundene Verzögerungen der Beschaffungsprozesse. Richtlinien regeln die Zuständigkeiten für bestimmte Beschaffungsvorgänge und schreiben z.B. zwingend vor, ab einem bestimmten Mengen- oder Wertvolumen oder für bestimmte Materialarten die zentralen Beschaffungsspezialisten (Zentraleinkauf) einzuschalten. Die **interne Gliederung** der Beschaffungsspezialisten erfolgt üblicherweise nach Funktionen (z.B. Bestellwesen, Rechnungserledigung), nach Objekten (z.B. Materialarten) oder nach Bedarfsträgern (z.B. Werken).

6.3 Ziele und Erfolgspotenzial

Ziel der Beschaffung ist die Versorgung der Bedarfsträger mit

■ den richtigen Gütern und Dienstleistungen ■ in der richtigen Art, Menge und Qualität ■ zur richtigen Zeit ■ am richtigen Ort	} Sachziel
■ zu möglichst geringen Kosten	} Formalziel
■ unter Bedachtnahme auf Mitarbeiterinteressen und Umweltbelange	} Sozialziel } Umweltziel

In Analogie zur finanziellen Liquidität soll das **Sachziel** der Beschaffung die „materielle Liquidität" sicherstellen, es geht also um die **Versorgungssicherheit**. Wie anspruchsvoll dieses Ziel ist, kann am Beispiel der Automobilindustrie gezeigt werden. Für einen Mittelklasse-Pkw werden ca. 4.400 Teile benötigt, und die Zahl der Lieferanten eines Pkw-Herstellers beträgt bis zu 5.000 Zulieferer und Dienstleister. Das **Formalziel** dient der **Versorgungswirtschaftlichkeit**. In materialintensiven Betrieben wie der Automobilindustrie entfallen auf den Materialaufwand ca. 75 % des Gesamtaufwandes. Je höher der Fremdbezugsanteil (je geringer die Fertigungstiefe), desto stärker schlagen Veränderungen der Versorgungswirtschaftlichkeit (z.B. bedingt durch gestiegene Rohstoffpreise) auf das Unternehmensergebnis durch. Bei den **Sozialzielen** gibt es in der Beschaffung keine Besonderheiten, abgesehen von Beschäftigungsauswirkungen im Zusammenhang mit dem Outsourcing. Die **Umweltziele** gewinnen ständig an Bedeutung und sind deshalb beschaffungsrelevant, weil Art und Menge des Materials die Umweltbelastung im Zuge der Produktion und der Wiederverwendung (Recycling) bzw. Entsorgung maßgeblich beeinflussen.

Bei der Beschaffung treten **Zielkonflikte** auf. Ein klassischer Zielkonflikt liegt vor, wenn einerseits die Bedarfsträger hohe Servicegrade und andererseits das Management Kostensenkungen erwarten. Der Servicegrad wird meist in einer Kennziffer als Prozentsatz der erfüllten zu den von den Bedarfsträgern artikulierten Bedarfsanforderungen dargestellt (vgl. Abschnitt 12.2.2). Hohe Servicegrade helfen, Produktionsausfälle zu vermeiden, verursachen jedoch hohe Lagerkosten (Kosten der Kapitalbindung in den Beständen) und hohe Dispositionskosten (Kosten für die Erfassung von Ist- und für die Ermittlung von Sollwerten). Die folgende Abbildung 6.3 zeigt den Zusammenhang zwischen Servicegrad (Lieferbereitschaft) und Kosten.

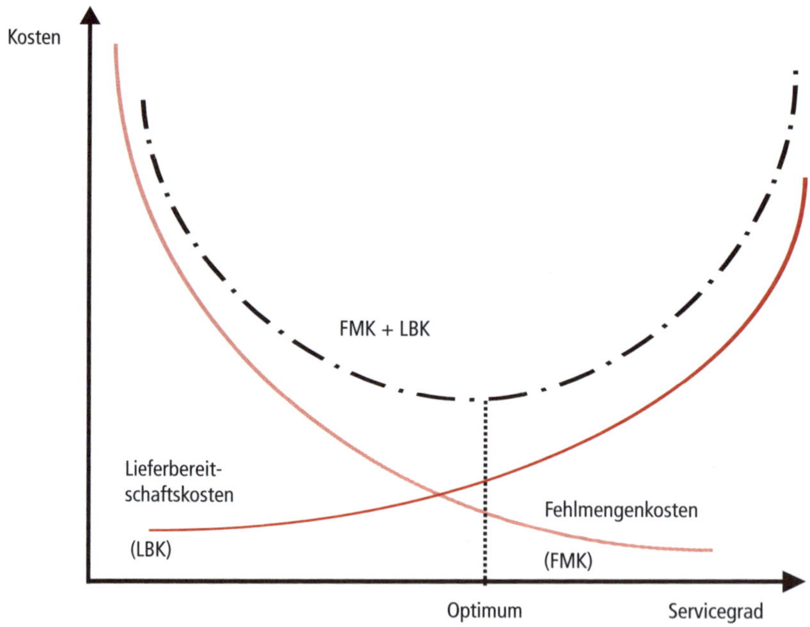

Abbildung 6.3: Zusammenhang von Servicegrad und Kosten

Bei niedrigen Servicegraden fallen zwar nur geringe Lagerhaltungs- und Dispositionskosten (Lieferbereitschaftskosten) an, die Fehlmengenkosten (z.B. Pönale wegen Lieferverzögerungen oder Erfolgseinbußen durch entgangene Aufträge) sind jedoch hoch. In der Praxis wird der Zielkonflikt meist dadurch gelöst, dass ein bestimmter Servicegrad fixiert wird, der mit möglichst geringen (vertretbaren) Kosten erreicht werden soll.

Die **Erfolgspotenziale** der Beschaffung hängen vor allem von der Branche, aber auch vom Organisationsgrad der Anbieter ab. Die Erfolgspotenziale sind im Handel am größten und rechtfertigen den Slogan „Im Einkauf liegt der Gewinn". Aber auch in anderen Branchen mit einem hohen Anteil des Materialaufwandes ist der Einfluss der Versorgungswirtschaftlichkeit auf den Unternehmenserfolg unmittelbar einsichtig (s.o.). Bei der Senkung des Materialaufwandes sind in der Regel weniger Restriktionen zu beachten als beim Personalaufwand (z.B. Kündigungsfristen, Versetzungsschutz). Daraus folgt die Devise „Material sparen und nicht Personal". Wieweit das gelingt, hängt entscheidend von der Marktmacht des Abnehmers gegenüber den Lieferanten ab. Bei starker Machtstellung kann der Abnehmer den Lieferanten Preise und Konditionen diktieren, bei schwacher Marktmacht sind sie für ihn kaum beeinflussbar. Die Bildung von Kooperationen erhöht die Marktmacht sowohl abnehmer- als auch lieferantenseitig.

Unternehmensintern kommt es vor allem darauf an, den Materialbedarf art- und mengenmäßig zu beeinflussen. Wirksame Anstrengungen zur Senkung des Materialaufwandes setzen auch Eingriffe in das sog. Mengengerüst voraus. Beispielsweise kann durch die Forcierung des Einsatzes sog. Gleichteile die Teilevielfalt reduziert werden. Voraussetzung dafür ist ein starkes **Aktionspotenzial** der Beschaffungsspezialisten, das es ihnen dank ihrer hierarchischen Position und ihrer fachlichen Qualifikation erlaubt, die Anforderungen der Bedarfsträger zu hinterfragen.

Neben der Versorgungswirtschaftlichkeit hat auch die Versorgungssicherheit beachtliches Erfolgspotenzial. Die Sicherung der materiellen Liquidität ist Voraussetzung für die Lieferfähigkeit gegenüber den eigenen Kunden und damit ein wesentlicher Wettbewerbsfaktor. „Betteln um Stahl" war vor kurzem angesagt, um die Produktion der Stahlverarbeiter nicht zu verzögern oder zu gefährden. Ähnliche Versorgungsengpässe sind bei anderen Rohstoffen (z.B. Silizium), bei elektronischen Bauteilen (bestimmten Chips) oder bei Zulieferteilen (z.B. Dieselfilter) aufgetreten.

6.4 Trends

In der Beschaffung zeichnen sich folgende bedeutsame Trends ab, die sich zum Teil gegenseitig verstärken:

Erhöhung des Zukaufanteils (Outsourcing). Outsourcing zählt zu den prominentesten Managementkonzepten der Gegenwart. Vorreiter dieses Trends ist die Automobilindustrie. Dort hat sich die Erhöhung des Zukaufsanteils als bedeutsamer Erfolgsfaktor erwiesen, die Zulieferindustrie gewinnt ständig an Bedeutung, und die Hersteller entwickeln sich zu reinen Entwicklungs- und Montagebetrieben. Im Flugzeugbau erwägen die Hersteller nach Problemen bei der Qualität und Zuverlässigkeit der Lieferungen einen Richtungswechsel mit mehr Eigenfertigung. Aufgrund des hohen Anteils zugekaufter Teile und eines weitgehend globalisierten Liefermarktes verlieren Herkunftsbezeichnungen wie „Made in Germany" oder „Made by BMW" zunehmend an Aussagekraft. Apple formuliert korrekt: „Designed by Apple in California, assembled in China" (vgl. auch Kapitel 9).

In steigendem Maße werden im Zuge von Outsourcing auch Dienstleistungen zugekauft. Dies gilt insbesondere für Dienstleistungen der Supportbereiche wie IT-Services, Logistikdienste (Transport und Lagerung) und Facility Management (Reinigungs-, Reparatur- und Bewachungsdienste).

Lange Zeit war man bemüht, die Liefermengen auf mehrere/viele Lieferanten aufzuteilen, um besser gegen Lieferstörungen gewappnet zu sein. Aus demselben Grund und mangels Kenntnis von Alternativen bevorzugte man regionale oder nationale Lieferantenbeziehungen. Heute ist man in vielen Branchen von dieser Lieferantenstrategie abgerückt (vgl. auch Abschnitt 11.1) und tendiert zum **Single Sourcing** und **Global Sourcing.** Das bedeutet, große Beschaffungsvolumina mit wenigen (im Extremfall einem) Lieferanten abzuwickeln, diese jedoch weltweit auszuwählen.

Auch das Verhältnis zwischen Abnehmern und Lieferanten hat sich gewandelt. Die Abnehmer bemühen sich zunehmend um den **Aufbau partnerschaftlicher Lieferantenbeziehungen**, insbesondere zu den sog. Schlüssel-Lieferanten, denen wichtige Funktionen (z.B. Entwicklungsaufgaben) übertragen und mit denen oft langfristige Vereinbarungen getroffen werden (vgl. Kapitel 11). Das gilt allerdings nicht in Krisenzeiten, wo die Abnehmer die angestrebten Kostensenkungen häufig mit rigorosen Forderungen gegenüber den Lieferanten durchsetzen. In diesem Zusammenhang ist zu berücksichtigen, dass im Zuge des Aufbaus logistischer Ketten (Supply Chains) die traditionelle Abnehmer-Lieferanten-Beziehung durch ein Geflecht von Beziehungen mit einer Mehrzahl von Wertschöpfungspartnern ersetzt wird (vgl. Kapitel 20). Die Absatzkrise in der Automobilindustrie (im Jahr 2008) hat tief greifende Auswirkungen auf die Zulieferer und deren Vorlieferanten. Ähnliches gilt für den Flugzeugbau, wo die rückläufige Nachfrage nach neuem Fluggerät in Verbindung mit dessen verspäteter Entwicklung und Fertigung zu massiven Umsatzeinbrüchen und Kapazitätsabbau bei den Zulieferern geführt hat.

Unter dem Begriff **„E-Procurement"** werden vielfältige Nutzungen moderner elektronischer Medien für die Beschaffung (elektronischer Einkauf) zusammengefasst. Zunehmend verbreitet sind IT-basierte Bestellwerkzeuge, elektronische Ausschreibungen und Auktionen sowie Online-Verhandlungen mit den Lieferanten. Große Aufmerksamkeit hat die Internetplattform namhafter Automobilhersteller gefunden (Covisint), welche die Einkaufsmacht bündeln und die Ansprache eines großen Lieferantenkreises erleichtern sollte. Die beteiligten Automobilhersteller erwarteten sich davon eine höhere Transparenz über das Lieferangebot, eine Beschleunigung der Bestellprozesse und eine Senkung des Materialaufwandes.

Neben den markt- oder lieferantenseitigen Anstrengungen zur Senkung des Materialaufwandes gibt es auch eine wirksame innerbetriebliche Maßnahme, nämlich die **Verkleinerung des Materialsortiments**. Mit dem sog. Baukastensystem kann aus einer vergleichsweise geringen Zahl von Bauteilen (z.B. Chassis) eine Vielfalt von Varianten erstellt werden. Eine weitere Maßnahme ist die von der Automobilindustrie erfolgreich praktizierte Plattformstrategie, d.h. die Verwendung derselben Plattform für verschiedene Fahrzeugmodelle. Auch die Modularisierung bewirkt eine Verkleinerung des Materialsortiments, weil anstelle von Einzelteilen (z.B. Griffe) zunehmend Komponenten (z.B. Seitenteile) und Systeme/Module (z.B. Autotüren) beschafft werden.

Z U S A M M E N F A S S U N G

Das Aufgabenfeld der Beschaffung ist vielfältig und hängt im Wesentlichen von der Art und Menge der zu beschaffenden Produktionsfaktoren (Objekte) ab. Die Beschaffung beginnt mit der Bedarfsermittlung und endet mit dem Beschaffungscontrolling. An diesen Prozessen wirken interne (insbesondere Bedarfsträger und Beschaffungsspezialisten) sowie externe Institutionen (insbesondere Lieferanten) auf unterschiedlichen Transformationsebenen mit. Die dominanten Beschaffungsziele sind die Versorgungssicherheit und die Versorgungswirtschaftlichkeit, deren Erreichung den Unternehmenserfolg wesentlich beeinflusst.

Z U S A M M E N F A S S U N G

6.5 Übungsfragen

1. Nennen Sie die Objekte der Beschaffung und geben Sie jeweils ein Beispiel an.
2. Erläutern Sie die Prozesse der Beschaffung.
3. Geben Sie für die Prozesse in Tabelle 6.3 die jeweils zutreffende Transformationsebene an.

Transformationsebene / Prozesse	Güterebene	Finanzebene	Dispositive Ebene
Bedarfsermittlung			
Lieferantenbeurteilung			
Anlieferung + Lagerung			
Bereitstellung für Produktion			
Bestandsrechnung + Rechnungsprüfung			
Rechnungserledigung (Bezahlung)			

Tabelle 6.3: Transformationsebenen von Beschaffungsprozessen

4. Welche Institutionen sind an den Beschaffungsprozessen beteiligt?
5. Erläutern Sie den Zielkonflikt zwischen Versorgungssicherheit und Versorgungswirtschaftlichkeit.

Lösungen zu den Übungsfragen und weiterführende Materialien finden Sie auf der Companion Website zum Buch unter *www.pearson-studium.de*.

Die Bedarfsermittlung

7

ÜBERBLICK

Für die Bedarfsermittlung stehen drei Verfahrensarten zur Auswahl: Das programmorientierte Verfahren (7.2), das verbrauchsorientierte Verfahren (7.3) und die Schätzung (7.4). Mithilfe vorbereitender Maßnahmen (7.1) wird festgestellt, welche Verfahrensvariante für welche Materialarten am besten geeignet ist.

7.1 Grundbegriffe und vorbereitende Maßnahmen

Die Bedarfsermittlung ist Voraussetzung für die Erreichung der Ziele Versorgungssicherheit und Versorgungswirtschaftlichkeit, nämlich die Bereitstellung der richtigen Güter und Dienstleistungen in der richtigen Art und Menge, zur richtigen Zeit und am richtigen Ort, unter Bedachtnahme auf die Sozial- und Umweltziele.

Bei der Ermittlung der „richtigen“ Art und Menge sowie des „richtigen“ Zeitpunktes treten in der Regel Interessenkonflikte zwischen den Bedarfsträgern und den Beschaffungsspezialisten auf: Die Bedarfsträger neigen dazu, ihre Ansprüche sowohl hinsichtlich der Qualität („vergoldete Schrauben“) als auch der Menge und des Zeitpunktes aus Gründen der Vorsicht zu hoch anzusetzen. Die Beschaffungsspezialisten versuchen deshalb, die Bedarfsanforderungen und damit die Kosten zu reduzieren.

Bei der Bedarfsermittlung geht es um einen qualitativen (Bedarfssortiment) und einen quantitativen Aspekt (Bedarfsmenge). Das Bedarfssortiment legt fest, welche Materialien in welcher Qualität (Best-, Durchschnitts- oder Mindestqualität) beschafft werden. Das Sortiment hängt von der Komplexität der Erzeugnisse ab. Viele (wenige) verschiedene Teile in den Erzeugnissen ergeben ein breites (schmales) Bedarfssortiment. Unter versorgungswirtschaftlichem Aspekt sind schmale Sortimente von Vorteil. Dementsprechend bemüht man sich, die Zahl/Vielfalt von Teilen durch deren Standardisierung oder die Anwendung des Baukastensystems zu reduzieren. Ein eindrucksvolles Beispiel liefert die Swatch-Uhr, bei der es gelungen ist, die Zahl der Einzelteile von mehr als 100 auf ca. 50 zu reduzieren.

Die **Bedarfsmenge** bezieht sich auf eine bestimmte Verbrauchsperiode (Jahr, Monat, Woche). Man unterscheidet zwischen Primär-, Sekundär- und Tertiärbedarf.

- Der **Primärbedarf** ergibt sich aus der Menge der verkaufsfähigen Erzeugnisse (Marktbedarf), d.h. aus dem Absatzplan. Er berücksichtigt auch den geplanten Absatz von Ersatzteilen.
- Der **Sekundärbedarf** leitet sich aus dem Primärbedarf ab. Den Sekundärbedarf ermittelt man durch Multiplikation des Primärbedarfs mit den Mengen der je Erzeugnis benötigten Rohstoffe, Teile (inkl. Ersatzteile) und Baugruppen (siehe Abschnitt 7.2 zur Stückliste).
- Der **Tertiärbedarf** wird analog zum Sekundärbedarf ermittelt, allerdings nicht für Rohstoffe, Teile und Baugruppen, sondern für Hilfs- und Betriebsstoffe.
- Der **Bruttobedarf** ist die Summe aus Sekundär- bzw. Tertiärbedarf, zuzüglich des Zusatzbedarfs (für Ausschuss etc.).

Der Bruttobedarf umfasst die von der Produktion in einer Periode benötigte Menge. Er ist vom Nettobedarf, der für die Bestellung relevanten Größe, zu unterscheiden.

- Den **Nettobedarf** (Bestellbedarf) erhält man, wenn man den Bruttobedarf um die Lagerbestände, die Vormerkbestände (erwartete Lagerabgänge) und die Bestellungen (erwartete Lagerzugänge) korrigiert.

Das folgende Beispiel zeigt die Ermittlung der verschiedenen Bedarfsarten in der Möbelfertigung.

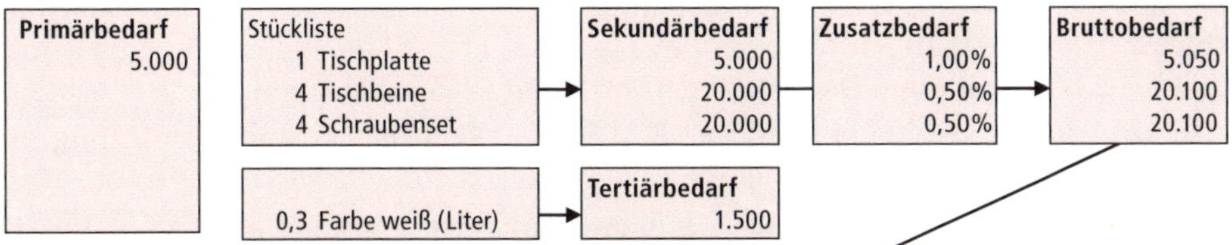

	Tischplatte	Tischbeine	Schraubenset
Bruttobedarf	5.050	20.100	20.100
– Lagerbestände	–1.000	–5.000	–40.000
– erwartete Liefereingänge	–2.000	–5.000	0
+Vormerkbestände	250	2.000	0
Nettobedarf	2.300	12.100	0

Abbildung 7.1: Vom Primär- zum Nettobedarf

Der Genauigkeitsanspruch und der Dispositionsaufwand der Bedarfsermittlung hängen vom Wert des Materials und vom Beschaffungsrisiko ab. Die Wertigkeit kann mithilfe der ABC-Analyse ermittelt werden. Das Material-Portfolio berücksichtigt zusätzlich das Beschaffungsrisiko.

7.1.1 Die ABC-Analyse

Die **ABC-Analyse** ist eine einfache und in der Praxis weit verbreitete Methode, um Materialien anhand ihres Wert-Mengen-Verhältnisses zu klassifizieren. Aus Erfahrung weiß man, dass in der Regel ein sehr hoher Anteil am Gesamtwert des Materials auf eine geringe Anzahl von Materialarten entfällt. Andere Materialarten weisen einen geringen Wert- und einen hohen Mengenanteil auf. Dieser Logik folgend, unterteilt die ABC-Analyse die Güter in drei Klassen:

- **A-Güter:** Materialarten mit hohem Anteil am Wert (60 – 80 %) und niedrigem Anteil an der Gesamtmenge der Materialarten. Sie haben höchste Priorität bei der Materialdisposition, insbesondere bei der Ermittlung der Bedarfsmengen.
- **B-Güter:** Materialarten, die beim Gesamtwert unter (10 – 30 %) und bei der Menge über den entsprechenden Anteilen der A-Güter liegen. Der Aufwand für Dispositionsaktivitäten ist geringer als bei A-Gütern, aber höher als bei C-Gütern.
- **C-Güter:** Spiegelbildlich zu A-Gütern haben C-Güter einen niedrigen Anteil am Gesamtwert (<10 %) und einen hohen Anteil an der Menge. Der Dispositionsaufwand für C-Güter wird wegen ihres geringen Wertes bewusst klein gehalten.

Die Prozentangaben sind als Richtwerte zu verstehen. Die Festlegung der Grenzen liegt im Ermessen des Bedarfsermittlers. Ob eine nahe am Grenzwert liegende Materialposition in die höhere oder niedrigere Klasse gehört, kann mit einer Sensibilitätsanalyse geklärt werden.

Vorgehen bei der ABC-Analyse

Der Nutzen der ABC-Analyse, nämlich die Trennung von Wichtigem und Unwichtigem, steigt mit der Anzahl der zu disponierenden Materialarten. Um den Rechenaufwand gering zu halten, enthält das folgende Beispiel eines Fahrradherstellers nur eine geringe Anzahl von Materialarten. Die ABC-Analyse erfolgt in fünf Schritten.

1. Schritt: Erfassen von Menge und Wert je Materialart und Ermittlung des Gesamtwertes (absolut und relativ).
2. Schritt: Vergabe von Rangziffern entsprechend der Wertanteile (1 steht für den höchsten Wertanteil).

Materialart	Menge Stück	Wert pro Stück	Gesamtwert/Periode absolut	Gesamtwert/Periode in %	Rang
111	50	600,0	30.000	41,0%	1
222	120	100,0	12.000	16,4%	2
333	60	110,0	6.600	9,0%	3
444	200	30,0	6.000	8,2%	4
555	20	250,0	5.000	6,8%	5
666	180	20,0	3.600	4,9%	6
777	160	17,0	2.720	3,7%	7
888	130	14,0	1.820	2,5%	8
999	110	12,0	1.320	1,8%	9
1000	100	11,0	1.100	1,5%	10
1111	90	10,0	900	1,2%	11
2222	80	9,0	720	1,0%	12
3333	70	8,0	560	0,8%	13
4444	600	0,7	420	0,6%	14
5555	50	6,0	300	0,4%	15
6666	400	0,5	200	0,3%	16
Summe	2.420		73.260	100,0%	

Tabelle 7.1: ABC-Analyse: Mengen- und Wertermittlung für Fahrradteile

3. Schritt: Klassenbildung nach dem Gesamtwert.

Materialart	Gesamtwert/Periode in %	Gesamtwert/Periode kumuliert	Anteil Materialart kumuliert	Klasse
111	41,0%	41,0%	6,25%	A
222	16,4%	57,3%	12,50%	A
333	9,0%	66,3%	18,75%	A
444	8,2%	74,5%	25,00%	A 74,53%
555	6,8%	81,4%	31,25%	B
666	4,9%	86,3%	37,50%	B
777	3,7%	90,0%	43,75%	B
888	2,5%	92,5%	50,00%	B
999	1,8%	94,3%	56,25%	B
1000	1,5%	95,8%	62,50%	B 21,24%
1111	1,2%	97,0%	68,75%	C
2222	1,0%	98,0%	75,00%	C
3333	0,8%	98,7%	81,25%	C
4444	0,6%	99,3%	87,50%	C
5555	0,4%	99,7%	93,75%	C
6666	0,3%	100,0%	100,0%	C 4,23%
Summe	100,0%			100,0%

Tabelle 7.2: ABC-Analyse: Rangreihung nach dem Wertanteil und Klassenbildung. In der Tabelle treten Rundungsdifferenzen auf.

In unserem Beispiel entfallen jeweils 6,25 % auf eine der insgesamt 16 Materialarten. Die C-Güter sind wegen der geringen Anzahl der Materialarten in der Mengenbetrachtung unterrepräsentiert. Die Zuteilung von Materialarten mit Werten nahe der Klassengrenze ist Ermessenssache. Materialart-Nr. 555 in Tabelle 7.2 kann entweder der Klasse der A-Güter oder der B-Güter zugeteilt werden.

4. Schritt: Grafische Darstellung.

Das Ergebnis der ABC-Analyse wird in Form eines Diagramms oder in einer Summenkurve (Lorenzkurve) dargestellt.

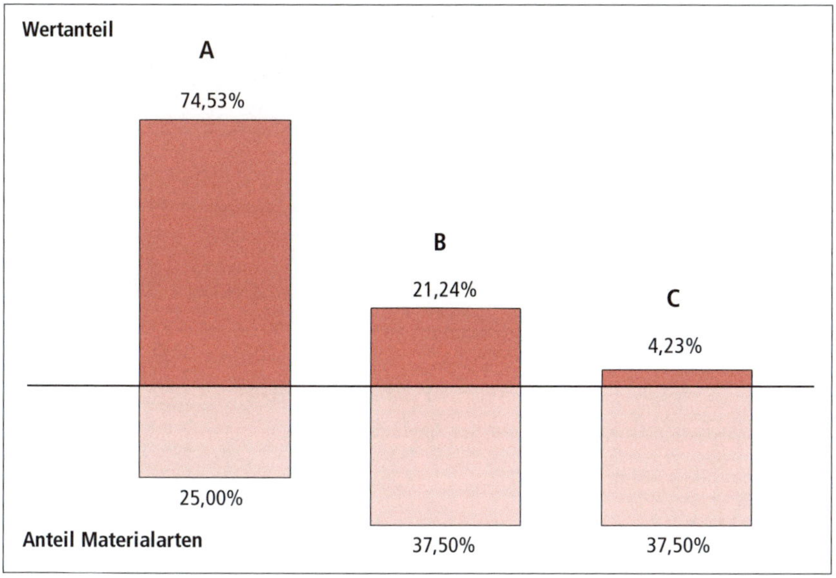

Abbildung 7.2: Grafische Darstellung der ABC-Analyse

Das Problem, knappe Dispositionsressourcen zielgerichtet einzusetzen, tritt nicht nur bei der Bedarfsermittlung von Material auf. Deshalb wird die ABC-Analyse z.B. auch als Klassifikationsverfahren im Kunden- oder Lieferantenmanagement verwendet. So ist für die selektive Bearbeitung der Lieferanten der Wertanteil der einzelnen Lieferanten am Beschaffungsvolumen bereits ein gutes Selektionskriterium, unabhängig von ihrem jeweiligen Mengenanteil (vgl. Kapitel 11).

7.1.2 Das Material-Portfolio

Auch die aus der Strategielehre stammende Portfolio-Methode ermöglicht eine Materialklassifikation. Sie erfolgt anhand der Dimensionen **Beschaffungsrisiko** und Einfluss auf das **Betriebsergebnis** mit jeweils zwei Ausprägungen (gering, groß). Das ergibt eine Vier-Felder-Matrix mit unterschiedlichen Materialbeschaffungsstrategien, wie die folgende Abbildung zeigt.

Strategisch bedeutsame Materialien erfordern wegen ihres hohen Beschaffungsrisikos und ihres großen Einflusses auf das Betriebsergebnis eine intensive Beobachtung und exakte Bedarfsprognosen. Dies gilt im Hinblick auf die Versorgungssicherheit auch für Engpassmaterialien, obwohl ihre Relevanz für das Betriebsergebnis geringer ist. Bei unkritischen Materialien genügt (wie bei C-Teilen) eine Grobplanung. Auf Hebelmaterialien ist vor allem im Zuge der Preisverhandlungen mit den Lieferanten zu achten.

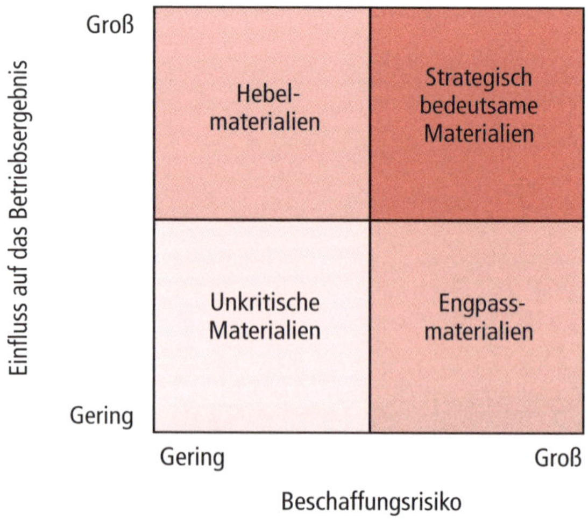

Abbildung 7.3: Materialklassifikation mithilfe der Portfolio-Methode

7.2 Die programmorientierte Bedarfsermittlung

Beim programmorientierten Verfahren wird der Bedarf aus dem Produktionsprogramm abgeleitet. Es eignet sich für Güter mit hohem Wertanteil. Für dieses Verfahren ist die Kenntnis der geplanten Absatzmenge und der Bestandteile des jeweiligen Erzeugnisses erforderlich. Die Bestandteile der Erzeugnisse kann man der Stückliste (bzw. Rezeptur) entnehmen. Aus den Stücklisten wird im Wege der sog. **analytischen Bedarfsauflösung** der Materialbedarf pro Erzeugnis ermittelt und mit der Absatzmenge multipliziert.
Man unterscheidet Mengenstücklisten, Strukturstücklisten und Baukastenstücklisten. **Mengenstücklisten** zeigen die Anzahl der Teile, die für die Fertigung einer Erzeugniseinheit benötigt werden. Sie sind unstrukturiert, d.h. sie lassen die Stellung der Bestandteile (z.B. der 16 Schrauben mit der Sach-Nr. 27 im folgenden Beispiel) innerhalb der Erzeugnisstruktur nicht erkennen.

Sach-Nr. 10 Bezeichnung: Getriebe		
Stück	**Sach-Nr.**	**Bezeichnung**
1	11	Unterkasten
1	13	Oberteil komplett
1	15	Vorgelege komplett
1	18	Antriebswelle komplett
16	27	Schraube
1	32	Antriebswelle komplett
2	40	Welle komplett
1	46	Mittelkasten
3	49	Lager
4	52	Lager
2	71	Welle
2	73	Passfeder
2	75	Schraube
1	77	Welle
1	79	Zahnrad
1	81	Zahnrad
1	88	Oberkasten
1	94	Zahnrad
1	98	Zahnrad

Tabelle 7.3: Mengenstückliste eines Getriebes

Der **Gozinto-Graph** wird aus dem Konstruktionsplan abgeleitet und stellt die Struktur eines Erzeugnisses grafisch durch Gliederung in Baugruppen oder Fertigungsstufen auf verschiedenen Ebenen mit Verbindungslinien (Kanten) dar. Im Gozinto-Graph erkennt man leichter als in der Strukturstückliste, wenn Teile bzw. Baugruppen in verschiedene Ebenen der Stückliste eingehen (z.B. Teil 52 in Baugruppe 18 und 32 bzw. Teil 40 in Baugruppe 18 und 32). Der Name Gozinto ist übrigens eine Verballhornung von „(the part that) goes into“. Der Gozinto-Graph in der folgenden Abbildung basiert auf der Strukturstückliste für das Getriebe in Tabelle 7.4.

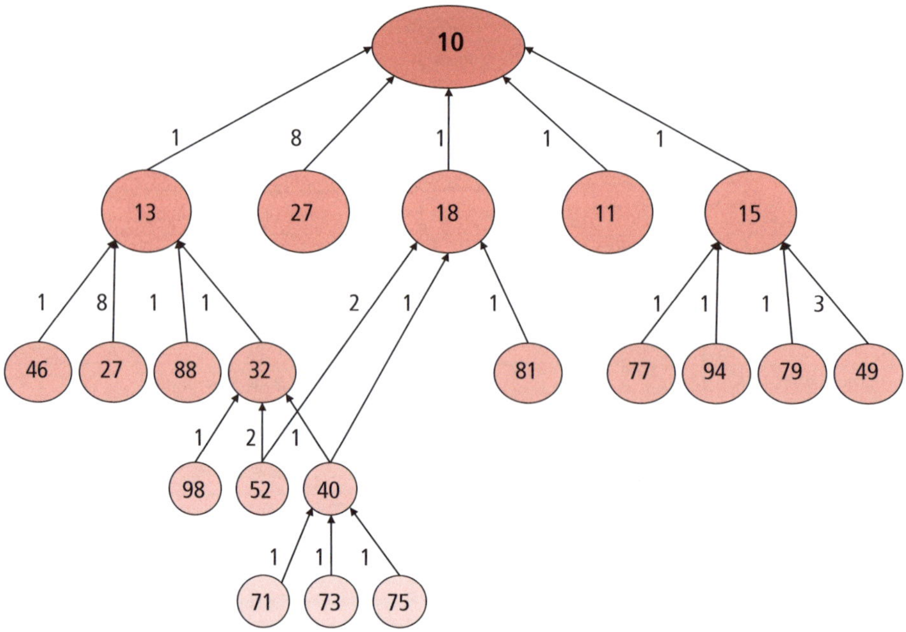

Abbildung 7.4: Gozinto-Graph eines Getriebes

Strukturstücklisten zeigen wie der Gozinto-Graph den konstruktions- und fertigungsbedingten Aufbau eines Erzeugnisses, jedoch in tabellarischer Form. In Tabelle 7.4 markieren die Kreuze die Zugehörigkeit zu einer bestimmten Baugruppe (Ebene).

Beispiel: Baugruppe **10** besteht aus 1 Oberteil komplett, 8 Schrauben, 1 Antriebswelle komplett, 1 Unterkasten und 1 Vorgelege komplett. Beginnend auf der obersten Fertigungsstufe wird der Teilebedarf je Fertigungsstufe berechnet. Um beispielsweise 100 Getriebe (1. Fertigungsstufe) zu bauen, sind 100 Antriebswellen komplett notwendig. Auf der 2. Fertigungsstufe werden für diese 100 Antriebswellen komplett wiederum je 100 Wellen komplett und 100 Zahnräder sowie 200 Lager benötigt.

Die Verwaltung der Strukturstücklisten wird mit zunehmender Komplexität der Erzeugnisse (Vielzahl von Fertigungsstufen bzw. komplexe Teile und Baugruppen) immer aufwendiger. **Baukastenstücklisten** lösen dieses Problem, indem pro Stückliste stets nur eine Fertigungsstufe dokumentiert wird. Aus einer großen Stückliste entstehen auf diese Weise viele kleine, leichter zu wartende Stücklisten. Allerdings kann man aus einer Baukastenstückliste den Zusammenhang zwischen den jeweils aufgelisteten Baugruppen und Teilen mit dem Endprodukt nicht erkennen.

Sach-Nr. 10 Bezeichnung: Getriebe						
Ebenen				Stück	Sach-Nr.	Bezeichnung
1	2	3	4			
x				1	13	Oberteil komplett
	x			1	46	Mittelkasten
	x			1	32	Antriebswelle komplett
		x		1	98	Zahnrad
		x		1	40	Welle komplett
			x	1	71	Welle
			x	1	73	Passfeder
			x	1	75	Schraube
		x		2	52	Lager
	x			1	88	Oberkasten
	x			8	27	Schraube
x				8	27	Schraube
x				1	18	Antriebswelle komplett
	x			1	40	Welle komplett
		x		1	71	Welle
		x		1	73	Passfeder
		x		1	75	Schraube
	x			1	81	Zahnrad
	x			2	52	Lager
x				1	11	Unterkasten
x				1	15	Vorgelege komplett
	x			1	77	Welle
	x			1	94	Zahnrad
	x			1	79	Zahnrad
	x			3	49	Lager

Tabelle 7.4: Strukturstückliste eines Getriebes

Sach-Nr. 10 Bezeichnung: Getriebe

Stück	Sach-Nr.	Bezeichnung
1	18	Antriebswelle kpl.
8	27	Schraube
1	13	Oberteil kpl.
1	11	Unterkasten
1	15	Vorgelege kpl.

Sach-Nr. 15 Bezeichnung: Vorgelege kpl.

Stück	Sach-Nr.	Bezeichnung
1	77	Welle
1	94	Zahnrad
1	79	Zahnrad
3	49	Lager

Sach-Nr. 13 Bezeichnung: Oberteil kpl.

Stück	Sach-Nr.	Bezeichnung
1	46	Mittelkasten
1	32	Antriebswelle kpl.
1	88	Oberkasten
8	27	Schraube

Sach-Nr. 18 Bezeichnung: Antriebswelle kpl.

Stück	Sach-Nr.	Bezeichnung
1	40	Welle kpl.
1	81	Zahnrad
2	52	Lager

Sach-Nr. 32 Bezeichnung: Antriebswelle kpl.

Stück	Sach-Nr.	Bezeichnung
1	98	Zahnrad
1	40	Welle kpl.
2	52	Lager

Sach.-Nr. 40 Bezeichnung: Welle kpl.

Stück	Sach.-Nr.	Bezeichnung
1	71	Welle
1	73	Passfeder
1	75	Schraube

Abbildung 7.5: Baukastenstückliste eines Getriebes

7.3 Die verbrauchsorientierte Bedarfsermittlung

Die verbrauchsorientierte Materialbedarfsermittlung basiert auf Verbrauchswerten aus der Vergangenheit (Materialbewegungsrechnungen und -statistiken) und/oder auf Annahmen über den zukünftigen Verbrauch. Sie wird angewandt, wenn

- keine Produktprogramm-Planung möglich bzw.
- keine Stücklisten vorhanden bzw.
- die Teile in den Stücklisten nicht erfasst sind (z.B. Kleinstteile, Betriebsstoffe) bzw.
- der geringe Materialwert (C-Teile) eine programmorientierte Ermittlung nicht rechtfertigt.

Die Bedarfsprognosen werden mithilfe von stochastischen Methoden erstellt. Die Prognosewerte sind stets mit zwei Fehlerrisiken behaftet: der Vorhersehbarkeit des zukünftigen Bedarfs und deren adäquate mathematische Modellierung.

Die Vorhersehbarkeit hängt vom **Bedarfsverlauf** ab. Die **XYZ-(RSU-)Analyse** klassifiziert Güter nach den Kriterien Stetigkeit und Vorhersagegenauigkeit ihres Verbrauchs. Aufgrund von Erfahrungswerten zum Bedarfsverlauf werden drei Klassen gebildet:

- X-(R-)Güter weisen einen regelmäßigen Verbrauch und hohe Prognosegenauigkeit auf. Für diese Güterklasse eignen sich einfache Verfahren, z.B. Mittelwert-Verfahren.
- Y-(S-)Güter sind durch stärkere, meist saisonale Schwankungen und eine mittlere Prognosegenauigkeit gekennzeichnet. Sie erfordern einen höheren Dispositionsaufwand.
- Z-(U-)Güter haben einen unregelmäßigen Verbrauch und eine niedrige Prognosegenauigkeit. Dementsprechend bedarf es aufwendiger Dispositionsverfahren.

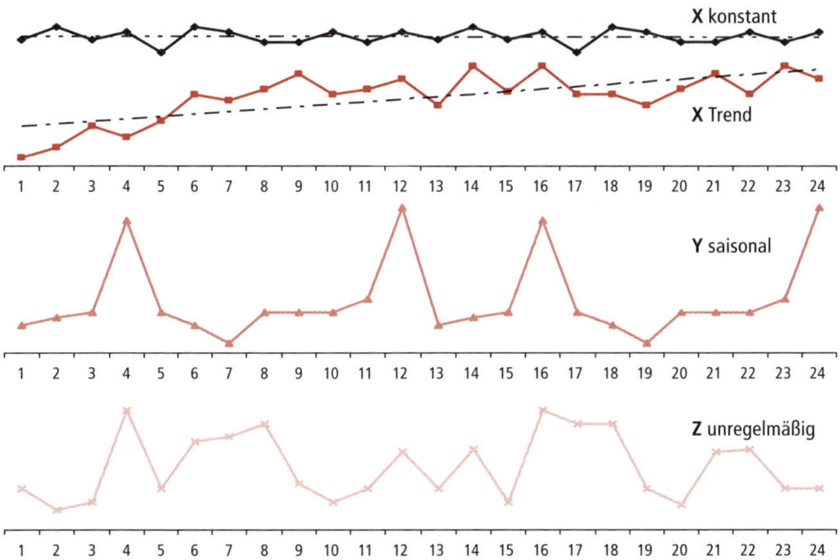

Abbildung 7.6: Bedarfsverläufe von XYZ-Gütern

Für die mathematische Modellierung des Bedarfsverlaufs gibt es eine Vielzahl von Verfahren. Einfache Berechnungsmethoden arbeiten mit Mittelwerten oder mit Glättungsfaktoren. Sie beruhen auf der Annahme, dass der Mittelwert des Verbrauchs in der Vergangenheit ein brauchbarer Indikator für den zukünftigen Bedarf ist (Zukunft als Durchschnitt der Vergangenheit).

V_{t+1}	Vorhersagewert für die nächste Periode (Tag, Woche, Monat)
V_t	Vorhersagewert der letzten Periode
T_t	Tatsächlicher Bedarf der letzten Periode
i	Zählindex
t	Aktuelle (jüngste) Periode (die Erfassung beginnt in Periode 1)
m	Anzahl der betrachteten Perioden (Zeitfenster, $m \leq t$)
α	Glättungsfaktor (zwischen 0 und 1)

Der **arithmetische Mittelwert** wird aus den Einzelwerten aller bisherigen Perioden errechnet.

$$V_{t+1} = \frac{1}{t}\sum_{i=1}^{t} T_i$$

Die gleichwertige Berücksichtigung aktueller und weit zurückliegender Perioden ist problematisch, wenn sich der Bedarf rasch ändert.

Bei der Methode des **gleitenden Mittelwertes** wird der Mittelwert aus einer bestimmten Anzahl früherer Perioden (m) errechnet.

$$V_{t+1} = \frac{1}{m}\sum_{i=t-m+1}^{t} T_i$$

Je größer die Anzahl der betrachteten Perioden, desto geringer ist der Einfluss zufälliger Schwankungen auf den Vorhersagewert. Aktuelle Werte haben kein größeres Gewicht als Werte aus früheren Perioden, d.h. der gleitende Mittelwert berücksichtigt stärkere Veränderungen des aktuellen Bedarfs nicht adäquat.

Der **gewogene gleitende Mittelwert** sieht eine Gewichtung der betrachteten Perioden (m) am Zeitstrahl entlanggleitend vor (Gewicht G in Prozent), wobei die aktuellen Perioden in der Regel höher gewichtet werden als frühere Perioden.

$$V_{t+1} = \sum_{i=t-m+1}^{t} T_i \times G_i$$

Die Verfahren der **exponentiellen Glättung** arbeiten mit einem Glättungsfaktor α zur Anpassung der zukünftigen an die früheren Verbrauchsmengen. Die Methode der exponentiellen **Glättung 1. Ordnung** liefert brauchbare Ergebnisse, wenn die Vergangenheitswerte um einen Mittelwert schwanken, also bei schwachen Trend- oder Saisoneinflüssen.

$$V_{t+1} = V_t + \alpha\ (T_t - V_t)$$

Die exponentielle **Glättung 2. Ordnung** berücksichtigt auch Trends. Die folgende Tabelle gibt einen Überblick über die gängigsten verbrauchsorientierten Methoden anhand eines Beispiels.

Periode	Ist-Befarfs-wert	Einfacher Mittelwert		Gleitender Mittelwert		Gewogener gleitender Mittelwert		Glättung 1. Ordnung	
		$V_{t+1} = \frac{1}{t}\sum_{i=1}^{t} T_i$		$V_{t+1} = \frac{1}{m}\sum_{i=t-m+1}^{t} T_i$		$V_{t+1} = \sum_{i=t-m+1}^{t} T_i \times G_i$		$V_{t+1} = V_t + \alpha\ (T_t - V_t)$	
				m = 5		m=5, G_{t-4}=5%, G_{t-3}=10%, G_{t-2}=20%, G_{t-1}=25%, G_t=40%		α= 0,1	
i	Ti	Vorhersage (V_t)	Prognosefehler	Vorhersage (V_t)	Prognosefehler	Vorhersage (V_t)	Prognosefehler	Vorhersage (V_t)	Prognosefehler
1	315	-	-	-	-	-	-	-	-
2	325	-	-	-	-	-	-	-	-
3	318	320,0	2,0	-	-	-	-	-	-
4	321	319,3	-1,7	-	-	-	-	-	-
5	327	319,8	-7,3	-	-	-	-	325,0*	-2,0
6	316	321,2	5,2	321,2	5,2	322,9	6,9	325,2	9,2
7	318	320,3	2,3	321,4	3,4	320,4	2,4	324,3	6,3
8	320	320,0	0,0	320,0	0,0	319,6	-0,4	323,7	3,7
9	301	320,0	19,0	320,4	19,4	319,5	18,5	323,3	22,3
10	280	317,9	37,9	316,4	36,4	312,0	32,0	321,1	41,1
11	292	314,1	22,1	307,0	15,0	298,9	6,9	317,0	25,0
12	296	312,1	16,1	302,2	6,2	294,9	-1,1	314,5	18,5
13	304	310,8	6,8	297,8	-6,2	293,5	-10,5	312,6	8,6
14	310	310,2	0,2	294,6	-15,4	297,1	-13,0	311,8	1,8
15	298	310,2	12,2	296,4	-1,6	302,4	4,4	311,6	13,6

*geschätzter Anfangswert

Abbildung 7.7: Verbrauchsorientierte Methoden im Überblick

Es gibt eine Vielzahl weiterer Prognoseverfahren. Wir erwähnen beispielsweise die **Regressionsanalyse**, die kausale Zusammenhänge zwischen abhängigen und unabhängigen Variablen ermittelt. Auf diese Weise kann etwa der Energiebedarf in Abhängigkeit von der Temperaturentwicklung prognostiziert werden.

7.4 Schätzungen

Schätzungen und heuristische Methoden werden für die Bedarfsermittlung herangezogen, wenn die Voraussetzungen für die Anwendung programmorientierter bzw. verbrauchsorientierter Verfahren fehlen. Die sog. **Analogschätzung** basiert auf den Verbrauchsmengen artverwandter Güter, d.h. man unterstellt einen ähnlichen Bedarfsverlauf. Die sog. **Intuitivschätzung** verzichtet auf Rechenverfahren und stützt sich auf einfache Heuristiken („Faustregeln"). Die geringe Prognosegenauigkeit der Schätzung kann vor allem bei Gütern mit kurzer Beschaffungszeit bzw. mit niedrigem Wert (C-Güter) toleriert werden.

Z U S A M M E N F A S S U N G

Ziel der Bedarfsermittlung ist die zeitgerechte und exakte Feststellung der benötigten Güter und Dienstleistungen, um die Versorgungssicherheit und die Versorgungswirtschaftlichkeit zu gewährleisten. Bei A- und B-Gütern sowie bei Materialien mit großem Beschaffungsrisiko empfiehlt sich die programmorientierte Bedarfsermittlung, bei C-Gütern und Materialien mit geringem Beschaffungsrisiko die verbrauchsorientierte Bedarfsermittlung oder die Schätzung. Bei programmorientierten Verfahren wird der Bedarf auf Basis von Stücklisten ermittelt (sog. analytische Bedarfsauflösung). Die verbrauchsorientierte Bedarfsermittlung basiert auf Verbrauchswerten aus der Vergangenheit. Schätzungen und heuristische Methoden werden verwendet, wenn die Voraussetzungen für die Anwendung exakterer Verfahren fehlen. Die Verfahren können auch kombiniert werden, z.B. durch die Verwendung von verbrauchsorientierten Verfahren für lange und von programmorientierten Verfahren für mittlere und kurze Prognosezeiträume.

Z U S A M M E N F A S S U N G

7.5 Übungen und Übungsfragen

Übung 1: Primär- und Sekundärbedarf

Die Hofwerth Möbel-GmbH erzeugt das Regal „Silvia". Für die nächste Periode ist ein Absatz (Primärbedarf) von 2.000 Regalen geplant. Das Regal setzt sich aus zwei Seitenwänden, drei Regalfächern, einer Rückwand, einer Boden- und einer Deckplatte zusammen. Boden- und Deckplatte weisen die gleiche Beschaffenheit und Maße wie die Regalfächer auf. Bei der Fertigung der einzelnen Bauteile ist mit einem Ausschuss in Höhe von 5 % der Produktionsmenge zu rechnen.

Alle Bauteile werden aus Buchenholz-Platten hergestellt. Diese Platten werden in der Fertigung auf die Maße der unterschiedlichen Teile zugeschnitten und lackiert. Aus einer Buchenholz-Platte können entweder zwei Seitenwände oder fünf Regalfächer oder eine Rückwand gefertigt werden.

Am Ende der laufenden Periode liegen 150 Stück des Regals „Silvia" auf Lager. 50 Regale sind für den Eigenverbrauch vorgemerkt.

Bei den Regalteilen sind folgende Lager-, Bestell- und Vormerkbestände zu berücksichtigen:

Bauteil	Lagerbestand	Bestellbestand	Vormerkbestand
Seitenwand	500	200	350
Regalfach bzw. Boden-/Deckplatte	800	1.500	400
Rückwand	150	20	30
Buchenholz-Platte	250	40	500

1. Berechnen Sie den Primärbedarf (netto) des Regals „Silvia" unter Berücksichtigung des Lagerbestandes.
2. Berechnen Sie den Nettobedarf der Seitenwände, Regalfächer bzw. Boden-/Deckplatten und der Rückwände. Hinweis: Um den Nettobedarf ermitteln zu können, müssen Sie zunächst den Bruttobedarf der Einzelteile berechnen.
3. Berechnen Sie den Nettobedarf der Buchenholz-Platten.

Übung 2: ABC-Analyse

Sie sind der Einkaufsleiter eines mittelständischen Produktionsbetriebs mit dem unten angegebenen Einkaufsvolumen im letzten Jahr. Welche Teile verlangen einen besonders hohen Dispositionsaufwand? Treffen Sie eine Auswahl auf Basis einer ABC-Analyse.

Teile-Nr.	Durchschnittlicher Einkaufspreis [EUR]	Bestellte Menge im Vorjahr [Stück]
A-301	100	650
A-302	350	450
A-303	500	315
A-304	550	350
A-305	1.000	60
A-306	750	95
A-307	50	750
A-308	30	900

Tabelle 7.5: Einkaufsvolumen eines mittelständischen Produktionsbetriebes

Übung 3: Stücklisten

Die BHR Maschinenbau GmbH konstruiert eine Maschine M 1, die aus zwei Baugruppen BG 32, zwei Baugruppen BG 88 und einer Baugruppe BG 40 besteht.

Die Baugruppe BG 32 besteht aus:

- 1 Stück BG 40
- 4 Stück Einzelteil (EZ) 45
- 2 Stück EZ 48

Die Baugruppe BG 88 besteht aus:

- 1 Stück EZ 49
- 4 Stück EZ 46

Die Baugruppe BG 40 besteht aus:

- 1 Stück EZ 70
- 1 Stück EZ 72
- 5 Stück EZ 77

1. Zeichnen Sie den Gozinto-Graphen für die Maschine M1.
2. Ermitteln Sie die Mengenstückliste für M1.
3. Ermitteln Sie die Strukturstückliste für M1.
4. Zerlegen Sie diese in Baukastenstücklisten.

Übung 4: Methoden der Bedarfsermittlung

Sie sind Produzent von Zubehör für Notebooks. Eines Ihrer Produkte ist die optische Notebook-Maus. Sie beabsichtigen, mit einem neuen Modell dieser Computermaus auf den Markt zu kommen und rechnen damit, dass nach der Markteinführung des neuen Modells die Nachfrage nach dem alten Modell rasch zusammenbrechen wird. Um die Produktion von Ladenhütern zu vermeiden, soll der Bedarf für die nächste Periode so exakt wie möglich berechnet werden. Die unten stehende Tabelle zeigt den Absatz (in Stück) der letzten zehn Perioden (Monate):

Periode (= Monat)	1	2	3	4	5	6	7	8	9	10	11
Absatz in Tsd	95	80	85	100	60	50	45	50	40	35	?
Gewichtungskoeffizienten											

Tabelle 7.6: Absatzentwicklung eines Produktes (Notebook-Zubehör)

In Periode 4 wurde aufgrund einer Sonderaktion ein außergewöhnlich hoher Absatz verzeichnet (Ausreißer!). Erstellen Sie eine Bedarfsprognose für Periode 11 mit verschiedenen verbrauchsorientierten Methoden und diskutieren Sie deren Eignung für den Beispielfall.

Folgende Methoden stehen zur Auswahl:

- Methode des arithmetischen Mittelwertes
- Methode des gleitenden Mittelwertes
- Methode des gleitenden gewichteten Mittelwertes (Gewichtungskoeffizienten selbst bestimmen und begründen)
- Methode der exponentiellen Glättung (Glättungsfaktor $\alpha = 0{,}1$ und der Vorhersagewert V_{10} für Periode 10 ist 37)

Übungsfragen:

1. Nach welchen Kriterien werden Güter im Rahmen der ABC-Analyse klassifiziert?
2. Nach welchen Kriterien werden Güter im Rahmen der XYZ-Analyse klassifiziert?
3. Erklären Sie die Begriffe Primär-, Sekundär- und Tertiärbedarf.
4. Worin unterscheiden sich die programmorientierte und die verbrauchsorientierte Bedarfsermittlung?
5. Welche Arten von Stücklisten gibt es (mit kurzer Erläuterung)?
6. Vergleichen Sie den trendmäßig steigenden und den saisonabhängigen Bedarfsverlauf anhand von Beispielen.

WWW.PEARSON-STUDIUM.DE CWS COMPANION WEBSITE

Lösungen zu den Übungsfragen und weiterführende Materialien finden Sie auf der Companion Website zum Buch unter *www.pearson-studium.de*.

Die Beschaffungsmarktforschung

8

ÜBERBLICK

In Kapitel 7 konzentrierte sich die Betrachtung auf die Bedarfsermittlung und damit auf die unternehmensinternen Bedarfsträger. Demgegenüber beschäftigt sich die Beschaffungsmarktforschung mit unternehmensexternen Aspekten, dem Beschaffungsmarkt. Allerdings hängen die beiden Teilaufgaben der Beschaffung eng zusammen, weil die Bedarfsermittlung den Rahmen für die Marktforschungsaktivitäten absteckt. Von den Ergebnissen der Beschaffungsmarktforschung hängt es wiederum ab, ob der Bedarf am Markt gedeckt wird oder ob die benötigten Güter und Dienstleistungen intern erzeugt werden, d.h. ob man sich für Make (Eigenerstellung) oder für Buy (Fremdbezug) entscheidet (siehe Kapitel 9). Schließlich sind die Ergebnisse der Beschaffungsmarktforschung auch für das Lieferantenmanagement von Interesse, insbesondere für die Lieferantenauswahl und die Lieferantenbeurteilung. Die folgende Abbildung soll diesen Zusammenhang verdeutlichen. Eine einmal getroffene Entscheidung (für Make bzw. Buy oder einen bestimmten Lieferantenkreis) muss infrage gestellt werden, wenn die Beschaffungsmarktforschung wesentliche Veränderungen auf dem Beschaffungsmarkt erkennen lässt.

Abbildung 8.1: Der Zusammenhang der Beschaffungsmarktforschung mit anderen Beschaffungsprozessen

8.1 Definition, Ziele und Bedeutung

Definition

Unter **Beschaffungsmarktforschung** versteht man die systematische Ermittlung des aktuellen und des zukünftigen Lieferangebots hinsichtlich aller relevanten Merkmale (Sortiment, Menge/Zeiteinheit, Preis, Know-how, Konditionen).

Die Beschaffungsmarktforschung soll klären, wer, womit und zu welchen Konditionen den in Kapitel 7 ermittelten Bedarf befriedigen kann. Er kann von (externen) Lieferanten (Fremdbezug) oder unternehmensintern (Eigenfertigung) gedeckt werden.

Die Beschaffungsmarktforschung gliedert sich in vier Teilprozesse, die sukzessive absolviert werden:

1. Auswahl der Untersuchungsobjekte	2. Auswahl der zu erhebenden Daten und Kriterien	3. Methoden und Quellen	4. Auswertung und Darstellung
z.B. Suche eines neuen Lieferanten	Lieferfrist, Lieferkapazität, Lieferqualität, Preise	Internetrecherche, Anfrage, Benchmarking	Checkliste, Punktbewertung, Lieferantendatei

Tabelle 8.1: Beschaffungsmarktforschung zur Lieferantensuche

Die **Ziele** der Beschaffungsmarktforschung sind:

- Die Informationsversorgung der Entscheidungsträger: Das Hauptziel der Beschaffungsmarktforschung ist die Befriedigung des Informationsbedarfs der Beschaffungsspezialisten und der Bedarfsträger.
- Die Erhöhung der Markttransparenz: Die Beschaffungsmarktforschung liefert einen Überblick über die Marktstrukturen sowie die Lieferanten und deren Kompetenzen und Produkte. Wegen der fortschreitenden Differenzierung des Lieferangebots und der zunehmenden Globalisierung der Wirtschaftsbeziehungen erweist sich dieses Ziel als immer anspruchsvoller.
- Die Früherkennung von Beschaffungsrisiken: Je früher Beschaffungsrisiken erkannt werden, desto größer ist das Repertoire an Gegenmaßnahmen.
- Die Erschließung neuer Beschaffungsquellen und Substitutionsgüter: Die Kenntnis neuer Lieferanten und alternativ einsetzbarer Güter stärkt die Verhandlungsposition der Abnehmer.
- Die Beschaffungsmarktforschung als Baustein des Beschaffungsmarketings und der Lieferantenpflege: Beschaffungsmarktforschung bedeutet nicht nur das Einholen von Informationen, sondern schafft auch die Voraussetzungen für die zielgerichtete Bearbeitung des Beschaffungsmarktes und den Aufbau eines guten Beschaffungs-Images bei den aktuellen und potenziellen Lieferanten.

Während die Absatzmarktforschung eine lange Tradition aufweist und als unverzichtbar gilt, ist die Beschaffungsmarktforschung noch vergleichsweise schwach entwickelt, d.h. viele Unternehmen haben erhebliche Informationsdefizite hinsichtlich der Beschaffungsmärkte. Folgende drei Beispiele illustrieren die **Bedeutung** der Beschaffungsmarktforschung:

- Aufgrund seiner Beschaffungsmarktforschung erkannte Audi frühzeitig, dass sich die geplante Umstellung von der Stahl- auf die Aluminium-Bauweise auf die Aluminium-Weltmarktpreise auswirken würde. Die Umstellung wurde deshalb erst vollzogen, nachdem die vom Unternehmen betriebene Lieferantenentwicklung das Lieferangebot hinsichtlich Mengen und Preise verbessert hatte.
- Vor einem ähnlichen Problem stand Apple vor der Einführung des iPod nano, wo zunächst die Versorgung mit neu auf den Markt kommenden Flash-Speicherchips durch Asiens Chipfabrikanten gesichert werden musste.
- Anlässlich der Übernahme von Unternehmen zeigt sich immer wieder, dass Neuverhandlungen mit Stammlieferanten ein erhebliches Einsparungspotenzial ergeben. Das lässt darauf schließen, dass die Preisforderungen und Konditionen der Stammlieferanten in der Vergangenheit wegen mangelnder Markttransparenz stillschweigend akzeptiert worden sind.

Die Beschaffungsmarktforschung ist ein aufwendiger Prozess. Wegen der Vielzahl der zu beschaffenden Güter ist eine kontinuierliche Beschaffungsmarktforschung für alle Güter nicht vertretbar. Der Aufwand für die Beschaffungsmarktforschung hängt vom Wert der zu beschaffenden Güter, vom Beschaffungsrisiko und der Veränderung der Liefer- und Bedarfsstruktur ab. Mittels ABC-Analyse oder artikelspezifischer Auswahlkriterien (wie Qualitätsschwankungen oder Engpässe auf dem Beschaffungsmarkt) können jene Güter bestimmt werden, deren Beschaffungsmarkt wegen ihrer hohen Wertigkeit erforscht werden soll. Das sog. Buyclass-Framework differenziert die Beschaffungssituation unter Berücksichtigung der Neuartigkeit des Problems (der Beschaffungsaufgabe), der Bedeutung der Alternativensuche und der Höhe des Informationsbedarfs.

	Neuartigkeit des Problems	Bedeutung der Alternativensuche	Höhe des Informationsbedarfs
Neue Aufgabe (New Task)	hoch	bedeutsam	sehr hoch
Modifizierter Wiederholungskauf (Modified Rebuy)	mittel	in begrenztem Umfang	mittel
Routinekauf (Straight Rebuy)	niedrig	unbedeutend	sehr niedrig

Tabelle 8.2: Varianten der Beschaffungssituation (Buyclass-Framework)

Die Tabelle zeigt, dass insbesondere im Fall „Neue Aufgabe (New Task)“ hoher Informationsbedarf vorliegt, der eine entsprechend intensive Marktforschung rechtfertigt.

8.2 Objekte

Objekte der Beschaffungsmarktforschung sind die Beschaffungsgüter und deren Preise, die Lieferanten und der Markt (gilt analog für Dienstleistungen).

- Die **Beschaffungsgüter** müssen hinsichtlich ihrer Beschaffenheit und Verwendung untersucht werden. Oftmals stellen die Bedarfsträger zu hohe Ansprüche an die Qualität („vergoldet“) und an die Verfügbarkeit („gestern“), was sich negativ auf die Verhandlungsoptionen der Beschaffungsspezialisten und auf den Preis der Beschaffungsgüter auswirkt (siehe Abschnitt 7.1). Eine gute Kenntnis der am Markt verfügbaren Güter hilft, die überzogenen Bedarfsanforderungen und die damit verbundenen Kosten zu reduzieren.
- Der **Preis** ist ein wesentliches, in vielen Fällen sogar ausschlaggebendes Merkmal der Beschaffungsgüter. Es wird gefordert, alle im Lebenszyklus eines Beschaffungsgutes anfallenden Kosten inkl. der Entsorgungskosten zu erfassen („Total Cost of Ownership“). Preisvergleiche unter Berücksichtigung der Liefer- und Zahlungskonditionen (im Zeitverlauf und zwischen verschiedenen Anbietern und Qualitäten) sowie die Aufschlüsselung der Einstandspreise in ihre Komponenten im Rahmen der Zielkostenrechnung („Target Costing“) stärken die Verhandlungsposition der Abnehmer.
- **Lieferanten** (aktuelle und potenzielle) sind hinsichtlich ihrer wirtschaftlichen und technischen Leistungsfähigkeit zu prüfen. Die Prüfung der Leistungsfähigkeit wird durch die in vielen Branchen etablierten anspruchsvollen Zertifizierungssysteme (z.B. EN ISO 9000 ff.) erleichtert.
- Der **Markt**, auf dem sich Abnehmer und Lieferanten treffen, weist eine für die Marktmacht der Abnehmer mehr oder weniger vorteilhafte Struktur auf. Die Marktstruktur ist abhängig von Anzahl, Qualität und Größenverhältnissen der Marktteilnehmer und von der Dynamik der Marktentwicklung.

8.3 Methoden

Die Methoden der Beschaffungsmarktforschung werden nach den Kriterien Häufigkeit und Datenquellen differenziert. Dementsprechend unterscheidet man zwischen Marktbeobachtung und -analyse einerseits sowie Primär- und Sekundärforschung andererseits.

Die ständige **Marktbeobachtung** der Mengen-, Preis- und Qualitätsentwicklung sowie der Anbieterstruktur (z.B. Marktanteile) der relevanten Beschaffungsmärkte soll Entwicklungen im Zeitablauf aufzeigen, damit Unternehmen zeitgerecht und in geeigneter Weise reagieren können. Die Marktbeobachtung baut einerseits auf Erkenntnissen der Marktanalyse auf und liefert andererseits Hinweise für das Design von Marktanalysen.

Anlassbezogene **Marktanalysen** zeigen die Marktstrukturen zu einem gegebenen Zeitpunkt. Interne Anlässe für Marktanalysen sind z.B. die Unzufriedenheit mit den derzeitigen Lieferanten, Produktinnovationen oder Reorganisationen. Externe Anlässe für eine Marktanalyse sind insbesondere:

- Unvorhergesehene Angebotsverknappungen, z.B. im Gefolge politischer Umwälzungen oder Naturkatastrophen
- Das Auftreten neuer Wettbewerber und Lieferanten
- Umweltveränderungen (Haftungsrichtlinien, Umweltgesetze)
- Technologischer Wandel (Produkt- oder Verfahrensinnovationen)
- Der Ausfall von Stammlieferanten

Die Beschaffungsmarktforschung basiert auf unterschiedlichen Datenquellen und Methoden der Datengewinnung. Von **Primärforschung** (sog. direkte Methode, Field Research) spricht man, wenn die Daten für die spezifischen Zwecke der Beschaffungsmarktforschung erhoben werden. Bevorzugte Datenquellen der Primärforschung sind:

- Lieferantenkontakte (Befragung, Besuch, Begehung)
- Besuch von Messen, Tagungen und Ausstellungen
- Einholen von Auskünften (z.B. bei Banken, Verbänden, Informationsdiensten)
- Internetrecherchen
- Erhebungen durch Marktforschungsinstitute

Die Primärforschung ist zeitaufwendig und kostspielig. Deshalb wird sie häufig mit der **Sekundärforschung** kombiniert. Die Sekundärforschung (sog. indirekte Methode, Desk Research) bedient sich, im Gegensatz zur Primärforschung, bereits vorhandenen Datenmaterials. Sie ist daher billiger und vor allem in mittelständischen Unternehmen weit verbreitet.

Gute unternehmensinterne Quellen sind Bezugsquellen- und Lieferantendateien, Einkaufsstatistiken und abteilungsspezifische Aufzeichnungen (z.B. über Reklamationen und Ausschuss). Als unternehmensexterne Quellen kommen infrage:

- Informationen der Lieferanten (Geschäftsberichte, Bilanzen, Kataloge, Prospekte, Werbematerial, Preislisten, Firmenzeitschriften)
- Medienberichte (Fachzeitschriften, Börsen-/Marktberichte, Zeitungen)
- Datenbanken und Auskünfte (Industrie- und Handelskammern, Banken, Wirtschaftsverbände, Informationsdienstleister)
- Sonstige (Adressbücher, Branchenhandbücher, Branchenverzeichnisse, Bezugsquellennachweise)

Die Beschaffungsmarktforschung bedient sich zunehmend des Internets (z.B. elektronische Kataloge und Marktplätze) und des Intranets (z.B. Einkaufsportale) mit folgenden Vorteilen:

- Aktuelle, weltweite Informationen über Material, Märkte und Lieferanten
- Tools für systematische Recherchen
- Integration der Beschaffungsmarktforschung mit den anderen Beschaffungsprozessen
- Die internetbasierte Beschaffungsmarktforschung macht andere Methoden der Informationsgewinnung nicht obsolet. So rechtfertigt die Beurteilung von A-Lieferanten wegen ihrer Bedeutung für Versorgungssicherheit und Versorgungswirtschaftlichkeit einen höheren Aufwand für Recherchen.

Z U S A M M E N F A S S U N G

Die Beschaffungsmarktforschung ist ein wichtiger, aber in der Praxis häufig vernachlässigter Prozess zur Vorbereitung von Beschaffungsentscheidungen, insbesondere der Make or Buy-Entscheidung. Sie liefert die notwendigen Informationen über Produkte, Lieferanten und Märkte. Marktbeobachtungen und Marktanalysen stützen sich entweder auf Daten aus vorhandenen (Sekundärforschung) oder auf anlassbezogen recherchierte Quellen (Primärforschung).

Z U S A M M E N F A S S U N G

8.4 Übungsfragen

1. Erläutern Sie den Zusammenhang der Beschaffungsmarktforschung mit der Bedarfsermittlung und der Make or Buy-Entscheidung.
2. Nennen Sie fünf Datenquellen für die primäre Beschaffungsmarktforschung.
3. Welche Vorteile ergeben sich aus der Nutzung des Internets für die Beschaffungsmarktforschung?

Lösungen zu den Übungsfragen und weiterführende Materialien finden Sie auf der Companion Website zum Buch unter *www.pearson-studium.de*.

Make or Buy

9

ÜBERBLICK

Der Ausspruch „Wir machen nur das, was wir besser können als andere" verdeutlicht, dass es bei Make or Buy-Entscheidungen um die Arbeitsteilung zwischen den Abnehmern und den Lieferanten geht. In vielen Branchen ist ein eindeutiger Trend zur Reduzierung der Fertigungstiefe (der Zahl der Fertigungsstufen) und zur Erhöhung des Zukaufanteils, d.h. zum Fremdbezug, erkennbar. Obwohl diese Trends für ganze Branchen gelten, bezieht sich die Entscheidung Make or Buy immer auf einzelne Güter und Dienstleistungen.

9.1 Bedeutung und Varianten

Die Entscheidung über **Make (Eigenfertigung)** oder **Buy (Fremdbezug)** legt fest, ob bestimmte Güter und Dienstleistungen vom Markt beschafft oder im Unternehmen selbst erstellt werden. Dies bedeutet auch eine Entscheidung über die Fertigungstiefe eines Unternehmens. Wenn Leistungen, die früher selbst erstellt wurden, dauerhaft auf Lieferanten ausgelagert werden, kommt es zum **Outsourcing**, d.h. Outsourcing ist das Ergebnis einer Make or Buy-Entscheidung.

Zur **Bedeutung** ist festzustellen, dass sich Outsourcing seit den 90er-Jahren des vorigen Jahrhunderts zu einem der mächtigsten Trends mit nach wie vor starkem Wachstumspotenzial entwickelt hat. Die Entscheidung über Make or Buy von Gütern und Dienstleistungen hat wegen ihres Potenzials zur Kostensenkung und zur Qualitätssteigerung und den damit verbundenen Wettbewerbsvorteilen den Stellenwert einer strategischen Entscheidung.

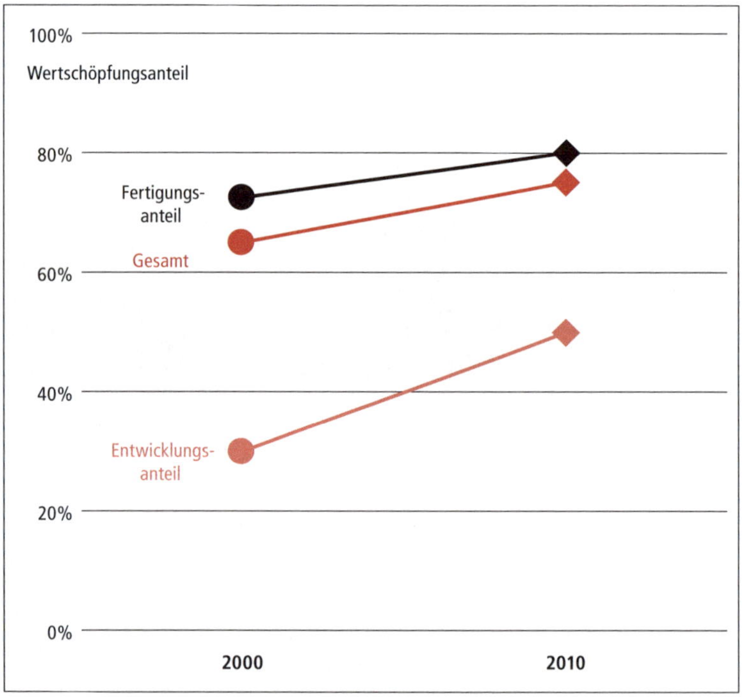

Abbildung 9.1: Entwicklung der Wertschöpfungsanteile der Zulieferer in der Automobilindustrie (Quelle: CAR Gelsenkirchen)

Die Beschaffungsspezialisten nehmen maßgeblichen Einfluss auf die Make or Buy-Entscheidung. Das hat zur Bedeutungsaufwertung eines Bereiches geführt, der früher oft abschätzig als „Bestellbüro“ bezeichnet wurde, weil er vielfach nur Hilfsfunktionen für die Bedarfsträger wahrnahm. Heute ist der Beschaffungsbereich in vielen Unternehmen zur „Know-how-Drehscheibe“ geworden, welche die zukünftige Struktur des Unternehmens entscheidend mitbestimmt.

Varianten der Make or Buy-Entscheidung ergeben sich aufgrund unterschiedlicher Anlässe, Objekte und Ausmaße.

Die **Anlässe** unterscheiden sich, je nachdem ob es sich um eine Erst- oder um eine Folge-Entscheidung handelt:

Erst-Entscheidung: Häufiger Anlass für die erstmalige Entscheidung über Eigenfertigung oder Fremdbezug ist ein neuer oder zusätzlich auftretender Bedarf an Einsatzfaktoren. Erst-Entscheidungen sind bei der Firmengründung, bei einer Sortimentserweiterung oder einer Verlagerung der Produktionsstandorte des Abnehmers im Zuge der Internationalisierung bzw. Globalisierung des Unternehmens zu treffen.

Folge-Entscheidung: Eine früher getroffene Entscheidung für Eigenfertigung oder Fremdbezug ist bei folgenden Anlässen infrage zu stellen:

- Veränderung der Beschäftigungslage auf dem Beschaffungsmarkt bzw. beim Abnehmer
- Verschlechterung der Lieferzuverlässigkeit, z.B. sich häufende Terminüberschreitungen oder Qualitätsmängel
- Veränderte Qualitäts- und Flexibilitätsanforderungen
- Änderungen der Kosten der Eigenfertigung bzw. des Fremdbezugs
- Veränderung der Liquiditätslage des Abnehmers
- Auslaufen von Lieferverträgen
- Markteintritt neuer bzw. Marktaustritt eigener Lieferanten

Objekte von Make or Buy-Entscheidungen sind alle Arten von Gütern (Roh-, Hilfs- und Betriebsstoffen, Teilen oder Baugruppen) und Dienstleistungen. Bei letzteren wird ein besonders großes Outsourcing-Potenzial geortet, insbesondere

- Bei IT-Dienstleistungen (z.B. Hardware-Wartung)
- Bei Human Resources-Dienstleistungen (z.B. Aus- und Weiterbildung)
- Beim Engineering (z.B. die Vergabe von Entwicklungsleistungen an Lieferanten oder an Ingenieurbüros)
- Bei der Logistik (z.B. Lagerhaltung durch externe Logistikdienstleister)
- Bei der Distribution (z.B. Einschaltung von Vertriebsgesellschaften)
- Beim Facility Management (z.B. Reinigungs- und Instandhaltungsarbeiten)
- Bei der Beschaffung (z.B. die Übertragung des Einkaufs geringwertiger Güter an Einkaufsverbände oder der Beschaffungsmarktforschung an Marktforschungsinstitute)

Make or Buy unterscheidet sich auch im **Ausmaß:**

Reiner Fremdbezug: In diesem Fall wird auf die Eigenfertigung völlig verzichtet, d.h. bestimmte Güter/Dienstleistungen werden ausschließlich fremdbezogen. Eine Sonderform des reinen Fremdbezugs ist der Kauf von Produkten (Handelswaren) zur Sortimentserweiterung und zur Entlastung der eigenen Kapazität.

Reine Eigenfertigung: In diesem Fall wird bei bestimmten Gütern und Dienstleistungen auf die Einschaltung von Lieferanten verzichtet, d.h. es gibt keinen Fremdbezug.

Mischformen aus Eigenfertigung und Fremdbezug: Bestimmte Güter und Dienstleistungen werden sowohl selbst erstellt als auch fremdbezogen, wobei jeweils das Verhältnis von selbst gefertigter und zugekaufter Menge bestimmt werden muss. Bei unternehmensweiter Betrachtung liegt immer eine Mischform vor, da sich kein Unternehmen bei allen Gütern und Dienstleistungen für reinen Fremdbezug oder reine Eigenfertigung entscheiden wird.

Im Folgenden präsentieren wir je ein markantes Beispiel für Eigenfertigung und für Fremdbezug, beide aus der Automobilindustrie. Die im Beispiel der Ford-Werke River Rouge dargestellte Eigenfertigung durch vertikale Konzentration aller Wertschöpfungsaktivitäten vom Rohstoff bis zum Fertigprodukt galt lange Zeit als vorbildlich. Dagegen ist für die moderne Automobilfertigung der hohe Fremdbezugsanteil wie im Beispiel „Volkswagen Resende" typisch.

9.1.1 Eigenfertigung: Die Ford-Werke River Rouge, Detroit, USA

Im Jahr 1915 erwarb Henry Ford (1863-1947) 2.000 Hektar Land entlang des Rouge River westlich von Detroit, um in den folgenden Jahrzehnten Automobile in Massenproduktion auf Fließbändern zu fertigen. Als 1927 in Ford River Rouge, dem größten und bekanntesten Produktionsstandort seiner Zeit, auch noch die automatisierte Fertigungsstraße Einzug hielt, konnte hier nahezu jedes Element eines Automobils gefertigt werden, vom Stahl für Karosserien und Motoren über Reifen bis hin zu Autogläsern. Auch ein Großteil der Anlagen wurde selbst erstellt.

Der Erfolg von Ford in River Rouge begann mit dem Ford „Model T" und erreichte seinen Höhepunkt in den 60er-Jahren mit dem Bau des legendären Ford „Mustang". In der Folge veraltete die mittlerweile in die Jahre gekommene Produktionsstätte zusehends. Daher wurde Ende der 80er-Jahre das Stahlwerk verkauft und Platz für eine neue Anlage geschaffen. In den 90er-Jahren erwog man sogar, das gesamte Werk und die Produktion stillzulegen. Nach nationalen Protesten wurde eine umfassende Sanierung des Standorts unter Berücksichtigung des Umweltschutzes beschlossen.

Die folgende Abbildung vermittelt eine Vorstellung von den Ausmaßen des ursprünglichen Ford River Rouge-Komplexes.

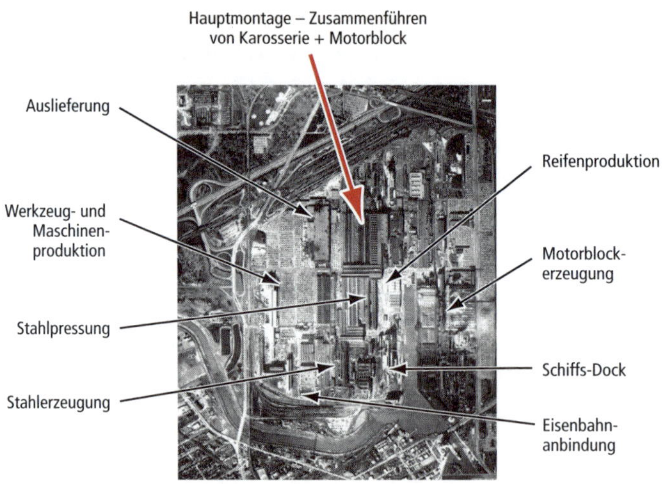

Abbildung 9.2: Layout Ford River Rouge-Komplex

9.1.2 Fremdbezug: Volkswagen Resende, Brasilien

Im Ende 2008 von MAN übernommenen Volkswagen-Werk in Resende wurden 2008 täglich 150 Lkws produziert (die Sollziffer bis 2012 ist 300 Lkws). Von den insgesamt ca. 3.000 Mitarbeitern gehören nur ca. 550 zum Volkswagen-Stammpersonal, der Rest entfällt auf Mitarbeiter der Zulieferer bzw. auf Servicepersonal. Alle Systemlieferanten werden an einem Standort zusammengefasst und fertigen das Endprodukt.

Jeder der sieben Systemlieferanten ist verantwortlich für ein modulares System, bestehend aus einer Montagefläche, einer Lagerfläche und einer eigenen Anlieferungsrampe.

Delga liefert den Kabinenrohbau. Die Pressteile werden im Delga-Werk in Sao Paulo hergestellt und im Resende-Werk zusammengeschweißt.

Die Firma Carese betreibt die Eisenmann-Lackieranlage.

Der Armaturenbretthersteller VDO ist für die gesamte Kabineninnenausstattung zuständig.

Der Chassis-Modul-Lieferant IOCHPE-Maxion montiert Tank, Rohrleitungen, Verkabelungen, Luftbehälter und Lenkung.

Der Achsenhersteller Meritor montiert Radaufhängungen, Federungen und Bremsen.

Das Serviceunternehmen Remon montiert Felgen und Reifen verschiedener Hersteller.

Powertrain, ein Joint Venture von MWM und Cummins, baut Motoren sowie Getriebe ein.

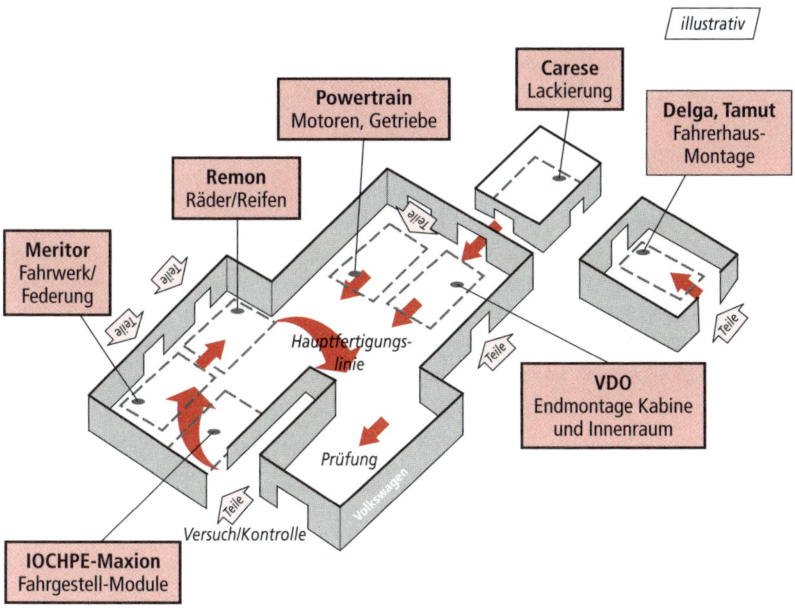

Abbildung 9.3: VW-Werkslayout Resende (Woiters 1999, S. 40)

9.2 Entscheidungskriterien

Bei der Make or Buy-Entscheidung ist eine Reihe von Kriterien zu berücksichtigen:

- **Kernkompetenz/Unternehmensstrategie:** Unter Kernkompetenzen versteht man einzigartige, nicht imitierbare und nicht substituierbare Ressourcen eines Unternehmens, die dauerhafte Wettbewerbsvorteile sichern. Leistungen im Zusammenhang mit den Kernkompetenzen sollten selbst erstellt werden (Konzentration auf Kernkompetenzen). Umgekehrt empfiehlt es sich, Leistungen, die nicht auf den Kernkompetenzen eines Unternehmens basieren, an Lieferanten zu vergeben. Das gilt insbesondere für sog. Supportprozesse wie die Informationsverarbeitung. Strategische Programme wie „Lean Production“ haben zu einer wesentlichen Reduzierung der Fertigungstiefe und damit zu einer Erhöhung des Fremdbezugsanteils geführt. Auch Forderungen des Absatzbereiches, Lieferanten im Zuge von Gegengeschäften oder einheimische Lieferanten in Exportmärkten („Local Content“) zu berücksichtigen, führen zu einer Erhöhung des Fremdbezugsanteils.
- **Kosten:** Bei der Eigenfertigung fallen Kosten für Material, Löhne und Gehälter sowie für Abschreibungen auf Fertigungs-, Transport- und Lagereinrichtungen an. Die Kosten des Fremdbezugs ergeben sich aus den Lieferpreisen, den Kosten des Wareneingangs und der Kontrolle sowie der Einsteuerung der Fremdteile.
- **Höhe und Regelmäßigkeit des Bedarfs:** Vielfach wird der Grundbedarf (längerfristig gleichbleibender Bedarf) durch Eigenfertigung gedeckt, während geringer oder nur sporadisch auftretender Bedarf durch Fremdbezug gedeckt wird.
- Qualitative und quantitative **Produktionskapazität des Abnehmers:** Die jeweils verfügbare Kapazität ist kurz- bis mittelfristig meist unveränderlich und limitiert die Eigenfertigung. Rechtliche Bindungen (z.B. Liefer- bzw. Beschäftigungsverträge, Patente/Lizenzen) können die Eigenerzeugung bzw. den Fremdbezug erschweren bzw. verhindern.
- **Autonomie:** Fremdbezug setzt häufig die Preisgabe von Know-how an die Lieferanten voraus, z.B. durch Bereitstellung von Konstruktionsunterlagen. Daraus kann eine Abhängigkeit vom Lieferanten bzw. die Gefahr entstehen, einen potenziellen Konkurrenten zu „züchten“. Eigenfertigung wird deshalb oft damit begründet, einen unbeabsichtigten Know-how-Abfluss zu vermeiden.
- **Lieferangebot/Marktmacht:** Fremdbezug setzt ein ausreichendes Lieferangebot hinsichtlich Qualität und Menge voraus. Dabei ist zu beachten, dass mit steigendem Fremdbezugsanteil auch die Qualität zunehmend vom Lieferanten abhängt. Hohe Qualitäts-, Mengen- und Terminrisiken auf dem Beschaffungsmarkt sind – insbesondere im Falle weniger potenzieller Lieferanten und bei geringer Marktmacht des Abnehmers – oft das ausschlaggebende Argument für die Eigenfertigung.
- **Kapitalbedarf:** In finanzwirtschaftlich angespannten Situationen (Kapitalknappheit bzw. hohe Zinskosten) ist der Kapitalbedarf ein wichtiges Kriterium. Eine Ausweitung des Fremdbezugs vermindert den Kapitalbedarf für Ersatz- bzw. Erweiterungsinvestitionen.

Diese Kriterien sind auch im Rahmen der Nutzwertanalyse von Bedeutung (siehe Abschnitt 9.3.4).

9.3 Entscheidungsinstrumente

Geläufige Instrumente der Entscheidung über Make or Buy sind die Break Even-Analyse, das Make or Buy-Portfolio, die Investitionsrechnung, die Nutzwertanalyse (Punktbewertung) und Checklisten.

9.3.1 Die Break Even-Analyse

In der folgenden Abbildung werden sowohl für den Fremdbezug als auch für die Eigenfertigung die Gesamtkosten bei bestimmten Bedarfsmengen dargestellt. Die Menge, bei der im Falle der Eigenfertigung dieselben Gesamtkosten wie für den Fremdbezug anfallen, bei der also unter Kostengesichtspunkten beide Varianten gleichwertig sind, ist der **Break Even-Punkt** (im Beispiel: 2.000 Stück). Bei der Interpretation des Break Even-Punktes ist allerdings auch die Abbaubarkeit der Fixkosten zu berücksichtigen.

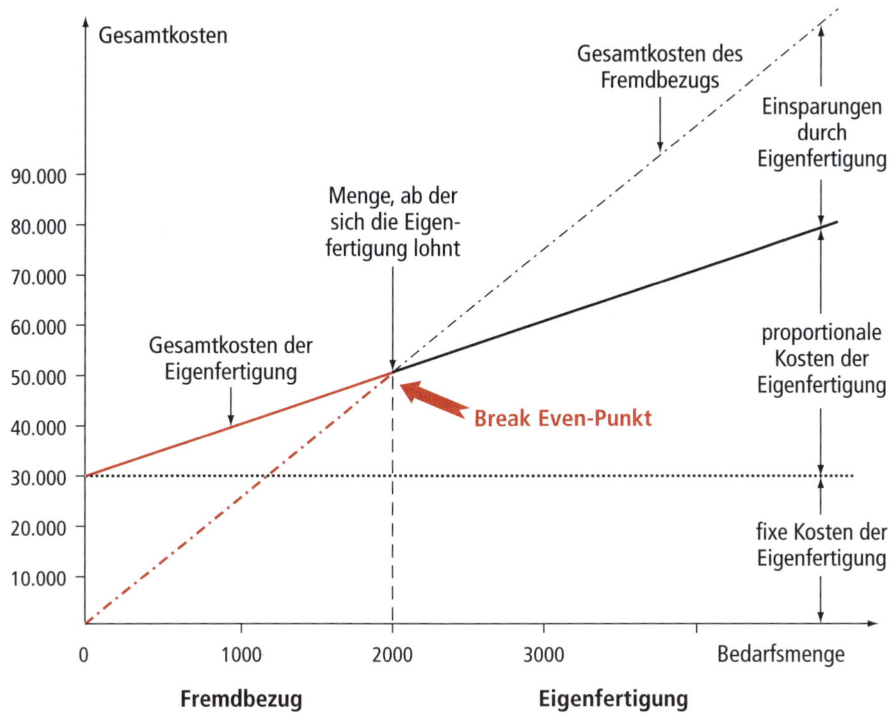

Abbildung 9.4: Break Even-Analyse für Make or Buy

9.3.2 Das Make or Buy-Portfolio

Die Portfolio-Methode dient zur Klassifikation strategischer Optionen. Die folgende Abbildung unterscheidet im Hinblick auf die Kriterien „Verfügbarkeit am Markt“ und „strategische Bedeutung“ neun Handlungsfelder, die zu den drei Optionen Eigenfertigung, Selektive Entscheidung und Fremdbezug verdichtet werden.

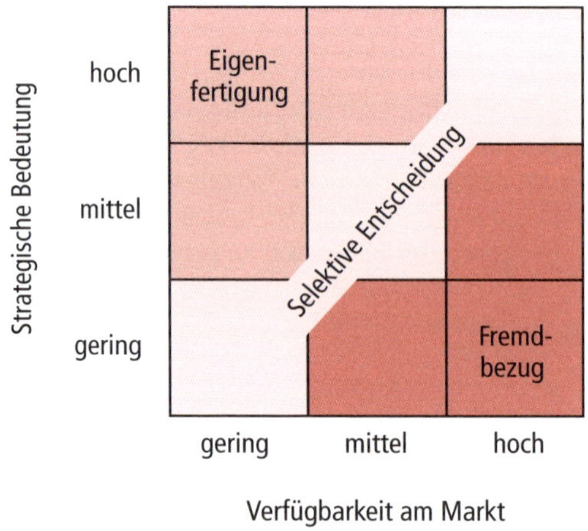

Abbildung 9.5: Make or Buy-Portfolio

Selektive Entscheidung bedeutet, die Entscheidung über Make or Buy von Fall zu Fall auf der Basis von Kostenvergleichsrechnungen und anderer Entscheidungshilfen zu treffen. In allen anderen Fällen empfiehlt sich bis auf Weiteres (vgl. oben Folge-Entscheidung) die Eigenfertigung bzw. der Fremdbezug.

9.3.3 Die Investitionsrechnung

Die Investitionsrechnung ist ein klassisches Instrument der Make or Buy-Entscheidung, das allerdings nur quantifizierbare Größen berücksichtigt. Investitionsrechnungen werden unterteilt in statische und dynamische Verfahren.

Bei den **statischen Verfahren** (Kosten- und Gewinnvergleichsrechnungen, Rentabilitätsrechnungen) handelt es sich um Ein-Perioden-Vergleiche. Die folgende Kostenvergleichsrechnung zeigt das Grundprinzip der statischen Verfahren. Als Vergleichskriterium dienen die Kosten für ein Werkzeug. Das Werkzeug könnte alternativ bei einem darauf spezialisierten Lieferanten oder in der nicht voll ausgelasteten eigenen Werkstätte erzeugt werden.

Die Eigenerstellung verursacht Material-, Fertigungs- und Verwaltungskosten, die direkt (Einzelkosten) oder indirekt (Gemeinkosten, verrechnet über Zuschlagsätze) in die Kalkulation eingehen.

Variante Fremdbezug			EUR
Kaufpreis			3.100,0
Kosten für Transport und Verpackung			280,5
Gesamtkosten des Fremdbezugs			**3.380,5**

Variante Eigenfertigung		EUR	EUR
Rohstoffe		430,0	
Hilfsstoffe		65,5	
Einbauteil A1		1.500,0	
Einbauteil A2		238,5	
Kleinteile		40,8	
Materialeinzelkosten			2.274,8
Materialgemeinkosten	5%		113,7
Materialkosten			**2.388,5**
Schmiede		62,9	
Mechanische Bearbeitung		954,6	
Zusammenbau		56,9	
Anstreicherei		9,7	
Fertigungseinzelkosten			1.084,1
Fertigungsgemeinkosten	130%		1.409,3
Fertigungskosten			**2.493,4**
Herstellkosten der Eigenfertigung			4.881,9
Anteilige Verwaltungsgemeinkosten	15%		732,3
„Selbstkosten" der Eigenfertigung			**5.614,2**

Abbildung 9.6: Kostenvergleichsrechnung für eine Fertigungs-Vorrichtung (in Anlehnung an Männel 1996, S. 72ff.)

Der Fremdbezug wäre vorteilhaft, wenn die Werkstätte voll ausgelastet ist (3,380,50 vs. 5.614,20 EUR). Da die Werkstätte in unserem Fall nicht voll ausgelastet ist, wird der Kostenvergleich nur auf der Basis der Einzelkosten durchgeführt und die Variante Eigenfertigung ist vorzuziehen, weil der Fremdbezug höhere Kosten verursacht (3.380,50 vs. 3.358,90 EUR).

Dynamische Verfahren der Investitionsrechnung berücksichtigen den Faktor Zeit, indem sie mehrere Perioden einbeziehen. Zu den dynamischen Verfahren zählt man auch das Kapitalwert-Verfahren. Es handelt sich um eine Geldflussrechnung (Cashflow-Rechnung), die alle Ausgaben periodenweise erfasst. In einem ersten Schritt wird ein Zeitraster über die gesamte Nutzungsdauer der Investition erstellt. In diesem Raster werden die einzelnen Investitions-Ausgaben eingetragen und für jede Periode summiert. Der Barwert der gesamten Ausgaben über alle Perioden der Nutzungsdauer stellt schließlich das Entscheidungskriterium zwischen Make or Buy dar. Da der Barwert Kosten darstellt, entscheidet man sich für die Alternative mit dem geringsten Barwert.

9.3.4 Die Nutzwertanalyse (Punktbewertungsmethode)

Die Nutzwertanalyse vergleicht Entscheidungsalternativen mithilfe bestimmter Kriterien. In einem ersten Schritt werden alle Lösungsalternativen ausgeschieden, welche die sog. Muss-Ziele (Mindestanforderungen) verfehlen. Beispielsweise wäre bei Gütern oder Dienstleistungen mit hoher strategischer Bedeutung und geringer Verfügbarkeit am Beschaffungsmarkt die Alternative „Fremdbezug“ auszuscheiden und es wäre nur zwischen Eigenfertigung und gemischter Eigenfertigung/Fremdbezug zu entscheiden.

Die verbleibenden Alternativen werden unter Berücksichtigung der oben behandelten sieben Kriterien für die Make or Buy-Entscheidung hinsichtlich ihres Nutzens bewertet (Kernkompetenz/Unternehmensstrategie, Kosten, Höhe und Regelmäßigkeit des Bedarfs, Produktionskapazität des Abnehmers, Autonomie, Lieferangebot/Marktmacht, Kapitalbedarf). Die Nutzwertanalyse erlaubt es, auch qualitative Kriterien in die Bewertung einzubeziehen (z.B. das Kriterium „Autonomie“). Sie müssen im Hinblick auf das Entscheidungsproblem aussagekräftig, voneinander unabhängig und messbar sein. Der unterschiedlichen Bedeutung der Kriterien aus Sicht der jeweiligen Entscheidungsträger wird durch ihre Gewichtung Rechnung getragen. So weiß man aus empirischen Studien, dass in der Praxis den Kriterien Kernkompetenz und Kosten besonderes Gewicht bei der Make or Buy-Entscheidung beigemessen wird. Details zur Handhabung der Nutzwertanalyse finden sich im Abschnitt 11.3.

9.3.5 Checklisten

Checklisten zählen zu den sog. heuristischen Verfahren. Sie erfassen zwar ebenfalls eine Vielzahl und Vielfalt entscheidungsrelevanter Kriterien (in Frageform), die man wie bei der Nutzwertanalyse entsprechend ihrer Bedeutung gewichten kann. Probleme ergeben sich bei der Verdichtung der Feststellungen zu den einzelnen Fragen zu einem Gesamturteil. Checklisten eignen sich daher vor allem zur Schaffung eines Problembewusstseins und liefern Anstöße für weitere, stärker quantifizierende Analysen.

Für Betriebe, welche den Fremdbezug erwägen, sind folgende Fragen zu den Kriterien Bedarf, Lieferanten (qualitativ, quantitativ-zeitlich), Markt, Finanzierung, Sonstige relevant:

1. Bedarf	Welche Qualitätsanforderungen bestehen? Lassen sich durch eine Variation der Produkt- bzw. Leistungsgestaltung günstigere Voraussetzungen für den Fremdbezug schaffen? Wie groß ist der voraussichtliche Bedarf an bereitzustellenden Gütern bzw. Leistungen, wie lange wird er bestehen, welchen Schwankungen wird er unterworfen sein?
2. Lieferanten, qualitativ	Werden die gewünschten Qualitäten bereits auf dem Markt angeboten? Sind die bisherigen Lieferanten ähnlicher Produkte oder andere Firmen zu einer Sonderanfertigung bereit? Ist sichergestellt, dass die infrage kommenden Lieferanten die Qualitätsstandards einhalten? Ist eine wirkungsvolle Qualitätskontrolle möglich? Welche Garantien geben die fraglichen Lieferanten?
3. Lieferanten, quantitativ-zeitlich	Schreibt der infrage kommende Lieferant Mindestabnahmemengen vor? Lohnt es sich – falls sehr große Mengen abgenommen werden müssen – die zuviel beschafften Mengen für eine spätere Verwendung auf Lager zu legen? Sind die Lieferanten in der Lage, ausreichende Mengen zu liefern? Können die Lieferanten auch einen Spitzenbedarf befriedigen? Welche Lieferzeiten werden verlangt? Muss mit Lieferverzögerungen gerechnet werden? Können feste Liefertermine und Konventionalstrafen vereinbart werden? Soll man den Bedarf zweckmäßigerweise auf mehrere Lieferanten aufteilen?
4. Markt	Wurde auf dem Beschaffungsmarkt gründlich genug nach geeigneten Lieferanten gesucht? Wurden die Anzeigen in Fachzeitungen und -zeitschriften ausgewertet? Sollen eigene Inserate für die Lieferantensuche aufgegeben werden? Können Vermittler Kontakte zu geeigneten Zulieferern herstellen?
5. Finanzierung	Müssen Vorauszahlungen geleistet werden? Welches Zahlungsziel räumt der Lieferant ein? Entsteht ein größerer Finanzbedarf als bei Selbstherstellung? Sind für den Zukauf genügend finanzielle Mittel verfügbar? Werden die erforderlichen Kapitalbeträge für andere Zwecke benötigt? Welche Finanzierungskosten entstehen?
6. Sonstige	Widerspricht der Übergang zum Fremdbezug den Interessen der eigenen Abnehmer? Ist die Einkaufsabteilung den technischen Erfordernissen der Bereitstellung durch Fremdbezug gewachsen? Verstößt der Übergang zum Fremdbezug gegen strenge Geheimhaltungsvorschriften?

Tabelle 9.1: Checkliste zur Analyse der Voraussetzungen des Fremdbezugs

Z U S A M M E N F A S S U N G

Bei der Wahl zwischen Make (Eigenfertigung) oder Buy (Fremdbezug) handelt es sich um eine strategische Entscheidung mit einem anhaltenden Trend zum Fremdbezug. Bei der Entscheidungsfindung ist eine Reihe von Kriterien zu berücksichtigen, insbesondere die Kernkompetenz, die Kosten und das Lieferangebot, aber auch subjektive Faktoren wie die Sicherung der Autonomie. Es gibt eine Palette von Entscheidungshilfen von rein quantitativen Verfahren wie der Investitionsrechnung bis zu heuristischen Verfahren wie der Verwendung von Checklisten.

Z U S A M M E N F A S S U N G

9.4 Übungsfragen

1. Erläutern Sie den Zusammenhang zwischen Outsourcing und der Make or Buy-Entscheidung.
2. Aus welchen Gründen wird in vielen Branchen der Fremdbezugsanteil erhöht?
3. Diskutieren Sie die Kriterien für die Entscheidung über Make or Buy hinsichtlich ihrer Bedeutung in einer kurz-/mittelfristigen vs. einer langfristigen Betrachtung.
4. Welche für die Make or Buy-Entscheidung relevanten Kriterien werden in einer Investitionsrechnung nicht berücksichtigt?
5. Nennen Sie fünf Make or Buy-relevante Entscheidungskriterien (Schritt 1) und gewichten Sie diese Kriterien hinsichtlich ihrer Bedeutung (Schritt 2). Begründen Sie Ihre Gewichtung.

Lösungen zu den Übungsfragen und weiterführende Materialien finden Sie auf der Companion Website zum Buch unter *www.pearson-studium.de*.

Die Bestellung

10

ÜBERBLICK

Die Bestellung hat einen inhaltlichen und einen prozeduralen Aspekt. Inhaltlich regelt die Bestellung, in welcher Menge („wie viel“) und zu welchem Zeitpunkt („wann“) ein Gut geordert wird. Im Mittelpunkt steht die Frage nach der sog. optimalen Bestellmenge.

Die Bestellung beginnt mit der Angebotsbearbeitung und der rechtsverbindlichen Bestellung. Es folgen die Terminüberwachung, der Wareneingang, die Prüfung und Zahlung der Rechnung. Diese überwiegend operativen Prozesse werden in Abschnitt 10.2 behandelt. Die Bestellmengenentscheidung ist Gegenstand von Abschnitt 10.3.

10.1 Grundbegriffe

Definition Die **Bestellung** ist eine verbindliche Aufforderung des Abnehmers an den Lieferanten, bestimmte Güter und Dienstleistungen zu vereinbarten Bedingungen zu liefern.

Die Bestellung räumt dem Abnehmer die Verfügungsmacht über die Güter ein. Sie regelt im Einzelnen:

- Art und Qualität
- Menge
- Zeit und Ort
- Preis
- Liefer- und Zahlungsbedingungen

Das Grundproblem der Bestellung ist das wirtschaftlich oder technisch bedingte Auseinanderklaffen von Bedarfs- und Bestellmenge. Die in Kapitel 7 beschriebene Bedarfsermittlung berücksichtigt weder die Verkaufsbedingungen des Lieferanten (Mindestbestellmengen, Mengenrabatte) noch die Bestellkosten des Abnehmers (bestellfixe Kosten s.u.). Demnach sind folgende **Mengenarten** zu unterscheiden:

- Die Bedarfsmenge ist die Gesamtmenge, die von einem Gut in einer Periode benötigt wird.
- Die Bestellmenge ist die Menge, die beim Lieferanten bestellt wird (Auftragserteilung).
- Die Liefermenge ist jene Menge, die der Abnehmer als eine Einheit zu einem bestimmten Zeitpunkt erhält.

Die Zeitdifferenz zwischen Bestellung und Lieferung wird durch den Lagerbestand überbrückt, der die Leistungserstellung im Unternehmen gewährleistet. Mit modernen Konzepten wie Just in Time können diese Bestände minimiert werden.

Für jede Materialart(-gruppe) werden sog. **Bestandsgrenzen** festgelegt. Diese sind abhängig von saisonalen oder konjunkturellen Einflüssen. Die Grenzen müssen jeweils an die Veränderungen der Bedarfs- und Lieferstruktur angepasst werden. Hohe Bestandsgrenzen sind Ausdruck eines starken Sicherheitsstrebens oder Äquivalente für Dispositionsfehler bei der Bestellentscheidung.

Der **Mindestbestand** (Sicherheitsbestand) dient zur Abdeckung externer und interner Risikofaktoren, d.h. unvorhergesehener Lieferschwierigkeiten (z.B. Transportstörungen) oder eines unerwarteten Mehrbedarfs. Seine Höhe hängt u.a. vom Servicegrad, vom

Bedarfsverlauf und seiner Vorhersehbarkeit, von der Wiederbeschaffungszeit und vom Wert des Materials ab. Der Mindestbestand soll nicht unterschritten und somit auch nicht in die laufende Bedarfs- bzw. Bestelldisposition einbezogen werden (sog. „eiserne Reserve").

Der **Meldebestand** berücksichtigt die vorhersehbaren Verzögerungen durch den Bestell- und Lieferprozess. Er deckt den Mindestbestand und den Verbrauch in der Wiederbeschaffungszeit ab. Bestellungen müssen spätestens beim Erreichen des Meldebestandes ausgelöst werden.

Der **Höchstbestand** limitiert den Bestand nach oben. Diese Limitierung erfolgt aus Kostengründen (Raum- und Kapitalkosten) und wegen physischer Beschränkungen der Lagerkapazität.

Abbildung 10.1 zeigt den idealtypischen Fall eines kontinuierlichen Verbrauchs mit einer Nachbestellung zum sog. Bestellpunkt. Ein kontinuierlicher Verbrauch ist in der Realität selten, erleichtert jedoch die Modellbildung (siehe Bestellpolitiken).

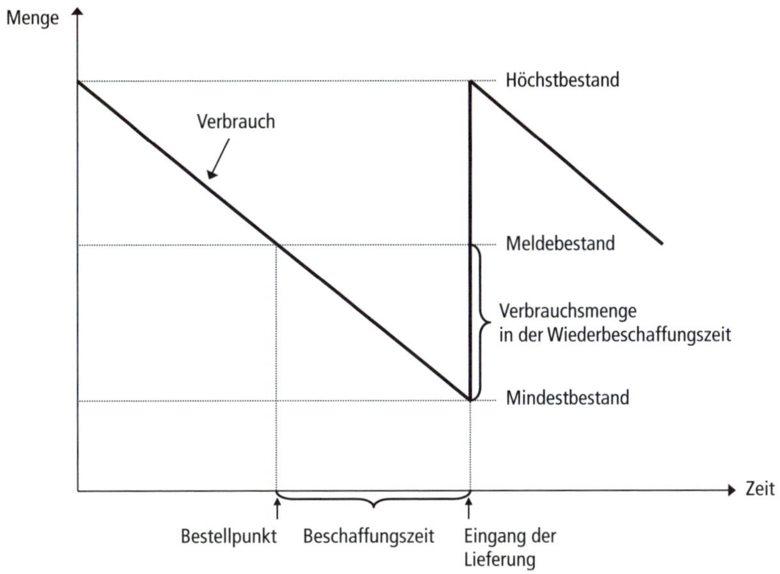

Abbildung 10.1: Bestandsgrenzen

10.2 Prozesse

Den vorwiegend operativen Bestellprozessen vorgelagert sind die vertraglichen Regelungen zwischen Abnehmer und Lieferanten. Ein Kaufvertrag kommt zustande, wenn entweder der Kunde das Angebot des Lieferanten oder der Lieferant die Bestellung des Kunden annimmt. Bei einem **Rahmenvertrag** fixieren Lieferant und Kunde die Preise sowie die Kauf- und Verkaufsbedingungen für bestimmte Mengen bzw. Mengenkontingente und einen bestimmten Lieferzeitraum. Der Kunde kann die Menge und den Zeitpunkt der Lieferungen bestimmen. Rahmenverträge vereinfachen die Abwicklung, weil wesentliche Elemente vorab geklärt werden.

Bei einem **Kauf auf Abruf** vereinbaren Lieferant und Kunde Mindest- oder Höchstmengen für einen bestimmten Zeitraum. Der Kunde bestimmt die Liefertermine durch Abrufe (vgl. auch Abschnitt 18.1). Der **Sukzessivliefervertrag** ist eine Variante des Kaufs auf Abruf, der auch die Liefertermine (täglich, stündlich) regelt und sich somit für Just-in-Time-Lieferungen eignet.

Der Prozess der Bestellung beginnt mit der **Angebotsbearbeitung**. Das Angebot wird formal auf Korrektheit, Vollständigkeit sowie Eindeutigkeit und materiell hinsichtlich der Entscheidungskriterien (Preis, Qualität etc.) untersucht. Die Angebotsbearbeitung kann Anlass für Nachverhandlungen über Preise und Konditionen sein.

Nach der Angebotsprüfung folgt die **Bestellung**. Wichtig ist, die Zahl der Bestellungen durch Mengenbündelungen und Lieferantenkonzentration zu reduzieren. Die Mengenbündelung senkt den Verwaltungsaufwand beim Abnehmer, da beachtliche fixe Kosten je Bestellung anfallen. Die Lieferantenkonzentration verringert die Anzahl der externen Schnittstellen und stärkt durch große Bestellmengen die Verhandlungsmacht des Abnehmers. Dies gilt jedenfalls, wenn keine Beschaffungshemmungen (z.B. Lieferengpässe) auftreten.

Die Bestellung löst auch eine Reihe interner Vorgänge beim Abnehmer aus: Eintragungen in die Bestelldatei, die Ermittlung des Bestellbestandes (offene Bestellungen) und des Vormerkbestandes (Bestand, über den bereits verfügt wurde), den Vergleich von Auftragsbestätigung und Bestellung, die Information der Bedarfsträger (über den vereinbarten Liefertermin bzw. den für ihn relevanten Verfügbarkeitstermin, insbesondere bei Abweichungen gegenüber der Bedarfsanforderung) und der Rechnungserledigung.

Die bestellfixen Kosten können mit Desktop Purchasing-Systemen gesenkt werden. Sie bieten dem Bedarfsträger über ein Intranet die Möglichkeit, im Rahmen seiner Beschaffungsbudget-Kompetenz selbstständig zu bestellen. Dies beschleunigt die Beschaffungsprozesse und entlastet die Beschaffungsspezialisten.

Nach der Bestellung müssen die **Liefertermine überwacht** werden, um frühzeitig auf Lieferengpässe reagieren zu können. Im Rahmen der Lieferantenerziehung ist ein Kompromiss zwischen Kontrolle und Vertrauen zu treffen, um einerseits die Versorgungssicherheit zu gewährleisten und andererseits den Lieferanten nicht aus der Verantwortung für die Liefertreue zu entlassen.

Beim **Wareneingang** wird die Lieferung auf Korrektheit und Vollständigkeit untersucht. Im Anschluss an den Wareneingang kommt es zur **Prüfung** und **Bezahlung der Rechnung (Rechnungserledigung)**.

Wegen der Rechtsverbindlichkeit und der Häufigkeit der Bestellprozesse werden dafür in der Praxis **spezielle Regelungen** getroffen und dokumentiert (z.B. im Einkaufshandbuch). Geregelt werden u.a. der Bestellablauf, die Schriftlichkeit, die Verwendung von Formularen und die Zeichnungsberechtigung.

10.3 Die Bestellmengenentscheidung

Die Bestellmengenentscheidung bestimmt, in welcher Menge („wie viel") ein Gut geordert wird. Dazu werden die von den Bedarfsträgern angeforderten und geprüften Bedarfsmengen unter Abwägung verschiedener Kriterien zu „optimalen" Bestellmengen gebündelt. Folgende Kriterien sind für die Bestellmengenentscheidung relevant:

Bedarf und **Lieferangebot** müssen jeweils hinsichtlich der Menge, des Zeitpunktes, der Regelmäßigkeit und der Vorhersehbarkeit spezifiziert werden.

Einstandspreise hängen von der beschafften Menge (z.B. Rabattstaffel) und von saisonalen oder konjunkturellen Schwankungen des Lieferangebots ab. Bei der Ermittlung der Einstandspreise müssen neben dem Listen- oder Angebotspreis des Lieferanten die Preiskonditionen berücksichtigt werden, insbesondere die Liefermodalitäten (Fracht-, Versicherungs- und Verpackungskosten), die Zahlungsbedingungen (Skonto und Finanzierungskosten) sowie absatzpolitische Aspekte (Treuerabatte, Sonderaktionen).

Bei den **Kosten** ist zwischen Lager- und Fehlmengenkosten zu unterscheiden:

- Zu den **Lagerkosten** zählen die Zinskosten für die Kapitalbindung der Bestände, die Kosten des Lagerpersonals (Löhne) und der Lagereinrichtung (Abschreibungen, Mietkosten, Versicherungsprämien) sowie die Versicherungsprämien und Abschreibungen für Wertminderungen und Schwund der Lagergüter.
- Die **Fehlmengenkosten** umfassen die Fracht- oder Transportkosten sowie höhere Preise für Eilbestellungen zur Vermeidung von Fehlmengen, Konventionalstrafen für Nicht- bzw. verspätete Lieferungen, Opportunitätskosten durch Stillstand der Produktion (Leerkosten für Arbeitskräfte und Betriebsmittel) sowie Opportunitätskosten als Folge von Imageverlusten und entgangenen Umsätzen.

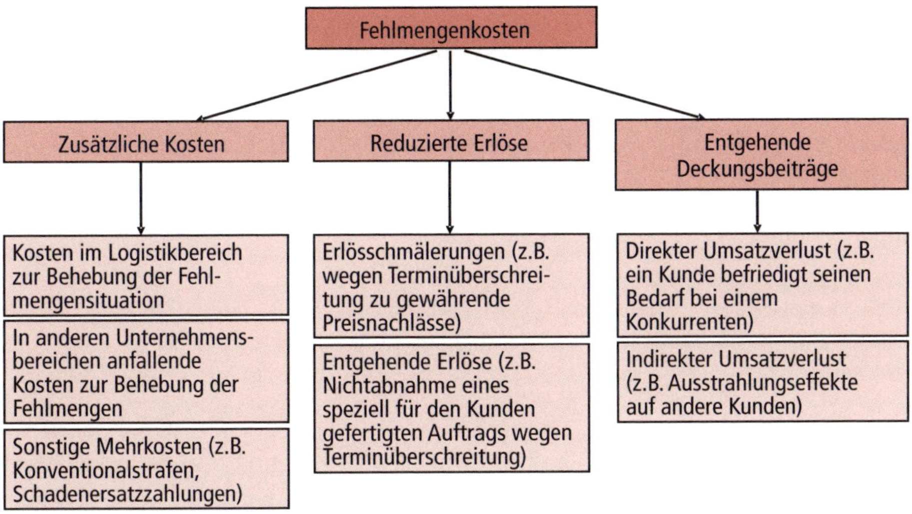

Abbildung 10.2: Arten von Fehlmengenkosten (Weber 2002, S. 104)

Auch die **finanzielle Lage** des Abnehmers ist für die Bestellmengenentscheidung von Bedeutung. Bei guter Liquidität und Bonität kann der Abnehmer seine Gesamtkosten durch große Bestellmengen (auch Vorziehkäufe) und die Inanspruchnahme von Skonti senken. In finanziell angespannter Lage werden lange Zahlungsziele und günstige Möglichkeiten der Zwischenfinanzierung angestrebt. Der Abnehmer kann sich durch Termingeschäfte gegen Preisschwankungen (z.B. steigende Rohstoff- oder Energiepreise) auf dem Beschaffungsmarkt absichern (sog. Hedging).

Schließlich ist die verfügbare **Lager- und Transportkapazität** zu beachten. Die Lagerkapazität limitiert die Bestellmenge, wenn man auf die (meist teure) Fremdlagerung verzichten will. Die Transportkapazität ist insbesondere bei güterspezifischen Anforderungen an die Transportmittel (z.B. Kühlung) relevant.

Da die Wirkung der dargestellten Kriterien meist gegenläufig ist, d.h. die Priorisierung eines Kriteriums verschlechtert den Erfüllungsgrad eines anderen Kriteriums, liegt ein typisches Optimierungsproblem vor. Methoden zur Ermittlung der **optimalen Bestellmenge** wurden bereits Anfang des 20. Jahrhunderts von Stefanic-Allmayer entwickelt und später auch zur Ermittlung der optimalen Losgröße in der Fertigung verwendet (*Andlersche Formel*).

Die Berechnung der optimalen Bestellmenge basiert im Grundmodell auf folgenden, vereinfachenden Annahmen:

- Der Periodenverbrauch ist bekannt.
- Der Verbrauch (Lagerabgang) ist kontinuierlich.
- Es treten keine Fehlmengen auf und die Mindestmenge ist konstant.
- Die Wiederbeschaffungszeit ist gleich null.
- Der Einstandspreis ist konstant (mengenunabhängig).
- Der Lagerhaltungskostensatz ist konstant.
- Der Zinssatz für das durchschnittlich gebundene Kapital ist konstant.

Das Grundmodell unterscheidet bestellfixe und -variable Kosten. **Bestellfixe Kosten** entstehen für die Administration und Disposition im Einkauf, für den Wareneingang und die Rechnungsprüfung (im Wesentlichen Personalkosten). **Bestellvariable Kosten** hängen von der Bestellmenge ab und ergeben sich aus den Zinskosten für das im Lager gebundene Kapital und den pro Stück anfallenden Lagerhaltungskosten (Lagerhaltungskostensatz).

Die folgende Grafik zeigt die Gesamtkosten der Bestellung in Abhängigkeit von den variablen und den bestellfixen Kosten:

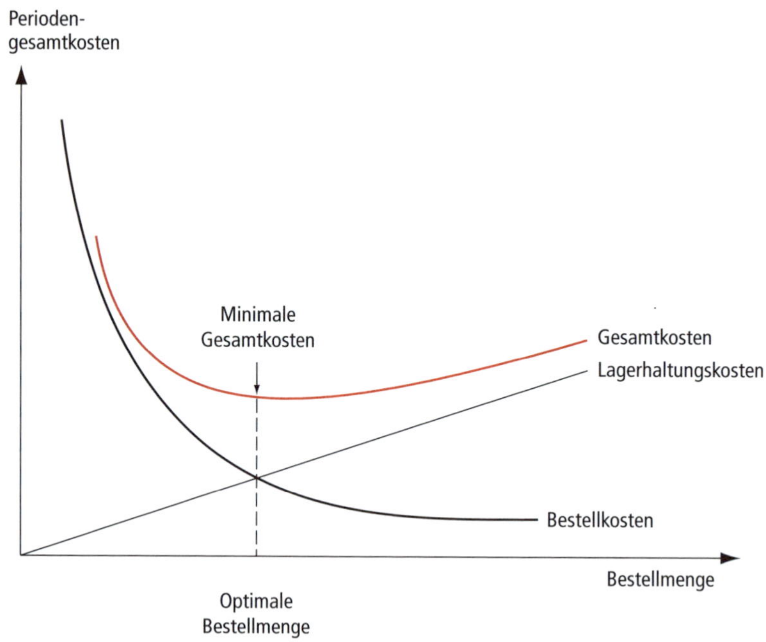

Abbildung 10.3: Optimale Bestellmenge

Definition

Optimal ist jene Bestellmenge, bei der die Summe aus den fixen und den variablen Kosten (Gesamtkosten) im Planungszeitraum ein Minimum aufweist.

Mit der folgenden Formel werden die zu optimierenden Gesamtkosten ermittelt:

$$G_k = B_k \times \frac{J}{q} + \frac{q}{2} \times E_p \times \frac{Z_s + L_s}{100}$$

q: Bestellmenge	Bestellhäufigkeit je Periode = $\frac{J}{q}$
q_{opt}: Gesuchte optimale Bestellmenge	Bestellfixe Kosten = $B_k \times \frac{J}{q}$
J: Periodenbedarf	Durchschnittlicher Lagerbestand = $\frac{q}{2}$
B_k: Bestellfixe Kosten	Durchschnittlicher Lagerwert = $\frac{q}{2} \times E_p$
E_p: Einstandspreis pro Stück	Zins- und Lagerhaltungskosten = $\frac{q}{2} \times E_p \times \frac{Z_s + L_s}{100}$
Z_s: Zinssatz p. a. für das durchschnittlich gebundene Kapital	
L_s: Lagerhaltungskostensatz	
G_k: Gesamtkosten	

Die Minimierung dieser Kostenfunktion durch Bildung der ersten Ableitung ergibt die **optimale Bestellmenge** (*Andlersche Formel*):

$$q_{opt} = \sqrt{\frac{200 \times J \times B_k}{E_p \times (Z_s + L_s)}}$$

auswendig

Die optimale Bestellmenge ist hoch bei hohen bestellfixen Kosten bzw. hohem Periodenbedarf und bei niedrigem Zins- und Lagerhaltungskostensatz bzw. niedrigen Einstandspreisen.

Durch Umformulierung kann die **optimale Bestellhäufigkeit** einer Periode (Bestellrhythmus) errechnet werden.

$$h_{opt} = \frac{J}{q_{opt}} = \sqrt{\frac{E_p \times J \times (Z_s + L_s)}{200 \times B_k}}$$

auswendig

Das Grundmodell operiert mit vereinfachenden Annahmen (Entscheidung unter Sicherheit!) und taugt deshalb nur als Orientierungshilfe, indem es den Trade-off zwischen bestellfixen und -variablen Kosten illustriert. Weiterentwicklungen des Grundmodells verzichten auf diese realitätsfremden Annahmen und sind dementsprechend hinsichtlich des erforderlichen Informations-Inputs und der mathematischen Modellierung (stochastische Modelle) anspruchsvoller.

Das Grundmodell kann erweitert werden, z.B. durch Lagerzugangszeiten, die Einführung von beschränkten Lagerkapazitäten oder durch die Gewährung von mengenabhängigen Rabatten. Für die Unternehmenspraxis ist vor allem die Zulassung von unsicheren Erwartungen über Lagerzu- und Lagerabgänge relevant (vgl. Abschnitt 17.3.2).

10.4 Bestellpolitiken

Die Ermittlung der optimalen Bestellmenge für jede Materialposition und jede Bedarfsmeldung ist aufwendig. In der Praxis wird diese Optimierungsrechnung deshalb vielfach nur für wertmäßig bedeutsame Stoffe durchgeführt (vgl. dazu Abschnitt 7.1). Bestellpolitiken ersetzen die aufwendige Berechnung durch Regeln, betreffend die Bestellmenge und die Bestellperiode.

Die vier Grundformen der Bestellpolitik ergeben sich aus der Kombination der Bestellmenge (fix, variabel) und der Bestellperiode (fix, variabel).

Bestellmenge \ Bestellperiode	Fix	Variabel
Fix	t,q-Politik	s,q-Politik
Variabel	t,S-Politik	s,S-Politik

t = Fixe Periode zwischen zwei Bestellungen (Bestellrhythmus, -zeitpunkt)
q = Bestellmenge
s = Lagerbestand, der die Bestellung auslöst (Bestellgrenze oder Meldebestand)
S = Sollbestand

Tabelle 10.1: Grundformen der Bestellpolitik

Man unterscheidet Bestellrhythmus- und Bestellpunktverfahren. Die **Bestellrhythmusverfahren** sind eine Form der Terminsteuerung mit fixen Bestellperioden und fixen oder variablen Bestellmengen (t,q- bzw. t,S-Politik).

- Die **t,q-Politik** sieht fixe Bestellmengen und fixe Bestellperioden vor. Sie wird auch als Bestellrhythmus-Losgrößen-Politik bezeichnet. Diese Politik empfiehlt sich bei längerfristig konstantem Bedarf (X-Güter). Bei unregelmäßigem Bedarf schwanken die Lagerbestände und es kann zu Fehlbeständen kommen, was am ehesten bei C-Gütern toleriert werden kann. Ein Vorteil dieser Politik ist der geringe Dispositionsaufwand.

- Die **t,S-Politik** operiert mit variablen Bestellmengen und fixen Bestellperioden. Sie heißt auch Bestellrhythmus-Lagerniveau-Politik, weil nach jeweils einer Periode (t_0) jene Menge bestellt wird, die notwendig ist, um den Lagerbestand auf den Sollbestand S anzuheben. Wegen der fixen Bestellintervalle können jedoch bei unregelmäßigem Bedarf, wie bei der t,q-Politik, Fehlbestände auftreten, was für die Anwendung bei X- und allenfalls Y-Gütern spricht. Die Limitierung der Höchstbestände ist wegen der damit ebenfalls begrenzten Kapitalbindung insbesondere für A- und B-Güter bedeutsam. Die t,S-Politik verursacht höheren Dispositionsaufwand als die t,q-Politik, weil zum Zeitpunkt t_0 jeweils die Höhe des Bestands ermittelt werden muss.

Bei **Bestellpunktverfahren** ergibt sich die Bestellmenge aus der Differenz zwischen Meldebestand und Höchstbestand, man spricht auch von einer Mengensteuerung. Die Bestellung erfolgt, wenn der Meldebestand erreicht oder unterschritten wird. Die Bestellperioden sind variabel (s,q- bzw. s,S-Politik).

- Die **s,q-Politik** kombiniert fixe Bestellmengen und variable Bestellperioden (sog. Bestellpunkt-Losgrößen-Politik). Eine fixe Menge wird bestellt, wenn der Lagerbestand den Meldebestand erreicht oder unterschreitet. Steigt (sinkt) der Bedarf (z.B. wegen saisonaler Schwankungen), dann verkürzen (verlängern) sich die Bestellintervalle. Diese Bestellpolitik berücksichtigt auftretende Bedarfsschwankungen und eignet sich für Y- bzw. Z-Güter und A- bzw. B-Güter. Dispositionsaufwand entsteht durch die Notwendigkeit, bei jeder Entnahme die Lagerbestände mit dem Meldebestand zu vergleichen.
- Die **s,S-Politik** sieht variable Bestellmengen und variable Bestellperioden vor (sog. Bestellpunkt-Lagerniveau-Politik). Das Erreichen bzw. Unterschreiten der Bestellgrenze löst eine Bestellung aus, wobei die Bestellmenge vom Sollbestand S und dem Ausmaß der Unterschreitung der Bestellgrenze abhängt. Diese Politik limitiert die Höchstbestände, eignet sich also wiederum für A- und B-Güter. Sie hilft auch Fehlbestände zu vermeiden und empfiehlt sich daher für Z- und Y-Güter. Diesen Vorteilen steht der Nachteil des höheren Dispositionsaufwands zur Überwachung der Lagerbestände gegenüber.

Die Auswahl der geeigneten Bestellpolitik optimiert die Gesamtkosten unter Berücksichtigung der Bedarfsstruktur und der anderen (evtl. gewichteten) Entscheidungskriterien (z.B. die Fehlmengenkosten). Im Folgenden werden die einzelnen Politiken vergleichend dargestellt. Dabei wird die Lieferfrist vernachlässigt, d.h. die Wiederbeschaffungszeit wird als unendlich klein angenommen.

	t, q-Politik	t, S-Politik
Abbildung	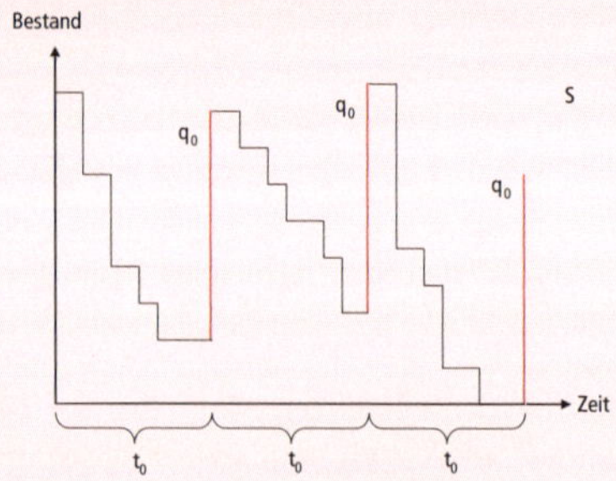	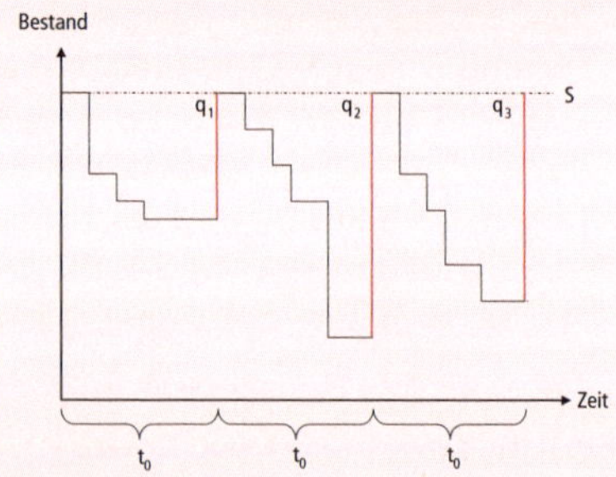
Name	Bestellrhythmus-Losgrößen-Politik	Bestellrhythmus-Lagerniveau-Politik
Bestellperiode	Fix (t_o)	Fix (t_o)
Bestellmenge	Fix (q_o)	Variabel (q_i)
Beschreibung	In konstanten Intervallen t_o wird die konstante Menge q_o bestellt.	In konstanten Intervallen t_o wird der Lagerbestand mit der Menge q_i auf den Sollbestand S aufgefüllt.
	s, q-Politik	**s, S-Politik**
Abbildung	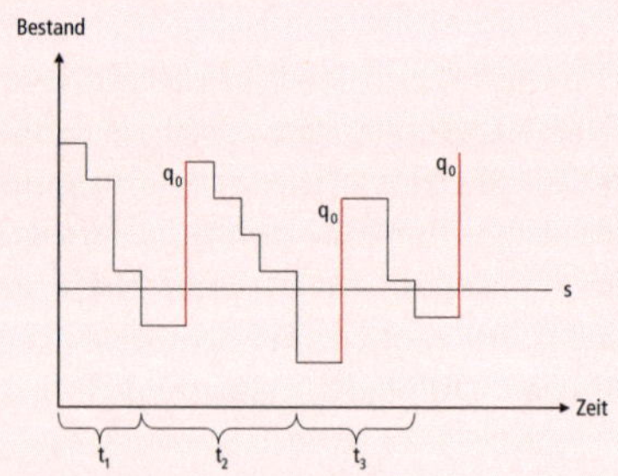	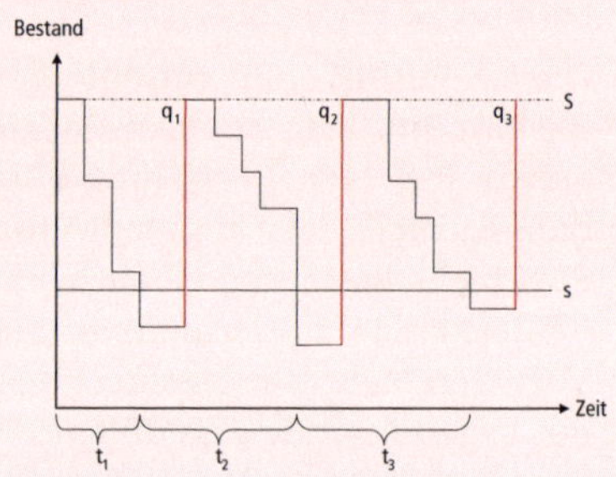
Name	Bestellpunkt-Losgrößen-Politik	Bestellpunkt-Lagerniveau-Politik
Bestellperiode	Variabel (t_i)	Variabel (t_i)
Bestellmenge	Fix (q_o)	Variabel (q_i)
Beschreibung	Wenn der Lagerbestand den Meldebestand s erreicht oder unterschreitet, wird eine fixe Menge q_o bestellt.	Wenn der Lagerbestand den Meldebestand s erreicht oder unterschreitet, wird mit der Menge q_i auf den Sollbestand S aufgefüllt.

Tabelle 10.2: Merkmale der Bestellpolitiken

Da sich die Güter hinsichtlich der für die Wahl der Bestellpolitik relevanten Entscheidungskriterien unterschiedlich verhalten (z.B. was die Stetigkeit des Bedarfs oder die Kosten i.S. von Dispositionsaufwand für die Beobachtung des jeweiligen Lagerbestandes betrifft), verfolgen Abnehmer für verschiedene Güter unterschiedliche Bestellpolitiken.

Z U S A M M E N F A S S U N G

Die Bestellung ist ein Beschaffungsprozess mit einer administrativen und einer dispositiven Komponente. Die administrative Komponente betrifft im Wesentlichen Routineprozesse, beginnend bei der Angebotsbearbeitung und endend mit der Rechnungserledigung. Die dispositive Komponente betrifft vor allem die Ermittlung der optimalen Bestellmenge. Die Bestellmenge ist optimal, wenn die Summe aus Bestellkosten und Lagerhaltungskosten ihren Minimalwert erreicht. Zu den dispositiven Prozessen zählt auch die Auswahl der für die einzelnen Güter jeweils am besten geeigneten Bestellpolitik, deren Grundformen sich aus der Kombination von fixen und variablen Bestellmengen sowie fixen und variablen Bestellperioden ergeben.

Z U S A M M E N F A S S U N G

10.5 Übung und Übungsfragen

Übung: Optimale Bestellmenge

In einem Unternehmen sind im Vorjahr folgende Bestände, Einkaufsvolumina und Verbrauchsmengen (Entnahmen) angefallen:

Datum	Bestand/Einkaufsvolumen (Stück)	Entnahme (Stück)
01.01.	8.500 (Anfangsbestand)	
10.02.		3.000
01.03.	4.000	
14.04.		6.500
03.05.		1.500
01.06.	5.000	
17.07.		4.500
12.08.	2.000	
29.09.	4.000	
30.10.		6.000
11.11.	2.000	
28.12.		3.000
31.12.	.... (Endbestand)	

Tabelle 10.3: Materialeinkäufe und -verbrauchsmengen

Ermitteln Sie die optimale Bestellmenge und -häufigkeit für das Folgejahr unter der Annahme, dass sich die Bedarfsmenge nicht ändert.

- Bestellfixe Kosten: EUR 110
- Einstandspreis: EUR 19
- Zins- und Lagerkostensatz: 7 %

1. Welche Bestellmenge ist optimal?
2. Wie oft soll bestellt werden (Häufigkeit und Intervall in Tagen)?

Übungsfragen:

1. Warum fixiert man Bestandsgrenzen?
2. Welche Arten von Bestandsgrenzen können unterschieden werden und wovon hängt deren Höhe ab?
3. Reihen Sie die Prozesse der Bestellung entsprechend ihrer zeitlichen Abfolge.
4. Nennen Sie vier relevante Kriterien der Bestellmengenentscheidung.
5. Wie lautet die Formel zur Ermittlung der optimalen Bestellmenge?
6. Welche Bestellpolitiken gibt es?
7. Welche Merkmale sind für die Unterscheidung der Bestellpolitiken relevant?

Lösungen zu den Übungsfragen und weiterführende Materialien finden Sie auf der Companion Website zum Buch unter *www.pearson-studium.de*.

Lieferantenmanagement

11

ÜBERBLICK

„Lieferanten sind unsere wichtigsten Partner!“ Dieses Statement eines prominenten deutschen Herstellers belegt die überragende Bedeutung der Lieferanten für den Unternehmenserfolg. Sie sind nicht nur Geschäftspartner, auf die ein großes mengen- und wertmäßiges Transaktionsvolumen entfällt, das sich wegen des Trends zur Erhöhung des Fremdbezugsanteils noch steigern wird, sondern auch eine wichtige Innovationsquelle. Dementsprechend intensivieren viele Abnehmer ihre Anstrengungen im Lieferantenmanagement.

Definition

Unter **Lieferantenmanagement** versteht man alle Maßnahmen zur Beeinflussung der Lieferanten im Sinne der Unternehmensziele. Im Einzelnen zählen dazu die Auswahl, die Entwicklung und die Beurteilung der Lieferanten im Rahmen der Lieferantenpolitik.

11.1 Lieferantenauswahl

Die Auswahl der richtigen Lieferanten wird mit steigendem Fremdbezugsanteil zu einem bedeutsamen Erfolgsfaktor. Soweit nicht ausdrücklich etwas anderes vermerkt ist, gelten die Aussagen zur Lieferantenauswahl für einzelne Materialpositionen oder -gruppen und nicht für das gesamte Materialsortiment. Die folgende Abbildung zeigt die Alternativen bei der Auswahl der Lieferanten im Überblick:

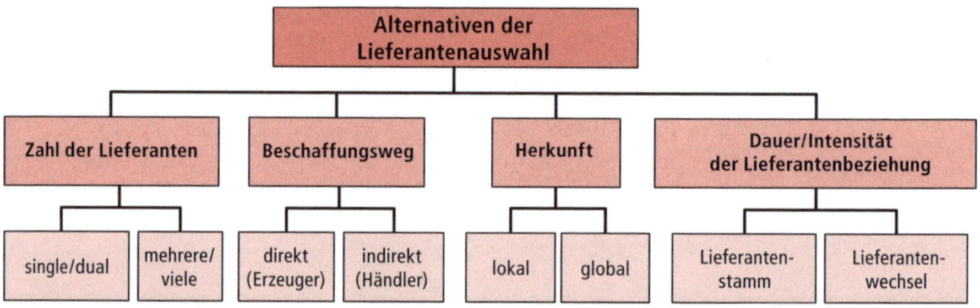

Abbildung 11.1: Alternativen der Lieferantenauswahl

11.1.1 Zahl der Lieferanten

Man unterscheidet Single, Dual, Multiple und Modular Sourcing. Beim **Single Sourcing (Alleinlieferant)** ist ein Lieferant, und zwar der leistungsfähigste, die einzige Bezugsquelle. Das damit verbundene Risiko (größere Abhängigkeit, die sich vor allem bei Preisverhandlungen und bei Lieferschwierigkeiten bemerkbar macht) sollte durch Preiszugeständnisse des Lieferanten, geringeren Bestellaufwand, Teilnahme an Qualitätssicherungs- und Kostensenkungsprogrammen, logistische Vorteile und günstigere

Konditionen (z.B. hinsichtlich der anwendungstechnischen Beratung) kompensiert werden. Ein spektakuläres Beispiel für die Risiken des Single Sourcing ist ein Hersteller von Mobiltelefonen, der wegen eines Brandes in der Fertigungshalle seines Halbleiter-Lieferanten mehrere Hundert Millionen Euro durch Produktionsunterbrechungen verlor.

Beim **Dual Sourcing** besteht die Bezugsquelle aus zwei Lieferanten, die permanent im Wettbewerb stehen (z.B. zwei Lieferanten für Pkw-Reifen). Der Lieferant mit den günstigeren Konditionen oder der besseren Qualität erhält ein entsprechend größeres Auftragsvolumen. Gegenüber dem Single Sourcing ist das Beschaffungsrisiko kleiner.

Multiple Sourcing bedeutet, mehr als zwei bzw. eine Vielzahl von Beschaffungsquellen gleichzeitig zu nutzen. Multiple Sourcing fördert den Wettbewerb unter den Lieferanten und steigert deren Leistungsfähigkeit und Preiswürdigkeit. Diese Variante empfiehlt sich bei standardisierten Gütern und bedeutet eine weitere Senkung des Beschaffungsrisikos. Lange Zeit galten z.B. in der Automobilindustrie sog. **Quotenregelungen** zur Aufteilung der Mengenanteile auf die Lieferanten:

- 60/30/10-Klausel: 60 % des Bedarfsvolumens werden auf den ersten Hauptlieferanten, 30 % auf den zweiten und 10 % auf Restlieferanten verteilt.
- 30 %-Klausel: Das Auftragsvolumen des Abnehmers soll 30 % der Kapazität eines Lieferanten nicht überschreiten. Die Beachtung dieser Klausel vermeidet eine Krisensituation des Abnehmers bei Ausfall eines Lieferanten und des Lieferanten für den Fall des Entzuges des Auftrags.

Beim **Modular Sourcing (System Sourcing)** werden statt einer Mehrzahl von Einzelteilen (von vielen Lieferanten) ganze Baugruppen bzw. Systeme von einem oder wenigen Lieferanten bezogen, die man Systemlieferanten (auch „Tier 1-Lieferanten") nennt. Der Trend zum Modular Sourcing hat zu einer Verringerung der Zahl der Lieferanten geführt, z.B.:

- Das System „Kraftstoffversorgung" in Autos besteht aus Benzintank, Benzinpumpe, elektronischer Motorsteuerung und Sensoren für Druck und Motordrehzahl.
- Das System „Pkw-Front" besteht aus Scheinwerfern, Kühlergrill, Kühler, Lüfter und Stoßfänger.
- Das System „Armaturenbrett" besteht aus Innenverkleidung, Ablagefächern, kompletter Instrumentenausstattung etc.

Voraussetzung des Modular Sourcing sind Entwicklungspartnerschaften im Rahmen längerfristiger Verträge, wobei der Lieferant frühzeitig in die Entwicklung eingeschaltet wird bzw. selbstständig entwickelt. Der Lieferant erweitert also sein Tätigkeitsfeld und übernimmt neben Entwicklungs-, Fertigungs- und Qualitätssicherungs- auch Koordinations-Aufgaben.

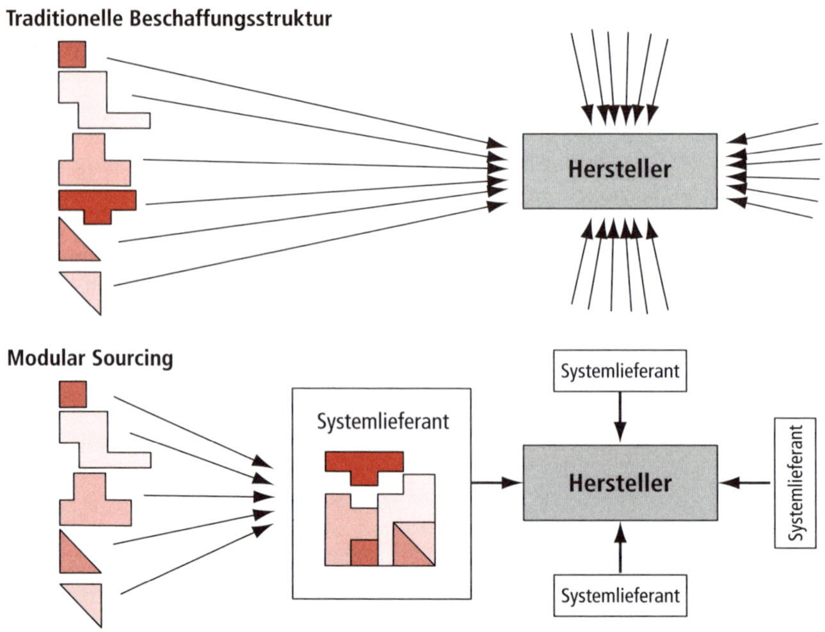

Abbildung 11.2: Traditionelle Beschaffungsstruktur vs. Modular Sourcing (in Anlehnung an Weber/Kummer 1994, S. 172)

11.1.2 Beschaffungsweg

Der Beschaffungsweg gibt Auskunft darüber, ob direkt beim Produzenten oder (indirekt) unter Einschaltung des Handels beschafft wird (vgl. die Analogie zu den Distributionskanälen im Abschnitt 18.5.3). Der **Direktbezug** vom Produzenten ist i.d.R. mit Kostenvorteilen für den Abnehmer verbunden und insbesondere bei der Beschaffung großer Mengen zu empfehlen.

Die **indirekte Beschaffung**, also der Bezug vom Handel bzw. durch Einkaufskooperativen (z.B. Einkaufsgenossenschaften), empfiehlt sich bei kleinen Beschaffungsmengen wegen der geringen Entfernung der Bezugsquelle trotz der in der Regel höheren Einstandspreise. Der Handel bietet darüber hinaus wegen seiner Sortimentsfunktion und wegen seiner Beratungs- und Serviceleistungen Vorteile. In manchen Fällen wird die indirekte Beschaffung durch die vom Produzenten fixierten Mindestabnahmemengen erzwungen.

11.1.3 Herkunft der Lieferanten

Die traditionelle Beschaffung aus dem geografischen Umfeld des Abnehmers wird zunehmend vom Trend zum weltweiten Einkauf abgelöst, dem sog. **Global Sourcing**. Dies bedeutet erhöhte Ansprüche an die Beschaffungsmarktforschung, weil der internationale/globale Einkauf den Informationsbedarf des Abnehmers überproportional steigert.

In der folgenden Abbildung 11.3 wird die Entwicklung des Anteils der aus dem Ausland bezogenen Vorleistungen am deutschen Warenexport über einen Zeitraum von zehn Jahren dargestellt. Die deutschen Warenexporte bestehen mittlerweile zu gut zwei Fünfteln aus Importen.

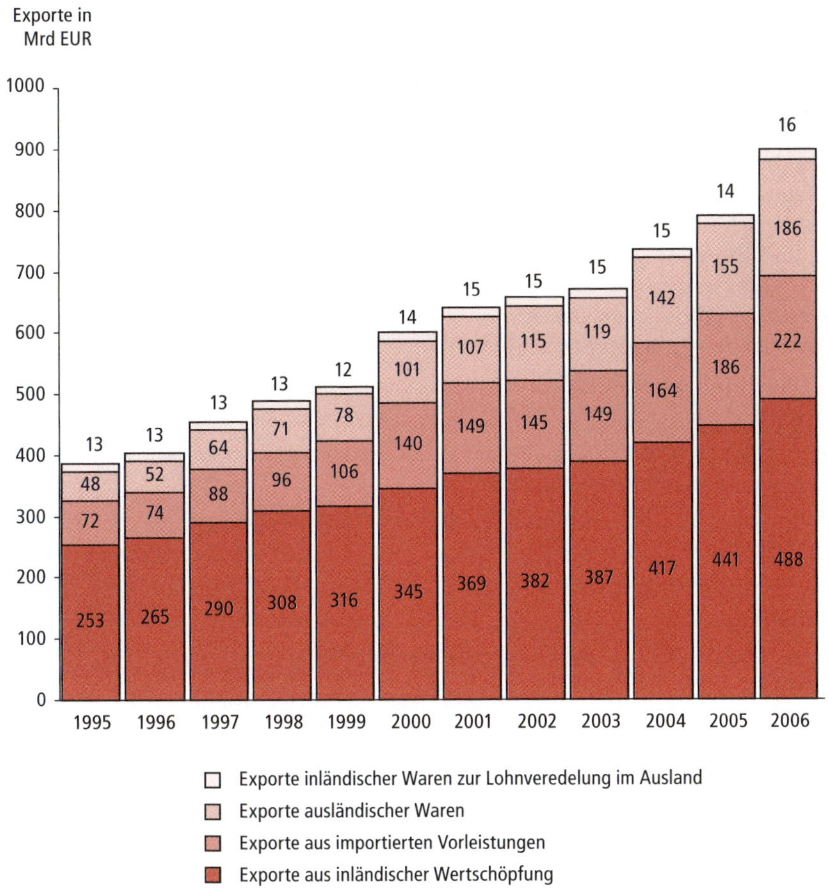

Abbildung 11.3: Anteil der importierten Vorleistungen am deutschen Warenexport 1995–2006 (Daten: Statistisches Bundesamt, Wirtschaft und Statistik 5/2007, S. 485)

Als interessante neue Bezugsquellen gelten die Länder Asiens sowie Mittel- und Osteuropas. Aus der Standortdiversifikation der Lieferanten ergeben sich nicht nur Preisvorteile, sie mindert auch das Risiko von (z.B. streik- oder transportbedingten) Beschaffungshemmungen. Weltweit operierende Unternehmen bemühen sich zunehmend um Lieferanten aus ihren Exportmarkt-Ländern bzw. im Umfeld ihrer jeweiligen Produktionsstandorte, um handels- und währungspolitische Risiken auszuschalten.

11.1.4 Dauer und Intensität der Lieferantenbeziehung

Unter diesem Aspekt wird zwischen Lieferantenstamm und fallweisem/häufigem Lieferantenwechsel unterschieden. Als **Stammlieferanten** bezeichnet man jene Lieferanten, mit denen ein Abnehmer längerfristig und intensiv zusammenarbeitet. Gründe für das Festhalten an bestimmten Lieferanten (sog. Lieferantentreue) sind:

- Enger räumlicher und prozessualer Verbund des Abnehmers mit den Lieferanten, z.B. als Elemente sog. logistischer Ketten (Supply Chains). Immer häufiger produzieren Lieferanten auf dem Betriebsgelände des Abnehmers und erbringen die Montageleistung für die zu fertigende Teilekonfiguration (i.d.R. Baugruppen/Module und Systeme) direkt an der Montagelinie (Vormontage/Endmontage) des Abnehmers. Dies bedeutet für den Lieferanten niedrigere Logistikkosten und bessere Integration in die Prozesse des Abnehmers. Der Abnehmer profitiert von einer beschleunigten Entwicklung und Zulieferung. Er kann die Qualität der Lieferantenleistung besser überwachen, insbesondere die Lieferpünktlichkeit und die Lieferqualität. Probleme können sich aus der größeren gegenseitigen Abhängigkeit, dem erhöhten Koordinations- und dem zusätzlichen Investitionsaufwand des Zulieferers ergeben.
- Nutzung des Wissens über Stärken/Schwächen aufgrund langandauernder Geschäftsbeziehungen
- Ungenügende Kenntnis über alternative Lieferantenquellen wegen der „Gewöhnung" an die Stammlieferanten („Hoflieferanten")
- Hohe Kosten des Lieferantenwechsels. Eine Faustregel besagt, dass sich der Wechsel zu einem ausländischen Lieferanten nur lohnt, wenn dessen Preise mindestens 10 % unter dem Inlandsniveau liegen.
- Anforderungen anderer Bereiche (z.B. Gegengeschäfte auf Wunsch des Absatzbereichs, Präferenzen für lokale oder regionale Lieferanten)

Beim fallweisen/häufigen **Lieferantenwechsel** wählt der Abnehmer die jeweils günstigste Bezugsquelle. Daraus ergeben sich Chancen für Außenseiter und „Newcomer" unter den Lieferanten.

Ein häufig beschrittener **Mittelweg** ist die Bindung an einen festen Lieferantenpool, der sich aus bewährten Geschäftspartnern rekrutiert. Aus diesem Lieferantenpool kommen die jeweils preisgünstigsten zum Zuge.

11.2 Kriterien der Lieferantenbeurteilung

Für die Lieferantenbeurteilung sind folgende **Merkmale des Lieferanten** (Kriterien) relevant:

- Liefersortiment (Art und Qualität der angebotenen Güter/Dienstleistungen)
- Liefermenge (in Relation zur Bedarfsmenge des Abnehmers unter Berücksichtigung der Flexibilität bei Bedarfsänderungen)
- Lieferpreise/Lieferbedingungen (sind in Abhängigkeit von der Marktmacht von Abnehmern und Lieferanten fix bzw. Gegenstand von Verhandlungen)
- Wirtschaftliche Lage (Umsatz bzw. Umsatzentwicklung, pro-Kopf-Umsatz, Marktposition)

- Zuverlässigkeit (hinsichtlich Liefermenge, Lieferzeit, Qualität)
- Innovationsfähigkeit (Forschungs- und Entwicklungskompetenz im Hinblick auf neue Produkte, Systeme und Verfahren, Umfang der Anwendungsberatung)
- Lieferstandort (Nähe zum Abnehmer, insbesondere bei fertigungssynchroner Anlieferung/Just-in-Time)
- Social Corporate Responsibility (SCR, Beachtung sozialer und ethischer Standards z.B. betreffend Kinderarbeit und Umweltbelastung)

Die Auswahl und Gewichtung der Kriterien hängen in starkem Maß von der Unternehmensstrategie und von der Lieferantenpolitik, aber auch von der Art der Güter ab. Wird eine langfristige Partnerschaft mit einem Systemlieferanten in Form eines Produktionsverbundes angestrebt, ist z.B. das Kriterium Standort (räumliche Nähe) von großer Bedeutung. Bei technisch anspruchsvollen Produkten wiederum spielt die Innovationsfähigkeit (F&E-Kapazität) des Lieferanten eine entscheidende Rolle. Jedenfalls sollten die für die Lieferantenauswahl und -beurteilung relevanten Kriterien für die Lieferanten transparent sein, um ihnen die Anpassung an die Ansprüche des Abnehmers zu erleichtern.

11.3 Instrumente der Lieferantenbeurteilung

Die Dynamik der Beschaffungsmärkte (Stichwort Global Sourcing), die erhöhten Qualitätsanforderungen und die Reduzierung der Fertigungstiefe erfordern leistungsfähige Instrumente zur Bewertung der Lieferanten. Die wichtigsten Instrumente der Lieferantenbewertung sind die Lieferantendatei, die ABC-Analyse, die Punktbewertungsmethode und das Qualitäts-Audit.

11.3.1 Die Lieferantendatei

Die Lieferantendatei ist eine systematische Sammlung der im Zuge der Lieferantenbeobachtung gewonnenen Informationen inkl. der Ergebnisse der fallweisen oder regelmäßigen Beurteilung der mit den Lieferanten getätigten Geschäfte. Sie sollte neben den aktuellen auch die potenziellen Lieferanten und jedenfalls folgende Inhalte abdecken: Liefersortiment, Lieferbedingungen, spezifisches Know-how (Entwicklungskapazität, Just-in-Time-Fähigkeit), Zertifizierungen (Audits), Betriebsgröße, Marktposition, Standorte, Referenzen und Kontaktpersonen. Die Gliederung der Lieferantendatei erfolgt zweckmäßigerweise nach den Arten des Materialbedarfs.

11.3.2 Die ABC-Analyse

Die ABC-Analyse empfiehlt sich nicht nur für die Klassifikation von Materialarten (siehe Abschnitt 7.1.1), sondern auch für das Management einer größeren Zahl von Lieferanten. Demzufolge wird zwischen A-, B- und C-Lieferanten unterschieden.

Bei einem Automobilhersteller mit mehr als 10.000 Lieferanten entfallen beispielsweise auf 19 Lieferanten (0,1 %) ca. ein Viertel des Einkaufsvolumens (A-Lieferanten) und auf 289 Lieferanten (2,3 %) ca. zwei Drittel (B-Lieferanten). Demzufolge entfällt auf das Gros der Lieferanten (C-Lieferanten) nur ein Zwölftel des Einkaufsvolumens.

A-, B- und C-Lieferanten werden entsprechend ihrer unterschiedlichen Bedeutung bearbeitet, d.h. das Lieferantenmanagement ist bei A- und B-Lieferanten wesentlich aufwendiger als bei C-Lieferanten.

11.3.3 Die Punktbewertung (Scoring-Tabelle)

Die Punktbewertung oder Nutzwertanalyse bietet die Möglichkeit, neben quantitativen auch qualitative Zielkriterien bei der Lieferantenbeurteilung zu berücksichtigen. Die Zielkriterien müssen im Hinblick auf das Entscheidungsproblem aussagekräftig, voneinander unabhängig und messbar sein.

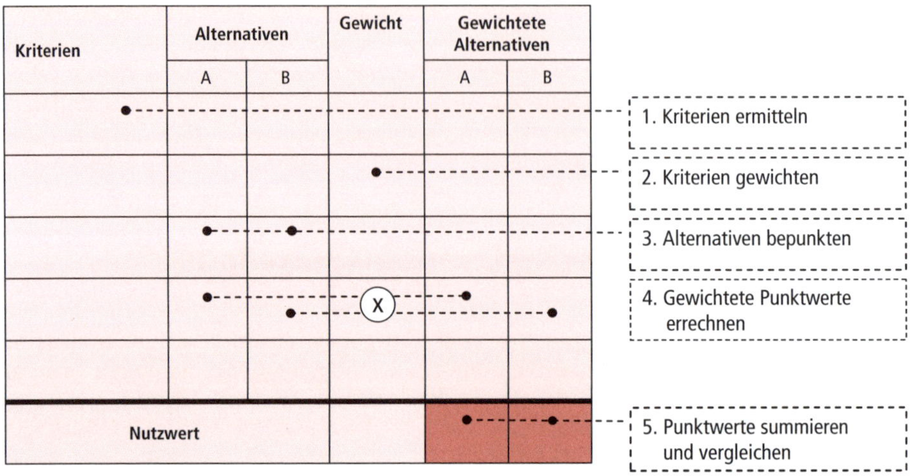

Abbildung 11.4: Anleitung zur Punktbewertung

In einem ersten Auswahlprozess werden alle Lösungsalternativen ausgeschieden, welche die sog. Muss-Ziele (Mindestanforderungen, z.B. Mindestqualität) verfehlen. Anschließend wird mithilfe der Nutzwertanalyse untersucht, welche Alternative die Ziele am besten erfüllt. Die Kriterien der Lieferantenbeurteilung werden bestimmt und entsprechend ihrer Bedeutung gewichtet. Jeder Lieferant erhält je Kriterium einen Punktwert (z.B. von 1 bis 5 für den niedrigsten bzw. den höchsten Erfüllungsgrad). Die Multiplikation der Punktwerte mit dem jeweiligen Gewicht des Kriteriums ergibt die gewichteten Punktwerte. Durch Addition der gewichteten Punktwerte erhält man den Nutzwert jedes Lieferanten. Im folgenden Beispiel einer Punktbewertung ist der Lieferant C mit einem Nutzwert von 455 die vorteilhafteste Alternative. Lieferant A kann bei entsprechenden Maßnahmen der Lieferantenentwicklung – in diesem Fall Maßnahmen zur Steigerung der Termintreue – das Niveau von Lieferant C erreichen.

Teil-Nr.		Lieferant A		Lieferant B		Lieferant C	
Kriterien	Gewicht	P	W	P	W	P	W
Qualität	30	5	150	4	120	5	150
Preis	30	5	150	3	90	4	120
Termintreue	15	2	30	4	60	5	75
Zuverlässigkeit	15	3	45	4	60	5	75
Konditionen	5	4	20	5	25	2	10
Standort	5	4	20	3	15	5	25
Summe	100		415		370		455

Tabelle 11.1: Punktbewertung zur Lieferantenauswahl

11.3.4 Das Qualitäts-Audit

Mit dem Qualitäts-Audit wird der zunehmenden Bedeutung des Qualitätsaspektes bei der Bewertung der Lieferanten Rechnung getragen. Im Folgenden werden die wichtigsten Ziele und Arten der Qualitäts-Auditierung dargestellt.

Ziele der Qualitäts-Auditierung sind:

- Die Sicherstellung eines ausreichenden Qualitätsniveaus der Lieferanten
- Überprüfung der Wirksamkeit der Qualitätsmanagement-Systeme der Lieferanten
- Ableitung von Entscheidungskriterien für die Lieferantenbeurteilung
- Einleitung von Verbesserungen bei den Lieferanten (Lieferantenentwicklung s.u.)

Arten der Qualitäts-Auditierung sind:

- Das **Verfahrens-Audit** (auch Prozess-Audit) analysiert die Wirksamkeit der Qualitätssicherung. Die praktizierten Verfahren bzw. Arbeitsabläufe werden hinsichtlich ihrer Sicherheit und Zweckmäßigkeit sowie der Einhaltung der Verfahrens- und Arbeitsanweisungen beurteilt.
- Das **Produkt-Audit** beurteilt die Wirksamkeit der Qualitätssicherung im Hinblick auf die Produkte, die Bauteile und Baugruppen. Die zentrale Frage lautet: Entsprechen Rohmaterial, unfertige und fertige Erzeugnisse den Qualitätsvorgaben?
- Beim **System-Audit** steht die Wirksamkeit des Qualitätssicherungssystems (nach EN ISO 9000 ff. und QS 9000) des Lieferanten im Mittelpunkt. Das Qualitätssicherungs-System soll Fehler im gesamten Entwicklungs- und Herstellungsprozess vom Entwurf bis zum Kundendienst vermeiden bzw. aufdecken. Grundlagen für das System-Audit sind das Qualitätssicherungshandbuch, Qualitätsanweisungen, Auftragsunterlagen, Richtlinien, gesetzliche Auflagen und Qualitätssicherungsnormen.

Die folgende Abbildung listet Fragen zur Qualitätssicherung von Prozessen und Produkten sowie zur Unternehmensführung in Form einer Checkliste auf.

Qualitätssicherungs-System-Audit

Fragen zur Unternehmensführung

- Verantwortung der obersten Leitung
  - Qualitätspolitik
  - Qualitätsziele
  - Qualitätsbezogene Kosten
  - Management Review
- Grundsätze zum Qualitätssicherungs-System
  - Bereichsabdeckung des Qualitätssicherungs-Systems
  - Verantwortung/Befugnisse
  - Interne Qualitäts-Audits
  - Auditoren-Qualifikation
- Produktsicherheit und Produkthaftung
  - Produkthaftungsgesetz
  - Dokumentationspflichtige Produkte
  - Erkennung von Produktrisiken
  - Eingrenzung fehlerhafter Einheiten

Fragen zum Produkt und Prozess

- Qualität bei Auslegung und Design
  - Eigenständige Entwicklung
  - Entwicklungserfahrungen dokumentiert
  - Produkterprobungen
  - Qualitätsanforderungen vollständig
  - Qualitätsbewertungen
  - Freigabe des Entwurfs
  - Ergebnis der Entwicklungsarbeit
- Qualität in der Produktion
  - Fertigungspläne
  - Maschinenfähigkeitsuntersuchungen
  - Eigene Fertigungsfreigabe
  - Serienfreigabe durch Abnehmer
  - Prüfpläne, Prüfanweisungen
  - Zustand der Fertigung
- Handhabung und Aufgaben nach der Produktion
  - Umgang mit Produkten
  - Transportschäden
  - Verpackungsfehler
  - Identifikation der Produkte
  - Kundendienst
  - Gebrauchs- und Einbauanleitung
  - Feldausfall-Frühwarnsystem

Abbildung 11.5: Auszug aus einer Checkliste zum System-Audit

11.4 Lieferantenpolitik und Lieferantenentwicklung

Die Lieferantenpolitik bestimmt die Grundsätze für die Gestaltung der Geschäftsbeziehungen zwischen Abnehmer und Lieferanten. Unter Lieferantenentwicklung versteht man Maßnahmen zur Festigung und Verbesserung bestehender Lieferanten-Abnehmer-Beziehungen nach Maßgabe der Lieferantenpolitik.

11.4.1 Lieferantenpolitik

Viele Abnehmer bemühen sich explizit um ein faires und partnerschaftliches Verhältnis zu ihren Lieferanten, wie die folgenden Statements belegen:

> *„Wir verlangen nichts von den Zulieferern, was wir nicht auch von uns verlangen."*
>
> *„Wir geben partnerschaftlichen, auf dem Leistungsprinzip beruhenden Beziehungen zu unseren Lieferanten den Vorzug."*
>
> *„Grundsätzlich müssen unsere Lieferanten in der Lage sein, dieselben Anforderungen zu erfüllen, die unsere Kunden an uns stellen."*
>
> *„Lieferanten sind unsere wichtigsten Partner."*

Im Gegensatz dazu setzen manche Abnehmer, insbesondere in Krisensituationen, ihre Marktmacht ein und fordern von ihren Lieferanten einen Sanierungsbeitrag, wie die folgenden Zitate demonstrieren:

> *„Automobilindustrie setzt Daumenschrauben an."*
>
> *„Zulieferer unter dem Joch der Konzerne."*
>
> *„Kostendruck auf Lieferanten abgewälzt."*
>
> *„Wir empfangen unsere Aufträge in Gnade und liefern in Demut und Dankbarkeit." (Sarkastische Äußerung eines Lieferanten)*

Die folgende Abbildung macht die Unterschiede zwischen einer partnerschaftlichen (Tandem) und einer Abnehmer-dominanten Lieferantenpolitik deutlich:

	Tandem	Abnehmer-Dominanz
Grundhaltung	Partnerschaft	Ausnutzen der Marktmacht
Einsparungsziele	Kontinuierlich	Abhängig von der wirtschaftlichen Lage des Abnehmers
Maßnahmen	Gemeinsame Entwicklung einfacherer/ billigerer Teile, Teilestandardisierung, integrierte Qualitätssicherungs- und Informationssysteme	Ultimative Forderung von Lieferpreis-Senkungen
Erfolgszurechnung	Faire Teilung der Rationalisierungsgewinne	Sanierungserfolg beim Abnehmer/ Gewinnschmälerung beim Lieferanten

Tabelle 11.2: Partnerschaftliche vs. Abnehmer-dominante Lieferantenpolitik

Die Lieferantenpolitik hängt u.a. vom Beschaffungsrisiko der Güter/Dienstleistungen (Versorgungssicherheit) und vom Einfluss der Beschaffung auf das Betriebsergebnis ab (Versorgungswirtschaftlichkeit):

- Beim **Abschöpfen** wird auf Basis einer ungefährdeten Versorgungssicherheit die Versorgungswirtschaftlichkeit forciert und die Verhandlungsposition gegenüber den Lieferanten ausgereizt.
- Die Strategie des **Abwägens** (auch selektive Strategie) sieht Kompromisse zwischen Versorgungssicherheit und Versorgungswirtschaftlichkeit vor, z.B. durch Kombination von Vertragskäufen und Gelegenheitskäufen.
- Bei der Strategie des **Diversifizierens** (auch Investitionsstrategie) dominiert die Versorgungssicherheit. Man bildet einerseits einen Pool zuverlässiger Lieferanten und verstärkt andererseits die Anstrengungen zur Substitution versorgungskritischer Güter/Dienstleistungen.

11.4.2 Lieferantenentwicklung

Die Lieferantenentwicklung basiert auf der Lieferantenpolitik und umfasst Maßnahmen der Lieferantensicherung, -förderung und -pflege. Sie hängt auch von der Bedeutung der Lieferanten für den Abnehmer ab. Dementsprechend sind A- und B-Lieferanten bevorzugte Adressaten der Lieferantenentwicklung.

Maßnahmen der Lieferantensicherung

- Abschluss längerfristiger Lieferverträge, um die Geschäftsbeziehungen zu stabilisieren
- Partizipation der Lieferanten an den Rationalisierungsgewinnen
- Kapitalverflechtung mit den Zulieferunternehmen
- Vereinbarung von Gegengeschäften, die beiden Parteien einen zusätzlichen, nicht monetären Nutzen versprechen

Maßnahmen der Lieferantenförderung zielen auf die Beratung und aktive Unterstützung der Lieferanten bei Problemen, welche diese mit eigenen Mitteln nicht lösen können, z.B. Probleme im Produktions- oder im Forschungs-/Entwicklungsbereich (F&E). Beispiele für die Lieferantenförderung sind

- das Abstellen von Spezialisten auf Zeit und/oder
- die Gewährung von Investitionshilfen

Maßnahmen der Lieferantenpflege

- Genaue Einhaltung der Verpflichtungen gegenüber den Lieferanten
- Toleranz bei seltenem/geringfügigem Fehlverhalten des Lieferanten
- Diskretion und Fairness in Verhandlungen
- Veranstaltung von Lieferantentagen zur Abstimmung gegenseitiger Verhaltensweisen, insbesondere mit Systemlieferanten
- Auslobung von Lieferanten-Awards

Z U S A M M E N F A S S U N G

Lieferanten sind Geschäftspartner der Abnehmer, mit denen häufig enge und langfristige Beziehungen bestehen (Lieferanteneinbindung), insbesondere mit den sog. Systemlieferanten. Dementsprechend aufwendig sind Auswahl und Beurteilung der Lieferanten, für die es ein breites Spektrum an Alternativen und Instrumenten gibt. Die Lieferantenpolitik fixiert die Grundsätze für die Gestaltung der Geschäftsbeziehungen zwischen Abnehmern und Lieferanten und bildet die Basis für die Lieferantenentwicklung.

Z U S A M M E N F A S S U N G

11.5 Übungsfragen

1. Vergleichen Sie die Prinzipien des Modular Sourcing und des Multiple Sourcing miteinander.
2. Welche Rolle spielt Global Sourcing im Lieferantenmanagement?
3. Nennen Sie die Merkmale für die Lieferantenbeurteilung.
4. Nennen Sie drei Instrumente zur Lieferantenbeurteilung und beschreiben Sie ein Verfahren ausführlich.
5. Nennen Sie die Arten der Lieferanten-Auditierung und beschreiben Sie ein Audit Ihrer Wahl ausführlich.
6. Was versteht man unter Lieferantenentwicklung? Nennen Sie die wichtigsten Maßnahmen.

Lösungen zu den Übungsfragen und weiterführende Materialien finden Sie auf der Companion Website zum Buch unter *www.pearson-studium.de*.

Beschaffungscontrolling

12

ÜBERBLICK

Controlling ist eine Servicefunktion, die das Management durch die Bereitstellung entscheidungsrelevanter Informationen (Berichtswesen), durch Planung, Überwachung und Koordination unterstützt. Beschaffungscontrolling ist ein sogenanntes Bereichscontrolling (Dotted-line Controlling), das den Spezifika der Beschaffung Rechnung trägt. Es wirkt an der Formulierung der Beschaffungsziele und -strategien mit, entwickelt Instrumente zur Steuerung der Beschaffungsprozesse, überwacht die Zielerreichung und leitet im Bedarfsfall Korrekturmaßnahmen ein. Das Aufgabenvolumen, die personelle Ausstattung und die hierarchische Eingliederung des Beschaffungsvolumens hängen vom Erfolgsbeitrag der Beschaffung ab (vgl. Abschnitt 6.3).

Definition Unter **Beschaffungscontrolling** versteht man alle Aufgaben zur Koordination des unternehmensinternen Beschaffungsmanagements sowie dessen Informationsversorgung (in Anlehnung an Friedl 1990, S. 106).

Die Tätigkeiten des Beschaffungscontrolling sind eng verwandt mit dem Logistikcontrolling (siehe Kapitel 16.1.3 *Bestandscontrolling* und Kapitel 19.1.5 *Supply Chain Controlling*). Auch die Revision überwacht – ex post oder begleitend – die Beschaffungsprozesse, in der Regel mittels Stichproben. Die Bedeutung der Revision in der Beschaffung hat angesichts zahlreicher, aktueller Korruptionsfälle in der Wirtschaftspraxis stark zugenommen.

12.1 Aufgaben und Bedeutung

Das **Aufgabenfeld** des Beschaffungscontrolling ist breit gefächert. Es umfasst:

- Die einzelnen **Beschaffungsprozesse** inklusive der darin involvierten Institutionen (von der Bedarfsermittlung bis zum Lieferantenmanagement bzw. von den Kunden bis zu den Lieferanten, vgl. Abbildung 6.1). Um die Ziele Versorgungssicherheit und Versorgungswirtschaftlichkeit zu erreichen, beschränkt sich Beschaffungscontrolling nicht auf die Überwachung dieser Prozesse, sondern greift auch in deren Steuerung ein (Prozesscontrolling).
- Die **prozessübergreifenden Tatbestände der Beschaffung**. Man spricht in diesem Zusammenhang auch von der Querschnittsfunktion des Controlling und unterstreicht damit seine Koordinationsleistung.
- Unter dem Gesichtspunkt des Planungshorizonts und der Relevanz ist zwischen **strategischen** und **operativen Controllingaufgaben** und **-instrumenten** zu unterscheiden. Budgets, Soll-Ist-Vergleiche sowie Zielvorgaben und Kennzahlen sind typische und weit verbreitete Instrumente des operativen Controlling. Analysen von Wertschöpfungsketten, von Stärken/Schwächen, von Potenzialen und Portfolios, die Zielkostenrechnung (Target Costing), die Wertanalyse und das Benchmarking gelten als Instrumente des strategischen Controlling. Die Instrumente des operativen Controlling dienen der Steuerung des Routinegeschäfts, jene des strategischen Controlling werden anlassbezogen und aperiodisch eingesetzt. Die Abgrenzung zwischen den beiden Ebenen und ihren Instrumenten ist nicht immer eindeutig.

Die **Bedeutung** des Beschaffungscontrolling hat zweifellos zugenommen. Dafür gibt es mehrere Gründe:

Die Beschaffung wird zunehmend als Grenzsystem zum Beschaffungsmarkt verstanden. Dementsprechend wichtig ist, dass das Beschaffungscontrolling als deren Informationssammelstelle auch schwache Signale frühzeitig erkennt und richtig deutet.

Auf den Trend zur Erhöhung des Fremdbezugsanteils im Zuge des Outsourcing haben wir bereits hingewiesen. Das Beschaffungscontrolling liefert wichtige Informationen für die Make or Buy-Entscheidungen, die vielfach von strategischer Bedeutung sind.

Die zunehmende Verbreitung der Informations- und Kommunikationstechnologie sowie der Warenwirtschaftssysteme erleichtert die Versorgung des Beschaffungscontrolling mit den für das Berichtswesen und die Steuerungsaktivitäten erforderlichen Daten (vgl. den oben erwähnten Trend zum E-Procurement).

Schließlich gibt es einen Trend zum Self-Controlling mittels EDV-Unterstützung. Das bedeutet, dass Controlling-Aufgaben zunehmend von zentralen auf dezentrale Controllingstellen (Bereichscontrolling) und von den Controlling-Spezialisten auf die jeweiligen Prozessbeteiligten übertragen werden.

12.2 Ausgewählte Controlling-Aktivitäten

Für die Messung der Performance der Beschaffungsprozesse empfiehlt sich ein systematischer Vergleich im Sinne des **Benchmarking** mit verwandten Unternehmen, eventuell durchgeführt von einem neutralen Dritten zur Wahrung des Datenschutzes. Benchmarking soll einerseits der Betriebsblindheit entgegenwirken und andererseits im Wettbewerb mit anderen zu größeren Leistungen anspornen.

Wir konzentrieren uns im Folgenden auf das prozessübergreifende Controlling, insbesondere auf die Performance der Versorgungswirtschaftlichkeit und der Versorgungssicherheit. Im Rahmen der Bedarfsermittlung haben wir mit dem Material-Portfolio bereits ein Verfahren kennengelernt, das sowohl die Versorgungssicherheit (Einfluss auf die materielle Liquidität) als auch die Versorgungswirtschaftlichkeit (Einfluss auf das Betriebsergebnis) berücksichtigt (vgl. Abschnitt 7.1.2).

12.2.1 Performance der Versorgungswirtschaftlichkeit

Empirische Analysen ergeben, dass in der Controllingpraxis die wertmäßige Dimension der Beschaffung, also die Versorgungswirtschaftlichkeit, nach wie vor als prioritär betrachtet wird. Diese Dominanz des Formalziels hängt mit den Wurzeln des Controlling im Rechnungswesen zusammen.

Materialintensität
Das Verhältnis des Materialaufwandes zum Gesamtaufwand liefert eine erste Orientierung über die Bedeutung der Beschaffung für den Unternehmenserfolg. Hierbei treten zwischen den Branchen erhebliche Unterschiede auf, z.B. ist in der chemischen Industrie der Materialaufwand besonders hoch.

$$Materialintensität\ (\%) = \frac{Materialaufwand}{Gesamtaufwand}$$

Alternativ kann die Materialintensität als das Verhältnis zwischen Materialaufwand und Umsatz ermittelt werden.

In der Stückkostenrechnung (Kalkulation) interessiert das Verhältnis der Materialkosten zu den Gesamtkosten:

$$Materialkostenanteil = \frac{Materialeinzelkosten + Materialgemeinkosten}{Gesamtkosten}$$

Wenn die Materialkosten in Vergleichsanalysen (z.B. mittels Benchmarking) auffällig hohe Werte erreichen, können deren Verursacher mithilfe der Zielkostenrechnung (Target Costing) oder der Wertanalyse identifiziert und Maßnahmen zur Aufwands- bzw. Kostensenkung eingeleitet werden.

Eine häufig verwendete Maßnahme zur Senkung des Materialaufwandes ist die **Materialbudgetierung**. Budgets sind periodenbezogene Sollvorgaben für Organisationseinheiten, Leistungsarten, Bestände und Projekte. Diese Vorgaben können input- oder outputorientiert sein. Die inputorientierte Materialbudgetierung soll den Materialaufwand limitieren. Budgets sind auch die Grundlage für Soll-Ist-Vergleiche. Sie ergänzen die Plan- um die Ist-Werte und ermöglichen eine revolvierende Vorschau- bzw. Vorgaberechnung. Abweichungen werden im Hinblick auf ihre Verursacher analysiert.

Budget Periode	Plan 1-12	Soll 1-8	Ist 1-8	Erwartung 9-12	Soll Neu 1-12
Zinn (USD/t, LME)	19.000	17.500	20.540	21.000	20.700
Alu (USD/t, LME)	2.800	2.800	2.859	2.900	2.850
Nickel (USD/t, LME)	30.000	30.000	25.298	22.000	24.200
...	...	...	...	...	...

Tabelle 12.1: Beispiel eines Soll-Ist-Vergleichs Ende Periode 8

Zielkosten

Die Zielkostenrechnung (Target Costing) ist eine Spezialform der retrograden Preisfeststellung zur Steigerung der Wettbewerbsfähigkeit eines Unternehmens. Ausgangspunkt sind die Kundenanforderungen an ein Produkt und dessen im Markt erzielbarer Preis. Die Produktkomponenten und ihre Kosten werden detailliert analysiert und daraus Komponenten-Kostenziele festgelegt. Die Zielkostenrechnung kann bereits im Zuge der Produktentwicklung Richtwerte für bestimmte Komponenten vorsehen. Die Addition der Komponentenzielkosten ergibt die Produktzielkosten, die mit dem am Markt erzielbaren Preis verglichen werden. Die Komponentenbetrachtung erleichtert es, Schwerpunkte und Einsparungspotenziale zu identifizieren. Das Beschaffungscontrolling entwickelt aus der Zielkostenrechnung Vorschläge zur Optimierung des Produkts und der Beschaffungskosten.

Das folgende Beispiel zeigt die Kostenaufschlüsselung eines Apple iPhone der 2. Generation durch eine Beratungsgesellschaft. Apple konnte die Herstellungskosten (USD 173) im Vergleich zum Modell der 1. Generation (USD 226) um 23 Prozent senken.

Komponente	Kosten in USD	Anteil
Richtpreis (vor Steuern, Initial Retail Price)	299,00	
Herstellungskosten (BOM + Manufacturing Costs)	173,00	100%
Materialkosten (Bill of Materials, BOM)	164,00	95%
8-GB-NAND-Flash-Speicher	22,80	13%
Touchscreen	20,00	12%
Display	20,00	12%
HSDPA Digital Baseband	15,00	9%
Prozessor	13,50	8%
2-Megapixel-Kameramodul	7,00	4%
1-GB-SDRAM-Speicherchip	5,00	3%
WLAN-Chipset	4,00	2%
Batterie	4,00	2%
RF Transceiver	4,25	2%
GPS	3,60	2%
Bluetooth Chip	2,00	1%
Bewegungssensormodul	2,00	1%
64-MB-Speicherchip	1,89	1%
USB-Ladegerät	1,80	1%
Sonstiges Material	37,16	21%

Tabelle 12.2: Retrograde Preisfeststellung für Apple iPhone (ohne Kosten der Softwareentwicklung, Verpackung und Distribution, Quelle: iSupply)

Funktionsoptimierung

Die Ermittlung der Zielkosten betrifft das Wertgerüst der Erzeugniskomponenten. Die Funktionsoptimierung geht noch einen Schritt weiter und analysiert auch das Mengengerüst der Komponenten. Dafür eignet sich die in den Vereinigten Staaten während der Materialknappheit des Zweiten Weltkriegs entwickelte **Wertanalyse** (Value Analysis). Ihre Grundfrage lautet: Ist eine bestimmte Funktion erwünscht bzw. notwendig (evtl. abschaffen!) und kann sie billiger bzw. besser erfüllt werden? In einer normierten Vorgangsweise werden die Objekte der Wertanalyse (Produkte und Prozesse) auf versteckte Einsparungs- und Verbesserungspotenziale untersucht.

Grundschritt 1 Vorbereitende Maßnahmen	Auswählen eines Wertanalyse-Objekts und Stellen der Aufgabe Festlegen des quantifizierbaren Zieles Bilden der Arbeitsgruppe Planen des Ablaufs
Grundschritt 2 Ermitteln des Ist-Zustandes	Information beschaffen Beschreiben der Funktion Ermitteln der Funktionskosten
Grundschritt 3 Prüfen des Ist-Zustandes	Prüfen der Funktionserfüllung Prüfen der Kosten
Grundschritt 4 Ermitteln von Lösungen	Suchen nach allen denkbaren Lösungen
Grundschritt 5 Prüfen der Lösungen	Prüfen der sachlichen Durchführbarkeit Prüfen der Wirtschaftlichkeit
Grundschritt 6 Vorschlag und Verwirklichung einer Lösung	Auswählen der Lösung(en) Empfehlen einer Lösung Verwirklichen der Lösung

Tabelle 12.3: Grundschritte der Wertanalyse nach DIN 69910

Bei Geschäftsmodellen wie jenen der Billigfluggesellschaften hat die Wertanalyse große Bedeutung, weil es gilt, vom Kunden nicht gewünschte oder zu teure Funktionen (Papierbelege, Mahlzeiten, Gepäckhandling, Sitzplatzreservierungen) aus dem Produktangebot zu streichen und die dadurch erreichten Kosteneinsparungen an die Kunden weiterzugeben.

12.2.2 Performance der Versorgungssicherheit

Zur Messung und Überwachung der Versorgungssicherheit (Sachziel der Beschaffung) werden bevorzugt Kennzahlen verwendet. Kennzahlen hängen eng mit Zielvorgaben zusammen, weil Kennzahlen nicht nur eine Informationsfunktion haben, sondern sich auch zur Operationalisierung von Zielen eignen. Der Informationsgehalt von Kennzahlen steigt, wenn sie zu einem Kennzahlensystem verknüpft werden (siehe auch das ROI-Schema in Kapitel 3.5). Die **Balanced Scorecard** sieht eine Verknüpfung von Kennzahlen aus unterschiedlichen Perspektiven vor (Kunden, Prozess, Entwicklungspotenziale und Finanzen).

Perspektive	Ziele	Kennzahlen	Risikoindikatoren
Interne Kunden	Gewährleistung der Versorgungssicherheit der Produktion	Lieferbereitschaftsgrad der Beschaffung	Anzahl Fehlmengensituationen
	Hohe Zufriedenheit der internen Kunden	Kundenzufriedenheitsindex	Anteil unbeantworteter Anfragen der internen Kunden
Lieferanten	Reduzierung der Lieferantenvielfalt	Anteil A-Lieferanten	
		Anteil C-Lieferanten	
	Stärkung der Marktmacht	Anzahl potenzieller Lieferanten pro Materialgruppe	
		Anzahl der Substitute pro Materialgruppe	
	Optimierung der Lieferantenbindung	Anzahl strategischer Partnerschaften	Ergebnisse der Lieferantenbewertung
		Anzahl gemeinsamer Entwicklungsprojekte	
Prozesse	Effiziente Beschaffungsprozesse	Prozesskosten eines Beschaffungsvorgangs	Anteil der Einkaufsvorgänge ohne Einschaltung der Beschaffungsspezialisten
		Anteil des elektronisch abgewickelten am gesamten Beschaffungsvolumen	
	Kurze Wiederbeschaffungszeiten	Durchlaufzeit eines Beschaffungsvorgangs	Anteil an Falschbestellungen
Entwicklungspotenziale	Weiterentwicklung der Beschaffungsspezialisten	Schulungstage pro Mitarbeiter	Anzahl Schlüsselmitarbeiter, Fluktuationsrate
		Anzahl umgesetzter Verbesserungsvorschläge	
	Qualität des Beschaffungsinformationssystems	Anzahl Zugriffe auf das Beschaffungsinformationssystem	Anzahl Systemausfälle
Finanzen	Erhöhung des Wertbeitrages der Beschaffung	Erzielte Einsparungen pro Jahr	Realisierte Materialpreisreduktionen im Vergleich zum Marktpreisindex
	Wettbewerbsfähige Materialkosten	Anteil Materialkosten am Umsatz	Entwicklung der Einstandspreise im Vergleich zur Umsatzentwicklung
	Niedrige Lagerbestandskosten	Wert des durchschnittlich im Lager gebundenen Kapitals	Durchschnittliche Lagerreichweite
		Anteil der Lagerbestandskosten an den Gesamtkosten	Bestände ohne Umschlag (Ladenhüter)

Tabelle 12.4: Auszug aus einer Beschaffungs-Balanced Score Card (Siepermann/Vockeroth, 2009, S. 91)

Die bekannteste Kennzahl zur Performance der Versorgungssicherheit ist der **Servicegrad**. Der **α-Servicegrad** gibt die Wahrscheinlichkeit an, die Bedarfsanforderungen einer Periode zu decken.

Da der α-Servicegrad das Verhältnis der Fehlmengen zur Gesamtmenge nicht berücksichtigt, ist seine Aussagekraft beschränkt. Diesen Mangel korrigiert der **β-Servicegrad**, der die Menge der befriedigten Bedarfsanforderungen zu allen Bedarfsanforderungen in Beziehung setzt. Die beiden folgenden Kennzahlen-Varianten des Servicegrades sind in der Praxis weit verbreitet.

$$S\ (\%) = \frac{\textit{Menge der befriedigten Bedarfsanforderungen} \times 100}{\textit{Menge aller Bedarfsanforderungen}}$$

Die Anzahl der Bedarfsanforderungen (Menge) kann sowohl positionsweise als auch summarisch ermittelt werden.

Die **Servicezeit** misst die Dauer vom Zeitpunkt der Bedarfsanforderung (t_a) bis zum Zeitpunkt der Verfügbarkeit des Materials/der Dienstleistung beim Bedarfsträger (t_v).

$$S_t\ (\text{Servicezeit}) = t_v - t_a$$

Z U S A M M E N F A S S U N G

Beschaffungscontrolling ist derjenige Teil der Querschnittsfunktion Controlling, der die Objekte, Institutionen und Prozesse der Beschaffung betrifft. Das Beschaffungscontrolling hilft, das Erfolgspotenzial der Beschaffung zu sichern und die Prozesse zu steuern. Operative Instrumente dazu sind Budgets, Soll- Ist-Vergleiche, Kennzahlen und Lenkungspreise. Strategische Instrumente wie Benchmarking, die Zielkostenrechnung oder die Wertanalyse helfen, Einsparungs- und Verbesserungspotenziale zu erkennen.

Z U S A M M E N F A S S U N G

12.3 Übungsfragen

1. Welche Instrumente sind geeignet, die Aufmerksamkeit des Beschaffungscontrolling auf kritische Fälle zu konzentrieren?
2. Wie ermittelt man die Materialintensität und welche Konsequenzen ergeben sich bei einem hohen Wert für das Beschaffungscontrolling?
3. Vergleichen Sie den Informationsgehalt der Kennziffern Servicegrad und Servicezeit.
4. Ihr Stammlieferant konnte nur 45 der 80 Lieferungen zum vertraglich vereinbarten Termin erfüllen. Ermitteln Sie den Servicegrad dieses Lieferanten.

Lösungen zu den Übungsfragen und weiterführende Materialien finden Sie auf der Companion Website zum Buch unter *www.pearson-studium.de*.

12.4 Verwendete Literatur

Arnold, U. (1997): Beschaffungsmanagement, 2. Auflage, Stuttgart.

Doig, S. J., Ritter, R. C., Speckhals, K., Woolson, D. (2001): Has outsourcing gone too far, in: The McKinsey Quarterly, Nr. 4, S. 25–37.

Grochla, E. (1990): Grundlagen der Materialwirtschaft. Das materialwirtschaftliche Optimum im Betrieb, 3. Auflage, Wiesbaden.

Grochla, E., Schönbohm, P. (1980): Beschaffung in der Unternehmung. Einführung in eine umfassende Beschaffungslehre, Stuttgart.

Grün, O. (1994): Industrielle Materialwirtschaft, in: Schweitzer, M. (Hrsg.): Industriebetriebslehre, 2. Auflage, München, S. 449–568.

Hahn, D., Kauffmann, L. (2002): Handbuch Industrielles Beschaffungsmanagement. Internationale Konzepte – Innovative Instrumente – Aktuelle Praxisbeispiele, 2. Auflage, Wiesbaden.

Hammann, P., Lohrberg, W. (1986): Beschaffungsmarketing, Stuttgart.

Hartmann, H. (2002): Materialwirtschaft, 8. Auflage, Gernsbach.

Kluck, D. (2002): Materialwirtschaft und Logistik, 2. Auflage, Stuttgart.

Koppelmann, U. (2004): Beschaffungsmarketing, 4. Auflage, Berlin.

Kraljic, P. (1983): Purchasing must become supply management, in: Harvard Business Review, Jg. 61, Nr. 5, S. 109–117.

Männel, W. (1996): Wahl zwischen Eigenfertigung und Fremdbezug. 2. Auflage, Lauf a.d. Pegnitz.

Oeldorf, G., Olfert, K. (2004): Materialwirtschaft, 11. Auflage, Ludwigshafen (Rhein).

Robinson, P. J., Faris, C. W., Wind, Y. (1967): Industrial Buying and Creative Marketing, Allyn & Bacon Boston.

Schulte, C. (2005): Logistik. Wege zur Optimierung der Supply Chain, 4. Auflage, München.

Siepermann, Ch., Vockeroth, J. (2009): Empfehlungen zur Gestaltung einer Risiko-Balanced Scorecard für die Beschaffung, in: Bogaschewsky, R. et al. (Hrsg.): Supply Management Research – Aktuelle Forschungsergebnisse 2008, Wiesbaden, S. 69–101.

Sydow, J., Möllering, G. (2004): Produktion in Netzwerken. Make, Buy & Cooperate, München.

Weber, J. (2002): Logistik- und Supply Chain Controlling, Stuttgart.

Weber, J., Kummer, S. (1994): Logistikmanagement, Stuttgart.

Webster, F. E., Wind, Y. (1972): Organizational Buying Behaviour, Englewood Cliffs, NJ.

Wirtz, B., Kleineicken, A. (2005): Electronic Procurement – Eine Analyse zum Erfolgsbeitrag der internetbasierten Beschaffung, in: zfo, 74. Jg., Nr. 6, S. 339–347.

Wolters, H. (1999): Systeme – ein Trend in der Beschaffung setzt sich durch, in: Beschaffung Aktuell, Nr. 9, S. 40.

TEIL III

Produktion

Werner Jammernegg
Andreas Unterweger
Martin Poiger

Teil III bietet einen Überblick über die Produktion als betriebliche Basisfunktion und spezielle Betriebswirtschaftslehre. Kapitel 13 führt in die Thematik ein und erklärt die grundlegenden Begriffe. In Kapitel 14 werden die verschiedenen Typen der Güter- und Dienstleistungsproduktion vorgestellt. Kapitel 15 beschreibt die verschiedenen Entscheidungsebenen des Produktionsmanagements und behandelt exemplarisch die Bereiche „Prozessanalyse", „Kapazitätsmanagement", „Qualitätsmanagement" und „aggregierte Produktionsplanung".

Sie lernen:

- Grundlegende Begriffe der Produktion zu erklären
- Verschiedene Arten von Produktionsprozessen sowohl für Güter- als auch für Dienstleistungsproduktion zu unterscheiden
- Entscheidungsebenen im Produktionsmanagement zu erkennen
- Prozesse hinsichtlich Durchlaufzeit und Kapazität zu analysieren
- Unsicherheiten im Kapazitätsmanagement zu berücksichtigen
- Grundlegende Konzepte des Qualitätsmanagements zu berücksichtigen
- Einen Produktionsprogrammplan zu erstellen

Produktion

13

ÜBERBLICK

Dieses Kapitel liefert eine Einführung in die betriebliche Basisfunktion der Produktion. Nach der Erklärung der grundlegenden Begriffe der Produktion folgt ihre Darstellung als Prozess der betrieblichen Leistungserstellung. Anschließend werden die wichtigsten Kennzahlen zur Bewertung von Produktionsprozessen vorgestellt. Abgeschlossen wird Kapitel 13 mit einer Darstellung der Bedeutung von Güter- bzw. Dienstleistungsproduktion.

13.1 Definitionen

Unternehmen stellen organisatorische Einheiten dar, deren Zweck es ist, Güter und Dienstleistungen zu erstellen und zur Befriedigung der Nachfrage am Markt anzubieten (Sachziel).

Zur Erfüllung dieses Sachziels laufen in einem Unternehmen vielfältige Aktivitäten und Prozesse ab, die im Wesentlichen auf die Entwicklung, die Produktion, das Marketing und die Distribution eben jener Güter und Dienstleistungen gerichtet sind, welche das Unternehmen gegenwärtig am Markt anbietet und in der Zukunft anbieten möchte.

Bei der Durchführung dieser Prozesse verfolgt der Produzent in einer Wettbewerbswirtschaft das Ziel, dem Markt Leistungen zur Verfügung zu stellen, bei denen die Wertschöpfung (= Wertsteigerung) möglichst hoch ausfällt. Diese Wertschöpfung findet Ausdruck im Preis als Wert, den die Nachfrager der angebotenen Leistung aufgrund ihrer Funktionalität und Qualität zumessen und zu zahlen bereit sind.

Die Produktion ist daher ein **Wertsteigerungsprozess**, in dem aus Input-Einheiten mittels Ressourcen und Stammdaten wertgesteigerte Output-Einheiten erzeugt werden. Dieser Wertsteigerungsprozess kann auch als Wertschöpfung durch Transformation bezeichnet werden (siehe Abbildung 13.1).

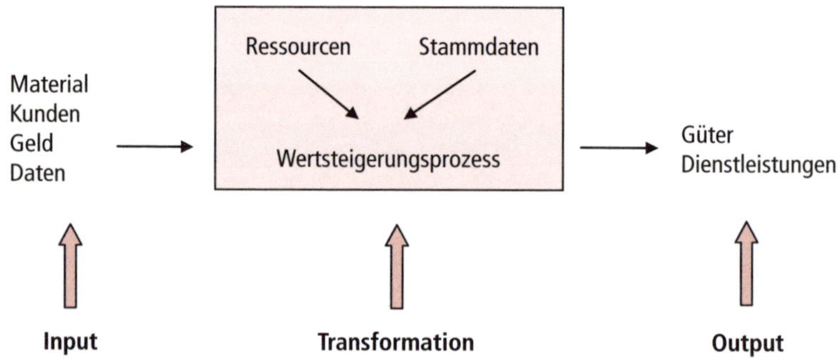

Abbildung 13.1: Produktionsprozess

Zu den angeführten Begriffen im Detail:

- **Input-Einheiten** eines Produktionsprozesses umfassen Material, Kunden, Geld oder Daten.
- **Ressourcen** sind die für den Produktionsprozess benötigten Betriebsmittel (technische Ressourcen) und Mitarbeiter (personelle Ressourcen).

- **Stammdaten** umfassen die Informationen, die für den Produktionsprozess benötigt werden. Dazu zählen Stücklisten oder Rezepturen, Arbeitspläne und Kapazitätsdaten.
  - **Stücklisten** bzw. **Rezepturen** sind mengenmäßige Verzeichnisse der in ein Produkt (Gut, Dienstleistung) eingehenden Materialien (siehe Kapitel 7.2).
  - **Arbeitspläne** von Produkten geben Auskunft darüber, welche Arbeitsgänge zur Herstellung eines bestimmten Produktes notwendig sind. Der Arbeitsplan enthält auch das zeitliche Ausmaß der einzelnen Arbeitsgänge (Stückbearbeitungszeit sowie Rüstzeit) und die Zuteilung der Ressourcen zu den jeweiligen Arbeitsgängen (siehe Tabelle 13.1).

Produkt P 1				
Arbeitsgang	**Stückbearbeitungszeit**	**Rüstzeit**	**Bezeichnung**	**Ressourcen**
A 1	15 min	2 min	Bohren	Bohrmaschine XY Facharbeiter 1
A 2	25 min	10 min	Montage	Facharbeiter 2 und 3
A 3	20 min	3 min	Fräsen	Fräsmaschine ZR Facharbeiter 4

Tabelle 13.1: Arbeitsplan

  - **Kapazitätsdaten** sind Stammdaten über Betriebsmittel (technische Ressourcen) und Mitarbeiter (personelle Ressourcen). Dazu zählen vor allem die Leistungsfähigkeit der Maschinen und die Qualifikation der einzelnen Mitarbeiter.
- **Output-Einheiten** können entweder Güter oder Dienstleistungen sein. Werden Güter produziert, spricht man von Güterproduktion; steht am Ende des Produktionsprozesses eine Dienstleistung, spricht man von Dienstleistungsproduktion.

13.2 Der Produktionsprozess anhand von Beispielen

13.2.1 Erzeugung von Semmeln (Güterproduktion)

Das für den Produktionsprozess benötigte Material (Wasser, Mehl und Germ) stellt den Input dar. Ressourcen sind die benötigten Maschinen (Backofen, Rührmaschine ...) und die Mitarbeiter. Stammdaten sind die Rezepturen und Arbeitspläne, die darüber Auskunft geben, welche Materialien auf welche Art und Weise zu verwenden sind. Zu den Stammdaten zählen auch die Kapazitätsdaten (Leistungsfähigkeit der Maschinen, Qualifikation der einzelnen Mitarbeiter), die in den Produktionsprozess einfließen. Der Wertsteigerungsprozess (Transformation) umfasst das Zubereiten, Formen und Backen des Teiges. Die fertigen Semmeln stellen den Output dar (siehe Abbildung 13.2).

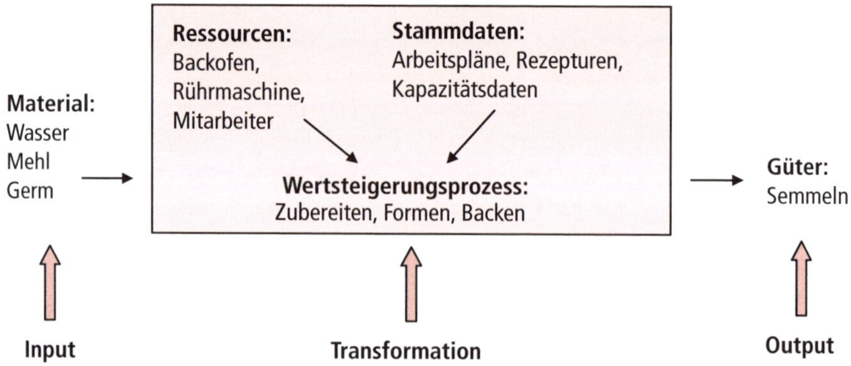

Abbildung 13.2: Produktionsprozess in einer Bäckerei

13.2.2 Friseur (Dienstleistungsproduktion)

Input beim Friseur ist der Kunde (mit ungeschnittenem Haar). Ressourcen sind die Einrichtung des Friseurgeschäfts, seine Werkzeuge (Schere, Fön ...) und die Mitarbeiter. Zu den Stammdaten gehören vor allem die Arbeitspläne und Kapazitätsdaten (z.B. Dienstplan), die zur Ausführung der Dienstleistung benötigt werden. Der Wertsteigerungsprozess (Transformation) umfasst das Waschen, Schneiden und Fönen der Haare des Kunden. Output ist ein Kunde mit fertiger Frisur (siehe Abbildung 13.3).

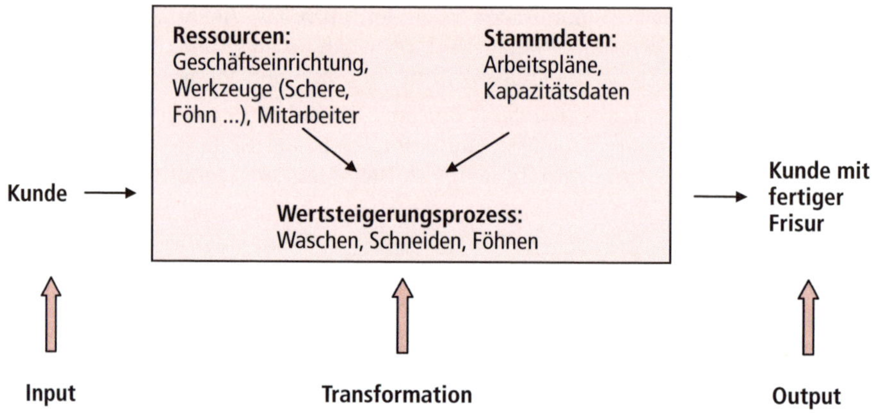

Abbildung 13.3: Produktionsprozess bei einem Friseur

13.2.3 Kreditinstitut (Dienstleistungsproduktion)

Input bei einer Geldveranlagung in einem Kreditinstitut ist die Geldeinlage des Kunden. Die nötigen Ressourcen umfassen vor allem die Mitarbeiter und die Betriebsmittel wie Computer, Telefon etc. Zu den Stammdaten zählen vor allem das Know-how der Mitarbeiter und der Arbeitsplan, der die erforderlichen Arbeitsschritte und die

Regelung der Zeichnungsberechtigung enthält. Der Wertsteigerungsprozess (Transformation) umfasst die Wahl einer geeigneten Veranlagungsform und die daraus resultierende Verzinsung des veranlagten Geldes (siehe Abbildung 13.4).

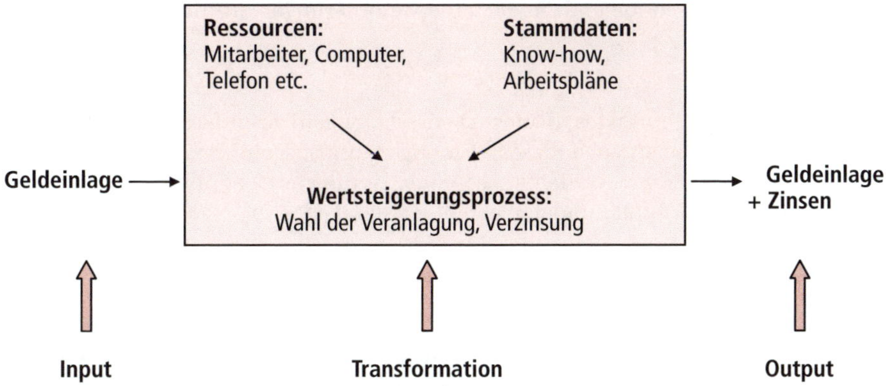

Abbildung 13.4: Produktionsprozess in einem Kreditinstitut

13.2.4 Rechtsberatung (Dienstleistungsproduktion)

Input bei einer Rechtsberatung ist ein bestimmter Sachverhalt mit einer Fragestellung (z.B. eine Mietrechtsangelegenheit), also Daten, die der Kunde einer Rechtsberatung mit sich bringt. Ressourcen sind vor allem die Mitarbeiter und das Büro, in dem die Beratung stattfindet. Zu den Stammdaten zählen vor allem die fachlichen Kenntnisse der Berater und die entsprechende Fachliteratur. Der Wertsteigerungsprozess (Transformation) umfasst den Klärungsprozess und schließlich die Lösung der Rechtsfrage (siehe Abbildung 13.5).

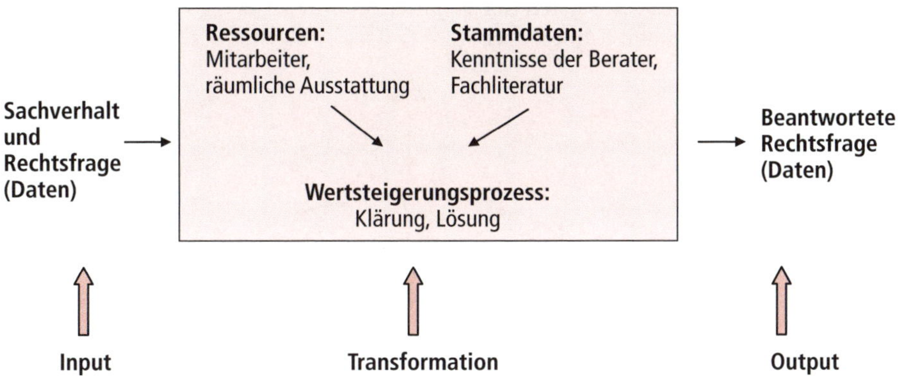

Abbildung 13.5: Produktionsprozess in der Rechtsberatung

13.3 Anforderungen an den Produktionsprozess

Das Streben nach Wertschöpfung ergibt sich aus dem Ziel eines Unternehmens, Güter oder Dienstleistungen zu erzeugen, die entsprechenden Absatz finden. Um Wertschöpfung zu erzielen, müssen folgende allgemeine Anforderungen erfüllt werden:

Zeit

Die Erstellung eines Produktes (Güter, Dienstleistungen) erfordert eine Vielzahl von Schritten, die jeweils entsprechende Zeit benötigen, um ausgeführt zu werden. Je schneller diese Schritte ausgeführt werden, umso höher ist die Wertschöpfung, die mit den verfügbaren Ressourcen und Stammdaten erzielt werden kann.

Flexibilität

Produktionsprozesse sind flexibel, wenn sie sich an veränderte Bedingungen (z.B. Änderungen des Produktprogramms bzw. Sortiments) anpassen können. Zur Beurteilung der Flexibilität eines Produktionssystems werden üblicherweise drei Dimensionen herangezogen: der *Anpassungsumfang*, der aufgrund bestehender Ressourcen und Stammdaten möglich ist, die *wirtschaftlichen Auswirkungen* der beabsichtigten Umstellung, und die *Zeit*, innerhalb derer das System angepasst werden kann.

Qualität

Die Qualität als Gesamtheit von Eigenschaften und Merkmalen eines Produktes und die daraus resultierende Kundenzufriedenheit stellen einen entscheidenden Wettbewerbsfaktor dar (siehe Kapitel 14).

Wirtschaftlichkeit

Wirtschaftlichkeit betrifft die Kosten der Produktion und umfasst das Maximum- und das Minimumprinzip (siehe Kapitel 3.5).

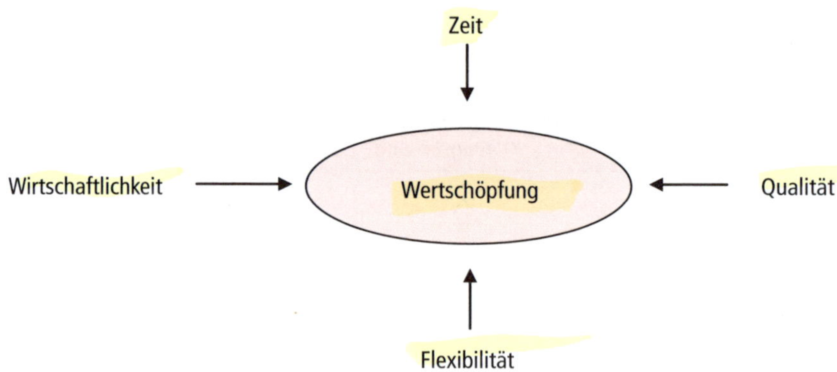

Abbildung 13.6: Anforderungen an den Produktionsprozess

13.4 Prozesskennzahlen

Prozesskennzahlen sind Zahlen oder Zahlenverhältnisse, die dazu dienen, bestimmte Zielsetzungen bzw. Kriterien von Produktionsprozessen sichtbar zu machen und zu analysieren. Drei wichtige Prozesskennzahlen sind die Durchlaufzeit, die Output-Rate und der Bestand eines Prozesses (siehe Abbildung 13.7):

- **Durchlaufzeit** (Abkürzung: T wie Time): Als Durchlaufzeit wird jene Zeit (Stunden, Minuten ...) bezeichnet, die der Input (Material, Kunde, Geld, Daten) benötigt, um einen Prozess zu durchlaufen und diesen als Output (Gut, Dienstleistung) zu verlassen. Die Durchlaufzeit umfasst einerseits Bearbeitungszeiten und andererseits Wartezeiten, die im Prozess entstehen. In unserem Beispiel *Erzeugung von Semmeln* (siehe Kapitel 13.2.1) ist die Durchlaufzeit jene Zeit (Bearbeitungszeit und Wartezeit), die benötigt wird, um aus Wasser, Mehl und Germ fertige Semmeln zu produzieren.
- **Output-Rate** (Abkürzung: R wie Rate): Als Output-Rate wird jene Menge (oder der Wert) an Gütern oder Dienstleistungen bezeichnet, die den Prozess pro Zeiteinheit (Stunden, Minuten ...) verlassen. Eine andere Bezeichnung für Output-Rate ist Durchsatz. In unserem Beispiel der Erzeugung von Semmeln ist die Output-Rate jene Menge (oder der Wert) an Semmeln, die pro Stunde oder pro Tag den Backofen verlassen.
- **Bestand** (Abkürzung: I wie Inventory): Als Bestand wird jene Menge (oder der Wert) an Einheiten bezeichnet, die sich zu einem bestimmten Zeitpunkt in einem Prozess befinden. Dieser Bestand wird auch als Arbeits- oder Auftragsbestand (engl. Work in Process – WIP) bezeichnet. Bestand ist die Menge (oder der Wert) an Semmeln, die zu einem bestimmen Zeitpunkt zubereitet, geformt und gebacken werden.

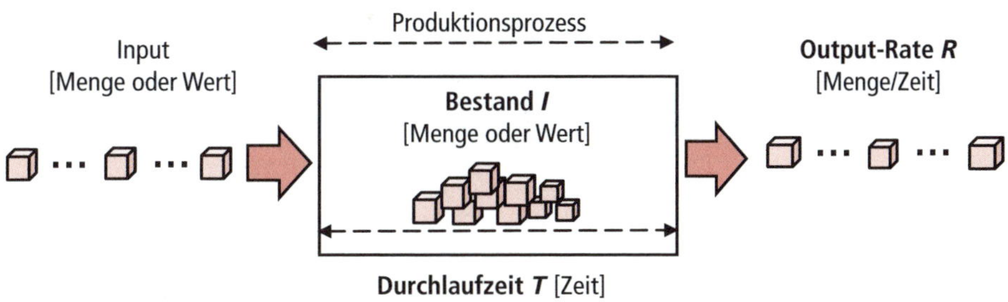

Abbildung 13.7: Prozesskennzahlen

Das Gesetz von Little zeigt den Zusammenhang zwischen Durchlaufzeit, Output-Rate und Bestand.

Definition

Das **Gesetz von Little**:

Bestand = Output-Rate × Durchlaufzeit

$I = R \times T$

In diesem Zusammenhang ist auch die Umschlagshäufigkeit von Bedeutung. Diese Kennzahl gibt an, wie oft ein Bestand an Material (Menge, Wert) oder Kunden sich während eines betrachteten Zeitraumes erneuert.

Umschlagshäufigkeit = Output-Rate / Bestand

$$U = R/I$$

R/I entspricht laut Gesetz von Little $1/T$: $$U = \frac{1}{T}$$

Beispiel 1

Ein großes Restaurant in Wien produziert im Durchschnitt Wiener Schnitzel aus 3.000 Kilogramm Kalbfleisch pro Woche. Der durchschnittliche Bestand an Kalbfleisch im Restaurant beträgt 1.500 Kilogramm. Wie hoch ist die Durchlaufzeit eines Kilogramms Kalbfleisch?

Output-Einheit = 1 kg Kalbfleisch

Output-Rate (R) = 3.000 [kg/Woche]

Bestand (I) = 1.500 [kg]

Nach dem Gesetz von Little $$T = \frac{I}{R}$$

Durchlaufzeit (T) = I/R = 1.500 [kg]/3.000 [kg/Wochen] = 0,5 [Wochen] = 3,5 [Tage]

Ein Kilogramm Kalbfleisch benötigt durchschnittlich eine halbe Woche, um den Prozess als fertiges Wiener Schnitzel zu verlassen.

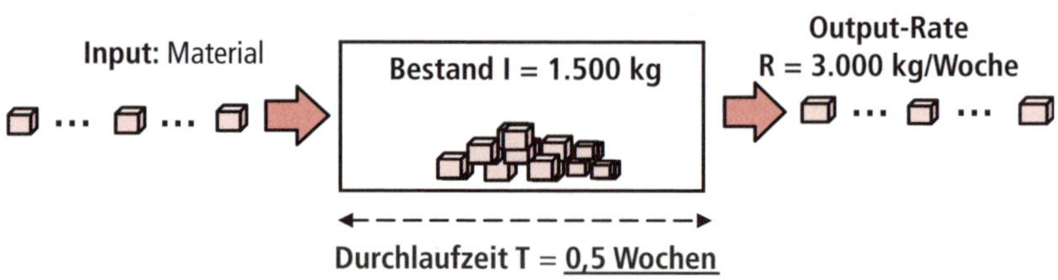

Abbildung 13.8: Prozesskennzahlen im Wiener Restaurant

Umschlagshäufigkeit des Lagers:

$U = R/I = 1/T = 1 / 0{,}5$ [Woche] = 2 [1/Woche]

Das heißt, das Lager erneuert sich zweimal pro Woche.

Beispiel 2

Eine große private Zahnklinik behandelt im Durchschnitt 120 Patienten an einem zehnstündigen Ordinationstag. Während des Tages befinden sich durchschnittlich 15 Patienten in der Klinik. Von diesen Patienten warten einige am Aufnahmeschalter, andere im Warteraum auf die Behandlung, einige werden gerade behandelt und andere begleichen ihre Rechnung am Schalter. Wie hoch ist die durchschnittliche Durchlaufzeit eines Kunden?

Output-Einheit = 1 Patient
Output-Rate (R) = 120 [Patienten/Arbeitstag] oder 12 [Patienten/Stunde]
Bestand (I) = 15 [Kunden]

Nach dem Gesetz von Little $$T = \frac{I}{R}$$

Durchlaufzeit (T) = I/R = 15 [Kunden] / 120 [Kunden/Arbeitstag]
= 0,125 [Arbeitstage] = 1,25 [Stunden] = 75 [Minuten]

Ein Patient hält sich im Durchschnitt 75 Minuten in der Klinik auf.

Umschlagshäufigkeit der Kunden:
$U = R/I = 1/T$ = 1 / 0,125 [Tag] = 8 [1/Tag]
Das heißt, der Bestand an wartenden Kunden erneuert sich achtmal pro Tag.

Beispiel 3
Ein Produzent von Aluminiumprofilen verarbeitet pro Jahr den Rohstoff Aluminium im Wert von 25 Millionen Euro. Die Kosten der Produktion im Walzwerk belaufen sich auf 15 Millionen Euro pro Jahr. Der durchschnittliche Wert des Bestandes beträgt 10 Millionen Euro. Wie hoch ist die Durchlaufzeit eines Euro?

Output-Einheit = 1 €
Output-Rate (R) = 25 Mio. [€/Jahr] (Rohstoff) + 15 Mio. [€/Jahr] (Produktion)
= 40 Mio. [€/Jahr] zu Herstellkosten
Bestand (I) = 10 Mio. [€]

Nach dem Gesetz von Little $$T = \frac{I}{R}$$

Durchlaufzeit (T) = I/R = 10 Mio. [€] / 40 Mio. [€/Jahr] = 0,25 [Jahre] = 3 [Monate]

Ein Euro ist durchschnittlich drei Monate im Alu-Walzwerk (von der Einlagerung ins Rohmateriallager bis zum Versand an den Kunden) gebunden.

13.5 Bedeutung von Güter- und Dienstleistungsproduktion

Im Jahr 2007 waren in Österreich durchschnittlich 69 Prozent der unselbstständig Beschäftigten (ca. 2,39 Millionen Menschen) im Dienstleistungsbereich tätig. In der Industrie (sekundärer Sektor) waren es rund 1,02 Millionen, im primären Sektor (Land- und Forstwirtschaft) ca. 38.200 Menschen.

Abbildung 13.9 zeigt die prozentuale Aufteilung der unselbstständig Beschäftigten zwischen primärem, sekundärem und tertiärem Sektor für das Jahr 2007.

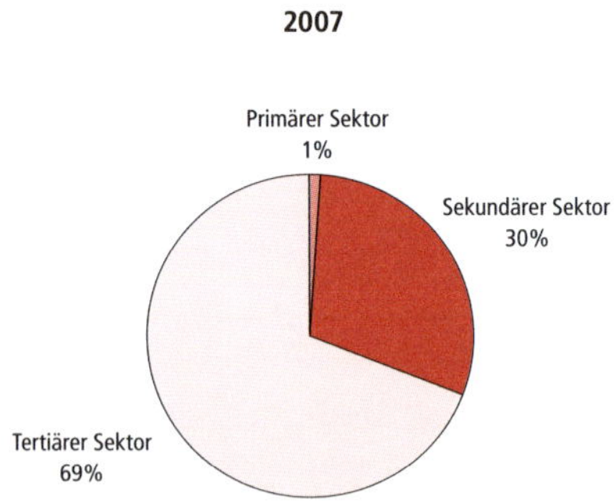

Abbildung 13.9: Verteilung der unselbstständig Beschäftigten im Jahr 2007 (Quelle: Statistik Austria)

Der primäre Sektor umfasst die Land- und Forstwirtschaft sowie die Fischerei und Fischzucht. Der Bergbau, die Sachgütererzeugung, die Energie- und Wasserversorgung sowie das Bauwesen werden dem sekundären Sektor zugeordnet. Der tertiäre Sektor beinhaltet alle Dienstleistungen wie den Handel, den Tourismus, das Bank- und Versicherungswesen, den Transport, das Bildungswesen, das Gesundheitswesen sowie verschiedene Beratungsleistungen.

Abbildung 13.10 zeigt die Aufteilung der 2,39 Millionen unselbstständig Beschäftigten im Dienstleistungsbereich auf die verschiedenen Branchen.

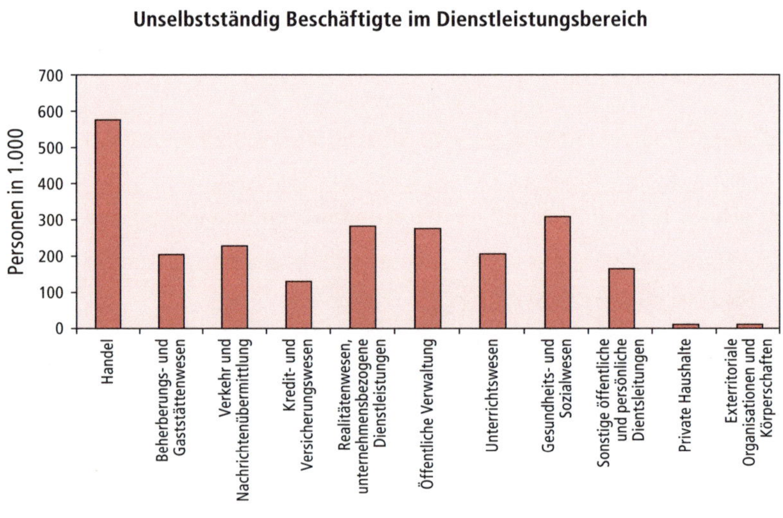

Abbildung 13.10: Unselbstständig Beschäftigte im Dienstleistungsbereich nach Branchen im Jahr 2007 (Quelle: Statistik Austria)

Auch die Analyse der Wertschöpfung zeigt eine Dominanz des Dienstleistungsbereiches in Österreich. Im Jahr 2005 kamen rund 68 Prozent der Bruttowertschöpfung aus dem tertiären Sektor. Dem sekundären Sektor konnten 30 Prozent und dem primären nur zwei Prozent zugeordnet werden.

Die Aufteilung und die zeitliche Entwicklung der drei Sektoren in Österreich (Bruttowertschöpfung zu Herstellungspreisen) zeigt Abbildung 13.11.

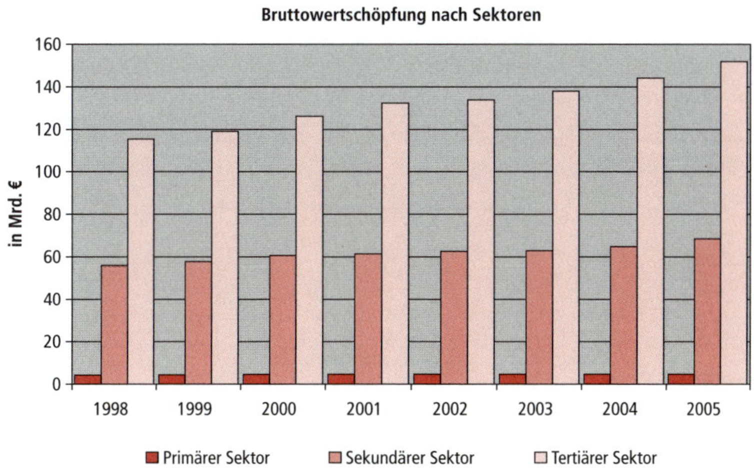

Abbildung 13.11: Bruttowertschöpfung nach Sektoren, 1998–2005 (Quelle: Statistik Austria)

ZUSAMMENFASSUNG

Die Produktion ist ein Wertsteigerungsprozess, in dem aus Input mittels Ressourcen und Stammdaten wertgesteigerter Output erzeugt wird. Input eines Produktionsprozesses können Material, Kunden, Geld oder Daten sein.

Ressourcen sind die für den Produktionsprozess benötigten Betriebsmittel und Mitarbeiter. Stammdaten umfassen die Informationen, die für den Ablauf des Produktionsprozesses benötigt werden. Dazu zählen Stücklisten oder Rezepturen, Arbeitspläne und Kapazitätsdaten. Diese allgemeine Definition gilt sowohl für die Güterproduktion als auch für die Dienstleistungsproduktion.

Output-Einheiten können entweder Güter oder Dienstleistungen sein. Werden Güter produziert, spricht man von Güterproduktion, steht am Ende des Produktionsprozesses eine Dienstleistung, spricht man von Dienstleistungsproduktion.

Für die Beurteilung von Produktionsprozessen werden Prozesskennzahlen verwendet. Drei wichtige Prozesskennzahlen sind die Durchlaufzeit, die Output-Rate und der Bestand eines Prozesses.

Als Durchlaufzeit wird jene Zeit bezeichnet, die der Input benötigt, um einen Prozess zu durchlaufen und diesen als Output zu verlassen.

Als Output-Rate wird jene Menge an Gütern oder Dienstleistungen bezeichnet, die den Prozess pro Zeiteinheit verlassen.

Als Bestand wird jene Menge an Einheiten bezeichnet, die sich zu einem bestimmten Zeitpunkt in einem Prozess befinden. Dieser Bestand wird auch als Arbeits- oder Auftragsbestand (engl. Work in Process – WIP) bezeichnet.

Das Gesetz von Little zeigt den Zusammenhang zwischen Durchlaufzeit, Output-Rate und Bestand:

$$\textit{Bestand} = \textit{Output-Rate} \times \textit{Durchlaufzeit}$$

$$I = R \times T$$

ZUSAMMENFASSUNG

13.6 Übungsfragen

1. Was verstehen Sie unter einem Produktionsprozess? Erklären Sie den Begriff mit eigenen Worten.
2. Vervollständigen Sie folgende Abbildung, die den Produktionsprozess grafisch darstellen soll:

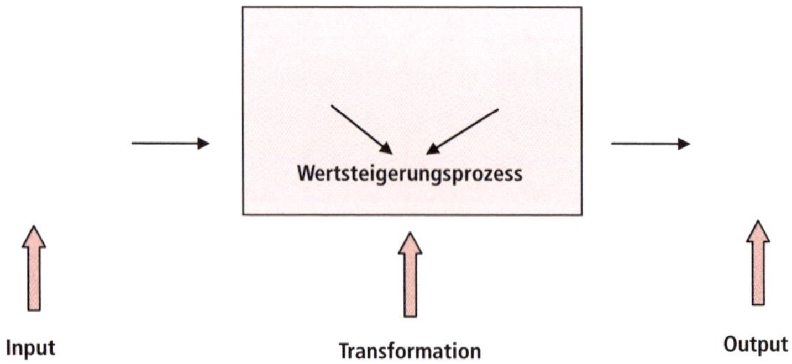

3. Was verstehen Sie unter Stücklisten bzw. Rezepturen?
4. Handelt es sich bei folgender Tabelle um einen Arbeitsplan oder um eine Stückliste? Begründen Sie Ihre Entscheidung.

Produkt P 1				
Arbeitsgang	**Stückbearbeitungszeit**	**Rüstzeit**	**Bezeichnung**	**Ressourcen**
A 1	15 min	2 min	Bohren	Bohrmaschine-XY Facharbeiter 1
A 2	25 min	10 min	Montage	Facharbeiter 2 und 3
A 3	20 min	3 min	Fräsen	Fräsmaschine-ZR Facharbeiter 4

5. Was sind Kapazitätsdaten?
6. Erklären Sie den Produktionsprozess mit den Begriffen „Input", „Output", „Ressourcen", „Stammdaten" und „Wertsteigerungsprozess" anhand eines Beispiels aus der Dienstleistungsproduktion.
7. Erklären Sie den Produktionsprozess mit den Begriffen „Input", „Output", „Ressourcen", „Stammdaten" und „Wertsteigerungsprozess" anhand eines Beispiels aus der Güterproduktion.
8. Welche allgemeinen Anforderungen an den Produktionsprozess müssen erfüllt werden, um Wertschöpfung zu erzielen?

9. In einer Arztpraxis befinden sich im Durchschnitt sechs Patienten. Der Arzt kann durchschnittlich zwölf Patienten pro Stunde behandeln.
   Frage a: Wie lange hält sich ein Patient durchschnittlich in der Praxis auf?
   Frage b: Welches Gesetz kommt hier zur Anwendung? Wie lautet dieses?
10. In einer Ambulanz werden durchschnittlich zehn Patienten pro Stunde behandelt, wobei ein Patient im Durchschnitt 30 Minuten in der Ambulanz verbringen muss.
    Frage a: Wie viele Patienten befinden sich durchschnittlich in der Ambulanz?
    Frage b: Wie kann bei gleichem Output die durchschnittliche Anzahl an Patienten in der Ambulanz reduziert werden?

Lösungen zu den Übungsfragen und weiterführende Materialien finden Sie auf der Companion Website zum Buch unter *www.pearson-studium.de.*

14.1.2 Outputbezogene Produktionstypen

Outputbezogene Produktionstypen beziehen sich auf die Eigenschaften der Produkte bzw. des Produktionsprogramms und können nach Erzeugnisstruktur, Gestalt der Güter, Anzahl der Erzeugnisse, Auflagengröße und Beziehung der Produktion zum Absatzmarkt unterschieden werden (vgl. Abbildung 14.1).

Erzeugnisstruktur – programmbezogene Vergenztypen

Bei den programmbezogenen Vergenztypen wird auf die Erzeugnisstruktur, die in den Stücklisten dargestellt wird, abgestellt. Die Erzeugnisstruktur umfasst die Gesamtheit der festgelegten Beziehungen zwischen den Einzelteilen (E) eines Produktes (P).

Es werden die folgenden vier Grundformen der Erzeugnisstruktur eines Produktes unterschieden:

Lineare Erzeugnisstruktur: Das Produkt hat maximal *einen* direkten Vorgänger.

Abbildung 14.2: ***Beispiel:*** **Herstellung von Draht aus Stahl**

Konvergierende Erzeugnisstruktur: Diese Erzeugnisstruktur ist dadurch gekennzeichnet, dass in ein Produkt mehrere Einzelteile einfließen.

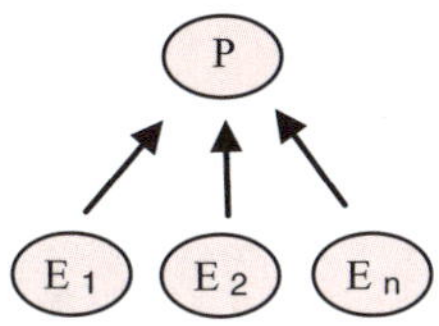

Abbildung 14.3: ***Beispiel:*** **Herstellung von Telefongeräten**

Divergierende Erzeugnisstruktur: Bei dieser Erzeugnisstruktur hat ein Einzelteil mehrere Nachfolger.

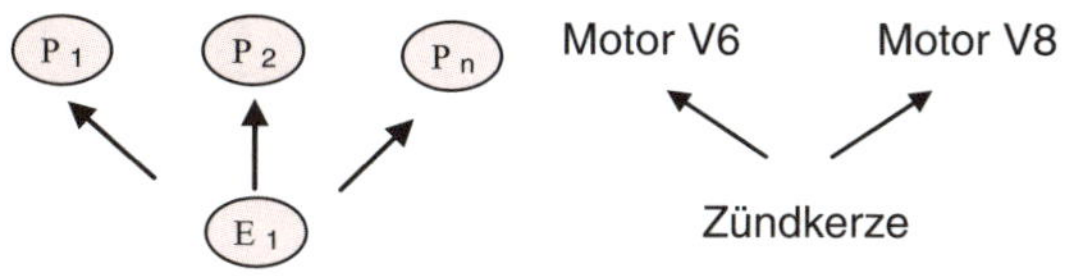

Abbildung 14.4: ***Beispiel:*** **Kraftfahrzeugindustrie**

Generelle Erzeugnisstruktur: Die generelle Erzeugnisstruktur vereint Merkmale aller oder einiger der oben genannten Erzeugnisstrukturen.

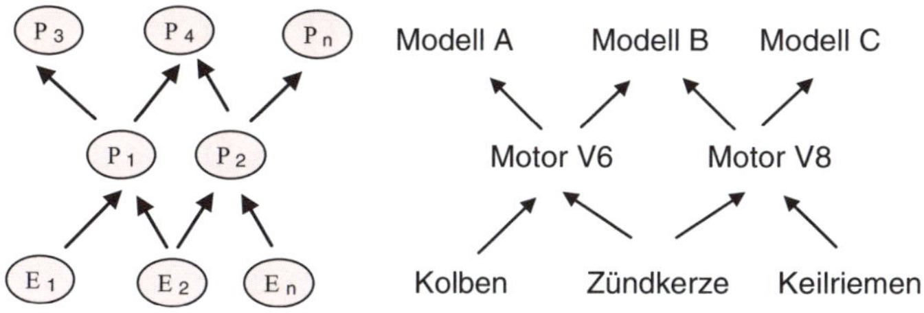

Abbildung 14.5: ***Beispiel:*** **Kraftfahrzeugindustrie – Motoren, die aus mehreren Einzelteilen bestehen und in verschiedene Kraftfahrzeuge eingebaut werden**

Gestalt der Güter

Bei der Gestalt der Güter kann zwischen ungeformten Fließgütern, geformten Fließgütern und Stückgütern unterschieden werden. Bei dieser Klassifizierung wird ausschließlich nach räumlicher Dimension unterschieden, andere Eigenschaften wie Material, Design oder Qualität werden nicht berücksichtigt.

Ungeformte Fließgüter: Ungeformte Fließgüter sind weder in Breite, noch in Höhe oder Länge determiniert.

Beispiele: Bier, Gas

Geformte Fließgüter: Bei geformten Fließgütern sind lediglich die Breite und Höhe, nicht aber die Länge festgelegt.

Beispiele: Seilproduktion, Stahldraht

Stückgüter: Stückgüter sind durch alle drei Dimensionen (Breite, Länge, Höhe) bestimmt.

Beispiele: Schrauben, Schuhe

Anzahl der Erzeugnisse

Nach der Anzahl der hergestellten Produktarten unterscheidet man Einprodukt- und Mehrprodukt-Produktion.

Einprodukt-Produktion: Bei der Einprodukt-Produktion produziert ein Unternehmen im Rahmen der verfügbaren Ressourcen ein einziges Produkt als Massenprodukt.

Beispiele: Kraftwerk – Strom, Saline – Salz

Mehrprodukt-Produktion: Bei der Mehrprodukt-Produktion werden unterschiedliche Erzeugnisse (mehrere Produktarten) produziert.

Beispiel: Raffinerie – Benzin, Diesel, Kerosin

Auflagengröße

Die Auflagengröße bezeichnet die Anzahl der nach Vorbereitung der Produktionsanlage ununterbrochen hergestellten Erzeugniseinheiten. Nach der Auflagengröße lassen sich Massen-, Sorten-, Serien- sowie Einzelproduktion unterscheiden.

Massenproduktion: Massenproduktion ist die zeitlich nicht begrenzte Produktion eines Gutes in großen Mengen. Automatisierung und Mechanisierung können hier am leichtesten verwirklicht werden.

Beispiele: Glühlampen, Kunststoffflaschen

Sortenproduktion: Die Sortenproduktion ist ein Spezialfall der Massenproduktion. Hier werden mehrere Varianten eines Grundproduktes auf denselben Produktionsanlagen zeitlich hintereinander hergestellt. Die erzeugten Produkte weisen nur geringfügige Unterschiede hinsichtlich ihrer Größe, Gestalt, Qualität oder ihres Formats auf.

Wegen der unterschiedlichen Erzeugnisse müssen die Produktionsanlagen über eine größere Flexibilität als bei der reinen Massenproduktion verfügen. Bei jedem Sortenwechsel wird der Produktionsprozess unterbrochen und die Produktionsanlage auf die neue Sorte umgerüstet.

Beispiele: Produktion verschiedener Sorten von Waschpulver bzw. von Bier

Serienproduktion: Bei der Serienproduktion wird eine begrenzte Zahl identischer Erzeugnisse hergestellt (= Serie). Danach werden die Produktionsanlagen für die nächste Serie umgerüstet. Im Vergleich zur Sortenproduktion müssen die Produktionsanlagen noch wesentlich flexibler sein.

Beispiele: Produktion von Armbanduhren bzw. Autoreifen in verschiedenen Serien

Einzelproduktion: Das Produktionsprogramm bei der Einzelproduktion setzt sich aus individuellen Produkten zusammen, die als Einzelstücke produziert werden. Die Produktionsanlagen und Arbeitskräfte müssen hierbei einen hohen Grad an Flexibilität aufweisen.

Beispiele: Schiffsbau, Anlagenbau

Beziehung der Produktion zum Absatzmarkt

Nach den Beziehungen der Produktion zum Absatzmarkt kann zwischen **Kundenauftragsproduktion**, **Lagerproduktion** und **auftragsbezogener Montage** unterschieden werden. Die Zuordnung ist abhängig von der Beziehung zwischen dem Produktionsprozess und dem Auftragsabwicklungsprozess. Der Auftragsabwicklungsprozess beginnt bei der Erteilung des Auftrags durch den Kunden und endet mit der Übergabe des Produktes an diesen.

Kundenauftragsproduktion (Make to Order): Bei der Kundenauftragsproduktion löst eine Kundenbestellung (Beginn des Auftragsabwicklungsprozesses) den Produktionsprozess aus.

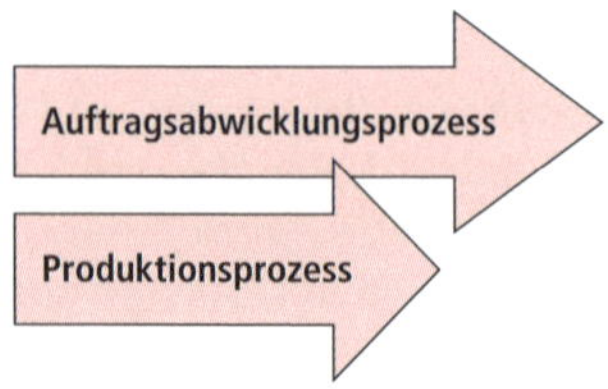

Der Produktionsprozess läuft gleichzeitig mit dem Auftragsabwicklungsprozess ab.
Beispiele: Schiffsbau, Maßmöbel

Lagerproduktion (Make to Stock): Bei der Lagerproduktion erfolgt die Produktion auf Lager, basierend auf einer durch Prognosen geschätzten Marktnachfrage. Kommt es zur Kundenbestellung (Beginn des Auftragsabwicklungsprozesses), ist der Produktionsprozess bereits abgeschlossen. Die Ware liegt fertig im Lager und wird dem Kunden ausgehändigt.
Beispiel: Unterhaltungselektronik

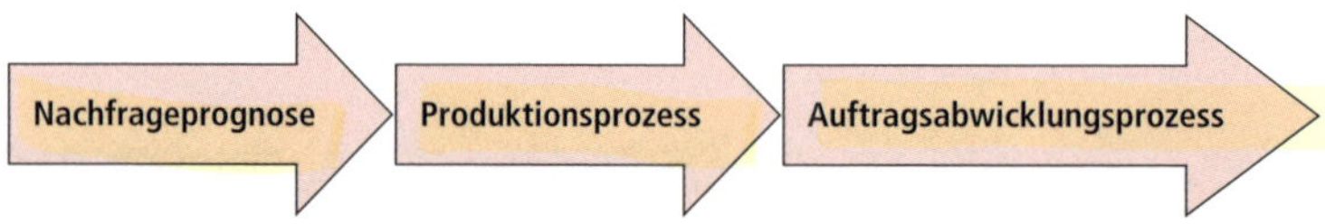

Auftragsbezogene Montage (Assemble to Order, Build to Order): Die auftragsbezogene Montage ist eine Kombination aus Kundenauftrags- und Lagerproduktion. Nach Eingang der Kundenbestellung (Beginn des Auftragsabwicklungsprozesses) wird das Produkt fertiggestellt. Zur Fertigstellung der Leistung werden Einzelteile, die auf Lager vorproduziert worden sind, verwendet. Durch die Erstellung des Enderzeugnisses aus vorproduzierten Komponenten kann die Lieferzeit unter Umständen beträchtlich verkürzt werden.

Beispiel: Produktion des Kleinwagens „Smart" (*www.smart.com*)

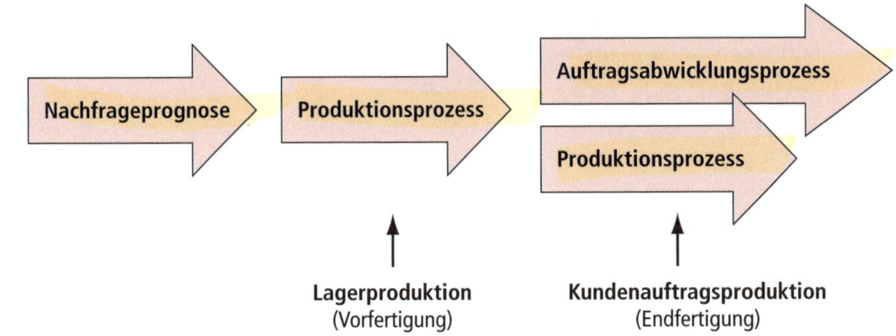

Anhand von Computern sollen die Produktionsprozesse (inkl. Kundenbestellung) entsprechend den unterschiedlichen Beziehungen der Produktion zum Absatzmarkt genauer dargestellt werden.

Fall 1: Kundenauftragsproduktion (Make to Order)
Großrechner
Beim Kauf eines Großrechners wird der Rechner kundenspezifisch gefertigt.
Beispiel: Kundenauftragsproduktion einer Großrechneranlage bei IBM

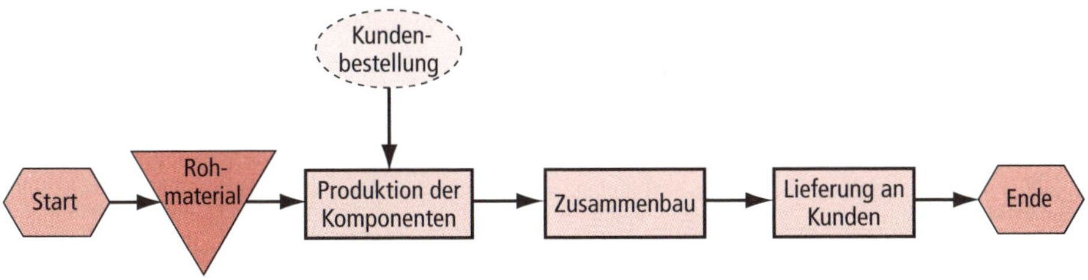

Abbildung 14.6: Kundenauftragsproduktion eines Großrechners

Fall 2: Lagerproduktion (Make to Stock)
Kauf eines Standard-PCs
Beim Kauf eines Standard-PCs kann der Kunde zwischen den verschiedenen Modellen wählen, wobei die Komponenten der Modelle fix vorgegeben sind.
Beispiel: Kauf eines Standard-PCs bei Hofer, Media Markt usw.

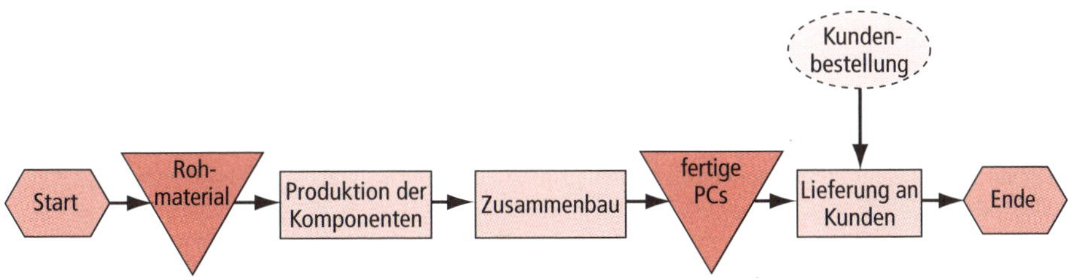

Abbildung 14.7: Lagerproduktion eines Standard-PCs

Fall 3: Auftragsbezogene Montage (Assemble to Order, Build to Order)
Konfigurierbarer PC
Der Kunde kann sich den Computer aus verschiedenen Komponenten, welche bereits auf Basis von Prognosen vorgefertigt wurden, individuell zusammenstellen lassen. *Beispiel:* Bestellung eines PCs bei der Firma Dell

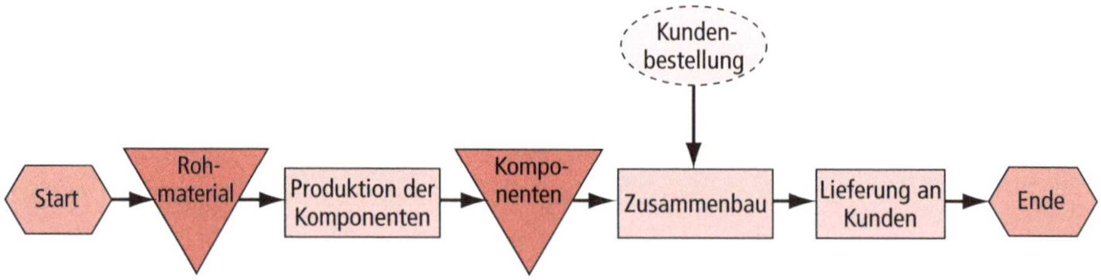

Abbildung 14.8: Auftragsbezogene Montage eines konfigurierbaren PCs

Zum Abschluss der outputbezogenen Produktionstypen zeigt Abbildung 14.9 den Zusammenhang zwischen Auflagengröße und der Beziehung der Produktion zum Absatzmarkt. Massenproduktion ist üblicherweise als Lagerproduktion (Make to Stock) und Einzelproduktion als Kundenauftragsproduktion (Make to Order) organisiert. Für die Sorten- und Serienproduktion werden auch Mischformen aus Make to Stock und Make to Order verwendet (Assemble to Order). In einem Betrieb können selbstverständlich mehrere dieser Typen parallel vorkommen. Beispielsweise könnte ein Unternehmen Standardzylinder in großen Mengen in Form der Lagerproduktion produzieren, darüber hinaus aber auch Spezialzylinder erst nach Eingang der Kundenbestellung herstellen (Kundenauftragsproduktion).

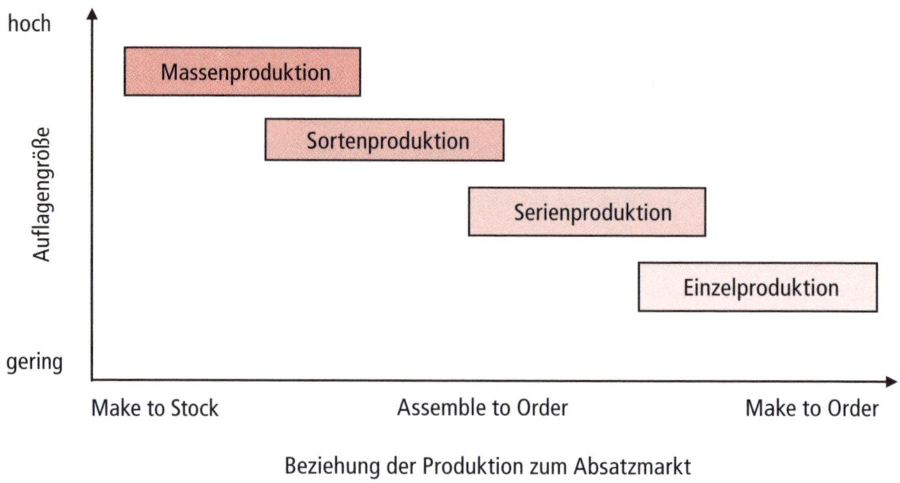

Abbildung 14.9: Zusammenhang zwischen Auflagengröße und der Beziehung der Produktion zum Absatzmarkt

14.1.3 Transformationsbezogene Produktionstypen

Transformationsbezogene Produktionstypen beziehen sich auf die **Organisationstypen** der Produktion und auf die **Struktur der Produktionsprozesse** (vgl. Abbildung 14.1).

Organisationstypen

Als erste Gruppe der transformationsbezogenen Produktionstypen betrachten wir jene Typen, die durch die **unterschiedliche organisatorische Gestaltung von Arbeitssystemen** gebildet werden können. Man spricht hier von den Organisationstypen der Produktion. Bei der organisatorischen Gestaltung von Arbeitssystemen und den zwischen ihnen erforderlichen Transportbeziehungen kann nach dem **Funktionsprinzip** oder dem **Objektprinzip** vorgegangen werden.

Funktionsprinzip: Funktionsprinzip bedeutet, dass Arbeitssysteme, die gleichartige Funktionen (Operationen, Arbeitsgänge) durchführen können, räumlich in einer Werkstatt zusammengefasst werden. Abbildung 14.10 zeigt folgende Arbeitsgänge eines Maschinenbauunternehmens:

A steht für Bohren, B für Fräsen, C für Gießen und D für Montieren.

Diese vier Arbeitsgänge sind räumlich in vier Werkstätten organisiert: die Bohrerei mit drei Arbeitssystemen, die Fräserei mit zwei, die Gießerei mit drei und die Montage mit einem Arbeitssystem. Die Inputs durchlaufen entsprechend der in ihrem Arbeitsplan definierten Reihenfolge die einzelnen Werkstätten, die örtlich getrennt sind.

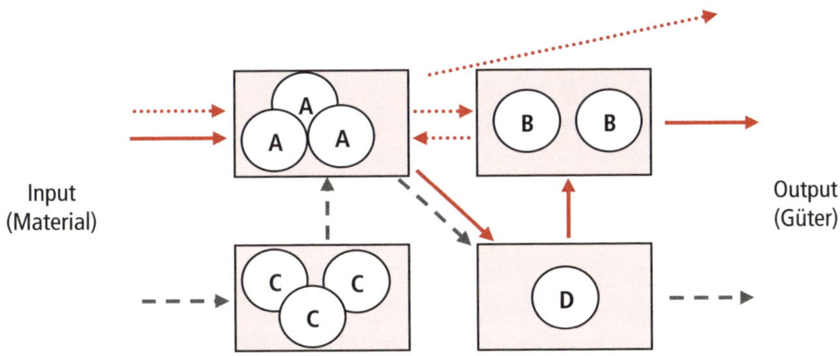

Abbildung 14.10: Funktionsprinzip

Input 1 (roter, durchgehender Pfeil) durchläuft die Werkstätten in folgender Reihenfolge: Bohrerei, Montage und Fräserei (A-D-B); Input 2 (grauer, gestrichelter Pfeil) die Werkstätten Gießerei, Bohrerei und Montage (C-A-D).

Es kann durchaus vorkommen, dass ein Input mehrmals zu derselben Werkstatt transportiert wird, um die gemäß Arbeitsplan erforderlichen Arbeitsgänge zu passieren: Input 3 (roter, punktierter Pfeil) durchläuft die Werkstätten Bohrerei, Fräserei, Bohrerei (A-B-A).

Objektprinzip: Objektprinzip bedeutet, dass Inputs einzelne Arbeitssysteme durchlaufen, die entsprechend der Arbeitsplänen räumlich angeordnet sind. Abbildung 14.11 zeigt die Materialflüsse und die Maschinenanordnungen gemäß dem Objektprinzip.

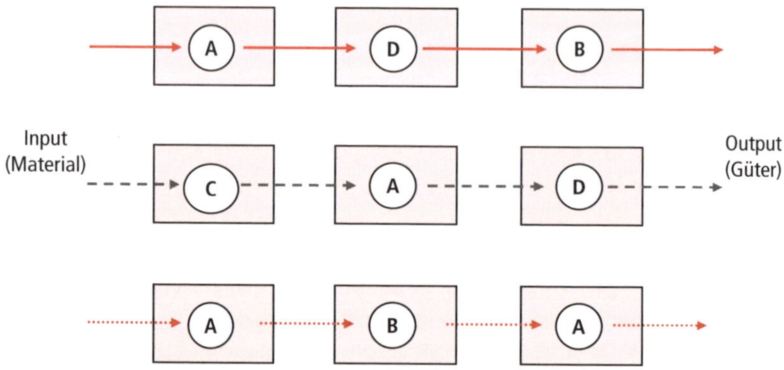

Abbildung 14.11: Objektprinzip

Input 1 (roter, durchgehender Pfeil) durchläuft die folgenden Arbeitssysteme: Bohren, Montieren und Fräsen (A-D-B). Input 2 (grauer, gestrichelter Pfeil) durchläuft die Arbeitssysteme: Gießen, Bohren und Montieren (C-A-D). Input 3 (roter, punktierter Pfeil) durchläuft die Arbeitssysteme Bohren, Fräsen, Bohren (A-B-A).

Es kann durchaus vorkommen, dass gemäß dem Arbeitsplan des zu erzeugenden Produktes mehrere Arbeitssysteme, die räumlich voneinander getrennt sind, einen gleichartigen Arbeitsgang durchführen.

Abbildung 14.12 zeigt einen Überblick über die Organisationstypen der Produktion unter Anwendung des Funktions- und des Objektprinzips.

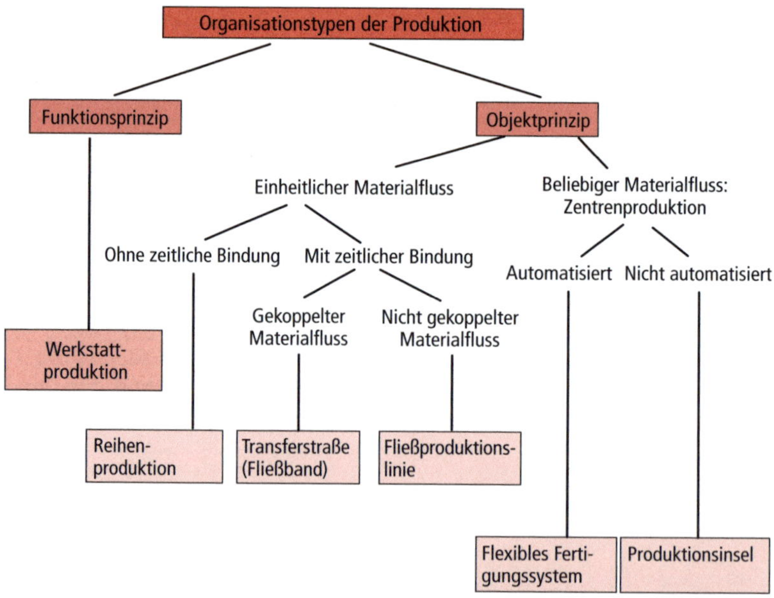

Abbildung 14.12: Organisationstypen der Produktion (vgl. Günther/Tempelmeier 2005, S. 13)

■ Werkstattproduktion

Die Werkstattproduktion ist der einzige Produktionstyp, der dem Funktionsprinzip entspricht. Die Definition der Werkstattproduktion ist daher identisch mit jener des Funktionsprinzips. Arbeitsysteme, welche gleichartige Tätigkeiten ausführen, werden räumlich zusammengefasst. Die Werkstattproduktion wird bei **kleinen Losgrößen** angewandt sowie bei einer **hohen Produktvielfalt**, die sich im zeitlichen Ablauf ändern kann.

Abbildung 14.13 zeigt die schematische Darstellung einer Werkstattfertigung. Werkstücke werden mit Födereinrichtungen ohne zeitliche Bindung, z.B. Transportwagen, zu den verschiedenen Arbeitssystemen transportiert, wobei jeweils gleichartige Arbeitssysteme in einer Werkstatt zusammengefasst sind.

Beispiel: Möbeltischlerei

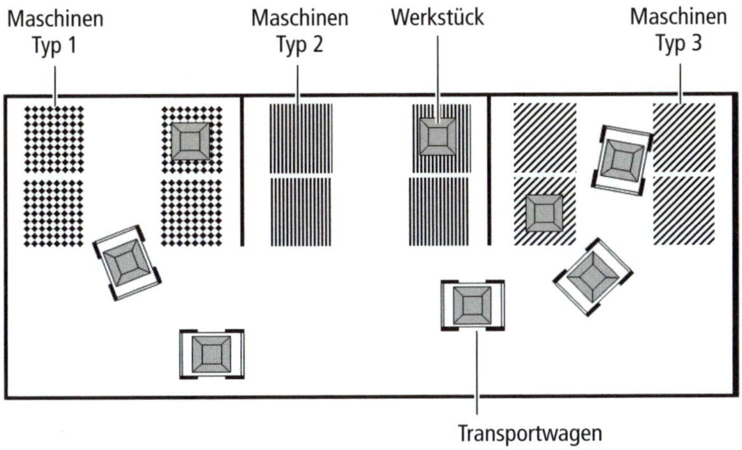

Abbildung 14.13: Werkstattproduktion

In der **Werkstattproduktion** ist es meist nicht möglich, die Arbeits- und Transportvorgänge der einzelnen Aufträge exakt aufeinander abzustimmen. Aufträge müssen daher häufig auf ihre Bearbeitung in einer Werkstatt warten. Solche Wartezeiten bedingen oft unerwünschte Zwischenlagerbestände. Auch kommt es immer wieder zu Leerzeiten innerhalb der Werkstätten, weil der vorhergehende Arbeitsgang in einer anderen Werkstatt noch nicht abgeschlossen ist oder weil noch auf ein Transportmittel gewartet wird. Deshalb erfordert die Werkstattproduktion aufwendige Planungs- und Steuerungsmaßnahmen.

■ Reihenproduktion, Transferstraße (Fließband) und Fließproduktionslinie

Die drei Organisationstypen Reihenproduktion, Transferstraße und Fließproduktionslinie, die dem Objektprinzip folgen, weisen einen einheitlichen Materialfluss auf, d.h. alle Produkte durchlaufen die Arbeitssysteme in derselben Reihenfolge. Einzelne Arbeitsgänge können zwar übersprungen werden, Rücksprünge sind nicht möglich (vgl. Abbildung 14.12).

Diese Form der Produktionsorganisation ist nur dann wirtschaftlich vertretbar, wenn ein einheitliches Grundprodukt bzw. eine begrenzte Anzahl von Produktvarianten in großer Menge produziert werden.

Bei der **Reihenproduktion** erfolgt der Arbeitsfortschritt ohne zeitliche Bindung zwischen den Arbeitsgängen.

Abbildung 14.14 zeigt eine schematische Darstellung einer Reihenproduktion. Werkstücke werden mittels Fördereinrichtung ohne zeitliche Bindung (z.B. Transportwagen) von Arbeitssystem zu Arbeitssystem transportiert. So kann es vorkommen, dass Werkstücke warten, bis sie im nächsten Arbeitssystem weiterverarbeitet werden.

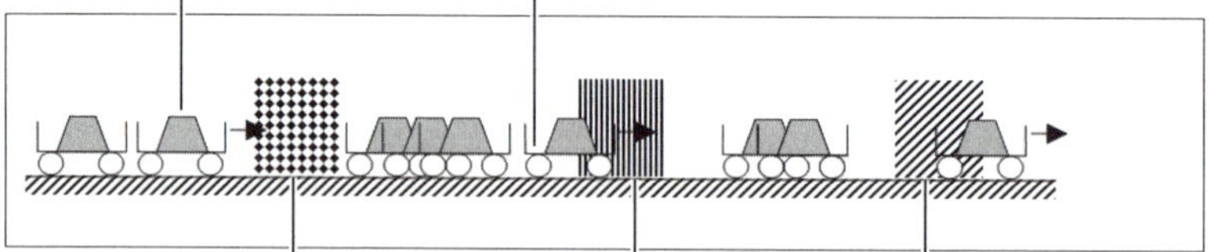

Abbildung 14.14: Reihenproduktion (z.B. Textilindustrie – Produktion von Bekleidung)

Bei einer **Transferstraße (Fließband)** besteht eine zeitliche Bindung zwischen den Arbeitsgängen. Die Werkstücke sind fest mit dem Transportsystem (Fördereinrichtung) verbunden und können nur simultan von Arbeitssystem zu Arbeitssystem transportiert werden (synchroner/gekoppelter Materialfluss). Abbildung 14.15 zeigt eine schematische Darstellung einer Transferstraße.

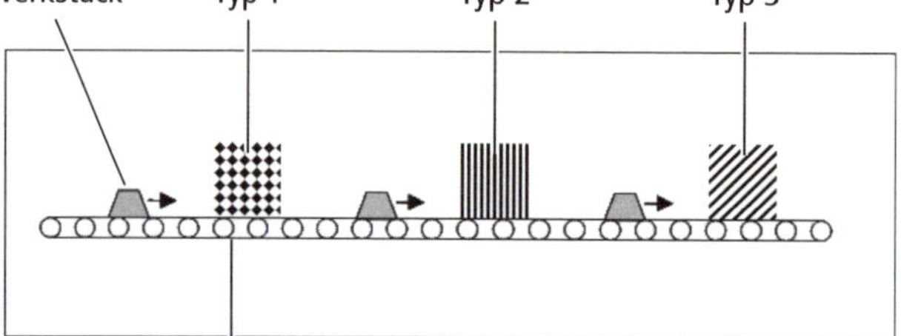

Abbildung 14.15: Transferstraße/Fließband (z.B. Milchabfüllung)

Erfolgt die Verbindung der einzelnen Arbeitsgänge durch selbstständige Fördereinrichtungen, wobei die einzelnen Werkstücke auch unabhängig voneinander bewegt werden können (asynchroner bzw. nicht gekoppelter Materialfluss), spricht man von einer **Fließproduktionslinie.** Wie bei der Transferstraße liegt bei diesem System auch eine zeitliche Bindung vor (im Gegensatz zur Reihenproduktion). Abbildung 14.16 zeigt eine schematische Darstellung einer Fließproduktionslinie.

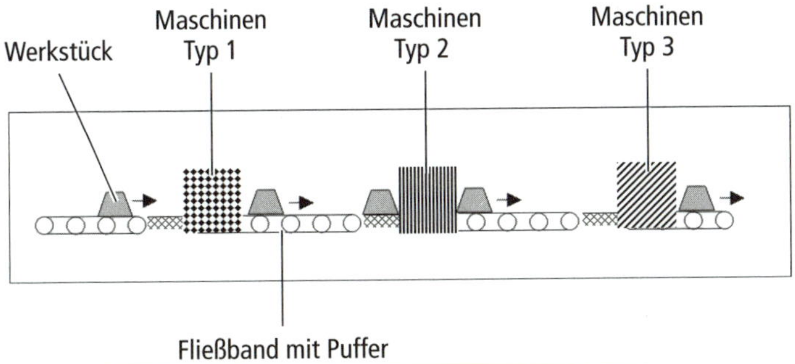

Abbildung 14.16: Fließproduktionslinie (z.B. Produktion von Fernsehgeräten)

Ob eine Transferstraße oder eine Fließproduktionslinie gewählt wird, hängt stark von den Eigenschaften (Masse, Volumen usw.) der zu fertigenden Produkte ab.

- Flexibles Fertigungssystem und Produktionsinsel

Die zwei Organisationstypen Flexibles Fertigungssystem und Produktionsinsel werden als **Zentrenproduktion** bezeichnet. Bei der Zentrenproduktion sind verschiedene Arbeitssysteme unter Anwendung des Objektprinzips angeordnet. Im Unterschied zur Produktion mit einheitlichem Materialfluss können in der Zentrenproduktion beliebige Materialflüsse vorkommen.

Zentrenproduktion kommt zum Einsatz, wenn für verschiedene Endprodukte ähnliche Einzelteile benötigt werden, die oft nicht nur dieselben Arbeitssysteme belegen, sondern auch nach ähnlichen Arbeitsplänen produziert werden (z.B. Hinterachs- oder Motorenteile).

Erfolgt die Produktion weitgehend automatisiert, insbesondere wenn auch das eingesetzte Materialfluss-System automatisiert ist, so spricht man von einem **Flexiblen Fertigungssystem (FFS)**. Ein solches System besteht aus numerisch gesteuerten Maschinen, die durch ein automatisiertes Materialfluss-System miteinander verbunden sind. Werkstück- und Werkzeugfluss erfolgen weitgehend automatisch (siehe Abbildung 14.17).

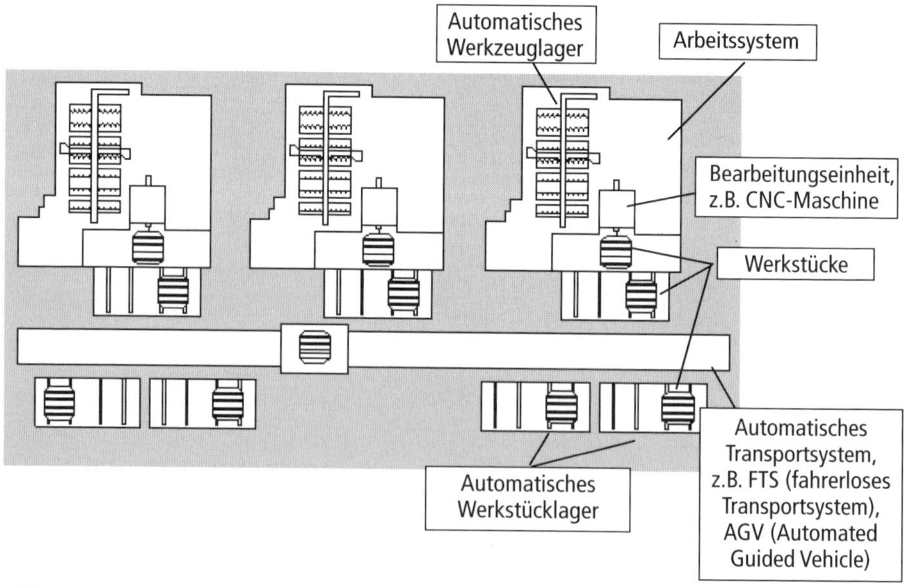

Abbildung 14.17: Flexibles Fertigungssystem (z.B. Motorenfertigung)

Wird auf die vollständige Automatisierung verzichtet, so spricht man von einer **Produktionsinsel** (siehe Abbildung 14.18).

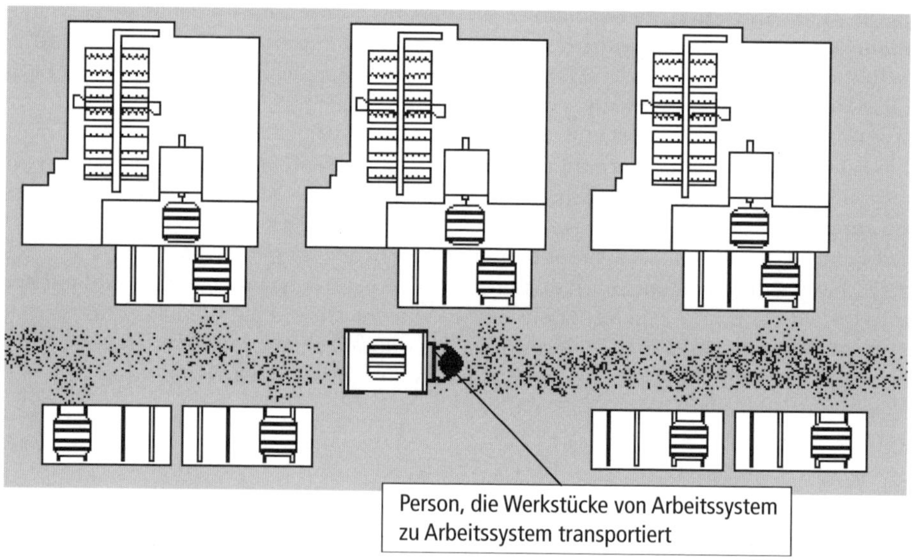

Abbildung 14.18: Produktionsinsel (z.B. Herstellung von Bremssystemen für Nutzfahrzeuge oder auftragsbezogene Montage von PCs)

Struktur der Produktionsprozesse

Als zweite Gruppe der transformationsbezogenen Produktionstypen betrachten wir nun die Typen, die nach dem Kriterium der Struktur der Produktionsprozesse gebildet werden können.

Kontinuität des Materialflusses: Nach der Kontinuität des Materialflusses kann zwischen kontinuierlicher und diskontinuierlicher Produktion unterschieden werden. Die Zuordnung ist davon abhängig, ob die Objekte während des Produktionsprozesses ununterbrochen oder in zeitlichen Abständen zum nächsten Arbeitssystem weitertransportiert werden.

- **Kontinuierliche Produktion**

Kontinuierliche Produktion liegt dann vor, wenn die Objekte ohne Unterbrechungen den Produktionsprozess (von Arbeitssystem zu Arbeitssystem) durchlaufen (kontinuierlicher Materialfluss). Kontinuierliche Produktion kommt sowohl bei Stück- als auch bei Fließgütern vor. Im Zusammenhang mit Fließgütern spricht man auch von natürlicher Fließproduktion, die vor allem in der chemischen Industrie und der Pharmaindustrie anzutreffen ist, wobei die hergestellten Fließgüter durch entsprechende Rohrleitungssysteme zwischen den einzelnen Anlagen kontinuierlich weitergeleitet werden.

Beispiele: Stromerzeugung, Erdölraffinerie

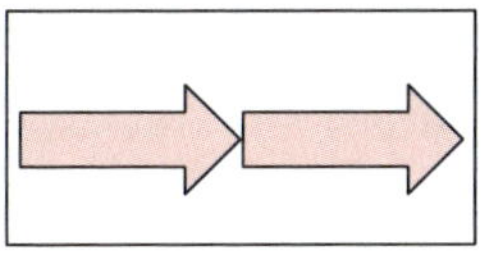

- **Diskontinuierliche Produktion**

Diskontinuierliche Produktion ist dann gegeben, wenn die Objekte mit Unterbrechungen von einem zum nächsten Arbeitssystem weitertransportiert werden (diskontinuierlicher Materialfluss).

Beispiel: Herstellung von Maßanzügen

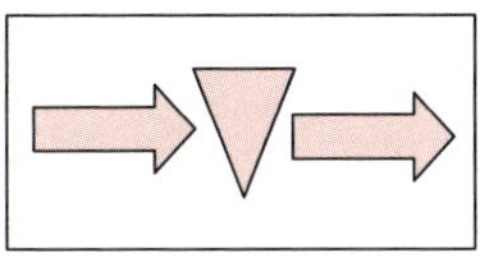

Ein Spezialfall der diskontinuierlichen Produktion ist die **Chargenproduktion**, wobei eine durch das Fassungsvermögen des Produktionsgefäßes (z.B. Hochofen) begrenzte Werkstoffmenge (Charge) als Ganzes dem Arbeitssystem zugeführt und als Ganzes nach Abschluss des Produktionsprozesses wieder entnommen wird.

Formen des Materialflusses – prozessbezogene Vergenztypen: Bei den prozessbezogenen Vergenztypen wird auf den Produktionsprozess, der aus verschiedenen Arbeitsgängen besteht, abgestellt. Auskunft über den Produktionsprozess geben die Arbeitspläne der Erzeugnisse. Man unterscheidet **glatte, konvergierende, divergierende** und **umgruppierende Produktion.**

Die Zuordnung ergibt sich aus der Anzahl der eingesetzten Werkstoffarten und der Anzahl der erzeugten Produktarten.

■ **Glatte Produktion**

Bei der glatten Produktion (durchgängiger Materialfluss) wird in einem Produktionsprozess aus jeweils einer eingesetzten Werkstoffart eine einzige Produktart erzeugt.

Beispiel: Produktion von Kunststoffteilen mittels Spritzguss

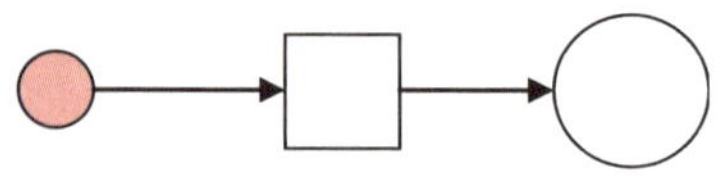

■ **Konvergierende Produktion**

Bei der konvergierenden Produktion (synthetischer Materialfluss) wird in einem Produktionsprozess eine Produktart aus mehreren Werkstoffarten hergestellt.

Beispiel: Computer-Montage

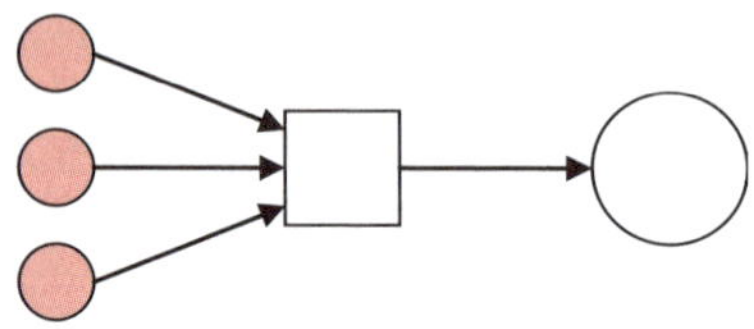

■ **Divergierende Produktion**

Eine divergierende Produktion (analytischer Materialfluss) liegt vor, wenn in einem Produktionsprozess durch **Aufspaltung** aus einer Werkstoffart **mehrere Produktarten** erzeugt werden. Insbesondere in der chemischen Industrie spricht man auch von Kuppelproduktion.

Beispiel: Bei der Verarbeitung von Mineralöl werden Benzin, Heizöl, Schmierstoffe und weitere Produkte erzeugt.

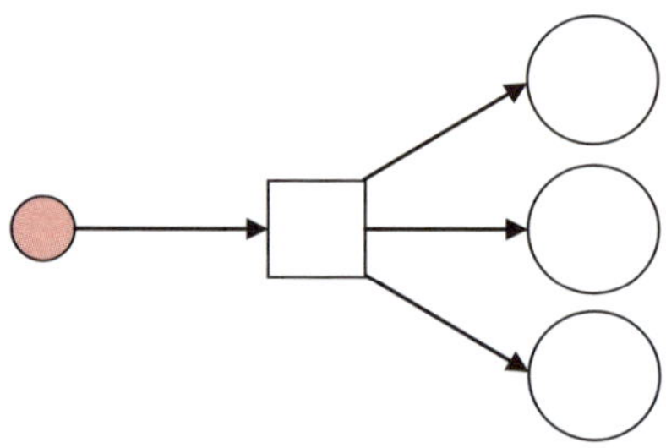

■ **Umgruppierende Produktion**

Werden in einem Produktionsprozess mehrere Werkstoffarten eingesetzt, aus denen verschiedene Produktarten entstehen, handelt es sich um eine umgruppierende Produktion (umgruppierender Materialfluss).

Beispiel: Lebensmittelindustrie (z.B. Teigwaren)

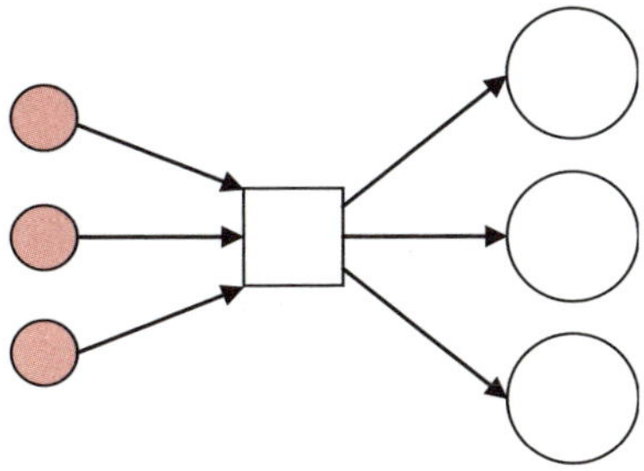

Ortsbindung der Produkte: Nach der Ortsbindung der Produkte während des Produktionsprozesses kann man zwischen **örtlich gebundener** und **örtlich ungebundener Produktion** unterscheiden.

■ Gebundene Produktion

Die örtlich gebundene Produktion wird auch als Baustellenproduktion bezeichnet. Der gesamte Produktionsprozess wird an einem fixen Ort („Baustelle") durchgeführt.

Beispiel: Bau eines Kraftwerkes

■ Ungebundene Produktion

Bei der ungebundenen Produktion muss der Produktionsprozess nicht an einem fixen Ort ablaufen.

Beispiel: Ein Pkw kann in verschiedenen Werken produziert werden.

Anzahl der Arbeitsgänge: Nach der Anzahl der Arbeitsgänge kann man zwischen **einstufiger** und **mehrstufiger Produktion** unterscheiden. Die Zuordnung ist davon abhängig, ob zur Herstellung eines Erzeugnisses ein oder mehrere Arbeitsgänge durchlaufen werden müssen.

■ Einstufige Produktion

Beispiel: Die Produktion von Kunststoffflaschen erfolgt mittels Spritzgussverfahren mit einer Maschine in einem Arbeitsgang.

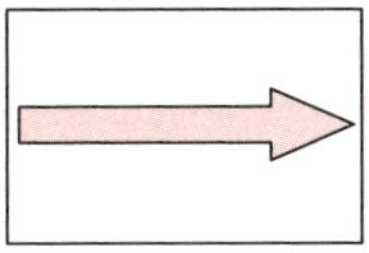

■ Mehrstufige Produktion

Beispiel: Erzeugung von Brot (Zubereiten des Teigs, Formen, Backen)

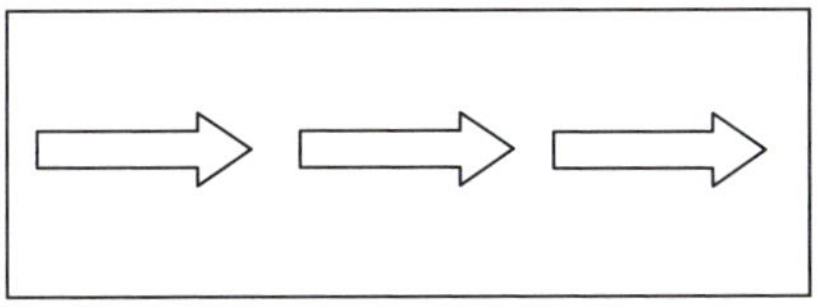

Veränderbarkeit der Arbeitsgangfolge: Nach der Veränderbarkeit der Arbeitsgangfolge (= Reihenfolge der Arbeitsgänge) kann man zwischen vorgegebener und veränderbarer Produktion unterscheiden. Die Zuordnung ist davon abhängig, ob die Reihenfolge der Arbeitsgänge flexibel gestaltbar oder fix vorgegeben ist.

- **Vorgegebene Produktion**

Bei der vorgegebenen Produktion ist die Reihenfolge der Arbeitsgänge nicht veränderbar.

Beispiel: Die Herstellung von Wein erfolgt immer in einer vorgegebenen Reihenfolge.

- **Veränderbare Produktion**

Bei der veränderbaren Produktion ist die Reihenfolge der Arbeitsgänge veränderbar. In diesem Zusammenhang spricht man auch von Arbeitsplanflexibilität.

Beispiel: Die Produktion von Pullovern mit zwei Varianten: Pullover werden mit gefärbtem Garn gestrickt – Pullover werden mit naturfarbenem Garn gestrickt und anschließend gefärbt.

14.1.4 Input- und ressourcenbezogene Produktionstypen

Input- und ressourcenbezogene Produktionstypen beziehen sich auf das im Produktionsprozess benötigte Material (Roh-, Hilfs- und Betriebsstoffe) sowie auf die nötigen Ressourcen (Betriebsmittel, menschliche Arbeit). Diese können nach dem Anteil an den Herstellkosten und der Qualität des Inputs unterschieden werden (vgl. Abbildung 14.1).

Anteil an Herstellkosten

Nach dem relativen Anteil des Inputs oder der Ressourcen an den gesamten Herstellkosten kann zwischen **materialintensiver** (inputbezogener), **anlagenintensiver** (ressourcenbezogener) und **arbeitsintensiver** (ressourcenbezogener) **Produktion** unterschieden werden.

Materialintensive Produktion *Beispiel:* Schiffsbau

Anlagenintensive Produktion *Beispiel:* Raffinerie

Arbeitsintensive Produktion *Beispiel:* Kunsthandwerk

Qualität des Inputs

Die Qualität des Inputs hat erheblichen Einfluss auf die Qualität des Endproduktes. Nach dem Merkmal der Konstanz der Güterqualität des Werkstoffeinsatzes unterscheidet man zwischen **werkstoffbedingt wiederholbarer Produktion** und **Partieproduktion**. Die Ausprägung dieses Merkmals ist davon abhängig, ob sich die Güterqualität von unterschiedlichen Partien auf die Qualität des Endproduktes auswirkt.

Werkstoffbedingt wiederholbare Produktion: Bei der werkstoffbedingt wiederholbaren Produktion ist die Qualität des Inputs gleichbleibend, da nicht kontrollierbare externe Faktoren (z.B. Wetter) keinen entscheidenden Einfluss haben.
Beispiele: Computer-Chip, Autoreifen

Partieproduktion: Bei der Partieproduktion haben externe Faktoren, die vom Produzenten letztendlich nicht kontrollierbar sind (z.B. Wetter) einen entscheidenden Einfluss auf die Qualität einer Partie (z.B. Trauben eines Jahrganges). Die schwankende Qualität des Inputs führt somit zu nicht wiederholbarer Produktion.

Beispiele: Naturprodukte wie Obst, Leder, Wein („Jeder Jahrgang ist ein Unikat.")

14.1.5 Produkt-Prozess-Matrix

In der Produkt-Prozess-Matrix (siehe Abbildung 1.15) werden einige der in diesem Kapitel besprochenen Klassifizierungskriterien kombiniert, indem eine idealtypische Einordnung der Organisationstypen der Produktion nach produkt- und prozessbezogenen Kriterien erfolgt.

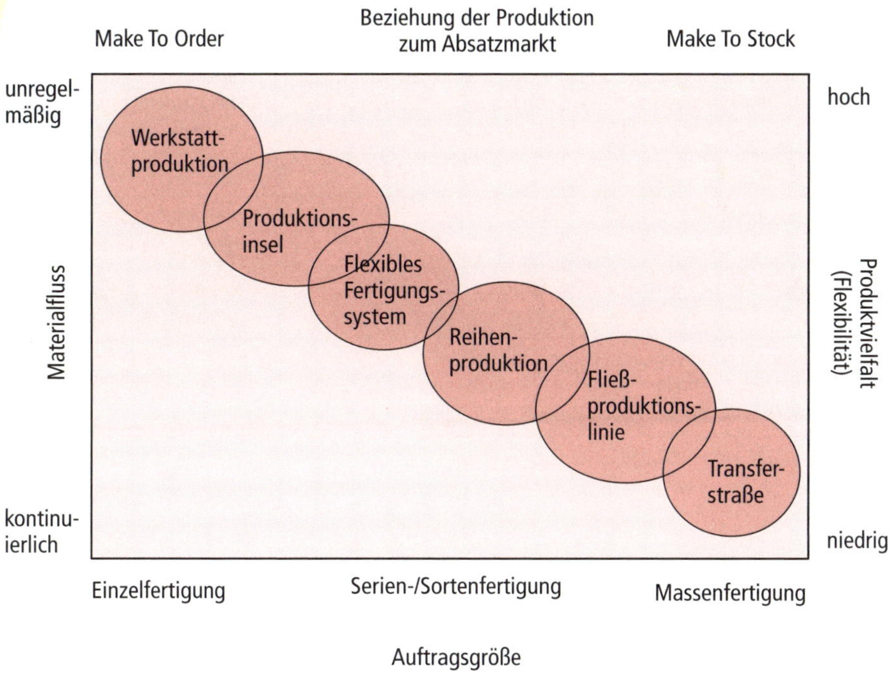

Abbildung 14.19: Produkt-Prozess-Matrix (vgl. Günther/Tempelmeier 2007, S. 59)

Auf den horizontalen Achsen sind zum einen die Beziehung der Produktion zum Absatzmarkt und zum anderen die Auftragsgröße aufgetragen. Wie bereits in Abbildung 14.9 gezeigt ist die Einzelfertigung meist als Make to Order-Prozess organisiert und die Massenfertigung als Make to Stock-Prozess. Auf den vertikalen Achsen sind der Materialfluss und die Produktvielfalt aufgetragen. Aus dem Schaubild ist ersichtlich, dass die Werkstattproduktion üblicherweise einen unregelmäßigen Materialfluss aufweist, für die Herstellung von Produkten mit hoher Variantenvielfalt verwendet wird, meist auf Basis von Kundenbestellung organisiert ist (Make to Order) und eher für die Einzelfertigung bzw. für kleine Auftragsgrößen eingesetzt wird. Im Gegensatz dazu weist die Transferstraße einen kontinuierlichen Materialfluss auf, wird eher für Produkte mit geringer Variantenvielfalt und großen Auftragsgrößen verwendet und ist üblicherweise als Lagerproduktion organisiert (Make to Stock). Dieses Schema soll helfen, für bestimmte Produkt- und Auftragscharakteristika den passenden Produktionstyp zu wählen. Es muss aber auch festgehalten werden, dass dieses Schaubild gewissermaßen eine Vereinfachung darstellt und die Übergänge zwischen den verschiedenen Typen fließend sind. In der Praxis ist auch ein Nebeneinander unterschiedlicher Prozesstypen nicht ungewöhnlich.

Abschließend zeigt Tabelle 14.1 eine Bewertung der einzelnen Organisationstypen hinsichtlich der Kriterien Zeit, Flexibilität, Qualität und Wirtschaftlichkeit (Kosten/Stück).

Organisationstypen	Zeit	Flexibilität	Qualität	Wirtschaftlichkeit
Werkstattproduktion	☹	☺	😐	☺ bei kleinen Losgrößen und großer Variantenvielfalt
Produktionsinsel	😐	☺	😐	☺ bei kleinen Losgrößen und mittlerer Variantenvielfalt
Flexibles Fertigungssystem	😐	☺	😐	☺ bei kleinen Losgrößen und mittlerer Variantenvielfalt
Reihenproduktion	😐	😐	😐	☺
Fließproduktionslinie	☺	☹	😐	☺ bei großen Losgrößen und geringer Variantenvielfalt
Transferstraße	☺	☹😐	😐	☺ bei großen Losgrößen und geringer Variantenvielfalt

☺ Vorteile gegenüber den anderen Organisationstypen
😐 Weder Vor- noch Nachteile
☹ Nachteile gegenüber den anderen Organisationstypen

Tabelle 14.1: Vergleich der Organisationstypen

14.2 Dienstleistungsproduktion

14.2.1 Klassifizierungskriterien

Abbildung 14.20 zeigt die verschiedenen Produktionstypen der Dienstleistungsproduktion.

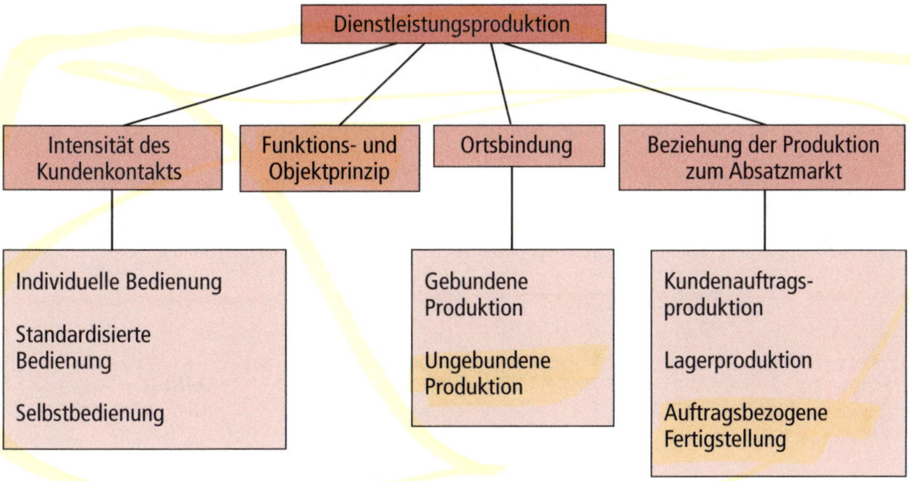

Abbildung 14.20: Produktionstypen der Dienstleistungsproduktion

14.2.2 Intensität des Kundenkontakts

Die Intensität des Kundenkontakts bestimmt in einem hohen Ausmaß die Erstellung von Dienstleistungen, da sie wesentlichen Einfluss auf Produktdesign, Produktionsplanung, Qualitätskontrolle etc. hat. „Intensität des Kundenkontakts" bedeutet in diesem Zusammenhang das zeitliche Ausmaß der physischen Präsenz des Kunden im Prozess der Dienstleistungsproduktion.

Man unterscheidet:

Individuelle Bedienung
Beispiele: Rechtsanwalt, Steuerberater, Arzt

Standardisierte Bedienung
Beispiele: Supermarkt, Restaurant

Selbstbedienung
Beispiele: Kaffeeautomat, Fahrscheinautomat, Tele-Banking, Online-Shopping

14.2.3 Funktions- und Objektprinzip

Analog zur Güterproduktion kann bei der Erbringung von Dienstleistungen zwischen dem **Funktions-** und dem **Objektprinzip** unterschieden werden. Anhand eines Versicherungsbetriebes sollen beide Prinzipien erläutert werden.

Funktionsprinzip

Das Funktionsprinzip bedeutet, dass **gleichartige Arbeitsgänge** (Operationen) **räumlich zusammengefasst** ausgeführt werden. Im Fall eines Versicherungsbetriebes bedeutet dieses Prinzip, dass ein bestimmter Arbeitsgang (z.B. Auftragsannahme, Auftragsabwicklung) von derselben Stelle für alle Versicherungssparten (Lebens-, Kranken-, Unfallversicherung ...) durchgeführt wird.

Abbildung 14.21 zeigt vier Arbeitsgänge eines Versicherungsunternehmens:

A steht für Auftragsannahme, B für Verkauf, C für Risikoprüfung und D für Schadensbearbeitung. Diese Arbeitsgänge sind räumlich in vier Büros organisiert.

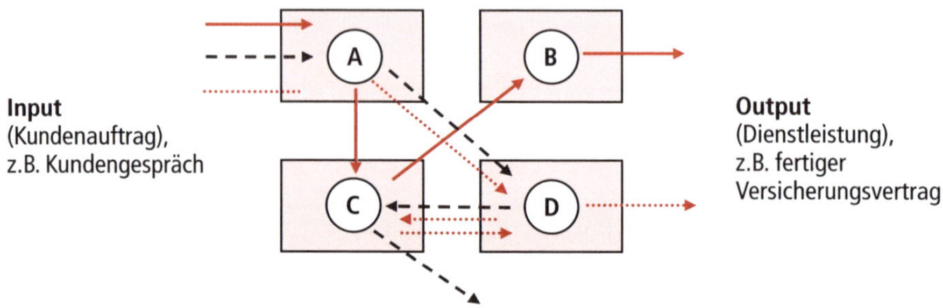

Abbildung 14.21: Das Funktionsprinzip am Beispiel einer Versicherung

Input 1 (roter, durchgehender Pfeil) durchläuft folgende Büros: Auftragsannahme, Risikoprüfung und Verkauf (A-C-B). Input 2 (grauer, gestrichelter Pfeil) nimmt folgenden Weg durch die Büros: Auftragsannahme, Schadensbearbeitung und Risikoprüfung (A-D-C). Es kann durchaus vorkommen, dass ein Input mehrmals ein Büro durchläuft. Input 3 (roter, gepunkteter Pfeil) durchläuft die Büros: Auftragsannahme, Schadensbearbeitung, Risikoprüfung und Schadensbearbeitung (A-D-C-D).

Objektprinzip

Das Objektprinzip bedeutet, dass sämtliche Arbeitsgänge, die zur Transformation eines Inputs nötig sind, organisatorisch in einem Büro zusammengefasst werden.

Im Fall eines Versicherungsbetriebes bedeutet dieses Prinzip, dass alle Arbeitsgänge (Auftragsannahme, Verkauf, Schadensabwicklung ...) einer Versicherungssparte (Lebens-, Kranken-, Unfallversicherung ...) von einem Büro durchgeführt werden.

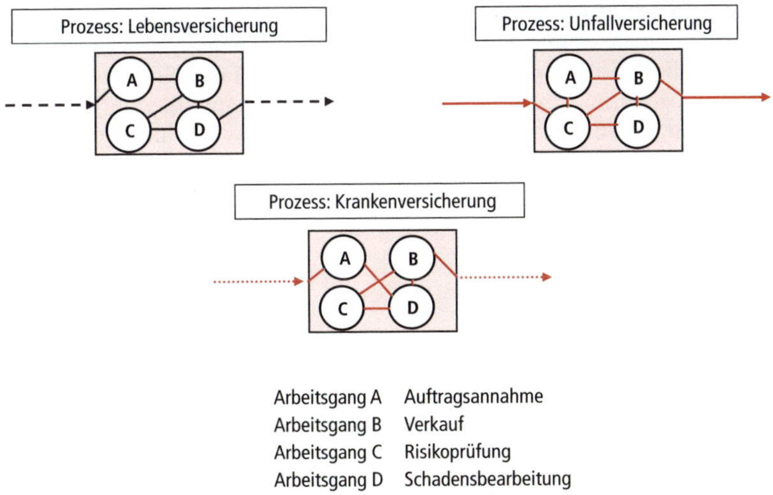

Abbildung 14.22: Das Objektprinzip am Beispiel einer Versicherung

14.2.4 Ortsbindung

Bei der Ortsbindung kann zwischen **gebundener** und **ungebundener Dienstleistungsproduktion** unterschieden werden. Die Zuordnung ist davon abhängig, ob der Produktionsprozess beim Produzenten oder beim Kunden erfolgt.

Gebundene Produktion (Facilities-based services): In diesem Fall muss der Kunde den Ort des Dienstleisters aufsuchen, an dem die Dienstleistung erbracht wird (Praxisbesuch beim Arzt, Friseurbesuch, Aufsuchen einer Kfz-Werkstätte ...).

Ungebundene Produktion (Field-based services): Hier erfolgt die Erbringung der Dienstleistung im persönlichen Umfeld des Kunden (Hausbesuch durch Rauchfangkehrer, Elektroinstallateur, Arzt ...).

14.2.5 Beziehung der Produktion zum Absatzmarkt

Während in vielen Dienstleistungsbereichen (z.B. Handel, Transport, Bank- und Versicherungswesen etc.) hauptsächlich die Kundenauftragsproduktion vorherrschend ist, können im Bereich der Gastronomie – analog zur Sachgüterproduktion – auch andere Beziehungen der Leistungserstellung zum Absatzmarkt vorkommen (beispielsweise auftragsbezogene Fertigung und Lagerproduktion, siehe Kapitel 14.1).

Nachfolgend werden am Beispiel der Restaurantkette Mc Donald's die Produktionsprozesse (inkl. Kundenbestellung) entsprechend den unterschiedlichen Beziehungen der Produktion zum Absatzmarkt dargestellt.

Anmerkung: Die meisten industriellen Prozesse/Branchen haben Anteile von Güter- und Dienstleistungsproduktion. Abhängig vom überwiegenden Teil erfolgt die Zuordnung. Die Gastronomie und damit auch Mc Donald's wird aufgrund des Servicecharakters der Dienstleistungsproduktion zugeordnet. Die Produktion der Hamburger als solche, im Sinne einer „Güterproduktion", ist eher zweitrangig.

Kundenauftragsproduktion (Make to Order): Vor dem Entstehen der Fast-Food-Ketten wurden Hamburger immer als Kundenauftragsproduktion (Make to Order) hergestellt. Der Kunde bestellte „medium“ oder „well done“, Zutaten etc. Daraufhin grillte der Koch das Fleisch, erwärmte die Brötchen und setzte den Hamburger mit den Zutaten, die er dem Kühlschrank entnahm, zusammen. Anschließend wurde dieser dem Kunden serviert. Der Bestand an Fertig- bzw. Halbfertigzutaten wurde äußerst gering gehalten. Der Produktionsprozess startete nach Eingang der Kundenbestellung.

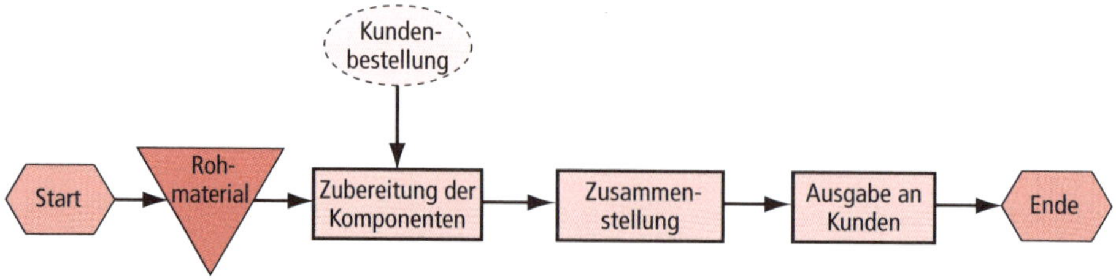

Abbildung 14.23: Kundenauftragsproduktion

Lagerproduktion (Make to Stock) Mc Donald's bot anfänglich Hamburger in geringer Variantenvielfalt an. Diese wurden vorgefertigt und bis zum Zeitpunkt der Kundenbestellung gelagert. Der Produktionsprozess erfolgte in diesem Fall vor Eingehen einer Kundenbestellung.

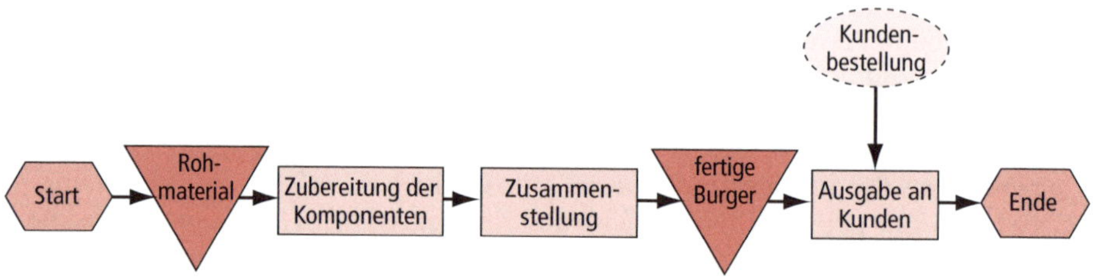

Abbildung 14.24: Lagerproduktion

Auftragsbezogene Fertigstellung (Assemble to Order): Mc Donald's wechselte später von der Lagerproduktion zur auftragsbezogenen Fertigstellung, indem Fleisch nunmehr vorgebraten und in speziellen Behältern gelagert wird, die die Frische bis zu 30 Minuten bewahren können. Nach der Kundenbestellung wird der Hamburger nur noch fertiggestellt und ausgegeben. Durch die Kombination von neuester Technologie und cleverem Prozessmanagement wird das Produkt frisch und schnell an den Kunden, seinem Wunsch entsprechend, ausgegeben. Teile des Produktionsprozesses erfolgen vor der Kundenbestellung, andere Teile des Produktionsprozesses werden durch diesen erst ausgelöst.

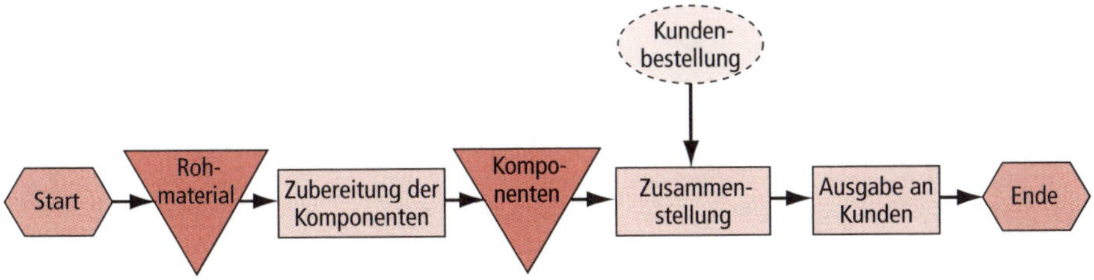

Abbildung 14.25: Auftragsbezogene Fertigstellung

Ein weiteres Beispiel für „Assemble to Order“ in der Dienstleistungsproduktion ist die Abwicklung von Versicherungs- oder Kreditanträgen. Dabei kann der Mitarbeiter oder Vertreter mithilfe von Stammdaten die benötigten Formulare schon vor dem Gespräch ausfüllen und der Kunde muss dann die Daten nur noch überprüfen, gegebenenfalls vervollständigen und unterschreiben.

14.2.6 Service-Prozess-Matrix

Die Service-Prozess-Matrix (siehe Abbildung 14.26) zeigt verschiedene Formen der Erbringung von Dienstleistungen nach den Kriterien Flexibilität (Variantenvielfalt) und Kundenkontakt.

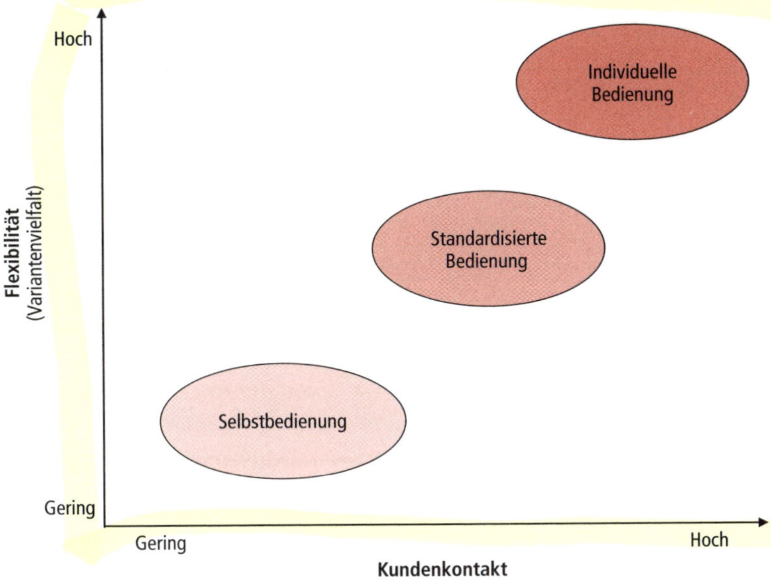

Abbildung 14.26: Service-Prozess-Matrix

ZUSAMMENFASSUNG

Bei der Klassifizierung von Produktionsprozessen wird grundsätzlich zwischen Güterproduktion und Dienstleistungsproduktion unterschieden.

Produktionstypen der Güterproduktion können anhand von output-, transformations- sowie input- und ressourcenbezogenen Kriterien klassifiziert werden.

Outputbezogene Kriterien sind die Erzeugnisstruktur, die Gestalt der Güter, die Anzahl der Erzeugnisse, die Auflagengröße und die Beziehung der Produktion zum Absatzmarkt. Dabei wird zwischen Kundenauftragsproduktion (Make to Order), Lagerproduktion (Make to Stock) und auftragsbezogener Fertigstellung (Assemble to Order) unterschieden. Transformationsbezogene Kriterien sind die Organisationstypen sowie die Struktur der Produktionsprozesse. Bei der Klassifizierung nach den Organisationstypen kommen das Funktions- bzw. das Objektprinzip zur Anwendung. Das Funktionsprinzip bedeutet, dass Arbeitssysteme mit gleichartigen Funktionen räumlich in einer Werkstatt zusammengefasst werden (Werkstattproduktion). Objektprinzip bedeutet, dass Arbeitssysteme nach den Arbeitsplänen der zu bearbeitenden Erzeugnisse räumlich angeordnet sind (z.B. Fließband). Input- und ressourcenbezogene Kriterien sind der Anteil an den Herstellkosten sowie die Qualität des Inputs.

Produktionstypen der Dienstleistungsproduktion werden nach der Intensität des Kundenkontakts, nach dem Funktions- und Objektprinzips, nach der Ortsbindung und nach der Beziehung der Produktion zum Absatzmarkt klassifiziert. Bei der Klassifizierung nach der Intensität des Kundenkontaktes wird zwischen individueller Bedienung, standardisierter Bedienung und Selbstbedienung unterschieden. Die Klassifizierung nach Funktions- und Objektprinzip erfolgt analog zur Güterproduktion. Nach der Ortsbindung wird zwischen gebundener und ungebundener Produktion differenziert und anhand der Beziehung der Produktion zum Absatzmarkt zwischen Make to Stock, Make to Order und Assemble to Order.

ZUSAMMENFASSUNG

14.3 Übungsfragen

1. Erklären Sie den Begriff „konvergierende Erzeugnisstruktur" und geben Sie ein Praxisbeispiel dazu an.
2. Um welche Güter handelt es sich? Ordnen Sie die einzelnen Güter nach ihrer Gestalt.

Seilproduktion	Ungeformte Fließgüter
Schrauben	Geformte Fließgüter
Bierproduktion	Stückgüter

3. Geben Sie ein Beispiel für ein Unternehmen, das eine einzige Produktart als Massenprodukt herstellt (Einprodukt-Produktion).
4. Was ist der Unterschied zwischen Sorten- und Serienproduktion? Geben Sie ein Beispiel zu den jeweiligen Auflagengrößen an.

5. Vergleichen Sie Sortenproduktion und Einzelproduktion anhand der Kriterien Auflagengröße und Flexibilität der Produktionsanlagen.
6. Erklären Sie den Begriff „auftragsbezogene Montage“ und den Prozess mithilfe der abgebildeten Pfeile und geben Sie ein Beispiel dazu an.

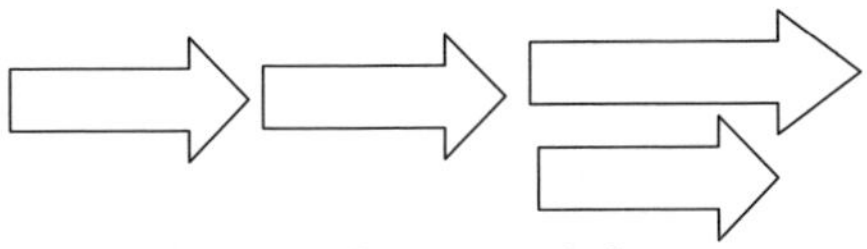

7. Was verstehen Sie unter einer „Werkstattproduktion“?
8. Was sind die Unterschiede zwischen einer Reihenproduktion, einer Transferstraße und einer Fließproduktionslinie?
9. Ordnen Sie die folgenden Industriebeispiele den einzelnen Organisationstypen der Produktion zu.

Textilindustrie	Transferstraße
KFZ-Industrie	Flexibles Fertigungssystem
Motorenfertigung	Reihenproduktion

10. Was verstehen Sie unter Zentrenproduktion? Geben Sie ein Beispiel dazu an.
11. Erklären Sie anhand einer „Glühbirne“ den Begriff „konvergierende Produktion“.
12. Die nicht veränderbare Reihenfolge der Arbeitsgänge bei der Produktion eines Produktes sieht folgendermaßen aus: A – B – C. Um welchen Produktionstyp handelt es sich hier? Geben Sie auch das Gegenteil dazu an.
13. Geben Sie ein Beispiel für eine „Partieproduktion“ an und erklären Sie, warum es sich bei diesem Beispiel um eine „Partieproduktion“ handelt.
14. Vervollständigen Sie die folgende Produkt-Prozess-Matrix:

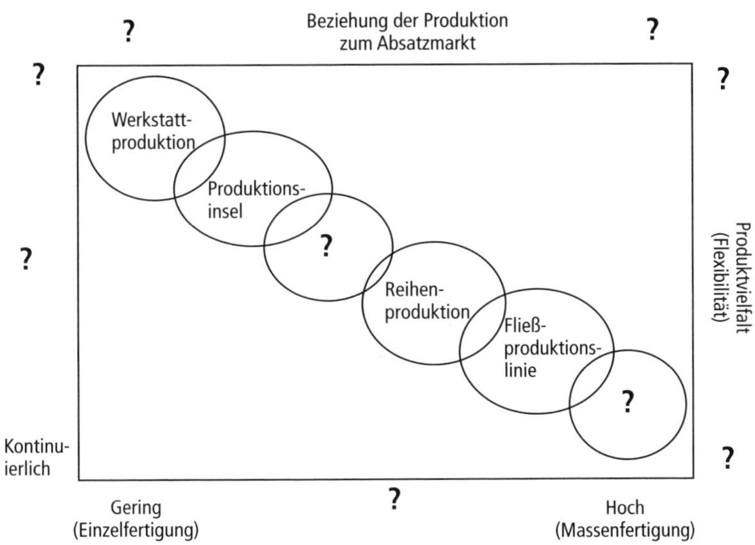

15. Bewerten Sie die einzelnen Organisationstypen mittels der Kriterien Zeit, Flexibilität, Qualität und Wirtschaftlichkeit.

Organisationstypen	Zeit	Flexibilität	Qualität	Wirtschaftlichkeit
Werkstattproduktion				
Produktionsinsel				
Flexibles Fertigungssystem				
Reihenproduktion				
Fließproduktionslinie				
Transferstraße				
Verwenden Sie zur Bewertung folgende Symbolik: ☺ Vorteile gegenüber den anderen Organisationstypen 😐 weder Vor- noch Nachteile ☹ Nachteile gegenüber den anderen Organisationstypen				

16. Erklären Sie den Unterschied zwischen Funktions- und Objektprinzip im Dienstleistungsbereich anhand eines Versicherungsbetriebes.
17. Geben Sie drei Beispiele für ungebundene Dienstleistungsproduktion an.
18. Erklären Sie auftragsbezogene Fertigstellung anhand eines Beispiels der Dienstleistungsproduktion.
19. Vervollständigen Sie die folgende Service-Prozess-Matrix. Stellen Sie die verschiedenen Formen der Erbringung von Dienstleistungen nach den Kriterien Flexibilität und Kundenkontakt dar.

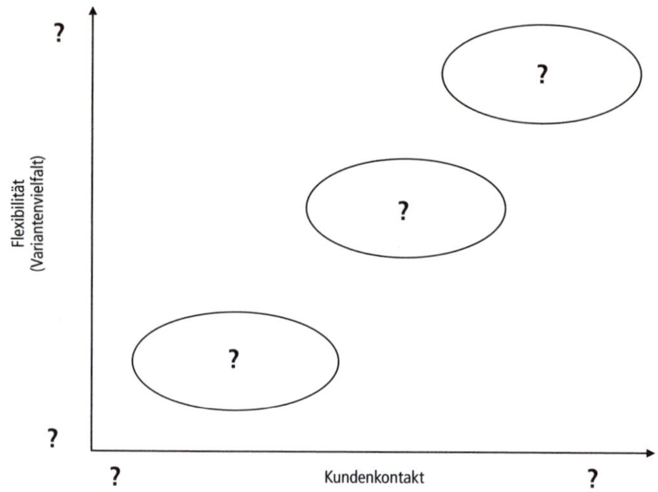

Lösungen zu den Übungsfragen und weiterführende Materialien finden Sie auf der Companion Website zum Buch unter *www.pearson-studium.de*.

Produktionsmanagement

15

ÜBERBLICK

Kapitel 15 erläutert die drei Entscheidungsebenen des Produktionsmanagements – strategisches, taktisches und operatives Produktionsmanagement. Exemplarisch werden dann die Prozessanalyse, das Kapazitätsmanagement, das Qualitätsmanagement und die aggregierte Produktionsplanung näher beschrieben.

Analog zu den in Kapitel 2.3 vorgestellten Management-Ebenen unterscheidet man im Produktionsmanagement die Entscheidungsebenen strategisches Produktionsmanagement, taktisches Produktionsmanagement und operatives Produktionsmanagement (siehe Abbildung 15.1).

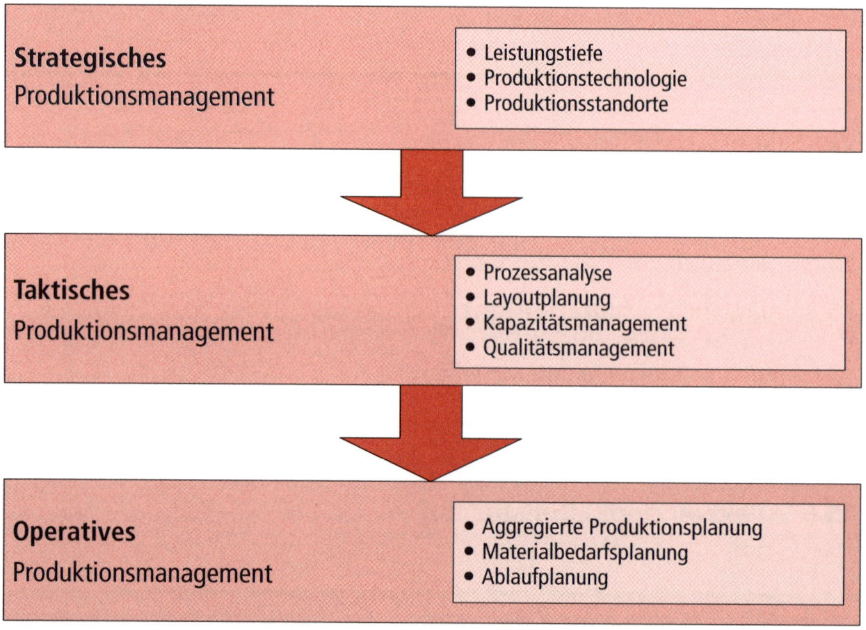

Abbildung 15.1: Entscheidungsebenen des Produktionsmanagements

- **Strategisches Produktionsmanagement**

  Das strategische Produktionsmanagement ist ein wichtiger Teil der strategischen Unternehmensführung und hat die Aufgabe, die langfristigen Rahmenbedingungen für eine effiziente Leistungserstellung zu schaffen. Wichtige Teilbereiche sind die Fixierung der Anteile der Eigenfertigung und des Fremdbezugs (Leistungstiefe – siehe Kapitel 9), die Festlegung der Produktionstechnologie (z.B. Produktionsinsel vs. flexibles Fertigungssystem – siehe Kapitel 14) und die Auswahl der geeigneten Standorte.

- **Taktisches Produktionsmanagement**

  Im taktischen Produktionsmanagement werden die Ziele der strategischen Ebene schrittweise umgesetzt (mittelfristige Planung). Teilbereiche sind die Prozessanalyse, die Layoutplanung (z.B. die Anordnung der Ressourcen), das Kapazitätsmanagement (Dimensionierung der Kapazitäten) und das Qualitätsmanagement.

- **Operatives Produktionsmanagement**

  Aufgabe des operativen Produktionsmanagements ist die kurzfristige Ausschöpfung der im strategischen und taktischen Produktionsmanagement geschaffenen Leistungspotenziale. Teilbereiche sind die aggregierte Produktionsplanung, die Materialbedarfsplanung (Stücklisten – siehe Kapitel 7.2) und die Ablaufplanung (Festlegung der Reihenfolge der Aufträge sowohl in der Güter- als auch in der Dienstleistungsproduktion).

In weiterer Folge wird in diesem Kapitel auf die Bereiche „Prozessanalyse" (Kapitel 15.1), „Kapazitätsmanagement" (Kapitel 15.2), „Qualitätsmanagement" (Kapitel 15.3) und „Aggregierte Produktionsplanung" (Kapitel 15.4) näher eingegangen.

15.1 Prozessanalyse

Die Prozessanalyse untersucht den Ablauf von Leistungserstellungsprozessen bezüglich Durchlaufzeit, Kapazität und Bestand. Ziel der Prozessanalyse ist es, Schwachstellen aufzudecken und Verbesserungspotenziale zu identifizieren.

Die Prozessanalyse umfasst folgende Aufgaben:

- Erstellung eines Flussdiagramms, welches die verschiedenen Aktivitäten und ihre Beziehungen darstellt
- Berechnung der Mindestdurchlaufzeit sowie Identifizierung des kritischen Weges
- Ermittlung der Wartezeiten und Berechnung der Durchlaufzeit-Effizienz
- Berechnung der Kapazitäten und Auslastungen von Ressourcen sowie Identifizierung von Engpässen

In Kapitel 15.1.1 werden die Grundbegriffe der Prozessanalyse anhand eines Beispiels aus der Güterproduktion erklärt. Auf die Besonderheiten der Prozessanalyse in der Dienstleistungsproduktion wird in Kapitel 15.1.2 eingegangen.

15.1.1 Prozessanalyse in der Güterproduktion

Die Firma Huber ist Produzent von Holzbilderrahmen. Holz und Glas des Bilderrahmens werden getrennt voneinander bearbeitet und dann zu einem fertigen Bilderrahmen montiert und überprüft. Der Produktionsprozess umfasst Aktivitäten und Wartezeiten (Pufferlager). Das Flussdiagramm in Abbildung 15.2 zeigt den Produktionsprozess eines Bilderrahmens.

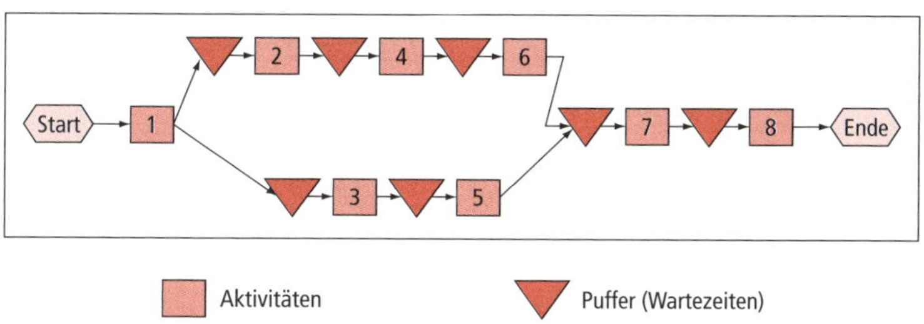

Abbildung 15.2: Flussdiagramm der Bilderrahmenproduktion

Der Produktionsprozess besteht aus den Aktivitäten 1 bis 8 und den dazu nötigen Pufferlagern und umfasst einerseits den Weg des Holzrahmens (Start > 1 > 2 > 4 > 6 > 7 > 8 > Ende) und andererseits den Weg des Glases (Start > 1 > 3 > 5 > 7 > 8 > Ende). In Aktivität 7 werden Holzrahmen und Glas zu einem fertigen Bilderrahmen montiert und abschließend in Aktivität 8 überprüft.

Tabelle 15.1 zeigt die einzelnen Aktivitäten des Produktionsprozesses:

Nummer	Aktivitäten
1	Vorbereiten des Materials (Holz und Glas)
2	Zuschneiden des Holzes
3	Zuschneiden des Glases
4	Einfräsen der Ausnehmungen für das Glas in das Holz
5	Schleifen der Glaskanten
6	Zusammenkleben des Holzrahmens
7	Einkleben des Glases in den Holzrahmen
8	Qualitätskontrolle

Tabelle 15.1: Aktivitäten des Produktionsprozesses

Die **Stammdaten** des Produktionsprozesses (Arbeitsplan- und Kapazitätsdaten) sind in Tabelle 15.2 angeführt.

Arbeitsplan				Kapazitätsdaten
Nr.	Aktivitäten	Bearbeitungszeit [in min]	Ressourcenpool	Maximale Kapazität [Auftragseinheiten/Stunde]
1	Vorbereiten des Materials (Holz, Glas)	3	1 Facharbeiter-VM	20
2	Zuschneiden des Holzes	12	Zuschneidemaschine-ZH 1 Facharbeiter-ZH	5
3	Zuschneiden des Glases	10	Zuschneidemaschine-ZG 1 Facharbeiter-ZG	6
4	Einfräsen der Ausnehmungen für das Glas in das Holz	8	Fräsmaschine-FH 1 Facharbeiter-FH	7,5
5	Schleifen der Glaskanten	6	Schleifmaschine-SG 1 Facharbeiter-SG	10
6	Zusammenkleben des Holzrahmens	7	1 Facharbeiter-KH	8,57
7	Einkleben des Glases in den Holzrahmen	3	1 Facharbeiter-KG	20
8	Qualitätskontrolle	5	2 Inspektoren	24

Tabelle 15.2: Stammdaten des Produktionsprozesses

Arbeitsplan Die **Bearbeitungszeit** misst die Zeit für die Ausführung einer Aktivität innerhalb eines Prozesses. In Dienstleistungsprozessen wird die Bearbeitungszeit auch **Servicezeit** genannt. Als **Ressourcenpool** wird die Zusammenfassung von Ressourcen (Mitarbeiter und Maschinen) bezeichnet, die eine Aktivität ausführen.

Kapazitätsdaten Die **maximale Kapazität** (letzte Spalte in Tabelle 15.2) gibt jenen Output an, der mit einem Ressourcenpool pro Zeiteinheit maximal erreicht werden kann (z.B. Stück/Stunde).

In den einzelnen Pufferlagern befinden sich durchschnittlich acht Holzrahmen und sieben Gläser. Der durchschnittliche Output des Produktionsprozesses wurde mit 4,5 Bilderrahmen pro Stunde gemessen.

■ Mindestdurchlaufzeit ($T_{mind.}$)

Die Mindestdurchlaufzeit eines Prozesses umfasst jene Durchlaufzeit, die mindestens nötig ist, um eine Auftragseinheit in ein Produkt zu transformieren. Diese beinhaltet ausschließlich die wertschöpfenden Zeiten (Bearbeitungszeiten) des Prozesses und ignoriert die zeitlichen Puffer (Wartezeiten).

In Tabelle 15.3 sind die Bearbeitungszeiten mit den Aktivitätsnummern in Klammern angegeben:

	Bearbeitungszeiten der einzelnen Aktivitäten						Summe
Holz	3 min (1)	12 min (2)	8 min (4)	7 min (6)	3 min (7)	5 min (8)	38 min
Glas	3 min (1)	10 min (3)	6 min (5)	3 min (7)	5 min (8)	-	27 min

Tabelle 15.3: Bearbeitungszeiten

In unserem Beispiel beträgt die Summe der Bearbeitungszeiten für den Durchlauf von Holz 38 Minuten; für den Durchlauf von Glas 27 Minuten. Um einen kompletten Rahmen in kürzest möglicher Zeit fertigzustellen, werden daher mindestens 38 Minuten benötigt. Somit beträgt die Mindestdurchlaufzeit $T_{mind.}$ des Gesamtprozesses 38 Minuten.

■ Der „kritische Weg“

Der Weg der Aktivitäten, der die Mindestdurchlaufzeit des Produktionsprozesses bestimmt, wird als **kritischer Weg** bezeichnet. Der kritische Weg ist somit der Weg mit der längsten Gesamtbearbeitungszeit ohne Berücksichtigung von Wartezeiten. In unserem Fall ist der kritische Weg der Pfad des Holzes und besteht aus den Aktivitäten 1, 2, 4, 6, 7, 8. Die Aktivitäten auf dem kritischen Weg werden auch als **kritische Aktivitäten** bezeichnet.

In Abbildung 15.3 sind der kritische Weg bzw. die kritischen Aktivitäten rot dargestellt.

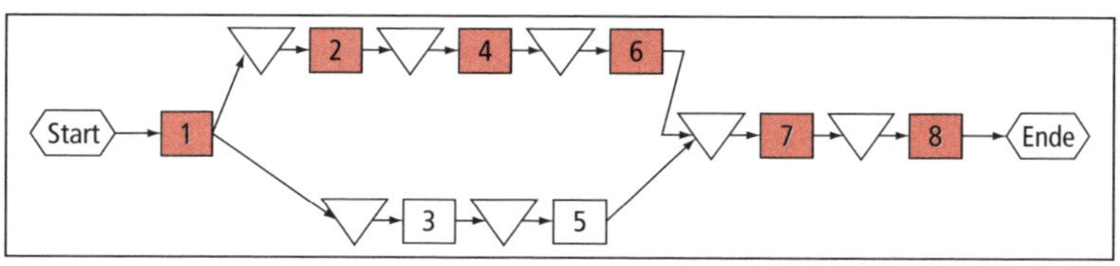

Abbildung 15.3: Flussdiagramm – kritischer Weg – Firma Huber

- **Durchlaufzeit (T)**

  Die Durchlaufzeit T eines Prozesses setzt sich zusammen aus den Bearbeitungszeiten, in denen wertschöpfende Aktivitäten ausgeführt werden (Mindestdurchlaufzeit), und aus Zeiten, in denen die jeweilige Auftragseinheit wartet (Wartezeit) (siehe Abbildung 15.4).

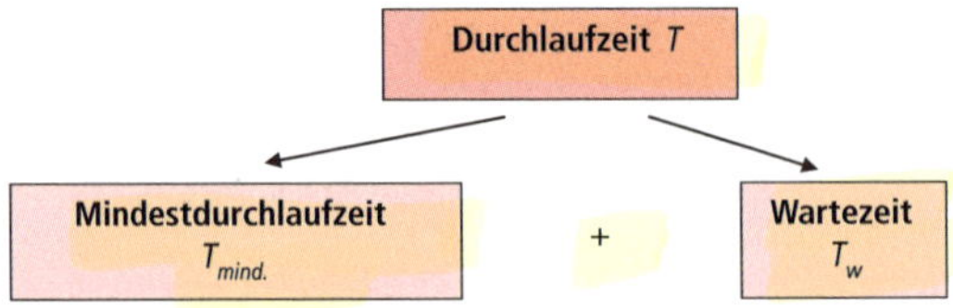

Abbildung 15.4: Elemente der Durchlaufzeit

Der durchschnittliche Bestand in den Pufferlagern (I), die durchschnittliche Output-Rate (R) und die bereits berechnete Mindestdurchlaufzeit ($T_{mind.}$) sind bekannt.

Mithilfe des Gesetzes von Little ($I = R \times T$ – siehe Kapitel 13.4.) kann mit diesen Daten die Durchlaufzeit berechnet werden. Durch Umformung des Gesetzes von Little erhält man:

$$T = \frac{I}{R} \qquad \text{Durchlaufzeit = Bestand geteilt durch Output-Rate}$$

Je nachdem, welche Bestände herangezogen werden, können verschiedene Durchlaufzeiten berechnet werden. In unserem Beispiel sind die Bestände in den Pufferlagern angegeben. Setzt man den Pufferlager-Bestand ein, erhält man die Durchlaufzeit für die Zwischenlager, also die Wartezeit.

Für das Beispiel gilt:

durchschnittliche Output-Rate (R): 4,5 Bilderrahmen pro Stunde

durchschnittlicher Bestand an Holzrahmen in den Puffern (I): 8 Stück

durchschnittlicher Bestand an Gläsern in den Puffern (I): 7 Stück

Daraus folgt nach dem Gesetz von Little:

Wartezeit eines Holzrahmens = Bestand / Output-Rate
= 8 Stk. / 4,5 Stk./Std. = 1,78 Std. = 106,7 Min.

Wartezeit eines Glases = Bestand / Output-Rate
= 7 Stk. / 4,5 Stk./Std. = 1,55 Std. = 93,3 Min.

Durchlaufzeit eines Holzrahmens = Mindestdurchlaufzeit + Wartezeit
= 38 Min. + 106,7 Min. = 144,7 Min.

Durchlaufzeit eines Glases = Mindestdurchlaufzeit + Wartezeit
= 27 Min. + 93,3 Min. = 120,3 Min.

Die Durchlaufzeit eines Bilderrahmens ist das Maximum der Durchlaufzeiten von Holzrahmen und Glas und beträgt hier somit 144,7 Minuten.

Hinweis: Im Dienstleistungsbereich erfolgt im Gegensatz zur Güterproduktion die Ermittlung der Durchlaufzeit nicht über das Gesetz von Little, sondern durch direkte Messung beim Kunden (siehe Kapitel 15.1.2).

- **Durchlaufzeit-Effizienz (DLZ-Effizienz)**

Die **Durchlaufzeit-Effizienz** ist ein Indikator für den Anteil der Mindestdurchlaufzeit an der Durchlaufzeit eines Prozesses. Unternehmen streben eine hohe Durchlaufzeit-Effizienz an, um durch geringe Wartezeiten einerseits Kosten zu sparen und andererseits durch eine rasche Erbringung der Leistung den Kunden zufrieden zu stellen.

$$DLZ\text{-}Effizienz = \frac{Mindestdurchlaufzeit}{Durchlaufzeit}$$

$$DLZ\text{-}Effizienz = \frac{38}{144{,}7} = 26{,}3\%$$

Die Bearbeitungszeit beträgt rund ein Viertel der Gesamtdurchlaufzeit des Produktionsprozesses, die Wartezeit somit fast drei Viertel (73,7 %).

- **Maximale Kapazität, Engpass**

Die maximal mögliche Output-Rate eines Ressourcenpools wird als **maximale Kapazität** bezeichnet (siehe Kapazitätsdaten in Tabelle 15.2). Die **maximale Kapazität des Prozesses (maximale Prozesskapazität)** ergibt sich aus dem Ressourcenpool mit der geringsten Kapazität. In einem Prozess kann nicht mehr produziert werden, als es für den Ressourcenpool mit der geringsten Kapazität möglich ist. Dieser Ressourcenpool wird auch als **Engpass** bezeichnet.

In unserem Beispiel liegt der Engpass beim Ressourcenpool der Aktivität 2 (Zuschneiden des Holzes – Zuschneidemaschine-ZH und Facharbeiter-ZH). Aufgrund dieses Engpasses können maximal fünf Bilderrahmen pro Stunde produziert werden (siehe Tabelle 15.4).

Ressourcenpool	Maximale Kapazität [Auftragseinheiten/Stunde]	Auslastung [in %]
1 Facharbeiter-VM	20	4,5 / 20 × 100 = 22,5%
Zuschneidemaschine-ZH	5	4,5 / 5 × 100 = 90%
Zuschneidemaschine-ZG 1 Facharbeiter-ZG	6	4,5 / 6 × 100 = 75%
Fräsmaschine-FH 1 Facharbeiter-FH	7,5	4,5 / 7,5 ×. 100 = 60%
Schleifmaschine-SG 1 Facharbeiter-SG	10	4,5 / 10 × 100 = 45%
1 Facharbeiter-KH	8,57	4,5 / 8,75 × 100 = 51,4%
1 Facharbeiter-KG	20	4,5 / 20 × 100 = 22,5%
2 Inspektoren	24	4,5 / 24 × 100 = 18,75%

Tabelle 15.4: Maximale Kapazität – Auslastung

- **Auslastung**

  Die **Auslastung** eines Ressourcenpools ergibt sich aus dem Quotienten des aktuellen Outputs eines Prozesses und der maximalen Kapazität des jeweiligen Ressourcenpools.

$$Auslastung\ [\%] = \frac{Output\text{-}Rate\ [\text{Einheiten/Std.}] \times 100\%}{Maximale\ Kapazität\ [\text{Einheiten/Std.}]}$$

  Die **Auslastung** ist die Relation zwischen der Menge, die tatsächlich produziert wird (Output-Rate), und der Menge, die produziert werden könnte (maximale Kapazität). Sie gibt somit an, in welchem Ausmaß die vorhandene Kapazität genutzt wird.

  Einen sinnvollen Grad der Auslastung von Ressourcen zu finden ist für ein Unternehmen deshalb wichtig, da davon einerseits Kosten und andererseits Möglichkeiten, auf Produktionsschwankungen reagieren zu können, abhängig sind (Wirtschaftlichkeit versus Flexibilität – siehe Kapitel 15.2).

  In unserem Beispiel ist die Output-Rate des Prozesses durch die Nachfrage nach dem Produkt bestimmt und beträgt 4,5 Bilderrahmen pro Stunde.

  Die **Auslastung des Gesamtprozesses** entspricht der Auslastung des Engpasses. Da der Engpass beim Ressourcenpool der Aktivität 2 liegt, beträgt derzeit die Auslastung des Gesamtprozesses 90 % (siehe Tabelle 15.4).

15.1.2 Prozessanalyse in der Dienstleistungsproduktion

Die Prozessanalyse in der Dienstleistungsproduktion soll durch folgendes Beispiel veranschaulicht werden:

Sie sind Mitglied eines Prozessverbesserungsteams und wurden vom Geschäftsführer einer Autowerkstätte mit der Untersuchung des Serviceprozesses in der Reparaturwerkstätte beauftragt. Die Prozessverbesserung soll die Kosteneffizienz und den Kundenservice des zu untersuchenden Betriebes steigern.

Zu Beginn der Arbeit Ihres Teams wurde der Ablauf des Reparaturprozesses in der Autowerkstätte erhoben und in einzelne Aktivitäten gegliedert. Um die Mindestdurchlaufzeit dieses Reparaturprozesses zu ermitteln, wurden für 50 Reparaturaufträge die jeweiligen Zeitbedarfe gemessen, die notwendig waren, um die einzelnen Aktivitäten auszuführen. Außerdem wurde die Anzahl der Wiederholungen der Aktivitäten erhoben.

Der vom Prozessverbesserungsteam erstellte **Arbeitsplan** (siehe Tabelle 15.5) umfasst eine Kurzbeschreibung der verschiedenen Aktivitäten, deren Reihenfolge sowie den notwendigen Zeitbedarf für die einmalige Ausführung dieser Aktivität.

Nummer	Aktivität	Zeitbedarf (in min)
Start	Kunde bringt Auto in Werkstatt (Kundenparkplatz)	–
1	Kunde geht vom Kundenparkplatz zum Büro (Auftragsannahme)	1
2	Auftrag zur Reparatur wird vom Mitarbeiter entgegengenommen	10
3	Büromitarbeiter bringt Reparaturauftrag zum Mechaniker	2
4	Büromitarbeiter gibt Auftrag in das EDV-System ein	5
5	Reparaturarbeiten werden vom Mechaniker durchgeführt	90
6	Testfahrt wird unternommen	10
7	Auto wird gereinigt	10
8	Durchgeführte Reparaturarbeiten werden vom Mechaniker schriftlich aufgezeichnet	6
9	Mechaniker bringt Aufzeichnungen in das Büro	2
10	Rechnung wird auf Basis der Aufzeichnungen ausgestellt	12
11	Rechnung wird ausgedruckt	1
12	Kunde bezahlt Rechnung	3
Abschluss	Kunde verlässt das Büro und mit dem Auto die Reparaturwerkstatt	

Tabelle 15.5: Aktivitäten beim Reparaturprozess (Arbeitsplan)

In einem **Flussdiagramm** wird die Reihenfolge der Aktivitäten des Reparaturprozesses dargestellt (siehe Abbildung 15.5).

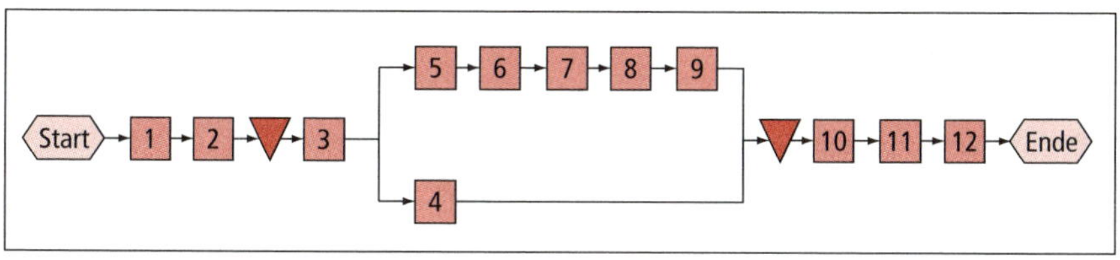

Abbildung 15.5: Flussdiagramm – Autoreparaturprozess

Für die Berechnung der Durchlaufzeit (Mindestdurchlaufzeit und Wartezeit) des Reparaturprozesses wurden von Ihrem Team bei 50 Reparaturaufträgen (über einen Zeitraum von zwei Wochen) die Zu- und Abgangszeiten der Autos gemessen. Die durchschnittliche Zeitspanne zwischen diesen Zeitpunkten wurde in Folge als Durchlaufzeit angesetzt und betrug 350 Minuten.

Aktivität 5 (Reparatur) und Aktivität 6 (Testfahrt) mussten aufgrund aufgetretener Fehler bei der Testfahrt bei 20 Prozent aller Autos wiederholt werden, was zu einer Erhöhung der Bearbeitungszeit der betroffenen Aktivitäten führte. Alle anderen Aktivitäten mussten im Rahmen der Untersuchung nicht wiederholt werden.

In Tabelle 15.6 ist der Arbeitsplan des Reparaturprozesses mit den Wiederholungsfaktoren angegeben:

Nummer	Aktivität	Zeit für einmalige Ausführung (in min)	Wiederholungsfaktor	Bearbeitungszeit (in min)
Start	Kunde bringt Auto in Werkstatt (Kundenparkplatz)	–	1,00	–
1	Kunde geht vom Kundenparkplatz zum Büro (Auftragsannahme)	1	1,00	1 × 1 = 1
2	Auftrag zur Reparatur wird vom Mitarbeiter entgegengenommen	10	1,00	10 × 1 = 10
3	Büromitarbeiter bringt Reparaturauftrag zum Mechaniker	2	1,00	2 × 1 = 2
4	Büromitarbeiter gibt Auftrag in das EDV-System ein	5	1,00	5 × 1 = 5
5	Reparaturarbeiten werden vom Mechaniker durchgeführt	90	1,20	90 × 1,2 = 108
6	Testfahrt wird unternommen	10	1,20	10 × 1,2 = 12
7	Auto wird gereinigt	10	1,00	10 × 1 = 10
8	Durchgeführte Reparaturarbeiten werden vom Mechaniker schriftlich aufgezeichnet	6	1,00	6 × 1 = 6
9	Mechaniker bringt Aufzeichnungen ins Büro	2	1,00	2 × 1 = 2
10	Rechnung wird auf Basis der Aufzeichnungen ausgestellt	12	1,00	12 × 1 = 12
11	Rechnung wird ausgedruckt	1	1,00	1 × 1 = 1
12	Kunde bezahlt Rechnung	3	1,00	3 × 1 = 3
Abschluss	Kunde verlässt das Büro und mit dem Auto die Reparaturwerkstatt	–	1,00	–

Tabelle 15.6: Arbeitsplan – Reparaturprozess mit Wiederholungsfaktoren

Um Prozessverbesserungen gezielt ansetzen zu können, sind die Ermittlung des kritischen Weges und der Mindestdurchlaufzeit notwendig (siehe Sachgüterproduktion – Bilderrahmenproduktion). Innerhalb des Reparaturprozesses gibt es zwei verschiedene Wege mit unterschiedlichen Gesamtbearbeitungszeiten. Tabelle 15.7 zeigt die Gesamtzeiten für die zwei Wege:

Weg1												
Aktivität	1	2	3	5	6	7	8	9	10	11	12	Σ
Bearbeitungszeit inkl. Wiederholung [min]	1	10	2	108	12	10	6	2	12	1	3	167

Weg2									
Aktivität	1	2	3	4	10	11	12	Σ	
Bearbeitungszeit inkl. Wiederhol. [min]	1	10	2	5	12	1	3	34	

Tabelle 15.7: Gesamtbearbeitungszeiten

Der kritische Weg ist der Weg 1, da er mit 167 Minuten die längste Bearbeitungszeit hat. Somit beträgt die Mindestdurchlaufzeit des Reparaturprozesses 167 Minuten. Durchlaufzeit-Effizienz:

$$DLZ\text{-}Effizienz = \frac{167 \text{ Min.}}{350 \text{ Min.}} = 47{,}7\%$$

Die Durchlaufzeit-Effizienz als Indikator für den Anteil der Bearbeitungszeit an der Gesamtdurchlaufzeit des Produktionsprozesses beträgt 47,7 %. Der Anteil der Wartezeit ist somit 52,3 %.

15.2 Kapazitätsmanagement

Ein wichtiger Teil des taktischen Produktionsmanagements (siehe Abbildung 15.1) ist das Kapazitätsmanagement. In Kapitel 15.1.1 wurden die Begriffe „Maximale Kapazität“ und „Auslastung“ erklärt. Unter maximaler Kapazität versteht man den maximalen Output, den ein Ressourcenpool erreichen kann. Die Auslastung des Ressourcenpools ist der Quotient aus tatsächlichem Output (Output-Rate) und maximaler Kapazität.

$$Auslastung = \frac{Output\text{-}Rate \text{ [Stk./Std.]}}{Maximale\ Kapazit\ddot{a}t \text{ [Stk./Std.]}}$$

Diese Betrachtungsweise beschränkt sich auf die Berücksichtigung von Durchschnittswerten und lässt Schwankungen außer Acht. Um Schwankungen berücksichtigen zu können, verwendet man im Kapazitätsmanagement zusätzlich zu den Durchschnittswerten auch Streuungsmaße (Varianz, Standardabweichung).

Zur Veranschaulichung und weiteren Erklärung soll folgendes Beispiel dienen: Am indischen Konsulat in Wien gibt es *einen* Schalter für die Ausstellung von Touristenvisa. In einer Arbeitszeitstudie wurde mittels Zeitmessung festgestellt, dass die Visumausstellungen unterschiedlich lange dauern. Gründe dafür sind beispielsweise Unterschiede zwischen den Mitarbeitern, die abwechselnd am Schalter arbeiten, sowie das unterschiedliche Ausmaß der Vorbereitung und die Herkunft der Antragsteller (Kunden). Aus allen Messwerten wurde die **mittlere Servicezeit T_S** (arithmetischer Mittelwert) mit 6 Minuten und ihre **Standardabweichung** ebenfalls mit 6 Minuten berechnet. Der Begriff „Servicezeit“ ist der im Dienstleistungsbereich gebräuchliche Begriff, der der Bearbeitungszeit in der Güterproduktion entspricht.

Der Kehrwert der durchschnittlichen Servicezeit ist die **mittlere Servicerate R_s**. Die Servicerate sagt aus, wie viele Aufträge durchschnittlich pro Zeiteinheit bearbeitet werden können.

$$R_s = \frac{1}{T_s} = \frac{1}{6 \text{ Min.}} = 0{,}167 \text{ Personen/Min.} \times 60 = 10 \text{ Personen/Std.}$$

Die Servicerate entspricht der Kapazität.

Die Output-Rate gibt die Nachfrage für ein Produkt oder eine Dienstleistung pro Zeiteinheit an, welche in der Realität nicht konstant ist. Zum Visumschalter am Konsulat kommt nicht exakt alle 6 Minuten ein neuer Antragsteller. Manchmal kommen mehrere Personen gleichzeitig zum Schalter, manchmal vergeht eine Stunde bis zum Eintreffen des nächsten Antragsstellers. Die **mittlere Ankunftsrate R_a** sagt aus, wie viele Personen durchschnittlich pro Stunde (Zeiteinheit) zum Schalter kommen. Die oben zitierte Studie hat neben der Messung der Servicezeiten auch die tatsächlichen Ankünfte erfasst. Die aus diesen Daten berechnete mittlere Ankunftsrate R_a beträgt 9 Personen pro Stunde.

$$R_a = 9 \text{ Personen/Std.}$$

Mithilfe der durchschnittlichen Servicerate und der durchschnittlichen Ankunftsrate kann die **durchschnittliche Auslastung** ρ berechnet werden:

$$\rho = \frac{R_a}{R_s} = R_a \times T_s$$

Die durchschnittliche Auslastung des Schalters im Konsulat beträgt:

$$\rho = \frac{9}{10} = 0{,}9 = 90\%$$

Die entscheidende Frage lautet nun: Wie lange dauert es durchschnittlich, bis eine Person das Konsulat mit einem fertigen Visum verlassen kann?

Grundsätzlich setzt sich die gesamte Aufenthaltszeit im Konsulat (**mittlere Durchlaufzeit *T***) aus der mittleren Wartezeit T_w und der mittleren Servicezeit T_s zusammen.

$$T = T_w + T_s$$

Da die durchschnittliche Servicezeit T_s bereits bekannt ist, fehlt für die Ermittlung der **durchschnittlichen Durchlaufzeit** T noch die durchschnittliche Wartezeit T_w.

Die **mittlere Wartezeit T_w** kann wie folgt bestimmt werden:

$$T_w = T_s \times \frac{\rho}{1-\rho} \times \frac{c_a^2 + c_s^2}{2}$$

Die mittlere Wartezeit T_w ist abhängig von der mittleren Servicezeit T_s, von der mittleren Auslastung ρ und von den Variationskoeffizienten c_a der Ankunftsrate und c_s der Servicezeit.

Der Variationskoeffizient c ist der Quotient aus Standardabweichung und Mittelwert und somit eine Maßzahl, die die **Variabilität** (Ausmaß der Schwankung) einer Kennzahl beschreibt. Es können drei Bereiche unterschieden werden:

Geringe Schwankung	$0 \leq c < 3/4$
Mittlere Schwankung	$3/4 \leq c \leq 4/3$
Starke Schwankung	$c > 4/3$

Tabelle 15.8: Ausmaß der Schwankung

In unserem Beispiel wurde aus den Daten der Arbeitszeitstudie zusätzlich zur mittleren Ankunfts- und Servicerate auch die jeweilige Standardabweichung ermittelt. Der Variationskoeffizient der Servicezeit ist daher: $c_s = 6/6 = 1$. Ebenso wurde für c_a der Wert 1 errechnet, was einer mittleren Schwankung entspricht.
Die mittlere Wartezeit T_w ist daher:

$$T_w = T_s \times \frac{\rho}{1-\rho} \times \frac{c_a^2 + c_s^2}{2} = 6 \times \frac{0,9}{1-0,9} \times \frac{1^2+1^2}{2} = 6 \times 9 \times 1 = 54 \text{ Min.}$$

Ein Antragsteller wartet durchschnittlich 54 Minuten, bis er am Schalter an die Reihe kommt. Da anschließend die Bedienung am Schalter 6 Minuten dauert, hält sich ein Antragsteller insgesamt durchschnittlich 60 Minuten im Konsulat auf.

$$T = T_w + T_s = 54 + 6 = 60 \text{ Min.} = 1 \text{ Std.}$$

Mit dem Gesetz von Little kann der Bestand I an Personen im Prozess (Auftragsbestand, WIP) berechnet werden (siehe Kapitel 13.4):

$$I = R_a \times T = 9 \text{ Personen/Std.} \times \frac{60}{60} \text{Std.} = 9 \text{ Personen}$$

Durchschnittlich halten sich neun Personen in der Visumabteilung des Konsulates auf.

Wenn man beim Gesetz von Little anstelle der mittleren Durchlaufzeit T die mittlere Wartezeit T_W verwendet, kann man die Anzahl der wartenden Personen I_W berechnen.

$$I_w = R_a \times T_w = 9 \text{ Personen/Std.} \times \frac{54}{60} \text{Std.} = 8,1 \text{ Personen}$$

Durchschnittlich warten also 8,1 Personen in der Warteschlange. Die Differenz zwischen den wartenden Personen und den Personen insgesamt im System ist die Auslastung (9 – 8,1 = 0,9).

Grundsätzlich wird das Konsulat bestrebt sein, die Wartezeit zu minimieren. Die verschiedenen Möglichkeiten dafür lassen sich einfach identifizieren, wenn man die Faktoren der Wartezeit betrachtet.

$$T_W = \underbrace{T_s}_{\text{Kapazitätsfaktor}} \times \underbrace{\frac{\rho}{1-\rho}}_{\text{Auslastungsfaktor}} \times \underbrace{\frac{c_a^2 + c_s^2}{2}}_{\text{Variabilitätsfaktor}}$$

Folgende Möglichkeiten ergeben sich, um die Wartezeit zu verringern:

- **Servicezeit verringern**

  Die erste Möglichkeit, die Wartezeit zu verkürzen, ist die Reduzierung der **Servicezeit** T_S (geht als direkter Faktor in die Wartezeit ein). In unserem Beispiel könnte man versuchen, die durchschnittliche Servicezeit durch Schulung der Mitarbeiter oder durch Verbesserung der Formulare zu verringern.

■ **Mittlere Auslastung verringern**

Der Auslastungsfaktor steigt mit der **mittleren Auslastung**, d.h. je höher die mittlere Auslastung ist, desto länger ist die Wartezeit. Daraus ergibt sich ein Zielkonflikt. Zum einen ist das Management bestrebt, die Kapazitäten gut auszulasten, also wenig Stillstand zuzulassen. Zum anderen muss aber zur Befriedigung der schwankenden Nachfrage eine **Sicherheitskapazität** gehalten werden. Die Sicherheitskapazität ist die Differenz aus mittlerer Servicerate R_s und mittlerer Ankunftsrate R_a oder $1 - \rho$. In der Ausgangssituation beträgt die Sicherheitskapazität 1 Person/Stunde (10 – 9) oder 10 % (1 – 0,9 × 100 %).

Abbildung 15.6 zeigt grafisch den Zusammenhang zwischen mittlerer Durchlaufzeit und mittlerer Auslastung. Die Durchlaufzeit besteht aus der Servicezeit und der Wartezeit. Man sieht, dass die mittlere Servicezeit bei steigender Auslastung konstant bleibt, während die mittlere Wartezeit mit steigender Auslastung exponentiell steigt. Die mittlere Wartezeit kann also durch Senkung der Auslastung reduziert werden.

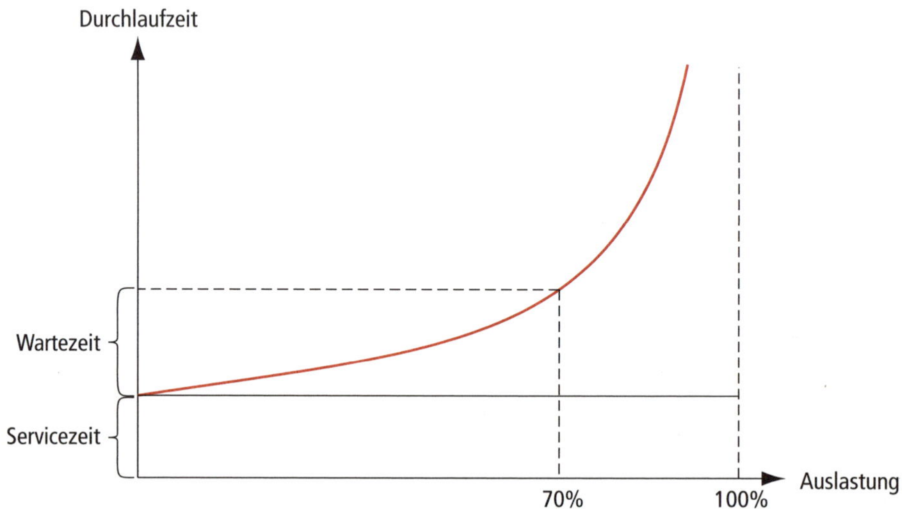

Abbildung 15.6: Zusammenhang zwischen mittlerer Auslastung und mittlerer Durchlaufzeit

Die Praxis zeigt, dass bei Dienstleistungsprozessen bis zu einer durchschnittlichen Auslastung von 70 % eine gute Servicequalität (d.h. eine akzeptable Wartezeit) möglich ist (siehe Abbildung 15.6).

Nehmen wir für unser Beispiel an, dass durch die Einführung eines einfacheren Formulars die durchschnittliche Servicezeit am Schalter und deren Standardabweichung von 6 auf 5 Minuten sinkt. Was bedeutet das für die Wartezeit?

Eine mittlere Servicezeit von 5 Minuten ergibt eine mittlere Servicerate von 12 Personen pro Stunde. Durch diese Verbesserung können also durchschnittlich 12 Antragsteller pro Stunde abgefertigt werden. Die Ankunftsrate bleibt unverändert.

Die mittlere **Auslastung** ρ ist dann:

$$\rho = R_a \times T_s = 9 \times \frac{5}{60} = 0{,}75$$

Die Sicherheitskapazität beträgt somit 25 % (1 – 0,75 × 100 %). Die mittlere Wartezeit T_W ist dann:

$$T_w = 5 \times \frac{0{,}75}{1 - 0{,}75} \times \frac{1^2 + 1^2}{2} = 5 \times 3 \times 1 = 15 \text{ Min.}$$

Die Verkürzung der mittleren Servicezeit und die damit verbundene Senkung der Auslastung führt zu einer Absenkung der durchschnittlichen Wartezeit von 54 auf 15 Minuten.

- **Variabilität reduzieren**

Eine weitere Möglichkeit zur Senkung der Wartezeit ist die Verringerung der Variabilität, also die Verminderung von Schwankungen der Service- und/oder Ankunftsrate. Der Variabilitätsfaktor zeigt, dass mit steigenden Variationskoeffizienten die Wartezeit steigt.

Nehmen wir für unser Beispiel an, dass zusätzlich zu den oben angeführten Verbesserungen auch beide Variationskoeffizienten auf 0,7 reduziert werden können (z.B. durch computergestützte Datenerfassung). Wie wirkt sich diese Veränderung auf die Wartezeit aus?

$$T_w = 5 \times \frac{0{,}75}{1 - 0{,}75} \times \frac{0{,}7^2 + 0{,}7^2}{2} = 5 \times 3 \times 0{,}49 = 7{,}35 \text{ Min.}$$

Als Folge dieser Verringerung der Variabilität sinkt die Wartezeit von 15 auf 7,35 Minuten.

Maßnahmen zur Reduzierung der Variabilität der Servicezeit:

Prozess-Standardisierung, Automatisierung, Verringerung der Produktvarianten, Mitarbeitertraining usw.

Maßnahmen zur Reduzierung der Variabilität der Ankunftsrate:

Verbesserte Prognose, Terminvereinbarung, Rahmenvertrag, differenzierte Preisgestaltung (z.B. Kinomontag). Diese Maßnahmen zählen zum **Demand-Management**.

15.3 Qualitätsmanagement

15.3.1 Allgemeines

In Kapitel 4.4.1 wurde Qualität als eines der vier Hauptkriterien der Effizienz von Geschäftsprozessen vorgestellt. Qualität spielt bei der Produktion von Sachgütern und Dienstleistungen eine wesentliche Rolle.

Definition Unter **Qualität** versteht man die Gesamtheit von Eigenschaften und Merkmalen eines Produkts oder eines Prozesses, bezogen auf deren Eignung zur Erfüllung vorgegebener Erfordernisse, und zwar aus der Sicht der Kunden und im Vergleich zur Qualität der Mitbewerber.

Das heißt, Qualität betrifft sowohl den Output (Produktqualität/Dienstleistungsqualität) als auch die innerbetrieblichen Abläufe (Prozessqualität) eines Unternehmens. Sie muss im Hinblick auf die Kundenanforderungen und die Konkurrenz von jedem Unternehmen selbst festgelegt werden.

Um der umfassenden Bedeutung von Qualität gerecht zu werden, sind Qualitätsmanagementsysteme konzipiert worden. Darunter versteht man Modelle zur Unternehmensführung, die sich nicht auf die Festlegung und Messung von Produktqualität beschränken, sondern alle Leistungserstellungssysteme und -prozesse einer Organisation erfassen. Das bekannteste Beispiel ist Total Quality Management (TQM).

Total Quality Management

Die Grundprinzipien von *Total Quality Management* (TQM) sind:

- **Prozessorientierte Organisation**

  Um den Kundenanforderungen bestmöglich gerecht zu werden, wird die Leistungserstellung in Form von kundenorientierten Prozessen gestaltet (siehe Kapitel 4.1).

- **Integrierte Qualitätskontrolle**

  Die Mitarbeiter sind nicht nur für die Aufgabendurchführung verantwortlich, sondern auch für die Ergebniskontrolle. Durch abwechslungsreichere Tätigkeiten (Job Enlargement) und höhere Verantwortung (Job Enrichment) kann die Mitarbeitermotivation gesteigert werden, was Fehlerraten senken kann.

- **Präventives Qualitätsmanagement**

  Im Zentrum steht die aktive Gestaltung von Qualität bei der Entwicklung von Produkten und Prozessen, und nicht die Reaktion auf fehlerhafte Produkte im Rahmen der Qualitätskontrolle.

- **Prinzip des internen Kunden**

  Jeder Mitarbeiter betrachtet die nachfolgende Aktivität im Leistungserstellungsprozess wie einen „wirklichen" Kunden.

Die Anwendung der TQM-Prinzipien wird durch die Vergabe von nationalen und internationalen Qualitätspreisen gefördert. Die bekanntesten Preise sind der **Malcolm Baldridge National Quality Award (USA)** und der **EFQM Excellence Award** der European Foundation for Quality Management. Deren Grundlage sind Modelle zur Unternehmensführung, die auf den TQM-Prinzipien beruhen. Das EFQM-Modell (siehe Abbildung 15.7) unterscheidet die beiden Hauptgruppen **Befähiger** und **Ergebnisse**, welche aus korrespondierenden Teilkriterien bestehen. Es wird deutlich, dass Qualität nicht die Aufgabe einer einzelnen Abteilung ist, sondern die ganze Organisation betrifft.

Die **Befähiger** sollen gewährleisten, dass die Leistungserstellungsprozesse den Kunden- und Marktanforderungen entsprechen. In der Hauptgruppe **„Ergebnisse"** werden mehrere Teilkriterien bewertet, die mittelbaren und unmittelbaren Einfluss auf den Unternehmenserfolg haben. Das Ergebniskriterium „Kunden" weist im EFQM-Modell die höchste Gewichtung auf, weil die Kundenzufriedenheit als wesentliche Voraussetzung für den langfristigen Unternehmenserfolg gilt. Die mitarbeiterbezogenen Ergebnisse, also die Motivation und die Zufriedenheit der Mitarbeiter, sollen durch Schulung und Qualifizierung der Mitarbeiter (Befähiger) verbessert werden. Die Schlüsselergebnisse umfassen sowohl finanzielle Kennzahlen (z.B. Umsatzrentabilität) als auch nicht-finanzielle Kennzahlen (z.B. Servicegrad).

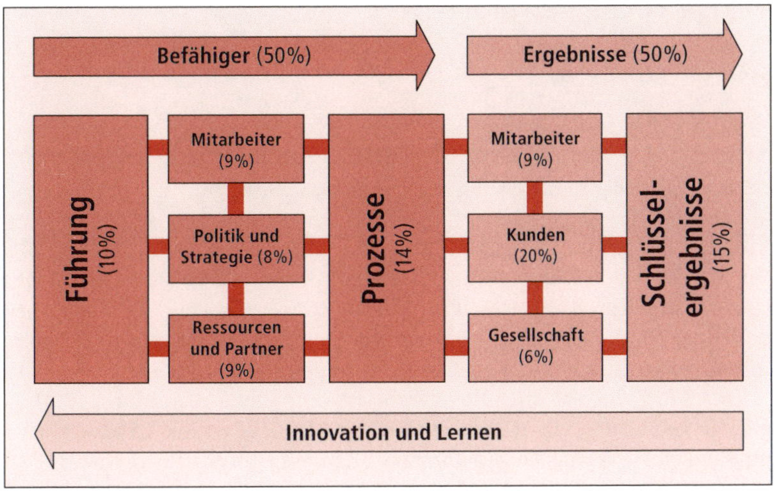

Abbildung 15.7: EFQM-Modell

Empirische Studien belegen, dass Unternehmen, die qualitätsorientierte Managementsysteme einsetzen, im internationalen Wettbewerb sehr erfolgreich sind. Eine Studie in den USA hat ergeben, dass Preisträger vergleichbare Mitbewerber in der Branche klar übertreffen.[1]

Abbildung 15.8 zeigt den Vergleich der durchschnittlichen prozentualen Änderung der Leistungen der Preisträger und der Vergleichsunternehmen für den Zeitraum von vier Jahren nach Erhalt des Preises. Zum Beispiel haben die Preisträger-Unternehmen ihr Betriebsergebnis (Gewinn) in diesen vier Jahren um 91 % steigern können, wohingegen die Vergleichsunternehmen nur eine Steigerung von 43 % aufweisen. Etwas vereinfachend kann man sagen, dass der gesteigerte Unternehmenserfolg zum einen aus höheren Umsätzen resultiert, die aufgrund der verbesserten Qualität erzielt werden können, und zum anderen aus geringeren Kosten, z.B. durch Reduzierung von Nacharbeit (reparierbare Produkte) und geringerem Materialbedarf aufgrund des geringeren Ausschusses (nicht reparierbare Produkte). Weiters kann höhere Kundenzufriedenheit zu stärkerer Kundenbindung und somit auch langfristig zu höheren Umsätzen führen.

1 Vgl. Singhal, V. et al. (2000), S. 1537

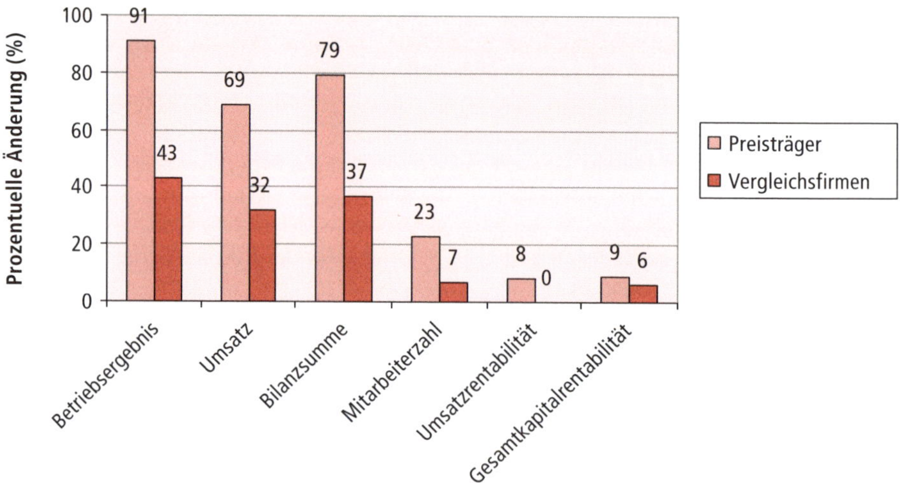

Abbildung 15.8: Vergleich der Preisträger mit den Vergleichsunternehmen

Ein wesentlicher Bestandteil von Qualitätsmanagementsystemen ist das ständige (kontinuierliche) Streben nach Verbesserung der Produkte und Prozesse. Im EFQM-Modell wird dieses Prinzip durch die Rückkoppelung „Innovation und Lernen" verwirklicht (siehe Abbildung 15.7). Der gängige japanische Begriff dafür ist „Kaizen" (siehe Kapitel 4.4.2). Kaizen verwendet einen Kreislauf, der folgende Managementaufgaben umfasst: Planung – Durchführung – Kontrolle – Verbesserung (siehe Abbildung 15.9). Eine weitere gängige Bezeichnung für diesen Ablauf ist „PDCA-Zyklus" (Plan-Do-Check-Act). Diese Vorgehensweise ist das Gegenstück zu Business Process Reengineering (BPR), bei dem es durch radikale Veränderungen zu einer Prozessverbesserung kommen soll (siehe Kapitel 4.4.2).

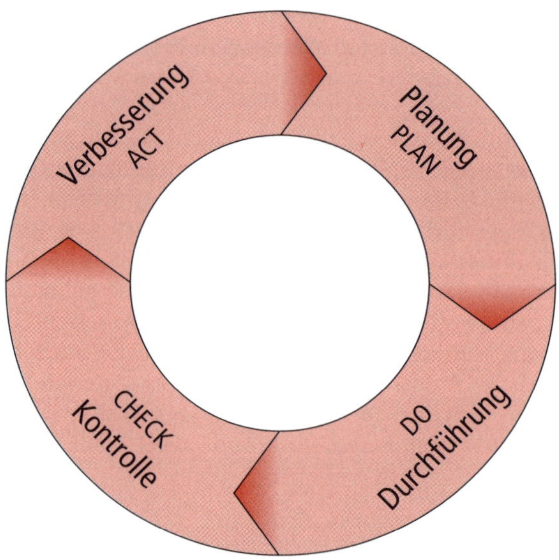

Abbildung 15.9: Phasenschema der kontinuierlichen Verbesserung

In der **Planungsphase** wird ein zu verbesserndes Produkt oder ein zu verbessernder Prozess festgelegt. Dann erfolgen eine Analyse des Ist-Zustandes sowie die Identifizierung von Problemen und deren möglichen Ursachen. In der sogenannten **Durchführungsphase** werden mögliche Lösungen geplant und bewertet. Basierend auf der Bewertung werden eine oder mehrere Lösungen ausgewählt und umgesetzt. In der **Kontrollphase** werden die Auswirkungen der Maßnahmen anhand relevanter Kennzahlen gemessen. Maßnahmen, welche sich während der Kontrollphase als besonders wirkungsvoll erweisen, werden dann in der **Verbesserungsphase** permanent in den Standardprozess übernommen.

15.3.2 Konzepte und Methoden

Im Qualitätsmanagement werden eine Reihe von Methoden, Konzepten und Werkzeugen verwendet, welche anhand ihres Einsatzes in den verschiedenen Phasen des Qualitätsverbesserungszyklus oder des Produktlebenszyklus klassifiziert werden können. Im Folgenden werden die wichtigsten unter ihnen vorgestellt.

Qualitätsplanung und -design

Qualität spielt nicht nur für die laufende Prozessverbesserung eine wichtige Rolle, sondern auch in der Phase der Produktentwicklung. Ein in dieser Hinsicht oft verwendetes Verfahren ist *Quality Function Deployment (QFD)*. Im Rahmen von QFD werden Teams aus Personen der Marketing-, Produktions-, Einkaufs- und Entwicklungsabteilung gebildet. Diese Teams leiten aus den Kundenwünschen in einem vierstufigen Verfahren (1) konkrete Produkteigenschaften, (2) die Eigenschaften der Komponenten, (3) die Prozesseigenschaften sowie (4) die Produktions- und Prozessplanung ab (siehe Abbildung 15.10).

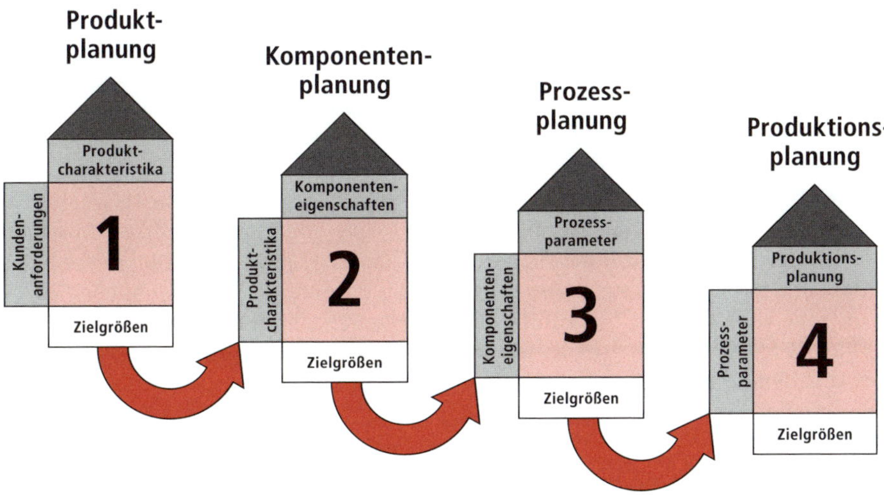

Abbildung 15.10: Vierstufiger Ablauf von QFD

Die erste Stufe von QFD wird auch „House of Quality" genannt. Dabei werden den Kundenanforderungen Produkteigenschaften gegenübergestellt. Ziele dieser Stufe sind die Bewertung und Priorisierung der verschiedenen technischen Produktcharakteristika hinsichtlich ihrer Wichtigkeit für die Erfüllung der Kundenanforderungen. Dadurch soll vermieden werden, dass Produkteigenschaften realisiert werden, die Kosten verursachen, aber dem Kunden nicht wichtig sind bzw. nicht gefordert werden. In der zweiten Stufe werden aus den Produkteigenschaften die Eigenschaften der Komponenten entwickelt. Aus den Komponenteneigenschaften werden anschließend die erforderlichen Ressourcen und Prozessparameter abgeleitet (Stufe 3), welche abschließend die Basis für die Produktionsplanung bilden (Stufe 4).

Insgesamt soll durch diese Vorgehensweise sichergestellt werden, dass sich sowohl die Produkteigenschaften als auch die Prozesse an den relevanten Kundenanforderungen orientieren. Eine sorgfältige Planung ist auch aus Kostensicht vorteilhaft. Es fallen zwar in der Planungsphase höhere Kosten an, die Wahrscheinlichkeit teurer Reparaturen (z.B. Rückholaktion von Automobilen) ist aber dadurch weit geringer. In diesem Zusammenhang ist auch der Begriff „Robustes Design" zu erwähnen. Darunter versteht man den Versuch, ein Produkt so zu gestalten, dass es möglichst nicht für externe Störgrößen (z.B. extreme Wetterbedingungen) anfällig ist.

Ein für das Qualitätsmanagement wichtiges Ergebnis der Qualitätsplanung bzw. des Qualitätsdesigns ist die Generierung von Sollwerten. Das sind jene Werte, die bestimmte Kenngrößen des Produktes oder des Prozesses annehmen sollen. Solange die Abweichung vom Sollwert (= Zielwert) innerhalb einer festgelegten Toleranz (Fertigungstoleranz) ist, ist das Produkt hinsichtlich dieses Qualitätsmerkmals in Ordnung. Beispielsweise ergibt das Qualitätsdesign für eine Stahlwelle, dass deren Durchmesser 25 mm betragen soll (Zielwert). Weiters wird die zulässige Abweichung mit ±0,2 mm festgelegt, d.h. die Welle muss einen Durchmesser von mindestens 24,8 mm haben und darf einen Durchmesser von 25,2 mm nicht überschreiten. Diese Vorgaben werden auch Toleranzgrenzen oder Spezifikationsgrenzen genannt. 24,8 mm ist die untere Spezifikationsgrenze (USG) und 25,2 mm die obere Spezifikationsgrenze (OSG). Die Differenz zwischen OSG und USG ist die Fertigungstoleranz. Teile mit einem Durchmesser außerhalb der Spezifikationsgrenzen werden als fehlerhaft klassifiziert.

Qualitätskontrolle

Bei der Qualitätskontrolle unterscheidet man zwischen Annahme-/Abnahmekontrolle beim Wareneingang bzw. bei der Endprüfung und der Prozesskontrolle im Rahmen der Fertigungsüberwachung.

Bei der *Annahme-/Abnahmekontrolle* steht der Prüfplan im Mittelpunkt, welcher den Stichprobenumfang und die Entscheidungsregel über die Annahme bzw. Ablehnung von gelieferten oder produzierten Teilen festlegt. Ziel ist es, von der Stichprobe auf die Qualität der gesamten Lieferung oder der gesamten Produktionsmenge schließen zu können, um eine vollständige Überprüfung zu vermeiden, weil diese sehr aufwendig ist.

Bei der *Prozesskontrolle* geht es um die laufende Überwachung des Fertigungsprozesses mit dem Ziel, Veränderungen im Prozess festzustellen, noch bevor fehlerhafte Teile produziert werden. Für die Identifikation von Veränderungen des Prozesses ist die Unterscheidung zwischen gewöhnlichen, zufälligen Schwankungen und ungewöhnlichen, zuordenbaren Schwankungen wichtig. Gewöhnliche, zufällige Schwankungen sind Abweichungen, die durch nicht beeinflussbare externe Störungen entstehen (z.B. Schwankungen beim Vormaterial). Diese Schwankungen sind eher unauffällig. Zuordenbare Schwankungen können einer bestimmten Ursache zugeordnet werden. Bei Vorliegen einer Abweichung von der üblichen Streuung, kann davon ausgegangen werden, dass eine zuordenbare Ursache für die Abweichung vorliegt, welche umgehend beseitigt werden muss.

Mithilfe der *Qualitätsregelkarten* kann für einen laufenden Prozess unterschieden werden, ob die vorliegende Streuung noch als gewöhnlich zu beurteilen ist oder ob eine zuordenbare Ursache vorliegt. Dafür werden dem Fertigungsprozess in regelmäßigen Abständen Stichproben entnommen. Aus den Messdaten werden verschiedene Kenngrößen (Mittelwert, Varianz, Anteilswert usw.) berechnet. Solange die Werte der Stichproben innerhalb der sogenannten Kontrollgrenzen bzw. Warngrenzen liegen, wird der Prozess als „unter Kontrolle" bezeichnet. Liegt eine Kenngröße außerhalb der Kontrollgrenzen bzw. Warngrenzen, wird angenommen, dass sich der Prozess aufgrund einer zuordenbaren, nicht zufälligen Ursache verändert hat. Dann ist der Prozess nicht mehr „unter Kontrolle" und es müssen sofort geeignete Maßnahmen ergriffen werden. Bei Über- bzw. Unterschreitung der Warngrenzen wird unmittelbar noch eine Stichprobe gezogen und geprüft. Liegt der Wert dann nochmals außerhalb der Warngrenzen, wird der Prozess gestoppt. Liegt die Kenngröße außerhalb der Kontrollgrenzen, wird der Prozess sofort gestoppt. Die Warn- und Kontrollgrenzen werden mittels Prozessmittelwertes und Standardabweichung berechnet.

Zur Veranschaulichung greifen wir das Beispiel der Stahlwelle wieder auf. Wir nehmen an, dass die Stahlwellen auf einer computergesteuerten Drehmaschine produziert werden. Zur laufenden Kontrolle des Prozesses werden stündlich fünf Stahlwellen entnommen und exakt vermessen. Die Messungen der vergangenen Tage haben ergeben, dass die Maschine Stahlwellen mit einem Durchmesser von durchschnittlich 25,05 mm produziert (Mittelwert der Stichprobenmittelwerte). Dieser Wert wird als *Prozessmittelwert* bezeichnet. Dieser Wert ist vom Sollwert (Zielwert) zu unterscheiden, der in diesem Beispiel vom Qualitätsdesign mit 25,00 mm festgelegt wurde. Weiters kann aus den vergangenen Messwerten die Standardabweichung des Durchmessers berechnet werden. In unserem Beispiel nehmen wir an, dass die Prozessstandardabweichung 0,06 mm beträgt. Aus diesen Werten lässt sich nun die *Mittelwertkarte* entwerfen. Bestandteile der Mittelwertkarte sind der Prozessmittelwert und die oberen und unteren Warn- und Kontrollgrenzen, welche wie folgt berechnet werden:

Obere Kontrollgrenze $\text{OKG} = \overline{\overline{x}} + \frac{3\sigma}{\sqrt{n}}$ — $\overline{\overline{x}}$ ... Prozessmittelwert

Untere Kontrollgrenze $\text{UKG} = \overline{\overline{x}} - \frac{3\sigma}{\sqrt{n}}$ — n ... Stichprobengröße

Obere Warngrenze $\text{OWG} = \overline{\overline{x}} + \frac{2\sigma}{\sqrt{n}}$ — σ ... Prozessstandardabweichung

Untere Warngrenze $\text{UWG} = \overline{\overline{x}} - \frac{2\sigma}{\sqrt{n}}$

In unserem Beispiel ergibt das folgende Werte:

$$\text{OKG} = \overline{\overline{x}} + \frac{3\sigma}{\sqrt{n}} = 25{,}05 + \frac{3 \cdot 0{,}06}{\sqrt{5}} = 25{,}13 \text{ mm}$$

$$\text{UKG} = \overline{\overline{x}} - \frac{3\sigma}{\sqrt{n}} = 25{,}05 - \frac{3 \cdot 0{,}06}{\sqrt{5}} = 24{,}97 \text{ mm}$$

$$\text{OWG} = \overline{\overline{x}} + \frac{2\sigma}{\sqrt{n}} = 25{,}05 + \frac{2 \cdot 0{,}06}{\sqrt{5}} = 25{,}10 \text{ mm}$$

$$\text{UWG} = \overline{\overline{x}} - \frac{2\sigma}{\sqrt{n}} = 25{,}05 - \frac{2 \cdot 0{,}06}{\sqrt{5}} = 25{,}00 \text{ mm}$$

Abbildung 15.11 zeigt diese Regelkarte mit dem Prozessmittelwert und den Kontroll- und Warngrenzen.

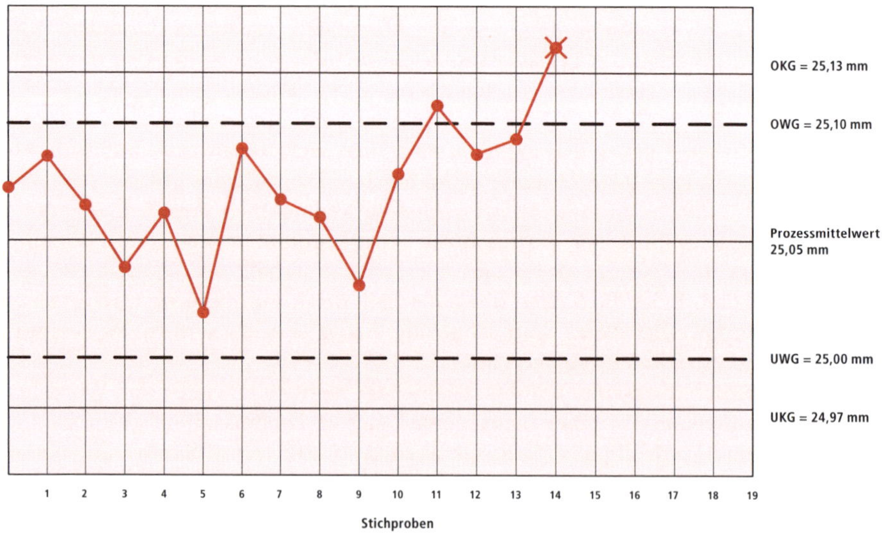

Abbildung 15.11: Mittelwertkarte der Stahlwelle

In der in Abbildung 15.11 dargestellten Regelkarte wird der mittlere Durchmesser jeder Stichprobenentnahme eingetragen. Von Stichprobe Nr. 1 bis Stichprobe Nr. 10 ist der Mittelwert der Stichprobe immer innerhalb der Warngrenzen (= gewöhnliche Variation). Bei Stichprobe Nr. 11 beträgt der Mittelwert der Stichprobe 25,11 mm und liegt somit geringfügig über der Warngrenze. Das bedeutet, dass sofort eine neue Stichprobe gezogen wird. In unserem Beispiel ist der Wert der Stichprobe Nr. 12 aber wieder unter der Warngrenze, und der Prozess kann weiterlaufen. Nachdem Stichprobe 13 auch unter der Warngrenze bleibt, beträgt dann der Mittelwert der 14. Stichprobe 25,15 mm und liegt somit über der Kontrollgrenze. In diesem Fall muss der Prozess sofort unterbrochen werden, um die Ursache für die starke Abweichung zu suchen und zu beseitigen.

Um die Aussagekraft zu erhöhen, sollten zusätzlich zur Mittelwertkarte auch Qualitätsregelkarten für andere Kenngrößen (Spannweite, Varianz) verwendet werden. Für qualitative Qualitätsmerkmale wird die Anteilswertkarte eingesetzt.

Abschließend muss festgehalten werden, dass Qualitätsregelkarten nur Aussagen darüber erlauben, ob ein Prozess unter Kontrolle ist oder nicht. Es geht hier nicht um die Frage, ob der Prozess-Output der Spezifikation entspricht. Diese Fragestellung wird im folgenden Abschnitt *Qualitätsverbesserung* behandelt.

Qualitätsverbesserung

Das Ziel ist, einen „unter Kontrolle" befindlichen Fertigungsprozess durch die Reduktion der Fehlerquote kontinuierlich zu verbessern. Das wird durch die Erhöhung der Prozessfähigkeit erreicht. Die Prozessfähigkeit sagt aus, wie gut ein Prozess in der Lage ist, Teile zu produzieren, die den vorgegebenen Spezifikationen entsprechen. Spezifikationsgrenzen, oft auch Toleranzgrenzen genannt, werden vom Kunden oder der internen

Planung (Qualitätsdesign) vorgegeben. In unserem Beispiel lautet die Vorgabe für den Durchmesser einer Stahlwelle: 25 ±0,2 mm.
Die Prozessfähigkeit kann mithilfe des Prozessfähigkeitsindex c_{pk} gemessen werden.

$$c_{pk} = \frac{Min\{OSG - \overline{\overline{x}}, \overline{\overline{x}} - USG\}}{3\sigma}$$

Wie bereits im Abschnitt *Qualitätskontrolle* festgestellt, beträgt der Prozessmittelwert 25,05 mm und die Prozessstandardabweichung 0,06 mm.

$$c_{pk} = \frac{Min\{25,2-25,05;25,05-24,8\}}{3 \cdot 0,06} = \frac{0,15}{0,18} = 0,833$$

In diesem Beispiel ist der Prozessmittelwert größer als der Sollwert, deshalb ist die obere Spezifikationsgrenze die relevante Grenze. Ab einem c_{pk}-Wert von 1 wird der Prozess als „fähig" bezeichnet. Ein c_{pk}-Wert kleiner als 1 bedeutet, dass der Prozess nicht fähig ist. Der Fertigungsprozess der Stahlwellen ist daher nicht fähig.

Aus der Berechnung des c_{pk}-Wertes folgt, dass es zwei Möglichkeiten gibt, um die Prozessfähigkeit zu verbessern. Erstens sollte der Prozessmittelwert möglichst nahe am Sollwert liegen. In unserem Beispiel sollte der Prozessmittelwert nicht 25,05 mm, sondern 25,00 mm betragen.

Das hätte folgende Auswirkung auf den c_{pk}-Wert:

$$c_{pk} = \frac{Min\{25,2-25,0;25,0-24,8\}}{3 \cdot 0,06} = \frac{0,2}{0,18} = 1,11$$

Wenn also der Prozessmittelwert beispielsweise durch eine bessere Maschineneinstellung an den Sollwert angenähert werden könnte, würde der c_{pk}-Wert auf 1,11 steigen, und der Prozess wäre fähig.

Die zweite Möglichkeit, die Prozessfähigkeit zu verbessern, ist die Reduktion der Prozessstandardabweichung. Wenn in unserem Beispiel der Prozessmittelwert unverändert bleibt, jedoch durch die Verwendung eines hochwertigeren Werkzeuges die Standardabweichung auf 0,03 gesenkt werden könnte, hätte dies folgende Auswirkung auf den c_{pk}-Wert:

$$c_{pk} = \frac{Min\{25,2-25,05;25,05-24,8\}}{3 \cdot 0,03} = \frac{0,15}{0,09} = 1,67$$

Auch durch diese Maßnahme kann in unserem Beispiel der c_{pk}-Wert auf einen Wert größer als 1 erhöht werden, und der Prozess wäre somit ebenfalls fähig.

Wenn beide Kenngrößen die obigen Werte erreichen, ergibt das insgesamt für den c_{pk}-Wert einen noch besseren Wert:

$$c_{pk} = \frac{Min\{25,2-25,0;25,0-24,8\}}{3 \cdot 0,03} = \frac{0,2}{0,09} = 2,22$$

Abbildung 15.12 zeigt grafisch die beiden Schritte zur Verbesserung der Prozessfähigkeit. Zuerst wird der Prozessmittelwert an den Sollwert angenähert (Verbesserung der Prozesslage) und anschließend wird die Streuung des Prozesses reduziert (Reduktion der Standardabweichung).

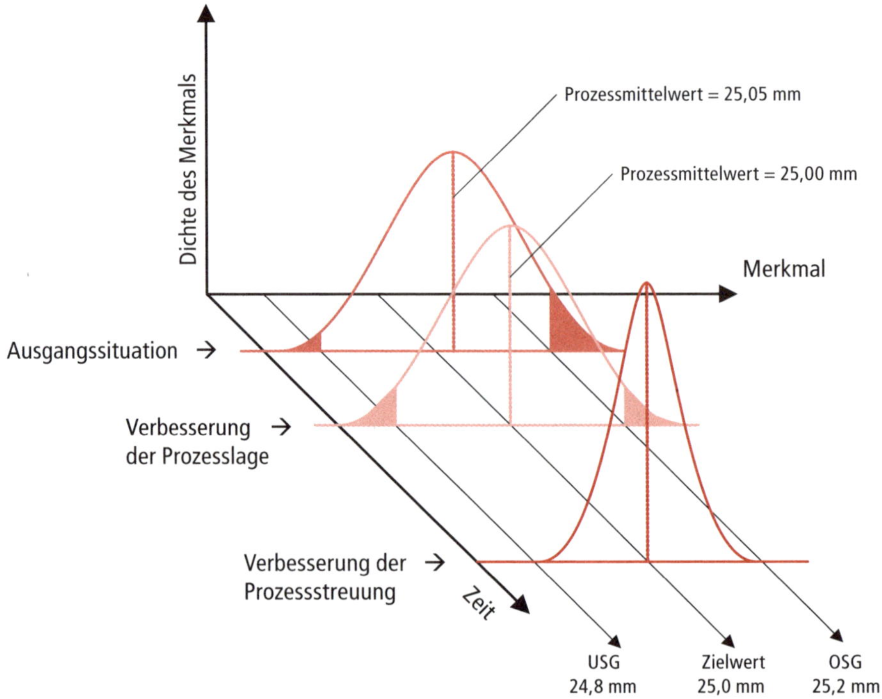

Abbildung 15.12: Schritte zur Prozessfähigkeit

Generell kann festgehalten werden, dass das Konzept der Prozessfähigkeit darauf abzielt, möglichst viele Teile zu produzieren, die innerhalb der Spezifikationsgrenzen liegen. Im übertragenen Sinne wird also beim Prozessfähigkeitsindex die „Stimme des Prozesses“ (Nenner) mit der „Stimme des Kunden“ (Zähler) verglichen. Ein c_{pk}-Wert von 1 bedeutet, dass von einer Million Teilen maximal 2700 außerhalb der Spezifikationsgrenzen liegen.

Nachdem die Kennzahlen für das Controlling der Qualitätsverbesserungsmaßnahmen definiert wurden, sollen abschließend zwei wichtige Werkzeuge zur Identifikation von Fehlerursachen vorgestellt werden, nämlich das Pareto-Diagramm und das Ishikawa-Diagramm.

Das *Pareto-Diagramm* stellt die Fehler, aufgrund derer ein Teil als Ausschuss deklariert wird, nach deren Bedeutung (Häufigkeit) in einer einfachen Rangordnung dar. Dabei wird in den meisten Fällen deutlich, dass wenige Fehler für den Großteil der Ausschussteile verantwortlich sind. Zur Verdeutlichung kehren wir wieder zu unserer Stahlwelle zurück. In der Qualitätsabteilung werden alle Ausschussteile gesammelt und hinsichtlich der Fehler analysiert. Anschließend werden die prozentuellen Anteile der jeweiligen Fehler an der Gesamtfehleranzahl berechnet, aufsteigend geordnet und in einem Balkendiagramm dargestellt. Abbildung 15.13 zeigt, dass über 50 % der fehlerhaften Stahlwellen aufgrund eines fehlerhaften Durchmessers aussortiert wurden. Der zweithäufigste Fehler ist eine mangelhafte Oberflächenqualität.

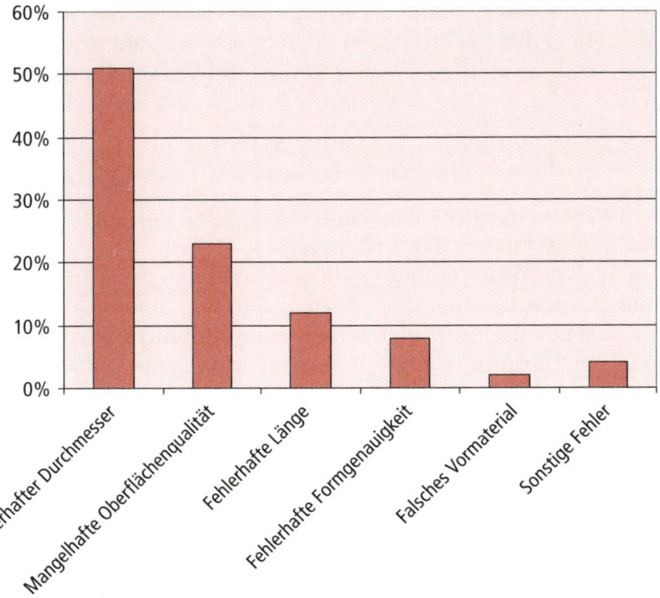

Abbildung 15.13: Pareto-Diagramm

Um die Anzahl der fehlerhaften Stahlwellen zu reduzieren, sollten besonders die beiden ersten Fehler analysiert und behoben werden. Dafür müssen die Ursachen für das Auftreten dieser Fehler gefunden werden. Eine Möglichkeit dafür ist das sogenannte Ursache-Wirkungsdiagramm (*Ishikawa-Diagramm*). Im Rahmen der Erstellung von Ursache-Wirkungsdiagrammen wird in Teams versucht, Fehlerursachen zu identifizieren und diese übersichtlich darzustellen. Aufgrund ihrer Gestalt werden diese Diagramme auch Fischgräten-Diagramme genannt. Ziel ist es, für einen bestimmten Fehler alle möglichen Ursachen zu finden. Üblicherweise werden die Ursachen in vier Hauptgruppen eingeteilt, nämlich in Material, Maschine, Methode und Mensch. Abbildung 15.14 zeigt schematisch ein Ursache-Wirkungsdiagramm für den Fehler "Maßabweichung des Stahlwellendurchmessers". In den vier Hauptgruppen werden dann primäre Ursachen (direkter Pfeil auf die Hauptgruppe) und sekundäre Ursachen (Pfeile auf die primären Ursachen) dargestellt.

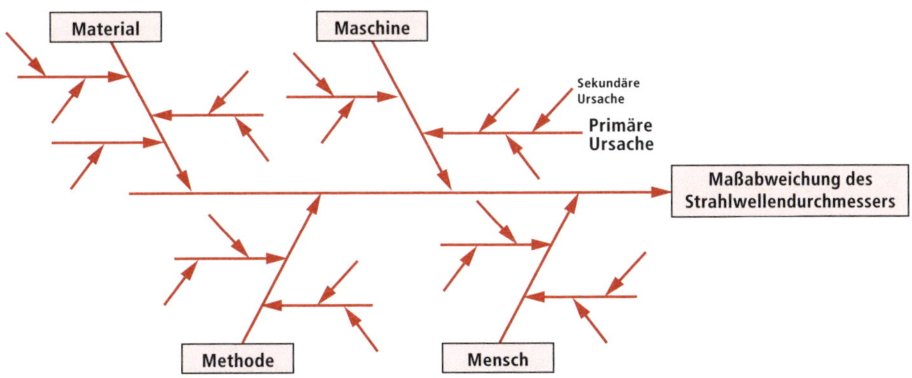

Abbildung 15.14: Ursache-Wirkungsdiagramm

Eine Ursache für die abweichenden Durchmesser könnte zum Beispiel eine fehlerhafte Maschineneinstellung sein, die möglicherweise auf schlecht geschultes Personal zurückzuführen ist. Eine weitere Ursache könnte die Verwendung von defekten Werkzeugen sein.

Six Sigma

Das Konzept Prozessfähigkeit ist das zentrale Element eines weiteren, sehr bekannten Qualitätsmanagementsystems, nämlich von *Six Sigma*.

Six Sigma stellt eine Weiterentwicklung von TQM dar. Six Sigma wurde von Motorola zur Qualitätsverbesserung und Kostenreduktion entwickelt. Zu Berühmtheit gelangte das Konzept durch die sehr erfolgreiche Einführung bei General Electric in den 90er Jahren. Im Zentrum von Six Sigma stehen Projekte zur Verbesserung der Produkt- und Prozessqualität, die ähnlich dem KAIZEN-Zyklus ablaufen.

Die Grundprinzipien (Erfolgsfaktoren) von Six Sigma sind:

- **Orientierung am Kunden**
  Veränderungen des Produktes oder des Prozesses sollen die Kundenzufriedenheit erhöhen und sich daher an den Kundenerwartungen (externe und interne Kunden) orientieren.
- **Steuerung durch Führungskräfte**
  Der Erfolg von Verbesserungsprojekten hängt sehr stark vom Engagement der Unternehmensleitung ab.
- **Entscheidung aufgrund von Zahlen, Daten und Fakten**
  In Six Sigma-Projekten wird großer Wert auf die Datenanalyse gelegt. Um immer eine verlässliche Entscheidungsgrundlage zu haben, werden laufend Prozessdaten gesammelt, dokumentiert und ausgewertet.
- **Anwendung bewährter Methoden**
  Six Sigma verwendet bekannte und bewährte Methoden (z.B. Pareto-Analyse), vernetzt diese und fokussiert sie im Zuge eines Verbesserungsprojektes auf eine Aufgabenstellung.
- **Ausbildung in Methoden, qualifizierte Mitarbeiter**
  Die Mitarbeiter bzw. die Teammitglieder sollten über eine entsprechende Qualifikation in den vorher beschriebenen Methoden verfügen.
- **Rasche und nachvollziehbare Erfolge**
  Gut organisierte Six Sigma-Projekte können relativ schnell zu ersten Erfolgen führen. Diese müssen dann bewertet und den Projektkosten gegenübergestellt werden.
- **Geplanter Ressourceneinsatz**
  Für den Erfolg von Six Sigma-Projekten ist es enorm wichtig, dass die notwendigen Ressourcen geplant und dann auch tatsächlich zur Verfügung gestellt werden. Beispielsweise müssen Teammitglieder ausreichend Zeit für die Arbeit in Six Sigma-Projekten bekommen.
- **Klare, strukturierte Projektauswahl und konsequentes Projektmanagement**
  Damit Verbesserungsprojekte nicht im Sand verlaufen, sondern in der vorgesehenen Zeit abgeschlossen werden, ist ein konsequentes Projektmanagement notwendig.

Zusammenfassend ist festzustellen, dass auch bei Six Sigma die Grundprinzipien von TQM verwirklicht sind: Qualität ist nicht Aufgabe einer Abteilung, sondern betrifft alle

Bereiche eines Unternehmens. Der Hebel für bessere Produkt- und Prozessqualität wird nicht primär durch Qualitätskontrolle erreicht, sondern liegt in der Produkt- und Prozessentwicklung (präventives Qualitätsmanagement).

15.4 Aggregierte Produktionsplanung

Die aggregierte Produktionsplanung ist die erste Stufe im operativen Produktionsmanagement. Ziel ist die Erstellung eines Produktionsprogramms auf Basis einer Absatzprognose für Produktgruppen (aggregierte Prognose). Die Absatzprognose wird von der Marketing- oder Vertriebsabteilung erstellt und enthält die prognostizierten Verkaufszahlen für z.B. die nächsten drei Quartale.

Produktgruppe	1. Quartal	2. Quartal	3. Quartal
Hose	500	800	500

Tabelle 15.9: Absatzprognose für Produktgruppen

Die Verkaufszahlen werden für Produktgruppen prognostiziert. Aufgrund des langen Planungszeitraumes ist die Absatzprognose für jedes einzelne Endprodukt ungenau. Durch die Aggregation zu Produktgruppen wird eine Verbesserung der Prognosegenauigkeit erzielt, da sich Nachfrageschwankungen der einzelnen Endprodukte ausgleichen können.

Für die Erstellung eines Produktionsplanes stehen zwei Basisstrategien zur Verfügung:

- **Absatzsynchrone Produktion (Chase Strategy)**

  Absatzsynchrone Produktion bedeutet, dass in jedem Quartal so viel produziert wird, wie laut Absatzplan verkauft wird. Abbildung 15.15 zeigt am Beispiel der Hosen die prognostizierten sowie die produzierten Mengen.

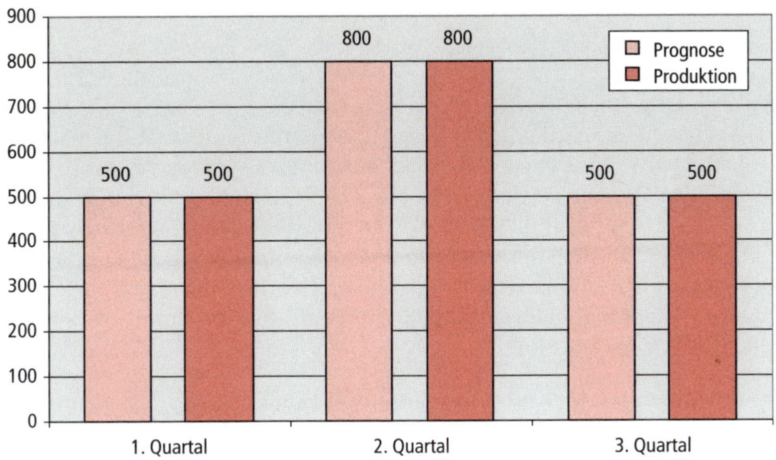

Abbildung 15.15: Absatzsynchrone Produktion

Im 1. Quartal werden 500 Stück produziert. Um die 800 Stück im 2. Quartal produzieren zu können, sind zusätzliche Kapazitäten notwendig (z.B. die Aufnahme von

Leasingpersonal). Diese zusätzliche Kapazität wird im 3. Quartal nicht mehr benötigt und muss daher wieder abgebaut werden.

Ein Vorteil der absatzsynchronen Fertigung ist, dass kein Lager notwendig ist. Dem steht aber der Nachteil gegenüber, dass die Kapazität der Ressourcen ständig angepasst werden muss. Im Zeitraum von einigen Monaten oder Quartalen ist diese Anpassung primär beim Personal möglich. Deswegen wird die aggregierte Planung auch als Beschäftigungsglättung bezeichnet.

- **Emanzipierte Produktion (Level Strategy)**

  Bei der emanzipierten Produktion wird in jedem Quartal gleich viel produziert und auch der Personalstand bleibt konstant. Die Schwankungen werden durch ein Lager ausgeglichen. Abbildung 15.16 zeigt die prognostizierten Absatzmengen und die Produktionsmenge für die drei Quartale.

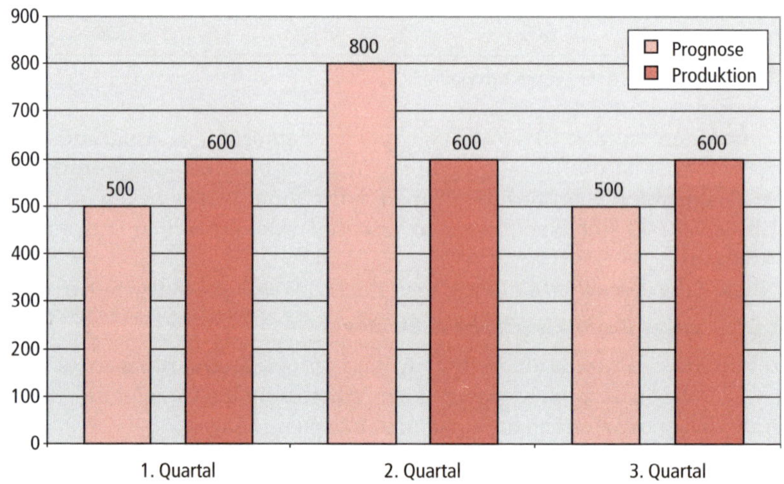

Abbildung 15.16: Emanzipierte Produktion

  In allen drei Quartalen werden 600 Hosen (1.800/3) produziert. Da im 1. Quartal laut Plan nur 500 verkauft werden können, werden die überzähligen 100 Stück für das nächste Quartal auf Lager gelegt. Es entstehen Lagerkosten. Im 2. Quartal stehen dann diese 100 gelagerten Hosen zusätzlich zu den 600 produzierten zur Verfügung. Dies sind insgesamt 700 Stück und damit um 100 weniger als vom Absatzplan gefordert (800). Für diese 100 Stück sind Fehlmengenkosten anzusetzen (z.B. Pönale für verspätete Lieferung). Im 3. Quartal werden diese 100 Stück zusätzlich zu den laut Absatzplan geforderten 500 Stück produziert. Somit ist der Lagerstand am Ende des 3. Quartals Null.

In der Unternehmenspraxis sind diese Basis-Strategien eher selten anzutreffen. Meistens kommen Mischformen zur Anwendung. Ein Beispiel für eine Mischform ist, den Personalstand auf einem niedrigeren Niveau konstant zu halten (z.B. für 500 Stück pro Quartal). Die verbleibende Nachfragemenge (300 Stück im 2. Quartal) kann im Rahmen von Überstunden produziert werden (variable Arbeitszeit). Grundsätzlich hängt die Auswahl der geeigneten Produktionsstrategie von der Kostenstruktur ab.

Wichtige Kostengrößen sind die Personalkosten für die Normalarbeitszeit und die Überstunden sowie Lager- und Fehlmengenkosten.

Eine weitere Möglichkeit, Kapazitätsengpässe auszugleichen, ist die teilweise Fremdfertigung. Wenn also laut Absatzplan mehr Stück verkauft als produziert werden können, wird die restliche Menge von einem Zulieferer zugekauft (Kapazitäts-Outsourcing – siehe Kapitel 9).

ZUSAMMENFASSUNG

Im Produktionsmanagement wird zwischen strategischem, taktischem und operativem Produktionsmanagement unterschieden. Das strategische Produktionsmanagement hat die Aufgabe, die langfristigen Rahmenbedingungen für eine erfolgreiche industrielle Produktion zu schaffen. Im taktischen Produktionsmanagement werden die Ziele der strategischen Ebene schrittweise umgesetzt (mittelfristige Planung). Aufgabe des operativen Produktionsmanagements ist die kurzfristige Ausschöpfung der im strategischen und taktischen Produktionsmanagement geschaffenen Leistungspotenziale.

Wichtiger Teil des taktischen Produktionsmanagements ist die Prozessanalyse, die Leistungserstellungsprozess hinsichtlich Durchlaufzeit, Kapazität und Bestand untersucht. Ziel ist es, Schwachstellen aufzudecken und Verbesserungspotenziale zu identifizieren.

Ebenfalls dem taktischen Produktionsmanagement zugeordnet wird das Kapazitätsmanagement, welches sich mit der Dimensionierung von Kapazitäten beschäftigt. In Erweiterung zur Prozessanalyse werden hier auch Unsicherheiten und Schwankungen explizit berücksichtigt. Ziel des Kapazitätsmanagements ist es, einen Ausgleich zwischen einer wirtschaftlichen durchschnittlichen Auslastung und einer vertretbaren durchschnittlichen Wartezeit zu erreichen.

Der dritte wichtige Bereich des taktischen Produktionsmanagements ist das Qualitätsmanagement, also die Berücksichtigung von Qualität als wichtigem Effizienzkriterium von Geschäftsprozessen. Diese erfolgt üblicherweise im Rahmen von Qualitätsmanagementsystemen, die versuchen, Qualität in der gesamten Organisation zu verankern, und somit über die herkömmliche Qualitätskontrolle weit hinausgehen. Das bekannteste Qualitätsmanagementsystem ist Total Quality Management. Im Rahmen des Qualitätsmanagements steht eine Reihe von Methoden und Werkzeugen zur Verfügung. Die wichtigsten Beispiele hierfür sind Quality Function Deployment, Qualitätsregelkarten, Prozessfähigkeit, Pareto-Analyse und Ishikawa-Diagramme.

Ein Teilbereich des operativen Produktionsmanagements ist die aggregierte Produktionsplanung. Darunter versteht man die Erstellung von Produktionsplänen für Produktgruppen. Dabei wird zwischen zwei Basis-Strategien unterschieden: Bei der absatzsynchronen Produktion (Chase Strategy) wird in jeder Periode genau so viel produziert, wie prognostiziert worden ist, wobei der Personalstand an Nachfrageschwankungen sofort angepasst wird. Bei der emanzipierten Produktion (Level Strategy) wird in allen Perioden die gleiche Menge produziert. Nachfrageschwankungen werden über ein Lager ausgeglichen. In der Unternehmenspraxis kommen meist Mischformen der beiden Basis-Strategien zur Anwendung.

ZUSAMMENFASSUNG

15.5 Übungsfragen

1. Nennen und erklären Sie die drei Entscheidungsebenen des Produktionsmanagements.
2. Was verstehen Sie unter den Begriffen „Durchlaufzeit“, „Mindestdurchlaufzeit“, „kritischer Weg“?
3. Wie wird die Durchlaufzeit-Effizienz berechnet? Worüber gibt sie Auskunft?
4. Was versteht man unter Engpass und Auslastung?
5. Zu den Kapazitätsdaten eines Prozesses zählen die maximalen Kapazitäten der einzelnen Ressourcenpools. Der Output des Prozesses beträgt derzeit 75 Einheiten pro Schicht.

Ressourcenpool	Maximale Kapazität (Auftrag/Schicht)
Maschine A	250
Facharbeiter	170
Hilfsarbeiter	90

   a. Wo liegt der Engpass dieses Prozesses?
   b. Berechnen Sie die Auslastung der einzelnen Ressourcenpools.
   c. Bestimmen Sie die Auslastung des Gesamtprozesses.
6. Die Prüfungsabteilung der Wirtschaftsuniversität Wien betreibt einen Schalter für die Anmeldung zu Fachprüfungen. Der Anmeldevorgang dauert durchschnittlich vier Minuten ($c_s = 1$). Während der Öffnungszeiten kommen durchschnittlich zwölf Studenten/Stunde ($c_a = 1$), um sich für eine Fachprüfung anzumelden.
   a. Wie lange muss ein Student durchschnittlich warten, bis er an die Reihe kommt?
   b. Wie lange hält er sich insgesamt in der Prüfungsabteilung auf, wenn er sich zu einer Fachprüfung anmelden will?
7. Welche Möglichkeiten gibt es, die durchschnittliche Wartezeit zu verkürzen?
8. Nennen Sie die Grundprinzipien von TQM.
9. Was versteht man unter Prozessfähigkeit?
10. Welche Basis-Strategien gibt es zur Erstellung eines aggregierten Produktionsplanes?

Lösungen zu den Übungsfragen und weiterführende Materialien finden Sie auf der Companion Website zum Buch unter *www.pearson-studium.de*.

15.6 Verwendete Literatur

Anupindi, R., Chopra, S., Deshmukh, S. D., Van Mieghem, J. A., Zemel, E. (2008): Managing Business Process Flows, 2. Auflage, Upper Saddle River, NJ.

Chase, R. B., Jacobs, F. R., Aquilano, N. J. (2009): Operations & Supply Management, 12. Auflage, New York.

Günther, H.-O., Tempelmeier, H. (2007): Produktion und Logistik, 7. Auflage, Berlin u.a.

Singhal, V., Hendricks, K., Schnauber, H. (2000): Mit Geduld zum Erfolg, in: Qualität und Zuverlässigkeit, Jg. 45, Nr. 12, S. 1537–1540.

Wappis, J., Jung, B. (2008): Taschenbuch Null-Fehler-Management. Umsetzung von Six Sigma, 2. Auflage, München.

TEIL IV

Logistik

Sebastian Kummer

Logistik ist, Ordnung in das Chaos zu bringen, ohne die Kreativität zu zerstören.
Volker Schlöndorff, deutscher Filmemacher

Die Bedeutung der Logistik für die Unternehmen ist in den vergangenen Jahren stark gestiegen. Wesentliche Gründe hierfür sind:

- **Der Wunsch vieler Unternehmen, sich von Wettbewerbern durch steigende Typen- und Variantenvielfalt zu differenzieren. Die zunehmende Typen- und Variantenvielfalt führt zu einer Vermehrung verschiedener Roh-, Hilfs- und Betriebsstoffe sowie Halbfertigprodukte.**
- **Der Trend zur Verringerung der Fertigungstiefe und der damit verbundene höhere Anteil an zugekauften Teilen**
- **Die gestiegenen Kundenanforderungen hinsichtlich Produktvielfalt und Lieferservice**
- **Der hohe Anteil der Logistikkosten an den Gesamtkosten**
- **Die Globalisierung der Wertschöpfungsnetzwerke und die weltweiten Absatzmärkte**

Mit diesen Entwicklungen steigt die Komplexität der logistischen Prozesse und es wird schwieriger, diese effizient zu gestalten. Das gilt nicht nur für Unternehmen mit komplexen Material- und Warenflüssen. Selbst in Branchen mit einfacheren Logistikstrukturen (z.B. Nahrungs- und Genussmittelbranche) können die Material- und Warenflüsse und die dazugehörigen Informationsflüsse mit den klassischen Ansätzen nicht mehr effektiv und effizient bewältigt werden. Unübersehbar ist daher der Bedarf an Logistiklösungen.

Die aktuellen Herausforderungen bergen jedoch nicht nur die Gefahr der Ineffizienz; sie bieten den Unternehmen auch Chancen, sich über innovative Logistikkonzepte zu differenzieren. Dies zeigt sich auch daran, dass immer häufiger – vor allem in der Diskussion um konsequente Kundenorientierung – die Frage nach Wettbewerbsvorteilen durch die Logistik gestellt wird.

Auch für die Transportunternehmen nimmt die Logistik einen wichtigeren Stellenwert ein. Mit dem reinen Gütertranport von A nach B lassen sich nur noch geringe Margen erwirtschaften. Das Angebot von Logistikdienstleistungen ist dagegen ein Wachstumsmarkt, der höhere Gewinnmargen verspricht.

Aus diesen Gründen nimmt die Logistik als Gegenstand in Theorie und Praxis einen immer breiteren Raum ein. So haben beispielsweise große Industrie- und Handelsunternehmen ihre Wettbewerbsfähigkeit durch die Einführung neuer Logistikkonzepte gesteigert. In zahlreichen Veröffentlichungen sowie auf Kongressen wird über die Implementierung erfolgreicher Logistiklösungen berichtet.

Der Teil *Logistik* gibt Ihnen eine Einführung in die betriebswirtschaftliche Logistik. Für das Verständnis wichtige technische Aspekte werden in den Grundzügen dargestellt. Ausgangspunkt des Teils „Logistik“ sind die Entwicklung der Logistik sowie ihre unterschiedlichen Sichtweisen. Anschließend erhalten Sie einen Überblick über logistische Funktionen und Teilbereiche der Logistik. Die Darstellung der Logistik als Flussorientierung sowie des Supply Chain Management geben einen Einblick in die aktuelle Logistikdiskussion in Wissenschaft und Praxis.

Sie lernen:

- Die Entwicklung und Bedeutung der Logistik zu erkennen
- Den Begriff „Logistik" unterschiedlich zu definieren
- Unterschiedliche Lagerarten und deren Aufgaben zu beschreiben
- Prozesse des Transports zu differenzieren
- Grundmodelle des Operations Research anzuwenden
- Logistische Unterstützungsprozesse zu beschreiben
- Arten von Informationsflüssen zu definieren
- Logistik als Querschnittsfunktion zu verstehen
- Die Flussorientierung der Logistik zu erkennen
- Das Supply Chain Management in seinen Grundzügen zu erklären

Entwicklung der Logistik

16

ÜBERBLICK

16.1 Ausgangspunkte

Der Begriff „Logistik“ (englisch: „Logistics“ oder „Business Logistics“; französisch: „logistique d'entreprise“) hat zwei sprachliche Wurzeln. Aus dem griechischen „lego“ (denken, denkbar) leiten sich „logizomai“ (berechnen; überlegen) und „logos“ (Vernunft) ab. Auch das lateinische Wort „logica“ (Vernunft) reiht sich in diesen Wortstamm ein. Als zweite Wurzel gilt das französische „logement“ (Unterbringung), das von dem lateinischen Wort für Miete abstammt; damit verwandt ist im deutschen Sprachraum das Wort „logieren“.

Auch wenn sich zwischen dem Begriff Logistikmanagement und den alten Wortstämmen leicht Assoziationen bilden lassen – so sind beispielsweise vernünftiges Denken und das Berechnen Bestandteile eines jeden Managements –, wird doch die betriebswirtschaftliche Logistik hauptsächlich durch ihre **Ursprünge im militärischen Bereich** geprägt. Die älteste überlieferte Definition der Logistik ist im Werk *Summarische Auseinandersetzung der Kriegskunst* des byzantinischen Kaisers Leontos VI (886 bis 911) zu finden. Für Leontos ist die Logistik die umfassende Unterstützung des Heeres und nach der Taktik und der Strategie die dritte Kriegskunst.

Der Schweizer Baron Antoine-Henri de Jomini, der als General den Franzosen diente und später für Zar Alexander unter anderem die Militärakademie Petersburg gründete, gibt der **Militärlogistik** richtungsweisende Impulse. Jomini entwickelt in seinem 1837 veröffentlichten Werk *Abriss der Kriegskunst* ein achtzehn Punkte umfassendes Verzeichnis. Alle wesentlichen Aufgaben, die zur Unterstützung der Streitkräfte dienen (z.B. Standortbestimmung von Lagern, Truppentransporte, Quartierung sowie Versorgung der Truppen), gehören demnach in den Verantwortungsbereich der Logistik. Seitdem nimmt die Logistik vor allem auch in den US-amerikanischen Streitkräften eine immer stärkere Rolle ein. So wurden im Zweiten Weltkrieg Projektteams gebildet, die sich mit logistischen Fragestellungen befassten. Von diesen wurden insbesondere wichtige Ansätze für das **Operations Research** (deutsch: Unternehmensrechnung, früher: Unternehmensforschung) entwickelt. Die Bedeutung der Information für die Militärlogistik wurde vor allem durch die logistischen Leistungen im Golfkrieg oder aber auch im Kosovo-Konflikt deutlich.

Nach Ende des Zweiten Weltkrieges wurden – zunächst in den USA – die im Militärbereich gewonnenen Logistikerkenntnisse auf den Bereich der Wirtschaft übertragen. In den 50er Jahren konzentrierte sich das Interesse aus zwei Gründen auf die **Versorgungsfunktion**: Zum einen nahm die erfolgswirtschaftliche Bedeutung der Versorgungsfunktion wegen der stark steigenden räumlichen Ausdehnung der Märkte zu, zum anderen ermöglichte das Wachstum der Unternehmen Spezialisierungsvorteile innerhalb der Versorgungskette.

In den 70er Jahren setzte sich diese Entwicklung in Europa fort. Die Entwicklung der Logistik als eine wissenschaftliche Disziplin beeinflusste Oskar Morgenstern entscheidend. Sein 1955 in der Zeitschrift *Naval Research Logistics Quarterly* veröffentlichter Beitrag ist der erste fundierte Beitrag zur Formulierung einer Theorie der Logistik.

16.2 Entwicklung der Logistik in Europa

Die Wurzeln der Logistik in Europa liegen zeitlich gesehen in den 70er Jahren. Der Schwerpunkt der Logistikentwicklung wurde in dieser Zeit durch Ingenieure getragen, die dabei primär die **Materialflusstechnik-Entwicklung** (z.B. Hochregallagertechnik, fahrerlose Transportsysteme, Kommissioniertechnik usw.) vorantrieben, betriebswirtschaftliche Fragen dagegen – von Ausnahmen abgesehen – nur sekundär berührten. Seit Ende der 70er Jahre rücken verstärkt betriebswirtschaftliche und ablauforganisatorische Aspekte in den Vordergrund. Beispiele für Schlagwörter, die in dieser Zeit entstanden, sind die bestandslose oder zumindest bestandsarme Produktion, Losgröße Eins, Kanban (Auftragsproduktion) und Just-in-Time-Produktion (fertigungssynchrone Beschaffung).

Vorreiterfunktion bei der Umsetzung von Logistikkonzepten in der Industrie hatten die **Automobilunternehmen**. In ihrem Sog folgten die Automobilzulieferer nach. Andere Branchen – so etwa die chemische Industrie – begannen erst später, sich intensiv mit der Logistik zu beschäftigen. Dies gilt auch für den Mittelstand, der sich erst in den vergangenen Jahren stärker der Logistik öffnete.

Unternehmensintern erfolgt der Anstoß zur Gestaltung der Logistik häufig entweder von Seiten der Beschaffung (Beschaffungslogistik) oder der Distribution (Distributionslogistik). Für den ersteren Fall ist die Automobilindustrie typisch. Die Begründung liegt im Fertigungstyp (synthetische Fertigung), die als wesentliches Steuerungsproblem die Beherrschung der hohen Teilevielfalt aufweist – die Zahl „lebender" Teile reicht in einigen Unternehmen an eine sechsstellige Zahl heran. Distribution als Ausgangspunkt der Logistikentwicklung findet sich in vielen konsumgüternahen Unternehmen wie zum Beispiel in der Nahrungs- und Genussmittelbranche.

In dem Maße, in dem „logistische Denkweisen" die unternehmerische Praxis durchdringen, haben sich auch die Schwerpunkte, mit denen sich Logistiker beschäftigen, verändert. Abbildung 16.1 zeigt die Grundtendenzen, wie die Logistik im Zeitablauf betrachtet wurde.

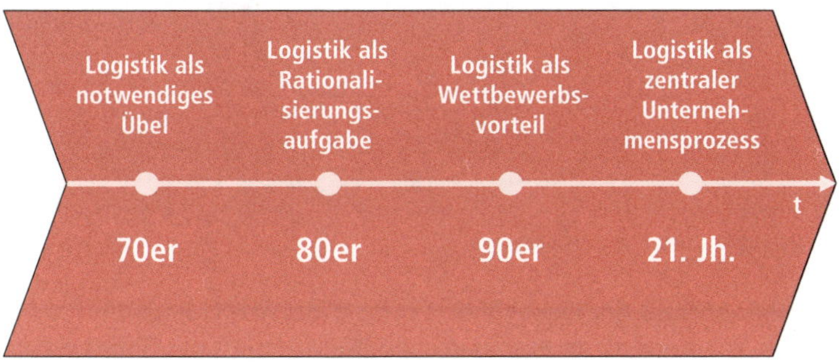

Abbildung 16.1: Schwerpunkte der Logistikentwicklung im Zeitablauf

In Europa wurde die Logistik in den 70er Jahren noch von den meisten Unternehmen als notwendiges Übel angesehen – die Waren mussten ja irgendwie zum Kunden transportiert werden. Den entsprechenden Bereichen – Versand, Lagerung, Fuhrpark – wurde kaum Beachtung geschenkt; entsprechend niedrig war die Stellung in der betrieblichen Hierarchie. Vielfach wurden sie häufig als „Abschiebebahnhof" für nicht mehr leistungsfähige Mitarbeiter und Manager aus anderen Bereichen betrachtet. Das niedrige Qualifikationsniveau, das sich zum Teil auch heute noch in diesen Bereichen findet, ist eine Konsequenz dieser Auffassung.

Mit zunehmendem Rationalisierungsdruck rückten in den 80er Jahren die logistischen Bereiche in den Blickpunkt. Die Unternehmen entdeckten, dass hier riesige Rationalisierungspotenziale schlummerten. Logistik war in vielen Unternehmen das „Paradies der Ineffizienz". Rationalisierungsgewinne waren leicht zu erreichen. Bestandssenkungsprogramme und die Errichtung automatisierter Lagerhäuser sind Beispiele für Rationalisierungsmaßnahmen.

Mit steigenden Kundenanforderungen und der Suche nach Differenzierungsmöglichkeiten gegenüber den Wettbewerbern rückte in den 90er Jahren die Erzielung von Wettbewerbsvorteilen durch die Logistik in den Vordergrund. Im Gegensatz zu Produktinnovationen, welche Wettbewerber durch Nachbau oder Umgehungsentwicklungen relativ leicht kopieren können, sind innovative Logistikprozesse durch Wettbewerber schwer zu imitieren. Das liegt daran, dass sie für Konkurrenten nur bedingt sichtbar und in jedem Unternehmen unterschiedlich ausgestaltet sind. Außerdem sind Logistik-Innovationen häufig stark mit der Unternehmenskultur und mit implizitem Wissen der Mitarbeiter verknüpft. Diese lassen sich schlechter kopieren.

In jüngster Zeit zeigt sich immer mehr, dass die Logistik einer der **zentralen Unternehmensprozesse** ist. Abbildung 16.2 stellt das Unternehmen durch die drei Hauptprozesse Innovation, Kundeninteraktion/Customer Relationship Management (CRM) und Logistik/Supply Chain Management (SCM)[1] dar.

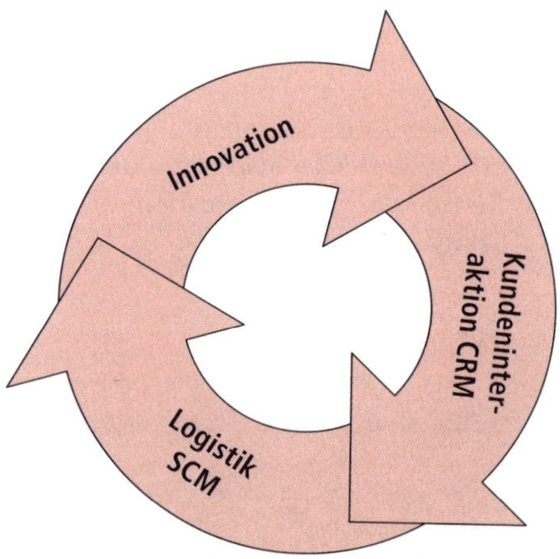

Abbildung 16.2: Zentrale Unternehmensprozesse

In vielen Industrien rückt die eigentliche Produktion von Gütern immer mehr in den Hintergrund. Sie wird häufig zu einem großen Teil durch Zulieferer bestimmt oder – wie z.B. in der Elektroindustrie – fremd vergeben (Outsourcing). Nokia, das wohl die meisten Konsumenten mit der Produktion von Mobiltelefonen in Verbindung bringen, lässt seine Produkte bei Spezialunternehmen herstellen und konzentriert sich auf die Entwicklung und den Vertrieb der Produkte. Die Fertigungstiefe, also der Anteil der eigenen Wertschöpfung, liegt bei Flugzeugherstellern bei ca. 10 %. In der Automobilindustrie ist dieser Anteil in der Regel unter 35 % gesunken. In anderen Branchen ist

1 Customer Relationship Management bezeichnet die aktive Gestaltung aller Kundeninteraktionsprozesse, wohingegen Supply Chain Management als die Integration aller unternehmensübergreifenden Geschäftsprozesse definiert wird.

die Fertigungstiefe jedoch (noch) höher. Gerade bei Unternehmen, bei denen die eigene Fertigungstiefe gering ist, ist ein modernes Logistikmanagement/Supply Chain Management von zentraler Bedeutung.

Die große Bedeutung der Logistik liegt auch daran, dass die Logistikkosten einen wichtigen Kostenfaktor darstellen. Abbildung 16.3 zeigt die Ergebnisse einer der vielen Untersuchungen, die zu dieser Thematik durchgeführt wurden. Sie zeigt, dass die Logistikkosten nach Branchen stark schwanken. Allerdings sind Studien zu Logistikkosten nur eingeschränkt vergleichbar, da jeweils unterschiedliche Abgrenzungen derselben vorgenommen werden. So ist es beispielsweise umstritten, Kosten der Disposition oder eines PPS-Systems (= Produktionsplanungs- und -steuerungssystem) zu den Logistikkosten zu zählen; dagegen ist die Lage bei Transport- oder Lagerkosten eindeutig. Die verschiedenartige Zuordnung logistischer Kosten führt daher zu unterschiedlichen Ergebnissen. Im Rahmen von Untersuchungen wurde herausgefunden, dass Logistikkosten in der Nahrungsmittelindustrie oder im Bauwesen bis zu 20 % der Gesamtkosten ausmachen können. Die Logistik-Investitionen liegen im Schnitt bei 11 % der Gesamtinvestitionen (vgl. Abbildung 16.3).

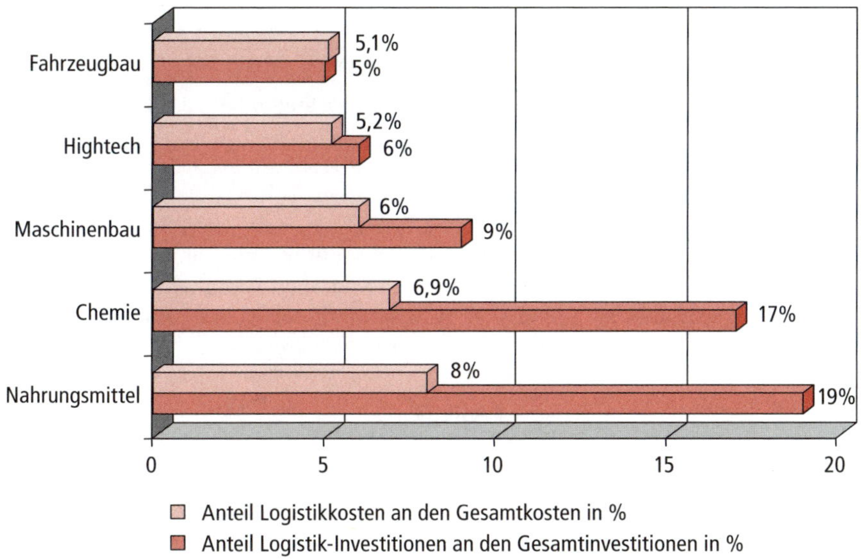

Abbildung 16.3: Bedeutung der Logistikkosten nach Branchenzugehörigkeit (vgl. Straube, F. et al. (2005), S. 27)

Einige Studien über die Entwicklung der Logistikkosten zeigen, dass zumindest die Transportkosten aufgrund der Deregulierung der Transportmärkte, der Produktivitätssteigerungen bei den Transportmitteln, durch den verstärkten Einsatz des Containers sowie der allgemeinen Professionalitätssteigerung im Bereich des Logistikmanagements in den vergangenen Jahren gesunken sind. Dies gilt, wie Abbildung 16.4 zeigt, insbesondere für große Marktentfernungen. Diese Entwicklung hat positive Folgen für die Integration der Märkte in einer globalisierten Welt, da der Austausch von Gütern so kostengünstiger gestaltet werden kann. Aufgrund der zu erwartenden steigenden Treibstoffpreise, der zunehmenden Bemautung von Verkehrsinfrastrukturen und der nur noch in geringem Maße zu erwartenden Produktivitätssteigerungen muss jedoch befürchtet werden, dass die Logistikkosten in Zukunft eher ansteigen werden.

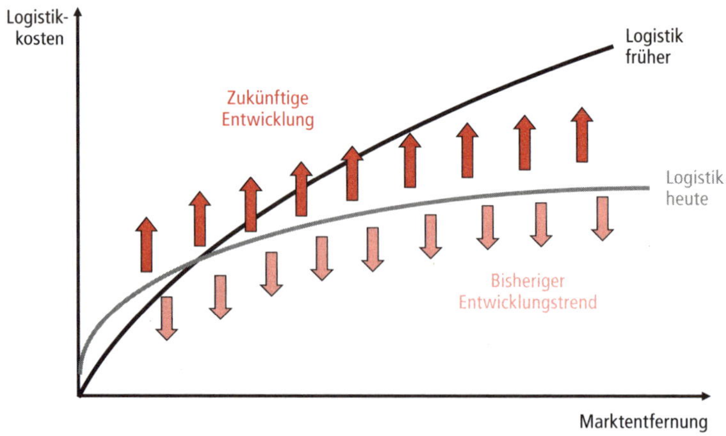

Abbildung 16.4: Tendenzieller Verlauf der Logistikkosten (einschließlich Transport- und Telekommunikationskosten) je Gütereinheit, in Anlehnung an Pfohl (2004), S. 67

16.3 Institutionelle Abgrenzung der Logistik

Die institutionelle Abgrenzung der Logistik wird in der folgenden Abbildung vorgenommen. Bei Logistiksystemen lassen sich die drei Teilbereiche Mikro-, Makro- und Metalogistik unterscheiden. Systeme der **Makrologistik** betreffen gesamtwirtschaftliche Zusammenhänge (z.B. das Güterverkehrssystem einer Volkswirtschaft). **Mikrologistische Systeme** dagegen beschäftigen sich mit einzelwirtschaftlichen Sachverhalten (z.B. dem Fuhrpark eines Unternehmens) und betreffen somit nur eine einzelne Organisation. **Metalogistische Systeme** sind im Gegensatz dazu interorganisationale Systeme, die über die rechtlichen Grenzen einer einzelnen Organisation hinausgehen und die Kooperation mehrerer Organisationen (Institutionen) im Güterfluss beinhalten.[2]

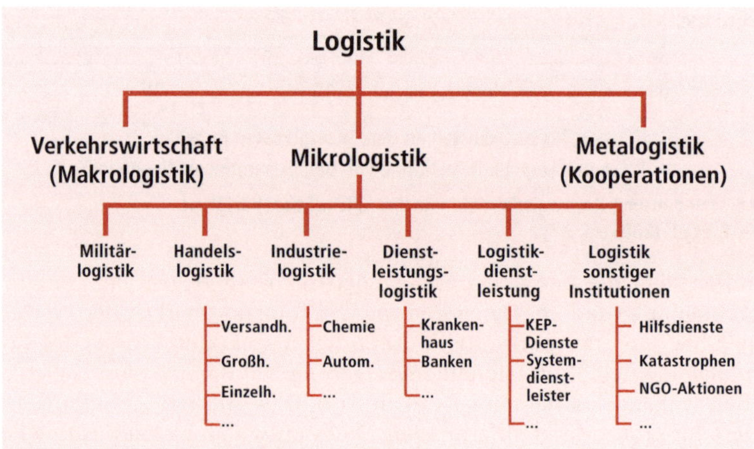

Abbildung 16.5: Institutionelle Abgrenzung der Logistik

2 Vgl. Pfohl, H.-Chr. (2004), S. 14 ff.

16.4 Sichtweisen der Logistik

Nicht nur in der Theorie, sondern auch in der Unternehmenspraxis liegt eine Vielzahl unterschiedlicher Verwendungen des Begriffs der Logistik vor. Nachdem zunächst die Entwicklung aufgezeigt wurde, sollen im Folgenden der aktuelle Diskussionsstand und die in Abbildung 16.6 gezeigten unterschiedlichen Sichtweisen dargestellt werden.

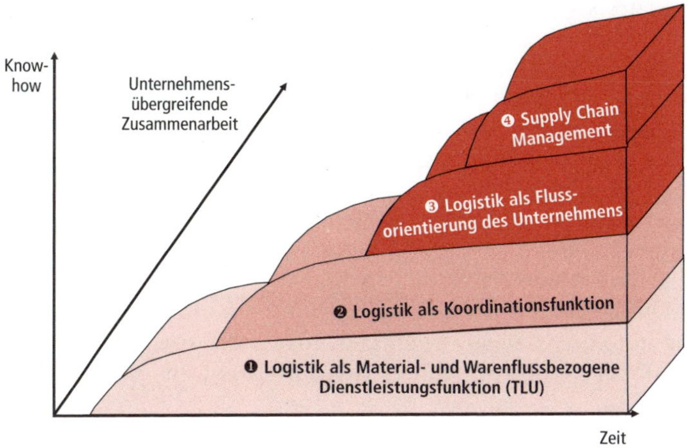

Abbildung 16.6: Sichtweisen der Logistik

16.4.1 Logistik als material- und warenflussbezogene Dienstleistungsfunktion (Funktionale Sichtweise)

Logistik wird von vielen Autoren als eine unternehmerische Funktion bezeichnet, in deren Aufgabenbereich alle **Transport-, Lager-** und **Umschlagsvorgänge** in und zwischen Unternehmen fallen. Betrachtungsobjekt dieser Sichtweise ist das Management von Logistikleistungen. Üblicherweise erfolgt eine Konzentration auf die drei genannten Leistungen Transport, Lagerung und Umschlag. Darüber hinaus können auch noch weitere logistische Dienstleistungen wie **Verpacken, Kommissionieren, Etikettieren** oder **Palettieren**, deren Management ebenfalls von Bedeutung ist, betrachtet werden.

Ein Beispiel für diese Sichtweise ist die Logistikdefinition von Bäck:

Definition

Logistische Prozesse beschäftigen sich mit Vorgängen des Transports, der Speicherung und der Handhabung von Stoffen (Gütern), Lebewesen, Informationen und Energien. In logistischen Prozessen werden „Objekte" von einem Anfangs- in einen Endzustand transformiert, wobei mindestens eine der Systemgrößen Zeit, Ort, Menge, Sorte sich ändert, ohne dass die Objekte eine unerwünschte Änderung ihrer Eigenschaften erfahren. Die Logistik umfasst damit alle Tätigkeiten, in denen solche logistischen Prozesse untersucht, geplant, realisiert, betrieben und optimiert werden.[3]

3 Vgl. Bäck, H. (1984), S. 5

Die weite Definition von Bäck umfasst als Objekte der Logistik auch Lebewesen, Informationen und Energien. In einem engeren Sinn wird unter Logistik nur auf die Material- und Güterflüsse sowie auf die dazugehörigen Informationsflüsse fokussiert. Materialflüsse sind z.B. der Transport der Rohmaterialien, die ein Unternehmen bezieht, um Produkte zu fertigen. Güterflüsse sind vor allem die Bewegungen der Güter, die vom Unternehmen zum Kunden führen. Aber auch innerhalb der Unternehmen gibt es eine Vielzahl von Material- und Güterflüssen. Obwohl es sich bei der Lagerung eigentlich um einen Stillstand handelt (es findet ja keine Bewegung statt), fassen wir auch die Lagerung als Materialfluss auf (gewissermaßen wie eine Staustufe in einem Fluss). Logistik beschäftigt sich nicht mit allen Informationsflüssen, vielmehr werden nur die Informationsflüsse betrachtet, die mit dem Management der Güter- und Materialflüsse in einem Zusammenhang stehen. Dies können etwa Kundenaufträge sein, die dazu führen, dass Waren transportiert werden, oder aber auch Lieferabrufe, die eine Warenlieferung im Rahmen von Vereinbarungen mit den Lieferanten auslösen werden. Immer wichtiger werden Informationen über den Aufenthaltsort und den zurückgelegten Weg von Materialien und Waren (Tracking & Tracing).

Eine derartige Sichtweise der Logistik zielt auf eine ökonomische und technische Beschäftigung mit einer Kategorie von Leistungen, die zuvor – zumindest unternehmensintern – als für die Wertschöpfung weniger bedeutsam erachtet und folglich vernachlässigt wurden.

Logistik bedeutet in diesem Sinne eine neue **Funktionsspezialisierung**, die mit entsprechenden Effizienzvorteilen verbunden ist. Diese Effizienzvorteile begründen sich in einer besseren Abwicklung von Einzelaktivitäten (z.B. einer rationelleren Gestaltung von Lagerprozessen), in Economies of Scale (Größenvorteile) durch eine Bündelung von Einzelaktivitäten derselben Art (z.B. durch die gemeinsame Disposition der Eingangs- und Ausgangsverkehre) und in Abstimmungseffekten zwischen unterschiedlichen Transport-, Lager- und Handling-Prozessen (wie etwa dann, wenn durch eine Übereinstimmung von Lager- und Transporthilfsmitteln [z.B. Paletten, Behälter] Handling-Vorgänge vermieden werden).

16.4.2 Logistik als Koordinationsfunktion

Die folgende zweite Phase der Logistikentwicklung kann als Weiterentwicklung der Funktionsspezialisierung betrachtet werden. Nach der vollzogenen Rationalisierung in den einzelnen betrieblichen Funktionsbereichen sind weitere Spezialisierungsgewinne nur durch die Beeinflussung von Struktur und die Höhe des Bedarfs an material- und güterflussbezogenen Dienstleistungen möglich. Dadurch erweitert sich der Fokus der Betrachtung von der Effizienz einzelner betrieblicher Funktionen auf die Effektivität unternehmensbereichsübergreifender und unternehmensübergreifender Prozessketten.[4]

Ein in der Praxis wichtiges Beispiel hierfür ist die Just-in-Time-(JIT-)Produktion als Verbindung zwischen den beiden Funktionen Beschaffung und Produktion. Ressourcen werden (erst) dann bereitgestellt, wenn sie tatsächlich benötigt werden. Ein derartiges Bereitstellungskonzept reduziert Lagerbestände im Extremfall auf Null. Dies führt zur Verringerung von Kapitalbindungs- und sonstigen Lagerkosten und vermeidet Überalterungsbestände. Zwar war das Prinzip als produktionssynchrone Beschaffung auch schon vor-

4 Vgl. Weber, J., Kummer, S. (1998), S. 14

her bekannt; eine isolierte Betrachtung des Beschaffungsbereiches bei der Bewertung von Just-in-Time-Lösungen zeigt aber nur eine begrenzte Vorteilhaftigkeit gegenüber einer normalen Beschaffung in größeren Losen. Erst die gemeinsame Gestaltung von Produktions- und Bereitstellungsprozessen lässt Just-in-Time-Produktion wirtschaftlich werden.

Der Koordinationsgedanke macht schließlich nicht an den Unternehmensgrenzen halt. Problemstellungen wie Nutzen einer quellen- und senkenbezogenen Abstimmung sind grundsätzlich unabhängig von der Zugehörigkeit zu einem oder mehreren Unternehmen.

Eine bildliche Definition für die Logistik als Koordinationsfunktion gibt Haldimann:

Definition **Logistik** ist das Schaffen von Rendezvous![5]

Ein Rendezvous ist nach traditionellem Verständnis ein Aufeinandertreffen von zwei Menschen. In der Tat ist dies auch bei der Logistik häufig der Fall oder – etwas abstrakter ausgedrückt – wird ein Kundenbedürfnis über einen Lieferanten durch die Lieferung von Waren befriedigt. Die beiden müssen hierzu „zusammenkommen“.

Eine ausführlichere Definition der Logistik als Koordinationsfunktion geben Weber/Kummer:

Definition **Logistik** ist das Management von Prozessen und Potenzialen zur koordinierten Realisierung unternehmensweiter und unternehmensübergreifender Materialflüsse und der dazugehörigen Informationsflüsse (Prozessmanagement der Wertschöpfungskette). Die materialflussbezogene Koordination beinhaltet insbesondere die horizontale Koordination zwischen Lieferanten (Vorlieferanten), Unternehmensbereichen und Kunden (bis zum Endabnehmer) sowie die vertikale Koordination zwischen Planungs-, Steuerungs-, Durchführungs- und Kontrollebenen (von der strategischen bis zur operativen Ebene).[6]

Aus beiden Definitionen wird deutlich: Logistik ist mehr als nur Transportieren und Lagern, auch wenn dies wichtige Aktivitäten sind. Besonders deutlich wird dies durch die Beschreibung der Ziele der Logistik in der **„7-R“-Definition**, die besagt, dass die Logistik die Verfügbarkeit

- der richtigen Materialien und Waren
- zur richtigen Zeit
- am richtigen Ort
- in der richtigen Menge

5 Nach Haldimann, H.R. (1975)
6 Vgl. Weber, J., Kummer, S. (1990), S. 776

- in der richtigen Qualität
- für den richtigen Kunden

sichert.

Als Ökonom sollte man selbstverständlich noch hinzufügen, dass dies auch

- zu den richtigen Kosten

erfolgen sollte!

16.4.3 Logistik als flussorientierte Führung des Unternehmens

Die folgende Phase der Logistikentwicklung kann als Weiterentwicklung der Logistik als Koordinationsfunktion betrachtet werden. Die vorhergegangenen Sichtweisen werden dabei nicht ersetzt, sondern in das erweiterte Blickfeld integriert. Nach der vollzogenen Rationalisierung in den einzelnen betrieblichen Funktionsbereichen und dem Erreichen weiterer Spezialisierungsgewinne durch die Beeinflussung von Struktur und Höhe des Bedarfs an material- und güterflussbezogenen Dienstleistungen treten nun Führungs- und Führungsgestaltungsfunktionen in den Vordergrund der logistischen Betrachtung.

Die Logistik als flussorientierte Führung geht einher mit der Veränderung zweier wichtiger Kontextfaktoren.

Die **Wettbewerbsintensität** auf den Märkten ist in den letzten Jahren stetig angestiegen. Wegen der Vielzahl von Anbietern auf vielen Märkten müssen sich Unternehmen einerseits durch ihre Produkte bzw. Dienstleistungen von anderen Anbietern differenzieren. Außerdem ist es erforderlich, konsequent auf die Strategie der **Kostensenkung** zu setzen. Beide Strategien zu vereinbaren ist mit traditionellen, auf Funktionsspezialisierung basierenden Geschäftssystemen nicht mehr zu bewältigen.

Die hohe Dynamik des Wettbewerbsumfeldes macht es notwendig, konsequent auf **komplexitätsreduzierende Maßnahmen** zu setzen. Ein Beispiel dafür ist die Fertigungssegmentierung. Hier wird die Produktion auf kleine, selbstständig agierende Einheiten aufgeteilt, die sich selbst organisieren. Entscheidungen über Produktionspläne werden dezentral in den einzelnen Fertigungssegmenten getroffen.

Die zweite wichtige Kontextänderung betrifft das Vorhandensein des **material- und warenflussbezogenen Know-how** in allen Unternehmensbereichen. Die Spezialisierung der Logistik als material- und warenflussbezogene Dienstleistungsfunktion sowie die Übernahme von Koordinationsfunktionen haben zu einer Bedeutungserhöhung und einer besseren Sichtbarkeit der Logistik geführt. Logistische Aspekte gehören nun zu den standardmäßigen Rahmendaten einer Produktgestaltung ebenso wie zu einer Produktionstiefenbestimmung; Lieferservicegrade sind als wettbewerbskritisch ebenso erkannt wie eine unternehmensübergreifende Gestaltung des Logistiksystems.

Das gestiegene material- und warenflussbezogene Know-how ermöglicht es, die den ersten beiden Phasen der Logistik zugrunde liegende Spezialisierung wieder zurückzuführen. Der in der Betriebswirtschaftslehre stark diskutierte **Fokussierungswandel des Denkens in Strukturen zu einem Denken in Prozessen** macht diese Respezialisierung geradezu unumgänglich. Zwei Argumente mögen dies verdeutlichen:

- Im Rahmen von Lean Management-Konzepten (vgl. Abschnitt 4.3.3) werden bevorzugt Arbeitsgruppen in der Produktion und Logistik eingerichtet. Die Mitarbeiter der Gruppe erbringen material- und warenflussbezogene Dienstleistungen ebenso wie

Instandhaltungs- und Fertigungsleistungen. Es erfolgt nun statt einer abteilungsorientierten Spezialisierung eine Fokussierung auf den Fluss der Waren.

- Die Prozessorganisation ist im Gegensatz zur klassischen Funktionsspezialisierung ein Organisationskonzept, mit welchem Geschäftsprozesse (z.B. Beschaffung von Gütern für Produktion) geplant, gesteuert und kontrolliert werden sollen. Notwendige flussbezogene Koordinationsleistungen (z.B. Abstimmung zwischen Einkaufsabteilung, Transportabteilung und Disposition) entfallen bzw. reduzieren sich bei einer Prozessorganisation.

Es wird deutlich, dass es sich bei der Logistik aus dieser Sicht primär um eine Führungsfunktion handelt. Es geht nicht mehr um das Management einer logistischen Dienstleistung, sondern darum, wie das Führungssystem ausgestaltet werden soll, um auf der Ausführungsebene reibungslose Flüsse der Materialien und Waren sicherzustellen. Das zentrale Ziel der flussorientierten Gestaltung des Unternehmens liegt in der Erhöhung der Reaktionsfähigkeit sowie der Reaktionsgeschwindigkeit auf veränderte Umweltbedingungen.

Die Logistik wandelt sich somit von einer Dienstleistungs- zu einer **Führungsfunktion**: Das Ziel der Logistik besteht somit darin, das **Unternehmen als Ganzes flussorientiert auszugestalten**.

Dadurch erweitert sich der Fokus von der Effektivität unternehmensbereichs- und unternehmensübergreifender Prozessketten auf die flussorientierte Gestaltung der Unternehmensführung. Führungsstrukturen und -abläufe im Unternehmen werden nicht mehr ausschließlich als gegeben angesehen, sondern können umgestaltet werden.

Eine Definition der Logistik als flussorientierte Führung des Unternehmens geben Weber/Kummer:

> **Definition**
>
> Das Ziel der **Logistik** besteht darin, das Leistungssystem des Unternehmens flussorientiert zu gestalten. Um dieses Ziel zu erreichen, nimmt die Logistik eine Koordinationsfunktion im Führungssystem wahr. Sie umfasst die Strukturgestaltung aller Führungsteilsysteme, die zwischen diesen bestehende Abstimmung sowie die führungssysteminterne Koordination.[7]

16.4.4 Supply Chain Management

Der englische Begriff „Supply Chain" bedeutet wörtlich übersetzt „Lieferkette". Da es beim Supply Chain Management jedoch nicht nur um die Lieferprozesse geht, ist die Übersetzung als „Wertschöpfungskette" (ggf. Wertkette, engl. „value chain") besser geeignet. Unter einer **Supply Chain** versteht man alle Flüsse von Material, Informationen und Geld durch ein Netzwerk von Unternehmen (engl. supply net, meist mit „Wertschöpfungsnetzwerk" übersetzt), die an der Entwicklung, Erstellung und Lieferung eines bestimmten Produktes oder einer Dienstleistung beteiligt sind. Die Supply Chain erstreckt sich dabei über alle Produktionsstufen vom Rohstofflieferanten bis zum Endkunden.

7 Vgl. Weber, J., Kummer, S. (1998), S. 21 ff.

In Abbildung 16.7 ist die vereinfachte Struktur eines Wertschöpfungsnetzwerkes abgebildet.

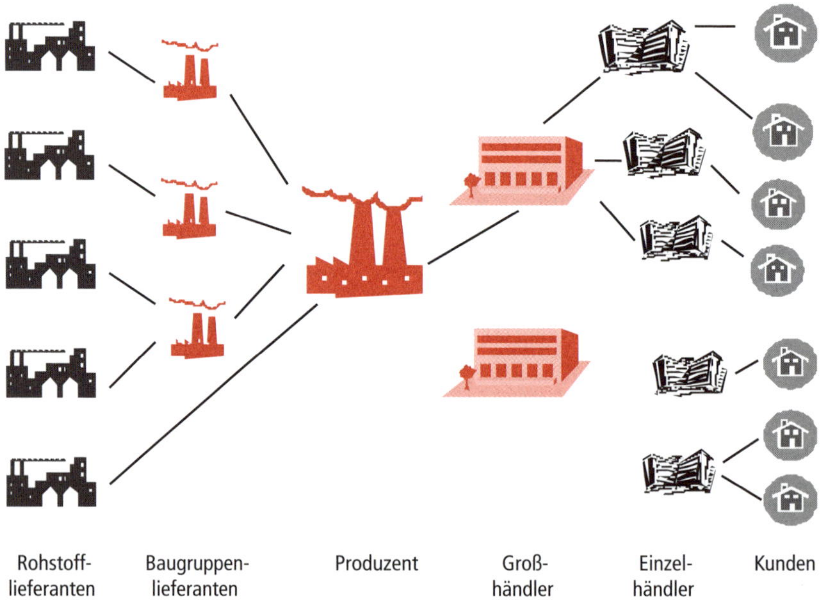

Abbildung 16.7: Struktur eines Wertschöpfungsnetzwerkes

In diesem Fall steht der Produzent (OEM = Original Equipment Manufacturer) im Mittelpunkt (Fokales Unternehmen). Auf der **Beschaffungsseite** (linker Teil der Abbildung) sind die Rohstoff- und Baugruppenlieferanten angesiedelt. Auf der **Distributionsseite** (rechte Seite der Abbildung) sind Großhändler, Einzelhändler und die Endkunden zu finden. Ziel ist es, durch Koordination und Integration von Lieferanten, Produzenten und Handel den Bedarf des Kunden effizient zu befriedigen. Damit wird neben der Optimierung unternehmensinterner Abläufe auch die Abstimmung der unternehmensübergreifenden Zusammenarbeit entlang der gesamten Wertschöpfungskette betrachtet, da die unternehmensinternen Prozesse nur noch verhältnismäßig geringe Effizienzsteigerungspotenziale bieten. Fest steht jedenfalls, dass viele Unternehmen nicht nur Lippenbekenntnisse der unternehmensübergreifenden Zusammenarbeit ablegen, sondern unter dem Schlagwort Supply Chain Management systematisch nach Verbesserungen in der gesamten Wertschöpfungskette suchen. Grundlage dieser Zusammenarbeit sind **Kooperationen** zwischen Unternehmen (vgl. Kapitel 20.1).

Die Wege, die Unternehmen dabei gehen, sind vielfältig: Neben Anstrengungen zu einer besseren Koordination des Güter- und Informationsflusses zwischen den einzelnen, in einer Wertschöpfungskette verbundenen Unternehmen wird durch unternehmensübergreifende Verlagerung von Teilprozessen in der **Wertschöpfungskette** nach Synergien gesucht. Auffällig ist, dass hierbei zum einen das strategische Management, zum anderen – unter dem Schlagwort Supply Chain Management Software – neue Softwarelösungen im Vordergrund stehen. Vieles befindet sich dabei noch im Entwicklungsstadium. Die Theoriebildung in diesem Bereich schreitet zwar rasch voran, noch ist hier aber viel zu tun. Demzufolge versucht dieses Kapitel, eine Einführung in die Thematik des Supply Chain Management zu geben. Aufgaben und Instrumente des Supply Chain Management und dessen praktische Implikationen werden in Kapitel 20 vorgestellt.

Das Supply Chain Management hat sich aufbauend auf der Idee der logistischen Kette zunächst in Nordamerika entwickelt und setzt sich auch in Europa immer stärker durch. Supply Chain Management wird in Europa meist in seiner ursprünglichen Form verstanden als Optimierung der Güter- und Informationsflüsse in der Supply Chain.

Diese Sichtweise wurde in Nordamerika durch die Sichtweise des Supply Chain Management als generelles Erfolgsinstrument der Unternehmenssteuerung in der Supply Chain/Integration aller Wertschöpfungsprozesse abgelöst. Dies schließt – im Gegensatz zur Logistik – auch die Prozesse der **Produktentwicklung** sowie des **Customer Relationship Management (CRM)** mit ein.

Supply Chain Management kann demzufolge wie folgt definiert werden:

Definition **Supply Chain Management** ist eine

- strategische, kooperationsorientierte und unternehmensübergreifende Managementkonzeption.
- Die Planung und Steuerung des überwiegenden Teils der Aktivitäten erfolgt nachfrageorientiert (Pull-Prinzip).
- Es wendet interorganisationale Koordinationsmechanismen mit dem Ziel der Integration aller Wertschöpfungsprozesse an.

Z U S A M M E N F A S S U N G

Die Logistik stammt aus dem militärischen Bereich und wurde nach dem Zweiten Weltkrieg zuerst in den USA, später auch in Europa auf Unternehmen übertragen. Obwohl noch in den 70er Jahren vielfach als notwendiges Übel angesehen, hat sich die Logistik inzwischen zu einem zentralen Unternehmensprozess entwickelt. Die Aufgabe der Logistik besteht darin, unternehmensinterne und -übergreifende Abläufe im Sinne einer Flussorientierung zu koordinieren.

Der Begriff des Supply Chain Management bezeichnet die Planung, Steuerung und Kontrolle einer gesamten Wertschöpfungskette vom Rohstofflieferanten bis zum Endkunden. Das Ziel des Supply Chain Management ist die Erhöhung der Wettbewerbsfähigkeit der in Supply Chains involvierten Unternehmen.

Z U S A M M E N F A S S U N G

16.5 Übungsfragen

1. Stellen Sie kurz die geschichtliche Entwicklung der Logistik dar.
2. Welche Bedeutung hat die Logistik heute?
3. Welche drei zentralen Unternehmensprozesse gibt es im Unternehmen?
4. Wie haben sich die Logistikkosten in Bezug auf die Marktentfernung verändert?
5. Stellen Sie die unterschiedlichen Sichtweisen der Logistik gegenüber und gehen Sie auf Gemeinsamkeiten und Unterschiede ein.

Lösungen zu den Übungsfragen und weiterführende Materialien finden Sie auf der Companion Website zum Buch unter *www.pearson-studium.de*.

Logistik als funktionale Spezialisierung

17

ÜBERBLICK

17.1 Bestandsmanagement

Die steigende Dynamik auf internationalisierten Märkten und kürzere Produktlebenszyklen (z.B. Mobiltelefone, Elektronikbauteile) bedeuten kürzere Reaktionszeiten für unternehmerische Entscheidungen. Daraus resultiert eine veränderte Sichtweise von Beständen im Unternehmen: Während vor einigen Jahren noch hohe Lagerbestände für die sichere Zukunft eines Unternehmens standen, wird heute aufgrund des gestiegenen Kostendrucks die Reduktion der Vorräte an Rohstoffen, Halbfertigfabrikaten und Fertigerzeugnissen („Verschlankung der Bestände") als eine Erfolg versprechende Maßnahme zur Reduktion von Kosten und Kapitalbindung angesehen.[1]

Das Bestandsmanagement als Teilbereich der Logistik erbringt Leistungen für unterschiedliche Abteilungen im Unternehmen (z.B. Beschaffung, Produktion, Vertrieb). Daher kann das Bestandsmanagement nicht nur als funktionale Spezialisierung, sondern den Entwicklungsstufen der Logistik folgend auch als betriebliche Querschnittsfunktion (Koordinationsfunktion) betrachtet werden (vgl. Kapitel 18). Auf diese Weise können sämtliche Unternehmensbereiche, in denen Bestände eine Rolle spielen, integriert betrachtet werden. Im Folgenden werden die Grundlagen des Bestandsmanagement als funktionale Spezialisierung, die Auswirkungen von Beständen auf den Unternehmenserfolg und die Grundzüge des Bestandscontrolling vorgestellt.

Definition

Bestandsmanagement beschäftigt sich mit der Betrachtung aller im Unternehmen vorhandenen Lagerbestände mit dem Ziel, die Kapitalbindung zu senken und eine größere Kapitalumschlagshäufigkeit im Unternehmen zu erzielen. Bestände können in Form von Rohstoffen, Hilfsstoffen, Betriebsstoffen, unfertigen oder fertigen Erzeugnissen entlang der gesamten logistischen Kette auftreten.

Die Hauptaufgabe des Bestandsmanagement ist es, Bedarfsträger mit den benötigten Materialien, Zwischenprodukten oder Fertigprodukten zu versorgen. Dabei treten zwei konkurrierende Ziele auf: Zum einen soll die Versorgung sichergestellt werden, um Fehlmengen und die damit verbundenen Fehlmengenkosten zu vermeiden, zum anderen sollen durch effizientes Bestandsmanagement die Bestandskosten auf ein Minimum reduziert werden. Können alle Auswirkungen des Bestandmanagement in Kostengrößen abgebildet werden (auch Kosten, die in anderen Bereichen, z.B. der Produktion, der Beschaffung oder im Marketing/Vertrieb, entstehen), so ist die Aufgabe des Beschaffungsmanagement die Minimierung dieser Kosten. In der Unternehmenspraxis ist es jedoch häufig nicht oder nur schwer möglich, die Auswirkungen des Bestandsmanagement auf alle Kosten zu bestimmen. So tun sich viele Unternehmen bei der Ermittlung der Fehlmengenkosten schwer. Anstelle einer Optimierung wird dann z.B. pragmatisch ein Lieferservicegrad festgelegt. Unter der Prämisse der Erfüllung dieses Lieferservicegrades werden dann die Bestandskosten minimiert. Dies lässt sich durch folgenden Leitsatz des Bestandsmanagement ausdrücken:

1 Vgl. Stölzle, W. et al. (2004), S. 21

Die notwendige Versorgungssicherheit mit dafür notwendigen Beständen schaffen!

Bestände im Unternehmen können als Puffer betrachtet werden, die zeitliche, räumliche und mengenmäßige Differenzen zwischen Input- und Output-Strömen an Materialien und Gütern bei der betrieblichen Leistungserstellung ausgleichen.

Neben den im Teil II, Kapitel 7 und 10 beschriebenen Bestandsarten zur Deckung der Bedarfe können Bestände auch zu Spekulationszwecken gehalten werden. Der **Spekulationsbestand** wird zur Glättung schwankender Marktpreise am Beschaffungsmarkt eingesetzt (z.B. saisonale Güter).

Aufbauend auf der oben genannten Abgrenzung von Beständen kann im Rahmen der ABC-Analyse eine weitere Unterteilung der Bestände in A-, B- und C-Bestände vorgenommen werden (vgl. Teil II, Kapitel 7.1.1).

17.1.1 Erfolgswirksamkeit von Beständen

Bestandskosten können heute bis zu 11 % des Gesamtkostenvolumens betragen[2] und binden somit wertvolles Kapital des Unternehmens. Dieses Kapital ist in den gelagerten Produkten gebunden und steht somit nicht mehr für andere wichtige Aktivitäten zur Verfügung. Jedoch muss Kapital effizient eingesetzt werden, damit ein Unternehmen am Markt konkurrenzfähig sein kann. Die geringere Kapitalbindung durch niedrigere Bestände beeinflusst vor allem das Rentabilitätsziel des Unternehmens (ROI, vgl. Teil I, Kapitel 3.5).

Lagerbestände beeinflussen zusammen mit Forderungen und anderen Vermögensgegenständen das Umlaufvermögen eines Unternehmens und somit über den Kapitalumschlag auch den ROI. Die Auswirkung sinkender Bestände auf das gesamte ROI-System ist in der Abbildung 17.1 dargestellt. Wichtige Maßnahmen zur Senkung von Beständen sind die Standardisierung von Teilen und Komponenten (z.B. Automobilindustrie) oder der Einsatz von Verfahren zur Ermittlung der optimalen Bestellhäufigkeit und der optimalen Bestellmenge (vgl. Teil II, Kapitel 10.3).

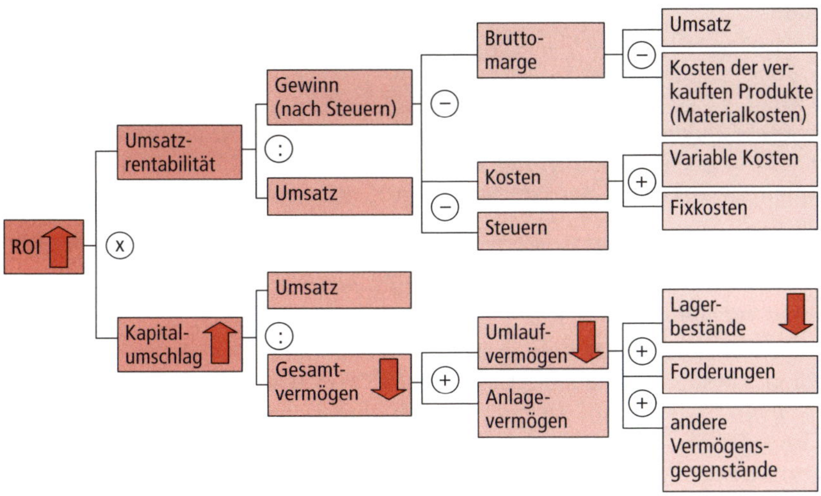

Abbildung 17.1: Auswirkung sinkender Bestände auf den ROI

2 Vgl. Pfohl, H.-Chr. (2004), S. 50, vgl. Stölzle, W. et al. (2004), S. 12

Bestände verursachen im wesentlichen folgende Kosten:[3]

- Kalkulatorische Kosten für das gebundene Kapital (Zinskosten)
- Kosten der Ein-, Um- und Auslagerungsvorgänge
- Kosten der Lagerung (Lagerhaus, Lagerhilfsmittel)
- Kosten der Verwaltung des Lagers und der Bestände
- Kosten der Disposition der Bestände
- Steuern und Versicherungskosten
- Lagerrisikokosten für Diebstahl, Beschädigung oder Wertverlust gelagerter Güter (z.B. wird der Wertverlust von Elektronikbauteilen auf etwa 2 % pro Woche geschätzt)

Im Gegensatz zu den oben angeführten Kostengrößen, die durch zu hohe Bestände entstehen, können dem Unternehmen auch durch zu geringe Bestände Kosten entstehen. Diese **Fehlmengenkosten** (siehe Teil II, Kapitel 10.3.) können überall dort entstehen, wo zeitliche Unterschiede zwischen Input- und Output-Strömen nicht durch Bestände ausgeglichen werden können. Daraus resultiert die Gefahr, dass der Produktionsprozess wegen Materialmangel unterbrochen werden muss oder die Nachfrage nach fertigen Produkten am Absatzmarkt nicht mehr befriedigt werden kann.

17.1.2 Instrumente des Bestandsmanagements

Grundlegende Instrumente des Bestandsmanagements sind die ABC-Analyse und die XYZ-Analyse. Diese dienen zur Klassifikation von Beständen. Die Bedarfsplanung hat festzustellen, welche Güter in welchen Mengen im Unternehmen benötigt werden. Dazu wurden im Teil *Beschaffung* Merkmale und Arten des Bedarfs vorgestellt und Methoden zur Bedarfsermittlung aufgezeigt (vgl. Teil II, Kapitel 7).

Weitere Instrumente des Bestandsmanagements sind die Planung optimaler Bestellmengen und -häufigkeiten (vgl. Teil II, Kapitel 10.3) sowie ausgewählte Bestellpolitiken (vgl. Teil II, Kapitel 10.4). Diese wurden ebenfalls bereits im Teil *Beschaffung* vorgestellt.

17.1.3 Bestandscontrolling

Der erwartete Bedarf an Rohstoffen, Halbfertigprodukten und Gütern im Unternehmen basiert auf der Bedarfsplanung. Der Bedarf wird im Normalfall mit Sicherheitsbeständen in den Lagern gegen das Auftreten von Fehlmengen abgesichert. Da diese Maßnahmen nicht garantieren können, dass der prognostizierte Bedarf mit dem tatsächlichen Bedarf übereinstimmt, ist ein Bestandscontrolling zur Kontrolle, Bewertung und Anpassung der Bestände nötig. Dazu gibt es in den meisten Unternehmen eine vierstufige Vorgangsweise:[4]

- **Bestandsführung:** Die Erfassung der Ist-Daten ist eine Dokumentationsaufgabe, die Zu- und Abgänge aufzeichnet. Dabei werden drei Bestandsarten unterschieden: Der tatsächliche Lagerbestand ist der physisch vorhandene Bestand an Materialien und Gütern im Lager; der Buchbestand ist der durch Fortschreibung von Zu- und Abgängen errechnete Lagerbestand; der Buchbestand kann vom tatsächlichen Lagerbestand

3 Vgl. Weber, J., Kummer, S. (1998), S. 55 oder Stölzle, W. et al. (2004), S. 22 f.

4 Vgl. Stölzle, W. et al. (2004), S. 104 ff.

abweichen. Zur Abgleichung zwischen Lagerbestand und Buchbestand werden Inventuren durchgeführt. Der dabei ermittelte Bestand heißt Inventurbestand und entspricht dem physisch vorhandenen Bestand zum Zeitpunkt der Inventur.

- **Bestandsrechnung:** Der Soll-Ist-Vergleich dient der eigentlichen Kontrolle von Beständen im Unternehmen. Dazu wird der mengenmäßige Verbrauch von Materialien und Gütern nach unterschiedlichen Kriterien bewertet. Kriterien für die Bewertung der Materialien oder Güter können deren Anschaffungspreise (Einstandspreise), Wiederbeschaffungspreise oder feste Verrechnungspreise sein. Eine weitere Aufgabe der Bestandsrechnung besteht in der Gegenüberstellung von Soll-Werten aus der Bestandsplanung und Ist-Werten aus der Bestandsführung, um die Bestandsentwicklung so früh wie möglich überprüfen zu können.
- **Bestandsanalyse:** Die Abweichungsanalyse dient der Untersuchung von Ursachen unerwarteter Bestandsabweichungen und zur Überprüfung des Lagersortiments. Dabei wird festgestellt, ob das gelagerte Sortiment umfangreicher ist als nötig und ob Lagerhüter (= Produkte und Materialien, die selten nachgefragt werden) vorhanden sind. Lagerhüter sind in doppelter Hinsicht problematisch, da sie nicht nur Kapital binden, sondern auch Lagerraum belegen.
- **Bestandsanpassungsmaßnahmen:** Sie dienen dazu, den optimalen Lagerbestand zu erreichen. In der Regel sind dies Maßnahmen zur Bestandssenkung. In Ausnahmefällen, z.B. Engpass-Situationen, können dies aber auch Maßnahmen zur Bestandserhöhung sein (z.B. Einschaltung neuer Lieferanten, um die Bestände zu erhöhen).

Im Rahmen des Bestandscontrolling werden Kennzahlen (vgl. Teil I, Kapitel 3.5) zur Erfassung der relevanten Tatbestände eingesetzt. Diese Kennzahlen dienen auch als Entscheidungsgrundlage für Anpassungsmaßnahmen der Bestände. Auf Basis der Ergebnisse der Bestandsanalyse und der errechneten Kennzahlen können Anpassungsmaßnahmen zur Bestandsoptimierung erarbeitet und umgesetzt werden.

Die **Lagerreichweite** gibt Aufschluss über die interne Versorgungssicherheit durch Bestände im Unternehmen. Die Lagerreichweite wird normalerweise in Tagen, Wochen oder Monaten (= Periode) angegeben. Veränderungen der Lagerreichweite beeinflussen die Lieferbereitschaft und können zu Fehlmengenkosten oder erhöhten Lagerhaltungskosten führen. Die Lagerreichweite kann rückwirkend (obere Formel) oder vorausschauend im Rahmen der Planung (untere Formel) errechnet werden.

$$Lagerreichweite = \frac{Aktueller\ Lagerbestand\ am\ Stichtag}{Durchschnittlicher\ Bedarf\ pro\ Periode}$$

$$geplante\ Lagerreichweite = \frac{Lagerbestand + offene\ Bestellungen}{geplanter\ Bedarf\ pro\ Periode}$$

Die **Vorratsintensität** wirkt sich über das Umlaufvermögen auf die Kapitalrentabilität des Unternehmens (ROI) aus. Hohe Sicherheitsbestände, eine große Sortimentsbreite oder ein schlecht abgestimmter Materialfluss im Unternehmen bedeuten einen hohen Anteil der Vorräte am Umsatz und beeinflussen den Unternehmenserfolg negativ.

$$Vorratsintensität = \frac{Vorräte\ (Lagerbestandswert)}{Umsatz}$$

Die **Bestandsstruktur** gibt Aufschluss über die Zusammensetzung des Lagerbestandes. Dabei wird der Anteil eines bestimmten Materials oder einer Materialgruppe (Material X) am Gesamtbestand im Lager gemessen (z.B. Anteil der A-, B- oder C-Güter am Gesamtlagerbestand).

$$Bestandsstruktur = \frac{Lagerbestandswert\ Material\ X}{Gesamtlagerbestand}$$

Der **durchschnittliche Lagerbestand** ist Ausgangspunkt für die Berechnung der durchschnittlichen Kapitalbindung im Lager. Ein hoher durchschnittlicher Lagerbestand wirkt sich direkt auf die Lagerhaltungskosten und somit auch auf die Kapitalbindungskosten im Unternehmen aus.

$$Durchschnittlicher\ Lagerbestand = \frac{Summe\ der\ Periodenbestände}{Periodenanzahl}$$

Die **durchschnittliche Lagerdauer** bezeichnet die durchschnittliche Verweildauer von Materialien und gibt Aufschluss über die Situation und Entwicklung der Kapitalbindung im Lager. Diese Kennzahl kann für das gesamte Lager errechnet werden oder für einzelne Bestandssegmente (z.B. A-Güter).

$$Durchschn.\ Lagerdauer = \frac{Durchschn.\ Lagerbestand \times 360\ (oder\ 240)\ Tage}{Jahresverbrauch}$$

Die **Umschlagshäufigkeit im Lager** (Lager-Umschlags-Koeffizient) zeigt an, wie oft sich das gelagerte Material/Gut in einer Periode austauscht (umschlägt). Diese Kennzahl kann für das gesamte Lager errechnet werden oder für einzelne Bestandssegmente (z.B. A-Güter). Auf Basis dieser Informationen können Lagerhüter identifiziert und Anpassungsmaßnahmen vorgenommen werden.

$$Umschlagshäufigkeit\ im\ Lager = \frac{Lagerabgänge\ pro\ Periode}{Durchschnittlicher\ Lagerbestand}$$

Die Kennzahlen des Bestandsmanagements geben Aufschluss über Umfang und Struktur der Bestände im Unternehmen. Sie dienen als Frühwarnsystem, da sie Auskunft über die Bestandssituation und -entwicklung im Unternehmen geben. Besondere Bedeutung kommt den oben besprochenen Kennzahlen auch insofern zu, als sie eine wichtige Entscheidungshilfe für Maßnahmen zur Anpassung der Bestände bilden. In der folgenden Tabelle werden wichtige Maßnahmen zur Bestandsreduktion vorgestellt:

Maßnahme	Erklärung
Beseitigung von Lagerhütern	Die Beseitigung von Lagerhütern kann durch eine Reichweitenanalyse oder durch eine Altersstrukturanalyse erfolgen. Bei der **Reichweitenanalyse** wird der durchschnittliche Bestand eines bestimmten Produkts auf den durchschnittlichen Verbrauch pro Periode bezogen. Wie bei einer ABC-Klassifikation wird dann für jede Kategorie von Produkten eine optimale Lagerreichweite festgelegt. Für die **Altersstrukturanalyse** werden Bestände nach Bewegungskennziffern (Bewegungshäufigkeit eines Produkts pro Periode) eingeteilt. So wird festgestellt, welche Güter in den vergangenen Perioden oft, selten oder gar nicht nachgefragt wurden. Auf Basis dieser Information kann eine mengenmäßige Anpassung der Bestände erfolgen.
Verbesserung der Bedarfsprognosen	Prognosefehler müssen über Sicherheitsbestände im Lager abgedeckt werden, damit keine Fehlmengen auftreten. Eine Verbesserung der Prognosegenauigkeit hat vor allem bei hochwertigen Gütern (A-Güter) große Auswirkungen, da eine Bestandsreduktion von A-Gütern die Kapitalbindung im Lager besonders stark senkt und so positiv auf den Unternehmenserfolg wirkt (vgl. Abschnitt 17.1.1).
Reduktion von Lagerstufen	Eine hohe Anzahl von Lagerstufen begünstigt, dass auf mehreren Stufen Bestände angelegt werden. Bestände sollten aber entlang der gesamten logistischen Kette nur dort aufgebaut werden, wo sie unbedingt nötig sind. Dazu kann eine Reduktion der Lagerstufen entscheidend beitragen.
Reduktion der Teile- und Variantenvielfalt	Die starke Vermehrung unterschiedlicher Teile, die im Produktionsprozess zum Einsatz kommen, kann durch Standardisierung abgebremst werden. So können nach Überprüfung des Gütersortiments durch eine Reduktion der Varianten- und Teilevielfalt Bestände im Lager abgebaut werden.
Senkung der Fertigungstiefe	Die Fremdvergabe von Teilen oder der kompletten Fertigung von Produkten oder Komponenten mit geringer strategischer Bedeutung für das eigene Unternehmen führt zur Senkung von Beständen (vgl. Make-or-Buy-Entscheidung, Teil II, Kapitel 9). Gegebenenfalls kann dies jedoch die Bestände in der gesamten Supply Chain erhöhen.

Tabelle 17.1: Maßnahmen zur Bestandsreduktion

Z U S A M M E N F A S S U N G

Das Bestandsmanagement als betriebliche Funktion muss dafür sorgen, dass ausreichend Materialen für die Bedarfsträger im Unternehmen vorhanden sind. Bei der Festlegung der Bestandshöhe muss eine Abwägung der Bestandskosten und der Fehlmengenkosten erfolgen. Problematisch sind überhöhte Bestände entlang der logistischen Kette, da sie eine Kapitalbindung verursachen. Sowohl Fehlmengen als auch überhöhte Bestände beeinflussen den Unternehmenserfolg negativ. Das Bestandscontrolling hat die Aufgabe, die Höhe und Struktur der Bestände zu kontrollieren und notwendige Maßnahmen zur Bestandsanpassung zu veranlassen.

Z U S A M M E N F A S S U N G

17.1.4 Übungsfragen

1. Wie ist Bestandsmanagement definiert?
2. Welche Ziele des Bestandsmanagements werden unterschieden?
3. Beschreiben Sie die Auswirkungen sinkender Bestände auf den ROI.
4. Nennen Sie Maßnahmen zur Senkung von Beständen.

Lösungen zu den Übungsfragen und weiterführende Materialien finden Sie auf der Companion Website zum Buch unter *www.pearson-studium.de*

17.2 Lagerhaltungsmodelle

Die Betriebswirtschaftslehre hat sich schon früh mit der Frage der Bestimmung der optimalen Bestellmenge und damit auch mit Modellen zur Bestimmung des Lagerbestands beschäftigt (Harris-Wilson-Modell, 1915). Dementsprechend sind ausgehend von dem klassischen Modell zur Bestimmung der optimalen Bestellmenge (Losgröße) eine Vielzahl von Modellen entwickelt worden.

Im Kapitel 10.3 wurde schon ein einfaches Modell zur Lagerhaltung vorgestellt, das Modell der Optimalen Bestellmenge. Mit der Festlegung der optimalen Bestellmenge q_{opt} wird im Modell bei sicheren Erwartungen gleichzeitig der durchschnittliche Lagerbestand $q_{opt}/2$ bestimmt. Im folgenden soll mit dem Newsboy-Modell eine einfache Erweiterung dieses Modells für unsichere Nachfrage erläutert werden.

17.2.1 Erweiterung des Modells bei sicheren Erwartungen

Als Zielgröße verwenden Lagerhaltungsmodelle in der Regel die Kosten der Lagerhaltung. Andere erfolgswirtschaftliche Bestimmungsgrößen, insbesondere die Erlöswirkungen von Lagerbeständen (z.B. reduzierte Erlöse, weil ein Kundenauftrag, aufgrund fehlender Lagerbestände nicht erfüllt werden konnte), können durch die Berechnung von Fehlmengenkosten abgebildet werden.

Neben den Kosten gehen in Lagerhaltungsmodelle vor allem Informationen über Lagerzu- und -abgänge ein. Einfache Modelle arbeiten mit sicheren Erwartungen. Komplexere Modell berücksichtigen unsichere Erwartungen. Zur Prognose der erwarteten Lagerzu- und -abgangshöhe sowie zur Bestimmung der Wahrscheinlichkeiten unterschiedlicher Nachfragemengen können Beobachtungswerte aus der Vergangenheit oder planungsdeterminierte Prognosen (z.B. Verwendung von Angaben über die Lebensdauer ausfallkritischer Teile von Anlagen) verwendet werden.

Das im Kapitel 10.3 vorgestellte Modell zur Ermittlung der optimalen Bestellmenge ist ein Modell, das mit sicheren Erwartungen über die Lagerzugänge (Lieferungen) und Lagerabgänge (Nachfrage) arbeitet. Dieses Grundmodell der Lagerhaltung kann durch das Aufheben und Variieren der Annahmen erweitert werden, z.B. durch endlich große Lagerzugangszeiten, die Einführung von beschränkten Lagerkapazitäten oder durch die Gewährung von mengenabhängigen Rabatten. Für die Unternehmenspraxis ist vor allem die Zulassung von unsicheren Erwartungen über Lagerzu- und Lagerabgänge besonders relevant. Das Bestellmengenmodell kann auch als Modell der optimalen Losgröße im Bereich der Produktion oder im Bereich der Distribution eingesetzt werden.

Die Lagerhaltungskosten (l) werden einem modernen Logistikverständnis entsprechend nicht als prozentualer Zuschlagssatz auf den Einkaufspreise berechnet. Die Prozesskosten der Lagerhaltung (p) sollten vielmehr als Kosten pro Stück, die Kapitalbindungskosten durch Multiplikation des Zinssatzes (i) mit dem Einkaufspreis bzw. den Kosten der Total cost of ownership der Materialen (Ep) berechnet werden.

Der Lager und Zinskostensatz pro Stück l kann also wie folgt berechnet werden:

$$l = p + Ep \times i$$

17.2.2 Das Newsboy-Modell

Schwankungen in der Nachfrage (Lagerabgänge) und in den Lagerzugängen (z.B. durch mangelnde Termin-, Mengen- und Qualitätstreue der Lieferanten oder der eigenen Produktion) führen dazu, dass die Nachfrage nicht in jeder Periode befriedigt werden kann. Zur Optimierung der Lagerhaltung müssen diese unsicheren Erwartungen in das Lagerhaltungsmodell einfließen.

Das einfachste Modell der Berücksichtigung unsicherer Nachfrageerwartungen ist das sogenannte Newsboy-Modell, das deswegen so heißt, weil es das Verhalten eines Zeitschriftenverkäufers, der Zeitschriften verkauft, modelliert. Der Zeitschriftenjunge muss eine bestimmte Menge für einen Tag bestellen (q), die zum Beginn der Periode bereitsteht. Die Zeitschriften können nur an dem Tag verkauft werden. Ist die Nachfrage Ji größer als die bestellte Menge q, so gehen ihm während des Tages die Zeitschriften aus und es entsteht eine Fehlmengensituation, die Fehlmengenkosten (c_u) verursacht. Ist die Nachfrage (Ji) geringer als die Bestellmenge (q), hat er am Ende des Tages Zeitschriften zu viel und es entstehen Überbestandskosten (c_o). Ein Beispiel soll dies verdeutlichen.

Der Newsboy kauft eine Zeitschrift für € 10,- ein und verkauft diese für € 15,-. Wenn er die Zeitschrift nicht verkaufen kann, kann er diese an den Verlag für € 9,- zurückgeben. Seine Fehlmengenkosten (c_u) können als entgangener Deckungsbeitrag interpretiert werden:

c_u = Verkaufspreis (Vp) – Einkaufspreis (Ep) = € 15,- – € 10,- = € 5,-

Die Überbestandskosten betragen:

c_o = Einkaufspreis (Ep) – Rücknahmepreis (Rp) = € 10,- – € 9,- = € 1,-

Um die optimale Bestellmenge zu ermitteln, beobachtet der Newsboy die Nachfrage:

Nachfrage-menge (Ji)	Häufigkeit (Hi)	Wahrschein-lichkeit (Pi)	Kumulierte Wahrscheinlichkeit
5	1	0,025	0,025
6	2	0,050	0,075
7	5	0,125	0,200
8	7	0,175	0,375
9	10	0,250	0,625
10	7	0,175	0,800
11	5	0,125	0,925
12	2	0,050	0,975
13	1	0,025	1,000
Anzahl der Beobachtungen (n)	40		

Tabelle 17.2: Beispiel für die Nachfrage eines Newsboy

Um die Kosten der Fehlmengen und des Überbestands zu ermitteln, errechnet der Newsboy die Wahrscheinlichkeit (*Pi*), mit der die unterschiedlichen Nachfragemengen eintreten.

Fehlmengen treten auf, wenn die Nachfrage (*Ji*) größer ist als die Bestellmenge (*q*). Im Sinne einer Marginalbetrachtung können die erwarteten Fehlmengenkosten (pro Stück) für eine bestimmte Bestellmenge nun anhand der Wahrscheinlichkeit, mit der die Fehlmengen auftreten, errechnet werden als:

$$c_u \times Pi\,(\text{Nachfrage} > q) = c_u \times [1 - P(\text{Nachfrage} \leq q)]$$

Die Verteilungsfunktion $F(q)$ entspricht der Wahrscheinlichkeit (*Pi*) dafür, dass die Nachfrage kleiner gleich der Bestellung ist.

$$F(q) = Pi\,(Ji \leq q)$$

Wenn wir die Verteilungsfunktion $[F(q)]$ kennen, so können wir allgemein berechnen:

$$c_u \times [1 - F(q)]$$

Im konkreten Fall können wir z.B. die erwarteten Kosten der Fehlmengen pro Stück errechnen, wenn die Bestellmenge 7 Zeitschriften beträgt:

$$€\,5{,}\text{-} \times [1 - F(7)] = €\,5{,}\text{-} \times [1 - 0{,}2] = €\,4{,}\text{-}$$

Eine ähnliche Betrachtung können wir für die erwarteten Kosten der Überbestände (pro Stück) machen. Überbestandskosten treten auf, wenn die Nachfrage (*Ji*) geringer ist als die Bestellmenge (*q*). Mithilfe der Überbestandskosten und der Wahrscheinlichkeit können wir die Überbestandskosten berechnen als:

$$c_o \times Pi\,(\text{Nachfrage} \leq q) = c_o \times Pi\,[F(q)]$$

Bei einer Nachfrage von 7 betragen die Überbestandskosten pro Stück:

$$€\,1{,}\text{-} \times F(7) = €\,1{,}\text{-} \times 0{,}2 = €\,0{,}2$$

Abbildung 17.2 zeigt die Entwicklung der erwarteten Fehlmengen- und Überbestandskosten pro Stück in Abhängigkeit von der Bestellmenge.

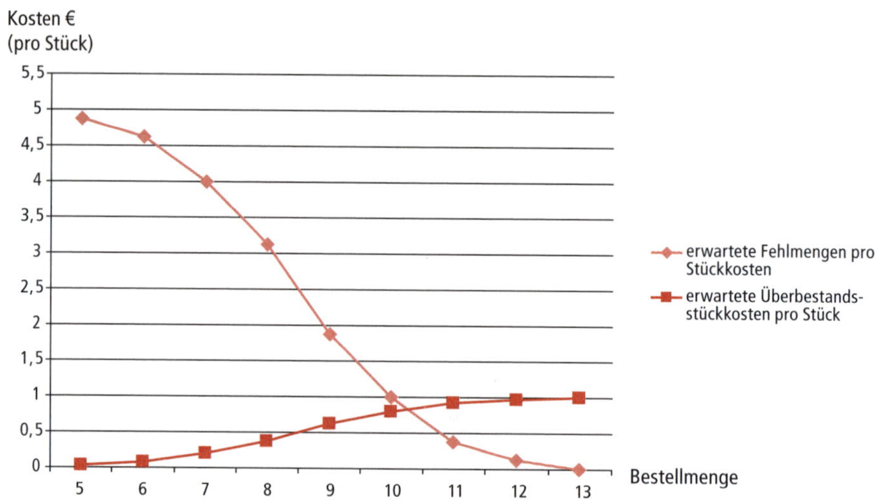

Abbildung 17.2: Erwartete Fehlmengen- und Überbestandskosten

Will der „Newsboy“ seinen Gewinn maximieren, so kann die Bedingung für die optimale Bestellmenge q wie folgt berechnet werden:

$$c_u \times [1 - F(q)] = c_o \times [F(q)]$$

Durch Umformung erhält man die Formel für die Berechnung der optimalen Bestellmenge im Newsboy-Modell:

$$F(q) = \frac{c_u}{c_u + c_o}$$

Diese Formel gilt für eine stetige Nachfrageverteilung (z.B. Normalverteilung). Für diskrete und stetige Nachfrage Ji lautet die Bedingung:

Die optimale Bestellmenge q ist die kleinste Nachfrage, für die gilt:

$$c_o \times F(q) \geq c_u \times (1 - F(q))$$

oder

$$F(q) \geq \frac{c_u}{c_u + c_o}$$

Die Bedingung besagt, dass die optimale Bestellmenge jene Nachfrage ist, wo die erwarteten Fehlmengenkosten das erste Mal kleiner (oder gleich) als die erwarteten Überbestandskosten sind. Für das Beispiel bedeutet das, dass $q = 11$, da

$$F(11) = 0.925 \geq 0.833 = \frac{c_u}{c_u + c_o}.$$

17.2.3 Bestimmung von Sicherheitsbestand und Lieferbereitschaft

Wenn ein Unternehmen bei der Lagerhaltung auf Schwankungen reagieren will, so ist die Reaktionsgeschwindigkeit abhängig von der Wiederbeschaffungszeit der Lagerobjekte. Will das Unternehmen permanent lieferfähig sein, so muss es einen Sicherheitsbestand (SB) realisieren, der das Maximum der innerhalb der Wiederbeschaffungszeit (t_w) auftretenden Nachfrageschwankungen ausgleichen kann ($J_{max} \times t_w$), allerdings wird für die erwartete Nachfrage während der Wiederbeschaffungszeit die prognostizierte Nachfrage als Bestand gehalten ($J_{pro} \times t_w$). Deswegen muss dieser Bestand bei der Berechnung abgezogen werden. Ein 100 % Lieferfähigkeit gewährleistender Sicherheitsbestand lässt sich als eine Funktion der Wiederbeschaffungszeit [t_w] darstellen:

$$SB = J_{max} \times t_w - J_{pro} \times t_w = t_w (J_{max} - J_{pro})$$

J_{max} = maximale Nachfrage je Zeiteinheit

J_{pro} = prognostizierte Nachfrage je Zeiteinheit

Abgesehen von der Problematik, dass auch J_{max} a priori nicht bekannt ist und dass eine 100 %ige Lieferfähigkeit keineswegs optimal sein muss, wird deutlich, dass, je kürzer die Wiederbeschaffungszeit ist, desto geringer kann der Sicherheitsbestand sein. Dies gilt auch, wenn das Unternehmen keine 100 %ige Lieferfähigkeit anstrebt.

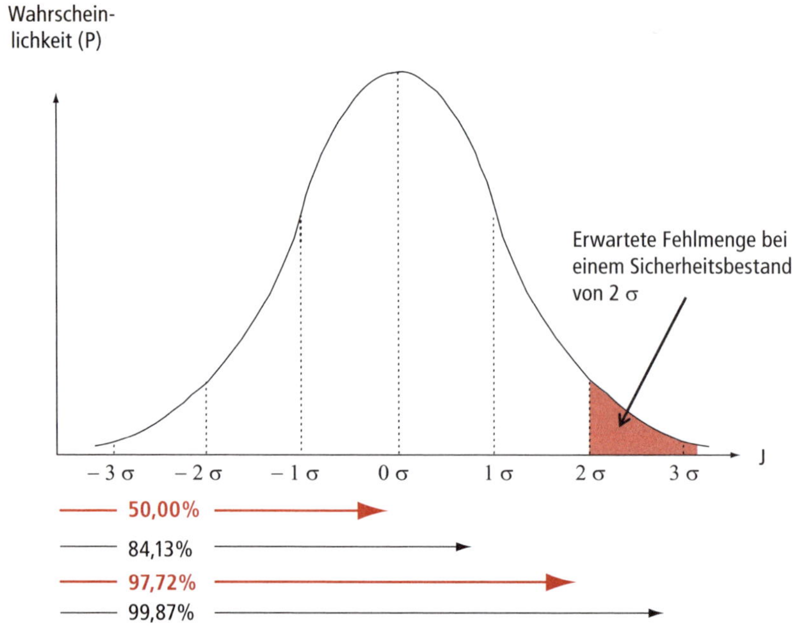

Abbildung 17.3: Ermittlung der statistischen Lieferfähigkeit mithilfe der Dichtefunktion Normalverteilung

Der Zusammenhang zwischen Lieferfähigkeit und Sicherheitsbestand lässt sich untersuchen, indem man Annahmen über die Verteilung der Nachfrage macht. Von vielen Autoren wird eine Normalverteilung angenommen. Mit dieser Annahme kann ein Zusammenhang zwischen dem Sicherheitsbestand, der Standardabweichung und der Lieferfähigkeit errechnet werden. Der Zusammenhang wird anhand der Dichtefunktion der Normalverteilung, wegen ihrer Form auch Gauß´sche Glockenkurve genannt, deutlich (Abbildung 17.3). Sie gibt Auskunft, mit welcher Wahrscheinlichkeit eine Nachfrage eintritt.

Bei der Bestimmung des Lieferservicegrades können grundsätzlich zwei unterschiedliche Betrachtungsweisen gewählt werden:

- Cycle Service Level (CSL) und
- Fill Rate (FR).

Sehr einfach kann mithilfe der Normalverteilung das Cycle Service Level errechnet werden. Das **Cycle Service Level** – In Stock Probability (CSL, deutsch: ereignisbezogener Lieferservicegrad) beschreibt, mit welcher Wahrscheinlichkeit (*Pi*) die gesamte Nachfrage (*Ji*) in einer Periode erfüllt werden kann (keine Fehlmengen). Sie kann als kumulierte Wahrscheinlichkeit der Nachfragen für die verfügbaren Mengen (Lagerbestand zu Beginn der Periode = Bestellmenge) berechnet werden.

Hält ein Unternehmen keinen Sicherheitsbestand, so kann es in 50 % der Fälle alle Aufträge der Periode ausliefern, in 50 % der Fälle kommt es zu Fehlmengen (Fläche rechts von 0 σ). Will man die Anzahl der Fehlmengensituationen verringern, so muss ein entsprechender Sicherheitsbestand gehalten werden. Bei einem Sicherheitsbestand von 2 σ kommt es mit einer Wahrscheinlichkeit von 2,28 % zu Fehlmengensituationen. Die Lieferfähigkeit beträgt 97,72 %.

Kennt ein Unternehmen das gewünschte Cycle Service Level, so kann der zur Erreichung des Lieferservicegrades notwendige Sicherheitsbestand unter Berücksichtigung der Verteilungsfunktion berechnet werden. Für die Normalverteilung kann dies unter Verwendung des Sicherheitsfaktors z und der Standardabweichung σ erfolgen.

$$SB = z \times \sigma$$

Im praktischen Bestandsmanagement spielt das Cycle Service Level eher eine untergeordnete Rolle. Es gibt jedoch Anwendungen, in denen der ereignisbezogene Lieferservicegrad von Bedeutung ist, z. B. bei Anlieferungen, die direkt ans Band erfolgen (die Montage kann sich hierdurch verzögern oder es kann zu Stillständen von Fließbändern kommen).

Insbesondere in der Distributionslogistik wollen Unternehmen in der Regel wissen, welche Prozentsätze der nachgefragten Mengen sie liefern können. Hierfür eignet sich vor allem die Berechnung der **Fill Rate** (FR, deutsch: mengenbezogener Lieferservicegrad). Sie kann berechnet werden, indem die erwarteten Verkäufe durch die erwartete Nachfrage dividiert werden. Dabei gibt die mengenbezogene Bestimmung des Lieferserviceniveaus an, welcher Prozentsatz von der nachgefragten Menge geliefert werden konnte.

Die Werte für die Fehlmengenwahrscheinlichkeit und für die Lieferbereitschaft können aus Tabellen für die Verteilungsfunktion der Normalverteilung entnommen werden (Tabelle 17.3).

Cycle Service Level (CSL)	Fill Rate (FR)	Sicherheitsfaktor (z)	Sicherheitsbestand (SB)
50,00 %	60,11 %	0,00	0,00 × σ
84,13 %	91,67 %	1,00	1,00 × σ
97,72 %	99,15 %	2,00	2,00 × σ
99,87 %	99,96 %	3,00	3,00 × σ

Tabelle 17.3: Zusammenhang zwischen Lieferbereitschaft und Sicherheitsbeständen bei normalverteilter Nachfrage

Das folgende Beispiel in Tabelle 17.4 verdeutlicht den Unterschied zwischen dem Cycle Service Level und der Fill Rate.

	Nachfragemenge (Ji)	Häufigkeit (Hi)	Wahrscheinlichkeit (Pi)	Erwartete Nachfrage
	6	1	0,1	0,6
	7	2	0,2	1,4
	8	4	0,4	3,2
	9	2	0,2	1,8
	10	1	0,1	1
Summe	40	10	1	8

Tabelle 17.4: Beispiel für Lieferservicegrad

Bei einem Lagerbestand von 8 Stück können das Cycle Service Level und die Fill Rate wie in Tabelle 17.5 dargestellt berechnet werden:

	Nachfragemenge (Ji)	Verkäufe	Fehlmengen	Erwartete Verkaufsmengen (Pi × Verkäufe)	Erwartete Fehlmengen (Pi × Fehlmengen)
	6	6	0	0,6	0
	7	7	0	1,4	0
	8	8	0	3,2	0
	9	8	1	1,6	0,2
	10	8	2	0,8	0,2
Summe	40			7,6	0,4

Tabelle 17.5: Beispiel für Lieferservicegrad

- Cycle Service Level: Die Summe der Wahrscheinlichkeiten der Nachfragemengen, bei denen keine Fehlmengen auftreten: 0,1 + 0,2 + 0,4 = 0,7 = 70 %.
- Fill Rate: $\frac{Erwartete\ Verkäufe}{Erwartete\ Nachfrage} = \frac{7{,}6}{8} = 0{,}95 = 95\%.$

Bisher sind wir davon ausgegangen, dass die Unsicherheit in der Prognose der Nachfrage besteht; es gibt aber, wie Abbildung 17.4 zeigt, weitere Unsicherheiten.

Bestandsdifferenzen können dazu führen, dass zwar die Bestandsführung einen Lagerbestand aufweist, dieser tatsächlich aber nicht oder nicht in diesem Ausmaß vorhanden ist. Dies kann dazu führen, dass Bestellungen zu gering oder zu spät erfolgen.

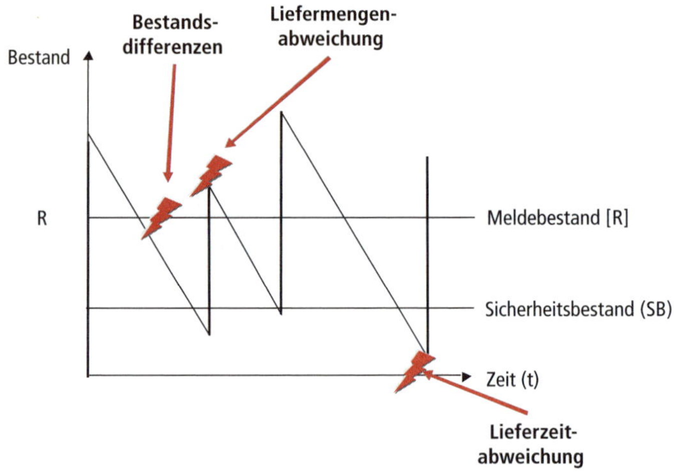

Abbildung 17.4: Ursachen für Unsicherheiten beim Bestandsmanagement

Weitere Unsicherheiten können beim Auffüllen eines Lagerbestands entstehen. So kann es vorkommen, dass nicht die bestellte Menge geliefert wird. Eine zu große Lieferung verursacht einen nicht geplanten Mehrbestand, eine zu geringe Lieferung einen nicht geplanten Minderbestand. Der Mehrbestand verursacht höhere Lagerkosten, ein Minderbestand kann ggf. Fehlmengenkosten verursachen. Außerdem kann eine Störung dadurch entstehen, dass die Lieferung nicht zum gewünschten Zeitpunkt erfolgt. Eine zu frühe Lieferung verursacht in der Regel einen (ungeplanten) Mehrbestand, eine zu späte Lieferung kann zu Fehlmengen führen.

17.2.4 Übungsfragen

1. Welche Bestimmungsgrößen werden in Lagerhaltungsmodellen berücksichtigt?
2. Beschreiben Sie die Grundlagen des Newsboy-Modells.
3. Was versteht man unter dem Lieferservicegrad?
4. Wodurch können Bestandsdifferenzen entstehen?

Lösungen zu den Übungsfragen und weiterführende Materialien finden Sie auf der Companion Website zum Buch unter *www.pearson-studium.de*.

17.3 Lagerhaltung

Im Folgenden werden die Lagerung und deren Aufgaben näher beschrieben. Zusätzlich wird die Bedeutung von Lagern gezeigt und verschiedene Lagertypen werden erläutert.

17.3.1 Begriff und Prozesse der Lagerhaltung

Definition

Unter **Lagerung** wird die gewollte, d.h. zielgerichtete, oder ungewollte Überbrückung der Zeitdisparitäten von Objektfaktoren verstanden.

Von Produktionsvorgängen unterscheidet sich die Lagerung dadurch, dass die Eigenschaften der Objektfaktoren im Lagerungsprozess keinen oder allenfalls unwesentlichen Veränderungen unterliegen dürfen. Eine Reifelagerung (z.B. Aushärten von Klebeverbindungen) wäre in diesem Sinn kein Lagerungs-, sondern ein Produktionsvorgang.

Der reinen Zeitüberbrückung (Lagerung im engeren Sinn) sind eine Reihe von Aktivitäten vor- und nachgelagert, die sich grob in fünf Gruppen unterteilen lassen:

- **Lagervorbereitung:** Hierzu zählen eventuell erforderliches Konservieren und/oder Verpacken, Palettieren und Kennzeichnen.
- **Einlagerung:** Hierunter fallen die Aktivitäten Beladen der Transporteinrichtung (Stapler, Regalförderzeug usw.), Transport zum Lagerplatz und dortiges Einstellen.
- **Lagerung:** Neben dem reinen Überbrücken der Lagerzeit fallen hier Tätigkeiten an wie Pflegen der Lagergüter, Lagerbestandskontrollen oder zwischenzeitliches Umlagern.
- **Auslagerung:** zur Einlagerung spiegelbildliche Funktionen.
- **Lagernachbereitung:** Hierunter fallen u.a. eventuell erforderliche Ent-, Um- oder Verpackungsvorgänge, Palettieren, Kennzeichen, Lagerbestandsführung sowie die Reinigung (z.B. Entstaubung) der Lagergüter und/oder der freigewordenen Lagerplätze.

Derartige Funktionen werden entweder in spezifisch dafür eingerichteten Lagergebäuden („Lagerhäusern") oder aber auf in unterschiedlicher Form abgegrenzten Lagerflächen erbracht. In diesen wird häufig nicht nur die Lagerung durchgeführt, sondern auch viele Unterstützungsfunktionen der Logistik (z.B. Kommissionierung, Verpackung etc., vgl. Abbildung 17.5).

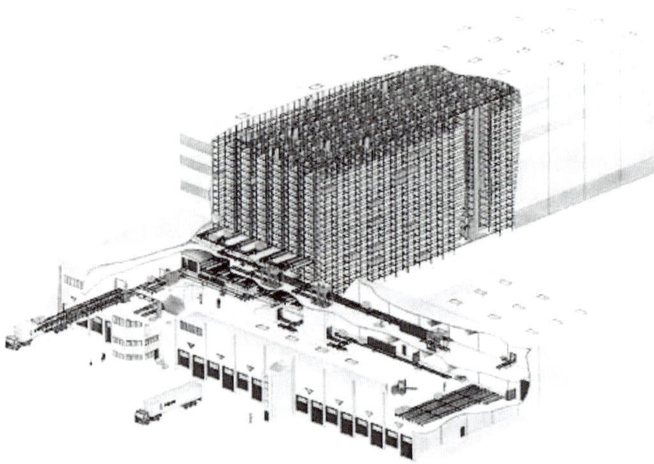

Abbildung 17.5: Distributionszentrum für Fiege Logistik GmbH & Co. in Hüningen, Frankreich (Quelle: *http://www.ssi-schaefer-peem.com*)

In einem Industriebetrieb gibt es im Wesentlichen **drei Lagerstufen:**

- Die erste Stufe bilden **(Roh-)Materiallager**. Neben dem Wareneingangslager gehören Rohstofflager, Hilfsstofflager, Betriebsstofflager und Lager für Zukaufteile dazu. Ihre Aufgabe ist es, die Fertigung mit den benötigten Materialien und Teilen zu versorgen.
- In **Produktionslagern** werden alle für die Produktion benötigten Materialien und Teile zwischengelagert. Die Zwischenlagerung sollte nur kurz erfolgen.
- Im **Absatzbereich** befinden sich die Lager für Fertigwaren, Ersatzteile (die verkauft werden sollen) und Handelswaren. Im Versandbereich können Zwischenlager, Versand- oder Kommissionierlager unterschieden werden.

Aus **betriebswirtschaftlicher Sicht** ist die Unterteilung in Eigen-, Fremd- und Konsignationslager wichtig:

Von **Eigenlager** wird gesprochen, wenn das Unternehmen die Lagerung selbst organisiert (eigene Räume und Mitarbeiter). Der Vorteil eines Eigenlagers ist, dass die Lagerhaltung meist gut in die betrieblichen Informations- und Transportsysteme integriert werden kann. Ein direkter Kontakt zu den Marktpartnern, insbesondere auf der Kundenseite, bleibt erhalten. Nachteilig sind die hohen Fixkosten, die mangelnde Flexibilität, fehlendes Logistik-Know-how und häufig die vergleichsweise hohen Löhne aufgrund gesetzlicher Kollektivverträge.

Bei der **Fremdlagerung** wird die Lagerung durch einen Logistikdienstleister oder durch ein anderes Unternehmen durchgeführt. Die Übernahme der Tätigkeiten kann sich dabei auf ein kleines Aufgabengebiet beschränken oder reicht – wie es heute bei neueren Konzepten häufig praktiziert wird – bis hin zu Endmontageaufgaben, welche im Lager durchgeführt werden. Vorteile der Fremdlagerung sind die hohe Flexibilität, eine zumindest teilweise mögliche Variabilisierung von Fixkosten oder die Nutzung des Spezial-Know-hows des Dienstleisters. Oft gehört die Lagerung nicht zu den Kernkompetenzen des Unternehmens. In diesem Fall kann sich das Unternehmen von einer Randtätigkeit, die nicht zu seinem Kerngeschäft gehört, trennen.

Konsignationslager sind Lager des Lieferanten oder eines von ihm beauftragten Logistikdienstleisters beim Kunden. Zumeist ist damit die Übernahme der Bestandshaltung gemeint, jedoch kann auch die Übernahme der gesamten Lagerhaltungsaktivitäten Gegenstand der Zusammenarbeit sein. Je nach Vertragsgestaltung variieren die Vorteile. Die wichtigsten Vorteile für den Lieferanten sind: die Möglichkeit der Konsolidierung von Lieferungen und die damit einhergehende Einsparung von Frachtkosten sowie eine starke Kundenbindung. Die Vorteile für den Kunden sind zu sehen in der ständigen Verfügbarkeit von Material und Teilen, in einer Reduzierung der Kapitalbindung (der Eigentumsübergang und die Zahlung entsteht erst bei der Entnahme, also wenn ein konkreter Bedarf entsteht), in einer Arbeitsersparnis im Einkauf und bei der Beschaffungslogistik (Einsparung von Disponenten).

17.3.2 Lagerhaltungsfunktionen

Die Lagerhaltung lässt sich durch eine **Input-Throughput-Output-Beziehung** beschreiben. Als Input gehen hier die im Folgenden zu beschreibenden Produktionsfaktoren (z.B. Lagertechnik) sowie Objektfaktoren (Lagergüter) ein. Neben den Ein- und Auslagerungsprozessen ist die Höhe des Bestandes das wichtigste Kennzeichen der Lagerhaltung.

Im Sinne einer Flussorientierung ist es grundsätzlich das Ziel der Logistik, keine oder eine möglichst geringe Lagerhaltung vorzusehen. Dieses Ziel lässt sich aber nicht für alle Objekte in allen Bereichen der Prozesskette verwirklichen. So gibt es Material- und Warenflüsse, die nicht steuerbar, quasi unvermeidlich festgelegt sind oder aber aufgrund entsprechender wirtschaftlicher Überlegungen bewusst in Kauf genommen oder herbeigeführt werden. Abbildung 17.6 beschreibt die unterschiedlichen Funktionen der Lagerhaltung.

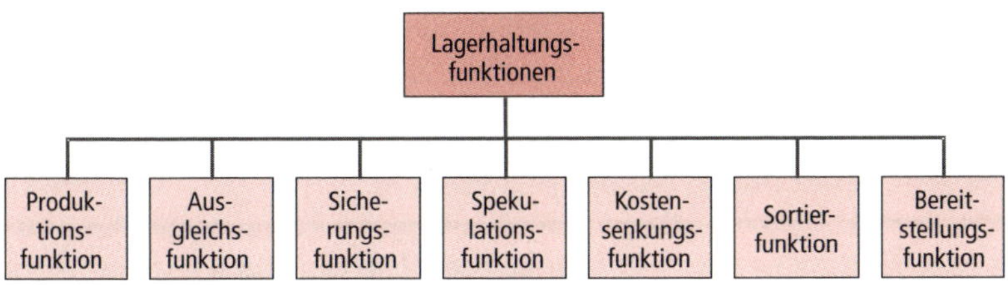

Abbildung 17.6: Gliederung von Lagerhaltungsfunktionen

Es existieren Lagerprozesse, die der Zeitüberbrückung als einen Abschnitt des Produktionsprozesses dienen (z.B. Abkühlung, Trocknung, Alterung, Gärung, Reifung). Wir sprechen hier von der **Produktionsfunktion** der Lagerhaltung.

Permanent auftretende Dissonanzen zwischen Input- und Output-Strömen, die von den Unternehmen nicht beeinflusst werden können, können durch Lager harmonisiert werden. Diese **Ausgleichsfunktion** kann z.B. im Beschaffungsbereich Einsatzstoffe, die von einer Erntezeit abhängen und nur zu diesem Zeitpunkt verfügbar sind, durch Lagerung das ganze Jahr verfügbar machen. Auch in der Produktion trifft man auf nicht steuerbare, permanent auftretende Dissonanzen, die durch eine Lagerhaltung ausgeglichen werden müssen. So gibt es bestimmte Chargenproduktionen, bei denen es aus technologischen Gründen notwendig ist, nur eine bestimmte Mindestmenge zu fertigen. Diese Chargenmindestmenge stimmt häufig nicht mit der benötigten Menge überein.

Unsicherheitsbedingt auftretende Dissonanzen, die vorgegeben und grundsätzlich nicht steuerbar (etwa Anlagenausfälle trotz sachgemäßer Instandhaltung) sowie aus wirtschaftlichen Gründen bewusst ins Kalkül gezogen worden sind (z.B. Wahrscheinlichkeit von Lieferverspätungen bei Global Sourcing), können durch die **Sicherungsfunktion** der Lagerhaltung ausgeglichen werden.

Die Lagerhaltung erfüllt eine **Spekulationsfunktion**, wenn durch Bestände oder Fehlbestände (Short-Positionen) vom Unternehmen vermutete zukünftige Veränderungen auf den Märkten ausgenutzt werden sollen. Erwartet ein Unternehmen z.B. Steigerungen in den Rohstoffpreisen, so kann es sich durch einen höheren Bestand vor Preissteigerungen in der Zukunft absichern.

Wenn die Beschaffung einer größeren Menge wirtschaftlich sinnvoll ist, weil diese aufgrund niedrigerer Transportkosten und/oder Mengenrabatte zu geringeren Kosten führt, so kann von der **Kostensenkungsfunktion** des Lagers gesprochen werden.

Lager können auch eine **Sortierfunktion** übernehmen. So wird die Lackierung der Rohkarossen im Fahrzeugbau möglichst in Pulks (Losen) gleicher Farben und von hellen Farben zu dunkleren Farben durchgeführt. Vor der Lackiererei befindet sich dementsprechend ein Lager, in dem die unterschiedlichen Rohkarossen gesammelt und anschließend in Pulks gleicher Farben lackiert werden.

Die **Bereitstellungsfunktion** erfüllt die Lagerhaltung dann, wenn Lagerplätze als Orte dienen, an denen die Güter zur Abholung vom Empfänger bereitgestellt werden. Dies kann ein Regal in einem Supermarkt sein oder ein Kleinteilelager in einer Produktion, aus dem die Arbeiter Schrauben entnehmen, um sie bei der Montage von Produkten zu verwenden.

17.3.3 Lagerbewirtschaftungsstrategien

Lagerbewirtschaftungsstrategien betreffen die Lagerplatzauswahl und -vergabe sowie die Ein- und Auslagerungsstrategien. Sie bestimmen die Kapazitätsauslastung, die Wegstrecke der Lagerfahrzeuge bzw. Lagermitarbeiter, das Alter bzw. die Vermeidung einer Überalterung der gelagerten Güter und die Zugriffssicherheit bei technischen Defekten. Bei der Beurteilung der im Folgenden vorgestellten Lagerbewirtschaftstrategien ist zu beachten, dass – vor allem bei einem breiten Spektrum von zu lagernden Gütern – auch Mischstrategien optimal sein können.

Bei der Lagerplatzvergabe gibt es grundsätzlich drei Strategien. Die traditionelle Form der Lagerhaltung ist die **Festplatzlagerung**: Jedem Artikel wird ein fester Lagerplatz zugewiesen. Vorteile sind die Zugriffssicherheit, auch dann, wenn die Vollplatzdatei verloren geht und/oder der Bestandsrechner ausfällt. Nachteile liegen vor allem in der schlechten Raumausnutzung.

Bei der Strategie der **freien Lagerplatzvergabe innerhalb fester Bereiche** gibt es die Teilstrategien Zonung und Querverteilung. Bei der **Zonung** werden Artikelgruppen nach ihrer Umschlagshäufigkeit (Schnelldreher, Langsamdreher) gebildet. Die Schnelldreher werden in der Nähe, die Langsamdreher fern von den Ein- und Auslagerungspunkten gelagert. Vorteile dieser Strategie sind die Verkürzung von Ein- und Auslagerungswegen und -zeiten. Bei der **Querverteilung** werden mehrere Lade-Einheiten (z.B. Paletten) eines Artikels über mehrere Lagergänge verteilt. Fällt das für den einen Gang benötigte Fördermittel aus, so kann eine Auslagerung des Artikels trotzdem vorgenommen werden, weil es dann auf die Lade-Einheit in dem anderen Gang zugreift.

Die vollständig freie oder **chaotische Lagerung** hat nichts damit zu tun, dass es an einer Lagerorganisation mangelt – ganz im Gegenteil muss hier eine genaue Verfolgung der eingelagerten Artikel und der Lagerorte erfolgen, denn die Lagerung erfolgt auf beliebigen freien Lagerplätzen. Der Vorteil liegt in der erhöhten Ausnutzung der Lagerkapazität. Im Falle eines Rechnerausfalls oder eines Verlustes der Bestandsdatei ist der Zugriff auf die Artikel nur mit erheblichem Suchaufwand möglich.

Bei den **Ein- und Auslagerungsstrategien** gibt es vier wichtige Strategien: Fifo, Lifo, Mengenanpassung und wegeoptimierte Ein- und Auslagerung:

- Bei Anwendung der Strategie **First-in-First-out (Fifo)** wird jene Lade-Einheit eines Artikels zuerst ausgelagert, die auch zuerst eingelagert wurde – also schon am längsten im Lager war. Hierdurch wird eine Veralterung einzelner Bestände vermieden. Nachteile sind eventuell nicht mögliche Wege-Optimierungen und notwendige Umlagerung bei bestimmten Lagertechniken (z.B. Blocklagerung).
- Das **Last-in-First-out (Lifo)-Prinzip** besagt genau das Umgekehrte. Die zuletzt eingelagerte Lade-Einheit eines Artikels wird zuerst ausgelagert. Diese Strategie ermöglicht den Einsatz bestimmter Lagertechniken, z.B. Einschubregale oder Blocklagerung, ohne dass Umlagerungen notwendig sind.
- Mithilfe der Strategie der **Mengenanpassung** werden entsprechend der Auftragsmenge bestimmte volle oder angebrochene Lade-Einheiten auch unter Verletzung des Fifo so gewählt, dass eine hohe Raumnutzung im Kommissionierbereich erreicht wird und Rücklagerungen vermieden werden.
- Die **wegeoptimierte Ein- und Auslagerung** versucht immer die Lade-Einheit eines Artikels auszulagern, bei der die Wegstrecke und/oder die Zeit optimiert werden können. Bei der Ein- und Auslagerung sind insbesondere solche Strategien wirtschaftlich, die sogenannte Doppelspiele ermöglichen, das heißt, bei denen vom selben Flurförderzeug oder Lagermitarbeiter im Anschluss an eine Einlagerung eine Auslagerung vorgenommen wird. Der Lagerplatz der Auslagerung sollte in möglichst geringer Entfernung zum Lagerplatz der eingelagerten Lade-Einheit sein, um Leerfahrten zu minimieren.

17.3.4 Materialflusstechnische Formen der Lagerung

Die Materialflusstechnik hat in den letzten Jahren und Jahrzehnten erhebliche Fortschritte erreicht. Heute stehen zur prozessualen Abwicklung der Lagerungsfunktion sehr unterschiedliche technische Varianten und Möglichkeiten zur Verfügung.

Die Lagerhausbauweise bestimmt sehr stark die Leistungsfähigkeit eines Lagers. Lager bis zu einer Höhe von 7 m bezeichnet man als Flachlager, bei einer Höhe bis zu 12 m spricht man von hohen Flachlagern. Bei Lagerhallen über 12 m Höhe liegen Hochlager vor, die zumeist als Hochregallager ausgebaut sind.

Mittlerweile sehr häufig anzutreffen sind **automatische Hochregallager**, die bis zu 50 m Höhe erreichen können und in denen die Lagerbewegungen ohne menschliches Zutun per Lagerrechner gesteuert ablaufen. Nach anfänglichen Problemen – so bestand eine neuralgische Stelle z.B. in der zumeist per Strichcode erfolgenden automatischen Erkennung des einzulagernden Gutes – haben diese „Lagermaschinen" einen hohen Zuverlässigkeitsgrad erreicht. Sie bieten neben automatisierungsbedingten Kostenvorteilen auch den Nutzen ständiger Transparenz über Bestand und Prozesse im Lager.

Neben der Bauform sind die eingesetzten Lagermittel zu erwähnen, die den Charakter eines Lagers wesentlich mitbestimmen. In Lagern ohne Regale findet Bodenlagerung statt, in Lagern mit Regalen eine Regallagerung. Beide Formen können als Blocklager (die Lade-Einheiten werden zu einem Block zusammengestellt) oder als Zeilenlager (zeilenweise Lagerung mit Zwischenräumen für Bedienwege) konfiguriert werden. Die beiden lagerhilfsmittellosen Lagerungsformen, die **Boden-** und die **Blocklagerung**, werden in Lagerhäusern vor allem für schwere Güter angewandt. Für sich kurzfristig umschlagende Zwischenlager (z.B. Bereitstellungslager vor Produktionslinien oder Speditionslager) sind sie die typische Lagerungsform.

Letztlich ist noch die Unterscheidung in statische und dynamische Lagerung zu unterscheiden: Bodenlager sind grundsätzlich statische Lager, weil die Lade-Einheiten in der Zeit zwischen Ein- und Auslagerung an einem festen Platz verweilen. In Regallagern können die Lagermittel (Regale) unter Umständen bewegt werden (z.B. Durchschiebelager), was man als dynamische Lagerung bezeichnet.

Die **Lagerhausorganisation** beschäftigt sich mit der Überwachung und Verwaltung der Abläufe im Lagerhaus. Des Weiteren ist die Art der Lagerplatzvergabe Teil der Lagerorganisation.

Innerhalb der Lagerhäuser dominieren heute Regallagerkonzepte. Sie sehen – dreidimensional gestaltet – feste Lagerplätze vor, die je nach Höhe der Regalanlage entweder durch spezielle Stapler oder durch Regalförderzeuge be- und entladen werden.

Innerhalb der **Lagerhilfsmittel** hat sich in den letzten Jahren ein deutlicher Trend zur Standardisierung ergeben. Soweit möglich, setzt man genormte Hilfsmittel ein. Sie ermöglichen nicht nur, bei den Lagersystemen auf Standardlösungen zurückzugreifen (z.B. Regallager mit „normalen" Abmessungen der Stellplätze), sondern tragen auch zur Verminderung von Umschlagsprozessen bei: Auf Paletten transportierte Materialien können ohne weitere Manipulationen direkt eingelagert werden. Derartige Normierungen haben nicht nur zu Rationalisierungen innerhalb der Materialflusskette geführt, sondern auch Einfluss auf die Produktgestaltung genommen.

Die Auswahl der Materialflusstechnik im Lager hängt von vielen Faktoren ab und muss auf den Einzelfall bezogen geprüft werden. Sie hängt im Wesentlichen von der Eigenschaft der zu lagernden Güter, der Anzahl der Artikel, der Menge pro Artikel, der Gewichte und Abmessungen der einzulagernden Artikel, der Zahl der Ein- und Auslagervorgänge und natürlich von den Kosten für die Lagertechnik ab.

Hohe Kosten für die automatisierte Lagertechnik, gepaart mit den Bestandssenkungsprogrammen, die mit der Einführung von Logistikkonzepten gefahren werden, haben dazu geführt, dass die Euphorie bezüglich Hochregallager nachgelassen hat.

ZUSAMMENFASSUNG

Die Lagerung, also die Überbrückung der Zeitdisparitäten von Objektfaktoren, stellt eine sehr wichtige Dienstleistung in der Logistik dar. Lager können in Eigen-, Fremd- und Konsignationslager sowie nach der gelagerten Materialart in Roh-, Hilfs- und Betriebsstofflager, Lager für Materialen, Fertigwaren, Ersatzteile und Handelswaren unterschieden werden. Es gibt eine Vielzahl verschiedener Funktionen, für die Lager herangezogen werden. In diesem Zusammenhang ist es auch wichtig, die jeweils passende Lagerbewirtschaftungsstrategie auszuwählen und umzusetzen.

ZUSAMMENFASSUNG

17.3.5 Übungsfragen

1. Wie ist Lagerung definiert?
2. Welche drei Lagerstufen werden entlang des Materialflusses unterschieden?
3. Nennen und beschreiben Sie die Funktionen der Lagerhaltung.
4. Beschreiben und bewerten Sie die Strategien der Lagerbewirtschaftung.

Lösungen zu den Übungsfragen und weiterführende Materialien finden Sie auf der Companion Website zum Buch unter *www.pearson-studium.de*.

17.4 Transport

17.4.1 Begriff und Prozesse des Transports

Definition

Unter **Transport** wird die gewollte, d.h. zielgerichtete, oder ungewollte Überwindung der Raumdisparitäten von Objektfaktoren verstanden, wobei die Objektfaktoren keinen oder allenfalls unwesentlichen Veränderungen ihrer sonstigen Eigenschaften unterliegen dürfen.

Neben dieser Grundfunktion sind einige Neben- oder Hilfsfunktionen zu erfüllen, die sich in folgende Gruppen unterteilen lassen:

- **Transportvorbereitung:** Hierzu zählen das evtl. erforderliche Verpacken in oder auf Transporthilfsmittel, notwendige Kennzeichnungsvorgänge, die Erstellung und Kontrolle der Ladepapiere und die Vorbereitung des Transportmittels (Betankung, Sicherheitskontrolle etc.).
- **Beladung:** Diese besteht aus dem Anheben (z.B. auf LKW) bzw. Absenken (z.B. auf Schiffe) des Transportgutes auf die Ladefläche und aus evtl. dort erforderlichen Stapelungs- bzw. Ordnungsvorgängen.
- **Transportdurchführung:** Neben der Überwindung der Transportentfernung können in Sonderfällen administrative (z.B. Abwicklung von Zollformalitäten) oder objektbezogene Dienstleistungen (z.B. Kühlung) zu erbringen sein.
- **Entladung:** Diese Funktion gestaltet sich spiegelbildlich der Beladung.
- **Transportnachbereitung:** Hierzu zählen etwa die Bearbeitung der Ladepapiere oder die Säuberung des Transportmittels.

Erbracht wird der Transport innerhalb (innerbetrieblicher Transport) wie außerhalb eines Unternehmens (außerbetrieblicher Transport).

Für die Wahrnehmung der Transportaufgabe ist eine kaum noch überschaubare Zahl unterschiedlicher Instrumente entwickelt worden. Diese unterteilt man in der Materialflusstechnik gemäß DIN (Deutsches Institut für Normung) 30781 in Fördermittel und Verkehrsmittel. Erstere vollziehen die Raumüberwindung von Objekten innerhalb von Unternehmen bzw. Betriebsstätten, somit zumeist innerhalb von Baulichkeiten. Verkehrsmittel führen dagegen Transporte zwischen Unternehmen bzw. Haushalten, d.h. außerhalb von Gebäuden, durch.

17.4.2 Innerbetrieblicher Transport

Um Transportaktivitäten innerhalb eines Unternehmens durchzuführen, werden unterschiedliche Fördermittel eingesetzt. Einen Überblick über typische Fördermittelarten gibt die folgende Tabelle.

Fördermittelart	Stetig/Unstetig	Automatisierungsgrad	Beweglichkeit
(Gabel-)Stapler	Unstetig	Manuell	Frei fahrbar
Laufkran	Unstetig	Manuell	Geführt fahrbar
Regalbediengerät	Unstetig	Maschinell	Geführt fahrbar
Rollenbahn	Stetig	Maschinell	Ortsfest

Tabelle 17.6: Fördermittelarten

Innerhalb der **Unstetigförderer** kommt von der Anzahl eingesetzter Einheiten den **Staplern** die größte Bedeutung zu. Sie besitzen eine ausgesprochen große Beweglichkeit und durch Zusatzhilfsmittel (unterschiedliche Gabelsysteme) hohe Einsatzflexibilität.

Kräne dienen zum Heben, aber auch zum Transportieren von Gütern (in der Regel über kürzere Strecken).

Vom Automatisierungsgrad her am weitesten fortgeschritten sind die **Regalbediengeräte** in automatischen Lagern. Sie fahren rechnergesteuert Boxen bzw. Lagerplätze an und stapeln oftmals sogar automatisch ein und aus.

Stetigförderer werden immer dann eingesetzt, wenn feste Transportstrecken vorliegen, über die ein vergleichsweise kontinuierlicher Objektstrom bewegt werden muss. Die in Tabelle 17.4 angeführte Rollenbahn kann z.B. dazu eingesetzt werden, Pakete in einem Depot zu verteilen oder Produkte von einem Teil des Lagers (z.B. Hochregal) zu einem anderen (z.B. Versand) zu bringen. Eine solche Lösung erfordert zwar Investitionen, ist im Betrieb aber vergleichsweise kostengünstig, insbesondere dann, wenn natürliches Gefälle ausgenutzt werden kann. Außerdem verfügen Stetigförderer in der Regel über eine hohe Leistungsfähigkeit (Durchsatz). Im Falle des Ausfalls des Förderers entstehen aber bei Stetigförderern erhebliche Materialflussprobleme.

Die Wege, die Materialien und Halbfertigerzeugnisse im Unternehmen zurücklegen müssen, werden durch das Fertigungslayout (vgl. Kapitel 18.3) bestimmt. Obwohl innerhalb dieses vorgegebenen Rahmens noch eine Reihe von Planungs- und Steuerungsentscheidungen zu treffen sind, erfolgt die Organisation des innerbetrieblichen Transportes häufig durch Improvisation. Schon bei der Planung der Transportverfahren und der Transportmittel wird eine Änderung meistens nur im Zuge von Hallenneu- oder -umbauten in Erwägung gezogen.

Die Transportmitteleinsatzplanung erfolgt in vielen Unternehmen nicht entsprechend der Produktionsplanung und -steuerung, sondern „auf Zuruf". Hieraus resultieren:

- geringe Verkettung von Fertigungsteilen durch Stetigförderer,
- zu hoher Personal- und Fahrzeugbestand,
- eine schlechte Kapazitätsauslastung,
- zu viele und zu lange Leerfahrten und
- „Selbsttransport" der Maschinenbediener und Verlust wertvoller Maschinen- und Facharbeiterzeiten.

Vor allem bei Großunternehmen und bei großen mittelständischen Unternehmen ist deswegen eine systematisch betriebene Planung und Steuerung mit Fahraufträgen sinnvoll.

17.4.3 Außerbetriebliche Verkehre

Innerhalb der Verkehrsmittel haben sich in den letzten Jahren und Jahrzehnten erhebliche Umschichtungen ergeben. Bedingt durch Flexibilitätsvorteile und erhöhte Schnelligkeit nahm der Anteil des Straßengüterverkehrs kontinuierlich zu. Der Schienenverkehr hat erhebliche Schwierigkeiten, eine Door-to-Door-Versorgung innerhalb 24 Stunden oder gar über Nacht („Nachtsprung") sicherzustellen. Vorhandene Kostenvorteile werden zudem dadurch aufgezehrt, dass nur ein (geringer) Teil der Unternehmen über einen eigenen Gleisanschluss verfügt und somit entsprechende Ver- und Entsorgungstransporte per Straße zusätzlich erforderlich sind. Außerdem haben sich die Monopolstrukturen der alten staatlichen Eisenbahnunternehmen in Europa effizienzmindernd ausgewirkt. Mit dem steigenden Wettbewerb sind jedoch hier – vor allem im Bereich der Ganzzugsverkehre – deutliche Marktveränderungen zu beobachten. Langfristig sollte der Eisenbahnverkehr auch dadurch profitieren, dass er eine höhere Energieeffizienz aufweißt.

Da beim Eisenbahnverkehr immer ein Transport von Station zu Station erfolgt und ein Zug über eine große Transportkapazität verfügt (die Transportkapazität ist im Wesentlichen abhängig von den Strecken; in Europa werden meist Züge von 1.500 bis 2.000 t oder 18 bis 20 Containerwagen entsprechend 36 bis 40 20-Fuß-Containern eingesetzt), sind häufig Vor- und Nachläufe zu einer Station (Verladeterminal) erforderlich. Der **Kombinierte Verkehr (KV)** versucht durch die Verwendung standardisierter, handlingfreundlicher Transporteinheiten (z.B. Container), die notwendigen Umschlagsaktivitäten möglichst effizient durchzuführen.

Domäne des Schiffsverkehrs sind auf den Binnenwasserstraßen **Massengüter** wie beispielsweise Kohle, Getreide und Schrott. Nur auf wenigen Fahrtgebieten, in Europa z.B. auf dem Rhein, werden Containerverkehre mit Kaufmannsgut auf Binnenschiffen durchgeführt. Der Seeschiffsverkehr nimmt dagegen auch **Kaufmannsgüter** auf, für die sich ein Versand per Flugzeug aufgrund von Volumen, Gewicht oder fehlendem Zeitdruck nicht anbietet. So sind z.B. die Kosten einer Luftfracht von Asien nach Europa derzeit mindestens fünfmal so hoch wie die Seefracht (bei schweren Gütern noch wesentlich höher). Trotz der hohen Kosten hat der Luftverkehr in den vergangenen Jahren erheblich an Bedeutung gewonnen. Durch eine Reduzierung von Handlingvorgängen und insbesondere durch die auf langen Strecken konkurrenzlos kurze Transportzeit haben kleinere und weniger dichte Güter den Weg ins Flugzeug gefunden, sei es als Beiladung zu Passagierflügen, sei es als Ladung von Frachtflugzeugen. Selbst Automobilrohkarossen finden sich mittlerweile unter den standardmäßig beförderten Gütern. Die Zahl von innerhalb einer Nacht erreichbaren Destinationen ist wesentlich erhöht worden, indem spezielle Organisationskonzepte realisiert wurden. Einen Überblick über die unterschiedlichen Verkehrsträger und deren Eigenschaften gibt die folgende Tabelle 17.5.

Verkehrsträger / Eigenschaften	Eisenbahnverkehr	Straßenverkehr	Binnenschifffahrt	Luftverkehr
Transport von	Station zu Station	Haus zu Haus möglich	Station zu Station	Station zu Station
Durchschnittliche Transportweite	Mittel	Gering-mittel	Mittel	Groß
Kapazität der Transportmittel	Hoch	Gering	Hoch	Mittel
Bevorzugte Transportobjekte	Massengüter, Kaufmannsgüter (KV)	Kaufmannsgüter	Massengüter	Hochwertige, zeitkritische Kaufmannsgüter
Kostenstruktur (fix/variabel)	Hohe Fixkosten, geringe variable Kosten	Geringe Fixkosten, mittlere variable Kosten	Hohe Fixkosten, geringe variable Kosten	Hohe Fixkosten, mittlere variable Kosten
Verfügbarkeit und Flexibilität	Mittel	Hoch	Gering	Mittel

Tabelle 17.7: Charakteristika der unterschiedlichen Verkehrsträger

ZUSAMMENFASSUNG

Unter Transport wird die gewollte oder ungewollte Überwindung räumlicher Disparitäten von Objektfaktoren verstanden. Generell unterscheidet man zwischen inner- und außerbetrieblichen Transporten. Die Transportmittel bei den innerbetrieblichen Transporten werden als Fördermittel, bei den außerbetrieblichen Transporten als Verkehrsmittel bezeichnet. Die einzelnen Verkehrsträger weisen unterschiedliche Charakteristika auf und eignen sich daher für bestimmte Transportarten in besonderem Maße.

ZUSAMMENFASSUNG

17.4.4 Übungsfragen

1. Worin besteht die Grundfunktion des Transports?
2. Nennen Sie die Nebenfunktionen (Hilfsfunktionen) des Transports.
3. Welche Fördermittel kommen beim innerbetrieblichen Transport zum Einsatz?
4. Geben Sie einen Überblick über die unterschiedlichen Verkehrsträger. Gehen Sie dabei auch auf deren charakteristische Merkmale ein.

Lösungen zu den Übungsfragen und weiterführende Materialien finden Sie auf der Companion Website zum Buch unter *www.pearson-studium.de*.

17.5 Operations Research-Modelle

Schon 1939 (vor der Entwicklung der linearen Planungsrechnung) wurden Transportmodelle untersucht und seitdem hat die Optimierung von inner- und außerbetrieblichen Transporten zur Entwicklung von zahlreichen Transportplanungsmodellen und entsprechenden Lösungsverfahren geführt. Seit den 40er und 50er Jahren ist im Rahmen der Unternehmensforschung (Operations Research) eine Vielzahl von Modellen entwickelt worden. Charakteristika von OR-Modellen sind:

- Sie dienen der Entscheidungsvorbereitung.
- Es wird systematisch nach einer optimalen Lösung gesucht.
- Es werden mathematische Modelle verwendet.

Um die Alternativen im Hinblick auf ihre Eignung zur Problemlösung vergleichbar zu machen, wird zunächst ein übergeordnetes Ziel gesetzt. Bei der Verwendung von mathematischen Modellen ist vor allem zu beachten, dass das zu lösende Realproblem in ein mathematisches Problem (Formalproblem) überführt werden muss. Bei dieser Überführung sollten beide möglichst übereinstimmen und zumindest eine Strukturgleichheit (Isomorphie) besitzen.

Die wichtigsten Verfahren zur Lösung von OR-Probleme sind:

1. Statische Programmierung. Alle Daten und Zusammenhänge bleiben während des untersuchten Zeitraumes konstant. Nach Art der Gleichungen wird unterschieden in:
   - Lineare Programmierung. Rechenverfahren zur Lösung von Modellen mit linearen Gleichungen
   - Nichtlineare Programmierung. Rechenverfahren zur Lösung von Modellen mit nichtlinearen Gleichungen
   - Ganzzahlige und gemischt-ganzzahlige Programmierung. Verfahren, bei denen eine, mehrere oder alle Variablen ganzzahlige Werte annehmen müssen.
2. Dynamische Programmierung. Lässt sich ein Problem in mehrere Stufen aufteilen und hängt der Zustand der nachfolgenden Stufe von der vorhergehenden Stufe ab, so handelt es sich um ein dynamisches Problem.
3. Entscheidungsbaumverfahren. Alle möglichen Lösungen werden in einem Entscheidungsbaum dargestellt. Neben der Berechnung aller Lösungsmöglichkeiten (vollständige Enumeration) werden vor allem Verfahren eingesetzt, mit deren Hilfe bestimmte Gruppen von Lösungen (z.B. Äste auf dem Entscheidungsbaum) ausscheiden und somit nicht berechnet werden müssen. Verfahren sind hier die begrenzte Enumeration und das Branch and Bound-Verfahren.
4. Netzplantechnik. Netzpläne bilden bestimmte Ereignisse und deren Abhängigkeiten ab.
5. Warteschlangenmodelle beschäftigen sich mit der Situation, in der abzufertigende Einheiten auf ihre Abfertigung oder Bedienung warten müssen.
6. Spieltheoretische Modelle lösen vor allem Konkurrenzprobleme. Sie berücksichtigen dabei die Interdependenz von Entscheidungen der Spieler.

7. Simulationen bilden die Wirklichkeit ab und versuchen, durch mehrmalige Wiederholung von Vorgängen Erkenntnisse über die Struktur und auch das Verhalten der Realität zu gewinnen.
8. Heuristische Verfahren geben Vorgehensregeln, die zur Lösung eines bestimmten Problems hinsichtlich eines angestrebten Ziels erfolgsversprechend erscheinen.

17.5.1 Standortmodell

Die ursprünglichen Modelle zur Bestimmung eines optimalen Standortes setzen alle an den Transportkosten an und bestimmen den optimalen Standort (Stopt) als den Standort mit den minimalen Transportkosten. Das Steiner-Weber-Modell geht dabei von einem kontinuierlichen zweidimensionalen Raum aus, in dem der zu platzierende Betrieb zu einer bestimmten Anzahl von Absatz- und/oder Beschaffungsorten (A_j) Transportverbindungen aufrechterhält. Das zur Verfügung stehende Verkehrsnetz wird dabei als so engmaschig angesehen, dass der Betrieb an jedem beliebigen Punkt im Raum platziert werden kann. Die Transportkosten k_t je Mengen/Entfernungseinheit (z.B. Tonnenkilometer) sind konstant und unabhängig von der Art der transportierten Güter und dem Bezugs- bzw. Absatzort. Die Entfernung a_j zwischen einem potenziellen Standort St mit den Koordinaten x,y und A_j sei die jeweils kürzeste Entfernung (euklidischer Abstand). Die Entfernung a_j zwischen zwei Standorten lässt sich demnach wie folgt berechnen:

$$a_j = \sqrt{\left(x - x_j\right)^2 + \left(y - y_j\right)^2}$$

Die zwischen St und A_j zu transportierende Menge ist unabhängig von dem Standort St und sei m_j. Die Transportkosten K_T je Periode verlaufen proportional zu der mit den Transportmengen je Periode gewichteten zurückzulegenden Entfernung.

$$K_T = m_1 a_1 k_T + m_2 a_2 k_T + \ldots + m_j a_j k_j = k_T \sum_{j=1}^{i} m_j a_j$$

Das Optimierungskriterium lautet:

$$K_T \rightarrow min!$$

Damit ergibt sich folgender Ansatz zur Bestimmung des Standortes minimaler Transportkosten:

$$K_T(x, y) = k_T \sum_{j-1}^{i} \left(m_j \sqrt{\left(x - x_j\right)^2 + \left(y - y_j\right)^2} \right) \rightarrow min!$$

Das Optimum dieser Gleichung lässt sich nun durch Bildung der 1. und 2. Ableitung bestimmen. Bekannte Lösungsverfahren sind hierbei unterschiedliche Iterationsmethoden, z.B. die Fixpunkt-Iteration.

17.5.2 Transportmodelle

Grundstruktur von Transportmodellen

Der Transport ist in Transportmodellen durch den Ausgangspunkt (Quelle) und den Zielort (Senke) des Raumüberwindungsprozesses gekennzeichnet. In allen Transportmodellen werden die Wegstrecke, die das Transportmittel zurücklegt, und die damit verbundenen Kosten betrachtet. Die ganzheitliche Betrachtung von Logistikketten führt dazu, dass für die Beurteilung von internen und externen Transporten neben den Transportkosten die Leistungskriterien Transportzeit, Transportfrequenz, Transportflexibilität sowie Transportqualität (geringe Schadens- und Verlustraten, Schutz vor Umwelteinwirkungen, Termintreue) zusätzlich herangezogen werden. Allerdings geraten Optimierungsmodelle bei mehrdimensionalen Zielsystemen schnell an ihre Grenzen.

Die Transportplanung wird wesentlich durch die Standorte der Quellen und Senken determiniert. Deswegen sollen neben der Optimierung der Transporte bei gegebenen Standorten im Folgenden auch die Transportaspekte der betrieblichen und innerbetrieblichen Standortwahl berücksichtigt werden.

Klassisches Transportproblem (Hitchcock-Problem)

Bei dem klassischen Transportproblem, das nach Hitchcock[5] auch Hitchcock-Problem genannt wird, sind die Standorte für Quellen Qu_i ($i = 1,\dots,n$) und Senken Se_j ($j = 1,\dots,m$) bekannt. In der Realität könnten die Quellen z.B. Produktions- oder Lagerstandorte sein, die Senken sind Kunden, die beliefert werden sollen.

Die Abgabemengen der Quellen qi ($i = 1,\dots,n$) und die Nachfragemengen der Senken sj ($j = 1,\dots,m$) sind ebenfalls gegeben. Die Kosten für den Transport einer Mengeneinheit von Qu_i nach Se_j betragen k_{ij}. Die Anzahl der transportierten Einheiten wird mit x_{ij} bezeichnet. Die Summe der Nachfragemengen sollte gleich der Summe der Angebotsmengen sein.

$$(1)\ \sum_{i=1}^{n} q_i = \sum_{j=1}^{m} s_i$$

Für das in Abbildung 17.7 dargestellte Transportproblem wird ein optimaler Transportplan gesucht, der zu minimalen Kosten alle Bedarfe befriedigt.

5 Hitchcock (1941), S. 224 ff.

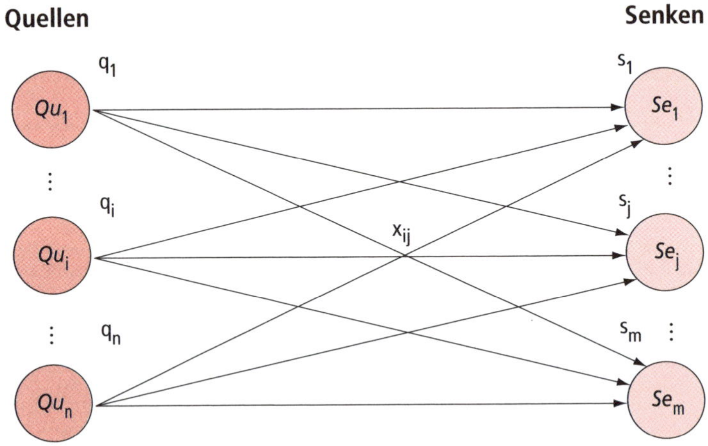

Abbildung 17.7: Darstellung des klassischen Transportproblems

Die Zielfunktion lautet:

$$(2)\ K(x) = \sum_{i=1}^{n} \sum_{j=1}^{m} k_{ij} x_{ij} \rightarrow min!$$

unter den Nebenbedingungen:

$$x_{ij} \geq 0 \text{ für } i = 1, \ldots, m \text{ und } j = 1, \ldots, m$$

Das klassische Transportproblem lässt sich mithilfe spezieller linearer Optimierungsverfahren lösen. In einem ersten Schritt wird durch ein Eröffnungsverfahren (Spaltenminimum-Methode, Vogel'sche Approximations-Methode oder Matrixminimum-Methode) eine zulässige Basislösung gefunden. In einem zweiten Schritt erhält man – von dieser zulässigen Basislösung ausgehend – mithilfe von Optimierungsverfahren [(Stepping-Stone-Methode oder Modi(Modifizierte Distributions-)Methode)] die (oder eine) optimale Lösung. Im Folgenden soll ein Beispiel mithilfe der Stepping-Stone-Methode gelöst werden.

Ein Unternehmen hat drei Fertigungsstätten F1, F2 und F3 an verschiedenen Orten, die das gleiche Produkt herstellen. Die Fertigung in der nächsten Planungsperiode beträgt:

38 t in F1

52 t in F2

30 t in F3

Die Gesamtproduktion 120 t soll auf vier verschiedenen Märkten M1, M2, M3 und M4 verkauft werden. Die Nachfragemengen in den Märkten betragen:

17 t in M1

50 t in M2

10 t in M3

43 t in M4

Die Transportkosten pro t sind wegen der unterschiedlichen Entfernungen unterschiedlich und betragen:

	M1	M2	M3	M4
F1	17	11	10	12
F2	18	20	19	30
F3	13	25	15	27

Tabelle 17.8: Transportkosten

1. **Schritt:** Bestimmen Sie eine (möglichst gute) Ausgangslösung. Ein Verfahren ist das Matrixminimumverfahren. Dabei wird das jeweils kostengünstigste Element der Matrix mit der darauf maximal zu verschickenden Gütermenge versehen. Als Ausgangspunkt dient die um die Mengenangaben a und b erweiterte Kostenmatrix:

	M1	M2	M3	M4	a_i
F1	17	28t 11	10t 10	12	38t
F2	18	22t 20	19	30t 30	52t
F3	17t 13	25	15	13t 27	30t
b_j	17t	50t	10t	43t	120t

Tabelle 17.9: Bestimmung der Ausgangslösung

Wir suchen also den geringsten Transportkostenwert je t in der Matrix und ordnen dieser Lieferbeziehung die maximal mögliche Liefermenge zu. Die Menge wird in die linke obere Ecke des Matrixfeldes geschrieben. In unserem Beispiel hat die Belieferung des Marktes 3 (M3) von der Fertigungsstätte 1 (F1) den geringsten Transportkostenwert je t (10). Also wird die größtmögliche Menge, in diesem Fall 10t (der Markt M3 benötigt nur 10t), dem Feld (M3/F1) zugewiesen. Als Nächstes wird der zweitniedrigste Kostenwert (in der Matrix), in diesem Fall die Belieferung des Marktes 2 von der Fertigungsstätte 1, gesucht und diesem die maximale Menge 28t (die Fertigungsstätte 1 kann nur 38t produzieren, da 10t in M3 gehen, bleiben 28t für M2 übrig) zugeordnet. Diese Zuordnung wird immer weiter wiederholt, bis alle Mengen verteilt sind.

2. **Schritt:** Überprüfen Sie die Ausgangslösung, ob es Verbesserungsmöglichkeiten gibt. Dies geschieht durch eine Marginalbetrachtung. Es wird versucht, jedes bisher noch nicht belegte Feld mit einer Einheit zu belegen (Sie müssen die Einheit von einem bisher belegten Feld abziehen). Ergeben sich dadurch Einsparungen, so ist die bisherige Lösung verbesserungsfähig. Als Erstes wird das Feld (M1/F1) überprüft. Wird diesem Feld eine Tonne vom Feld (M2/F1) zugeordnet, so entstehen 6 Einheiten mehr Transportkosten. Damit die gleiche Menge in den Markt beliefert wird, müssen wir vom

Feld (M1/F3) eine Tonne verlegen, z.B. zum Feld (M2/F3) dadurch entstehen aber wiederum 12 Einheiten Transportkosten. Eine Verlegung von M2/F1 nach M1/F2 und M1/F3 nach M2/F3 rechnet sich also nicht. Als Nächstes wird das Feld M1/F2 überprüft. Auch hier rechnet sich keine Verlegung. Es können jedoch durch folgende Verlegung Transportkosten gespart werden: Wird eine Einheit vom Feld M2/F1 nach M4/F1 verlegt, so entstehen dadurch 1 Einheit mehr Transportkosten. Durch die Verlegung von 1 Einheit von M4/F2 nach M2/F2 können die Transportkosten um 10 Einheiten reduziert werden. In der Summe können durch die Verlegung die Transportkosten um 9 Einheiten gesenkt werden. Es wird wieder die maximale Menge (28 t) verlegt.

	M1	M2	M3	M4	a_i
F1	17	~~28t~~ 11	10t 10	28t 12	38t
F2	18	50t 20	19	2t 30	52t
F3	17t 13	25	15	13t 27	30t
b_j	17t	50t	10t	43t	120t

→ Verbesserungsmöglichkeiten

Tabelle 17.10: Erste Verbesserung

Versucht man diese zweite Lösung weiter zu verbessern, so ergibt sich:

	M1	M2	M3	M4	a_i
F1	17	11	~~10t~~ 10	38t 12	38t
F2	18	50t 20	19	2t 30	52t
F3	17t 13	25	10t 15	3t 27	30t
b_j	17t	50t	10t	43t	120t

→ Verbesserungsmöglichkeiten

Tabelle 17.11: Zweite Verbesserung

Die so gefundene Lösung ist optimal, da sie nicht verbessert werden kann.

Es gibt zahlreiche Modifikationen des klassischen Transportproblems. Diese lassen sich z.B. durch den Wegfall der Annahme gleicher Angebots- und Nachfragemengen, die Einführung beschränkter Transportkapazitäten, durch die Veränderung der Zielfunktion (Berücksichtigung von fixen Kosten) und durch mehrstufige Transporte näher kennzeichnen. Für globale Produktionssysteme ist von großer Bedeutung die Berücksichtigung unterschiedlicher Produktionskosten für die Transportobjekte in den einzelnen Quellen.

Travelling-Salesman-Problem

Wie der Name sagt, lässt sich das Travelling-Salesman-Problem durch einen Handlungsreisenden (analog ein Fahrzeug) beschreiben, der eine Anzahl von Kunden an verschiedenen Orten besuchen und am Abschluss seiner Reise zum Ausgangsort zurückkehren will. Das Travelling-Salesman-Problem sucht also die optimale Rundreise für ein Transportmittel, das ausgehend von einer Quelle mehrere Senken beliefert. Dazu muss die Reihenfolge, in der die Senken angefahren werden, bestimmt werden.

Bei den Fahrten kann es sich auch um das Einsammeln von Materialien von Lieferanten handeln. Das Problem lässt sich mithilfe der Methoden des Operations Research (speziell der angewandten Graphentheorie) beschreiben und lösen.

Tourenplanung

Bei einem Tourenplanungsproblem sollen von einer Quelle, z.B. einem Lager, mehrere Senken, z.B. Kunden, bedient werden. Das Tourenplanungsproblem tritt dann auf, wenn die auszuliefernden Transportobjekte die Kapazität eines Transportmittels überschreiten oder die Zeitvorgaben den Einsatz mehrerer Transportmittel erforderlich machen. Bekannt sind die Standorte und die Bedarfsmengen der Knoten (Kunden). Der Ort, von dem die Fahrten gestartet werden, wird als Depot bezeichnet, eine Tour beschreibt die Knoten, die auf einer am Depot beginnenden und dort endenden Fahrt bedient werden. Im Rahmen der Tourenplanung wird festgelegt, wie viele Touren in einem Zeitraum (z.B. einem Tag) von einem Depot ausgefahren werden und welche Kunden von welcher Tour in welcher Reihenfolge bedient werden.

Die Tourenplanung kann analog auch für Abholungen von Lieferanten, z.B. Abholen von Milch von Bauernhöfen, eingesetzt werden.

Softwaresysteme zur Tourenplanung sind in der Praxis weit verbreitet. Die entwickelten exakten Lösungsverfahren (vor allem Branch-and-Bound-Verfahren) können wegen des hohen Rechenaufwands nur für einfache Probleme eingesetzt werden. Die Softwareprogramme verwenden deswegen vor allem heuristische Lösungsverfahren.

Z U S A M M E N F A S S U N G

Die Verfahren des Operations Research (OR) können zur Unterstützung unterschiedlicher Entscheidungsprobleme eingesetzt werden. Das Grundmodell zur Standortwahl versucht, die gewichteten Transportentfernungen von einem Standort zu den Kunden zu minimieren. Das klassische Transportproblem ordnet unterschiedliche Senken transportkostenoptimal unterschiedlichen Quellen zu. Die Lösungsverfahren für das Travelling-Salesman-Problem helfen, eine optimale Rundreise zu gestalten. Bei der Tourenplanung werden Transportaufträge den Transportmitteln zugeordnet und entsprechende Tourenpläne entwickelt.

Z U S A M M E N F A S S U N G

17.5.3 Übungsfragen

1. Nach welchen Kriterien optimieren die traditionellen OR-Transportmodelle?
2. Welche Kriterien sind bei einer ganzheitlichen Betrachtung des Transportes zusätzlich zu beachten?
3. Ein Unternehmen hat drei Produktionsstätten, von denen es 15 Kunden beliefert. Sie sollen die Transporte mithilfe eines Modells optimieren.
   a. Welches Transportmodell setzen Sie ein?
   b. Welche Informationen müssen Sie erheben, um das Modell anwenden zu können?
4. Nennen Sie drei Transportprobleme, die mit OR-Methoden beschrieben und gelöst werden können.

Lösungen zu den Übungsfragen und weiterführende Materialien finden Sie auf der Companion Website zum Buch unter *www.pearson-studium.de*.

17.6 Unterstützungsprozesse

Die Tätigkeitsfelder Lagerhaltung und Transport stellen die wesentlichen Logistikprozesse dar. Allerdings werden entlang des Material- und Warenflusses noch eine Reihe weiterer Leistungen (Unterstützungsprozesse) erbracht. Hier sind insbesondere Handhabung, Kommissionierung, Umschlag sowie Verpackung und das Management der Logistikhilfsmittel zu nennen.

17.6.1 Handhabung

Definition

Unter **Handhabung** wird gemäß der VDI (Verein Deutscher Ingenieure)-Richtlinie 2860 das „Schaffen, definierte Verändern oder vorübergehende Aufrechterhalten einer vorgegebenen räumlichen Anordnung von geometrisch bestimmten Körpern in einem Bezugskoordinatensystem“ verstanden.

Unter diese abstrakte Definition fallen etwa das Entnehmen eines Blechs aus einer Presse oder die Beschickung der Materialzuführung einer Maschine. Handhabungsvorgänge sind spezifisch, heterogen und jeweils zumeist von geringem Umfang, so dass sie bislang zumeist durch Menschen durchgeführt wurden. Erhebliche Anstrengungen der Materialflusstechnik haben jedoch auch hier zu einem signifikanten Automatisierungsgrad durch den Einsatz von **Robotern** geführt.

In Europa werden unter Robotern Hilfsmittel zur Handhabung oder zur Fertigung verstanden, die über mindestens drei Achsen verfügen. Sie können unterteilt werden in stationäre und mobile Roboter. Beispiele für stationäre Roboter sind etwa Verpackungsroboter, die am Ende einer Fertigungslinie stehen und Produkte auf eine Palette schichten. Mobile Roboter hingegen sind beweglich und verfügen über eine eigene Energiequelle.

17.6.2 Kommissionierung

Kommissionierungsleistungen sind darauf gerichtet, die Sortenbündelung von Objektmengen zu verändern, d.h. aus einem gegebenen Bestand an Material- oder Warenarten gemäß vorliegender Anforderung (Kommissionierungsauftrag) eine separierte Teilmenge zusammenzustellen. Hierzu ist eine Reihe von Teiltätigkeiten erforderlich:

- **Bewegung der zu kommissionierenden Güter zur Bereitstellung** (falls nicht aus bestehenden Kommissionierungslagern beschickt wird): Die Bewegung kann manuell, mechanisch oder automatisch erfolgen.
- **Bereitstellung:** Es gibt zwei grundsätzlich unterschiedliche Arten der Bereitstellung. Bei der **zentralen Bereitstellung** wird die Ware zu einem Kommissionierplatz gebracht (Prinzip Ware zum Menschen). Bei der **dezentralen Bereitstellung** geht ein Kommissionierer zum Platz, an dem die Ware bereitgestellt wird (Prinzip Mensch zur Ware).
- **Fortbewegung des Kommissionierers zur Bereitstellung** (z.B. Gang zum Lagerplatz – nur bei dezentraler Bereitstellung)
- **Entnahme der Gütermengen durch den Kommissionierer** (hier sind vor allem Entscheidungen über den Automatisierungsgrad zu treffen)
- **Transport der Güter zur Abgabe** (z.B. zum Transportbehälter)
- **Abgabe der Güter** (z.B. Einlegen in den Transportbehälter)
- **Transport der Kommissioniereinheit** (z.B. des Transportbehälters) zur Abgabe
- **Abgabe der Kommissioniereinheit** (z.B. Übergabe des Behälters an den Warenversand)
- **Rücktransport** angebrochener Lade-Einheiten (falls erforderlich)

Kommissionierungsvorgänge können grundsätzlich in allen Stationen des Material- und Güterflusses stattfinden:

Im **Eingangsbereich** kann z.B. ein Teil der gelieferten Warenmengen verwendungsbezogen vorkommissioniert werden (gemeinsame Einlagerung von häufig im Verbund benötigter Teilmengen).

Im **Produktionsbereich** werden häufig produkteinheitsbezogene Teilesätze zusammengestellt, die gemeinsam verbaut werden.

Im **Absatzbereich** bezieht sich die Kommissionierung in der Regel auf die Aufträge der Kunden. Hier ist das größte Kommissionierungsaufkommen zu beobachten. Im Handel findet häufig eine filialbezogene Kommissionierung statt.

Aufgrund der erheblichen handhabungstechnischen Diversität der Güter und Waren bereitet eine Automatisierung der Kommissionierungsprozesse derzeit noch erhebliche Schwierigkeiten. Roboter benötigen universell einsetzbare Greifeinrichtungen und aufwendige Bildverarbeitungssysteme, um die vorliegenden Aufgaben überhaupt technisch bewältigen zu können. Der Mensch als Träger der Prozesse arbeitet sehr schnell und zudem sind Kommissionierungstätigkeiten vergleichsweise gering entlohnt. Der Einsatzbereich von Technik in derzeitigen Kommissionierungssystemen bezieht sich deshalb vor allem auf eine Unterstützung des menschlichen Kommissionierers.

Eine solche Unterstützung bilden z.B. optische Pickhilfen, die dem Kommissionierer jeweils durch Leuchtzeichen signalisieren, aus welchem Fach die nächste Position des Kommissionierungsauftrags zu bedienen ist.

17.6.3 Umschlag

Definition

Umschlagen ist gemäß DIN 30781 die „Gesamtheit der Förder- und Lagervorgänge beim Übergang der Güter auf ein Transportmittel, beim Abgang der Güter von einem Transportmittel und wenn Güter das Transportmittel wechseln".

Umschlagsprozesse sind damit eine gesonderte Unterkategorie von Materialflussleistungen, die nicht nach ihrer Art, sondern nach ihrer Stellung im Materialfluss abgegrenzt und definiert werden. Sie bilden einen wesentlichen Betrachtungsgegenstand logistischer Optimierungen, da sie lange Zeit als physische Schnittstellenprozesse vernachlässigt wurden. Durch eine Vereinheitlichung von Transport- und Lagerhilfsmitteln lassen sich ebenso Umschlagsleistungen vermeiden wie durch eine Absprache mit den Lieferanten („Behälterdatenbank") und den Kunden. Bei dem Bemühen um Standardisierung und Durchgängigkeit sind in den letzten Jahren erhebliche Erfolge erzielt worden (z.B. Normpaletten, Standardbehälter, Anlieferung in einlagerfähigen Transporthilfsmitteln). Abbildung 17.8 zeigt ein Beispiel für eine Containerumschlagsanlage.

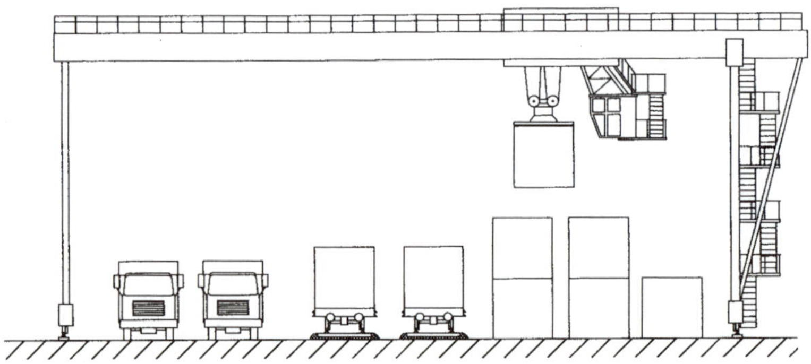

Abbildung 17.8: Beispiele für eine Containerumschlagsanlage (Quelle: Jünemann (2000))

17.6.4 Verpackung und Logistikhilfsmittel

Definition

Verpackungen sind Umhüllungen eines Gutes, die lösbar sind und Schutz-, Werbe-, Materialfluss- sowie Verwendungsfunktionen erfüllen.

In der Vergangenheit standen bei Verpackungen vor allem die **Schutzfunktion** (vor mechanischen oder klimatischen Belastungen sowie vor Diebstahl) und die **Werbefunktion** im Vordergrund. Die gesonderte Betrachtung der Material- und Informationsflüsse führte dazu, dass die **Lagerfunktion** (Lagerplatzausnutzung durch Form und Abmessungen sowie Stapelfähigkeit), **Transportfunktion** (Form, Abmessungen, Gewicht),

Manipulationsfunktion (einfaches manuelles Öffnen, Schließen, Handhaben, Kommissionieren und Umschlagen von Verpackungen sowie Möglichkeiten für den Einsatz technischer Hilfsmittel) und **Informationsfunktion** (direkte Kennzeichnung der Verpackung oder Anbringung von Informationsträgern) zunehmend untersucht wurden.

Der Verpackungsprozess besteht nach DIN 55405 aus der Vereinigung von Packgut und Verpackung. Zu der „Vereinigung gehören die Zuführung von leeren Verpackungen und des Packgutes, der eigentliche Packvorgang sowie die Bereitstellung der Verpackungseinheit zum Transport".

Vom eigentlichen Verpackungsprozess wird die Bildung materialflussbezogener Einheiten (das Zusammenfassen von Stückgütern und/oder Verpackungseinheiten zum wirtschaftlichen Transport, zu Lagerung und Handhabung) abgegrenzt. In der Literatur werden die logistischen Einheiten auch als Transport-, Lager- und Lade-Einheiten bezeichnet. Grundsätzlich erfüllen diese materialflussbezogenen Einheiten ähnliche Funktionen wie die Verpackung. Um logistikgerechte Materialflüsse zu erreichen, tritt als weitere Funktion die Forderung nach einer weitestgehend ununterbrochenen Transportkette hinzu, die durch den folgenden Leitsatz gewährleistet werden soll:

Produktionseinheit = Lagereinheit = Transporteinheit = Verkaufseinheit

Aufgrund der vielfältigen logistischen Aufgaben wurde ein breites Spektrum von Verpackungen und Hilfsmitteln zur Bildung materialflussbezogener Einheiten (Logistikhilfsmittel) entwickelt. Abbildung 17.9 zeigt eine Auswahl der Logistikhilfsmittel. Gemäß der Verwendung der Hilfsmittel finden sich in der Literatur und in der Praxis auch die Bezeichnungen Transport-, Lager- und Ladehilfsmittel. Die Verpackungen und Logistikhilfsmittel können aus unterschiedlichen Materialien (Holz, Metall, Kunststoff oder Papier/Pappe) gefertigt sein. Bei der Diskussion um umweltfreundliche Verpackungen werden neben den Verpackungsmaterialien auch die bei der Verpackung eingesetzten Polsterungen untersucht. Produkte der chemischen Industrie wie Styropor oder Schaum werden verstärkt durch Papier/Pappe, Holzwolle oder wiederverwendbare Polster ersetzt.

Logistische Hilfsmittel (Transport- und Lagerhilfsmittel)

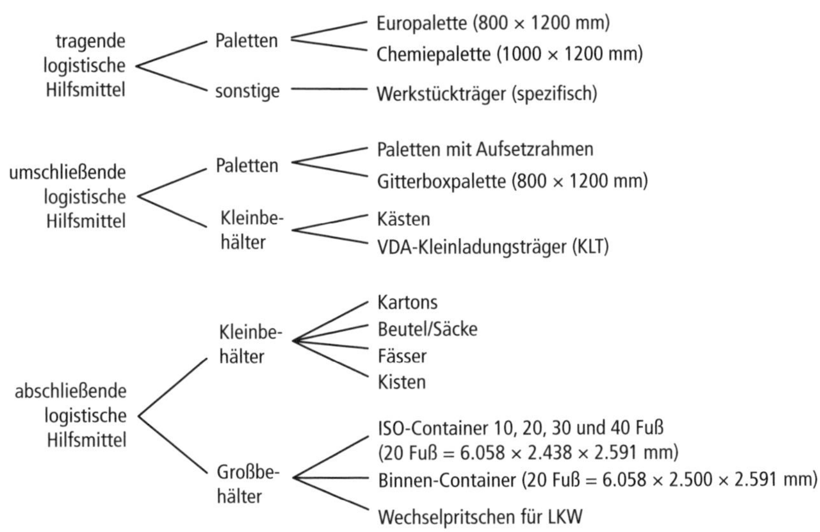

Abbildung 17.9: Überblick über logistische Einheiten

Z U S A M M E N F A S S U N G

Logistische Unterstützungsprozesse können in die Gruppen Handhabung, Kommissionierung, Umschlag, Verpackung und Logistikhilfsmittel eingeteilt werden. Während die Handhabung meist im Rahmen der Produktion anfällt, finden Kommissionierungsleistungen entlang des gesamten Material- und Güterflusses statt und bestehen aus einer Reihe von Teiltätigkeiten. Umschlagsleistungen erfolgen beim Übergang der Güter auf ein Transportmittel, von einem Transportmittel weg oder zwischen verschiedenen Verkehrsträgern. Verpackungen und Hilfsmittel können aus unterschiedlichsten Materialien bestehen und dienen zur Bildung materialflussbezogener Einheiten. Verpackungen erfüllen darüber hinaus eine Reihe zusätzlicher Funktionen (z.B. Schutzfunktion).

Z U S A M M E N F A S S U N G

17.6.5 Übungsfragen

1. Welche Arten von Unterstützungsprozessen werden unterschieden?
2. Nennen Sie die Teiltätigkeiten eines Kommissionierungsauftrages.
3. Welche unterschiedlichen Funktionen erfüllen Verpackungen?
4. Geben Sie einen Überblick über die logistischen Hilfsmittel.

WWW.PEARSON-STUDIUM.DE CWS COMPANION WEBSITE

Lösungen zu den Übungsfragen und weiterführende Materialien finden Sie auf der Companion Website zum Buch unter *www.pearson-studium.de*.

17.7 Informationsflüsse in der Logistik

Zur Beschreibung von Informationen müssen diese zuerst von Nachrichten und Daten abgegrenzt werden. **Nachrichten** sind eine Folge von Signalen aus wahrnehmbaren Elementen. Als **Daten** werden Nachrichten bezeichnet, die in DV-Anlagen oder auf anderen Medien gespeichert werden, um verarbeitet (transformiert, selektiert, verglichen, übertragen oder ausgegeben) zu werden. **Informationen** sind zweckorientiertes Wissen über Zustände und Ereignisse, die zur Erreichung eines Ziels eingesetzt werden. Informationen sind die bewerteten Formen von Nachrichten (Daten).

Bei der Auftragsbearbeitung sollten lange Übertragungszeiten und Liegezeiten vermieden werden. Bei der Kommunikation mit Kunden und Lieferanten wird deswegen versucht, **Datenfernübertragungen (DFÜ)** zu realisieren. Dabei muss die Schnittstelle bis auf die Ebene der einzelnen Datensätze genau definiert werden. Als internationaler Standard hat sich **EDIFACT** (Electronic Data Interchange for Administration, Commerce and Transport) durchgesetzt. Zu den Vorteilen von DFÜ zählen Fehlervermeidung, Vermeidung von Doppeleingaben und schnelle Datenübertragung. Ein weiterer wesentlicher Vorteil liegt in der Vermeidung nicht wertschöpfender Tätigkeiten wie etwa Wartezeiten, Öffnung von Briefen oder Ablage.

Die **Mobile Datenerfassung (MDE)** stellt sicher, dass Informationen über Objekte an dem Ort erfasst werden, an dem sie anfallen. Kundenaufträge werden durch den Außendienst direkt bei dem Kunden in ein mobiles Datenerfassungsgerät eingegeben. Die Lagerentnahme wird von dem Lagermitarbeiter durch ein MDE-Gerät direkt dokumentiert. Die in der Fertigung schon verbreitete **Betriebsdatenerfassung (BDE)**, die Daten über Prozesse (z.B. Zeiten, Mengen oder Bearbeitungszustände) innerhalb eines Unternehmens erfasst und zu einer Transparenz der Prozesse führt, wird sich in Zukunft verstärkt auf Materialflussaktivitäten übertragen (z.B. Installation von Fahrzeugerfassungssystemen).

Zur Speicherung der anfallenden Daten wird im Normalfall eine **Datenbank** (engl. Data Base) benutzt. Eine Datenbank bezeichnet eine Ansammlung von mehreren Datensätzen, die gemeinsam verwaltet werden. Daten, die typischerweise in einem integrierten Warenwirtschaftssystem gespeichert werden, sind in Abbildung 17.10 dargestellt.[6]

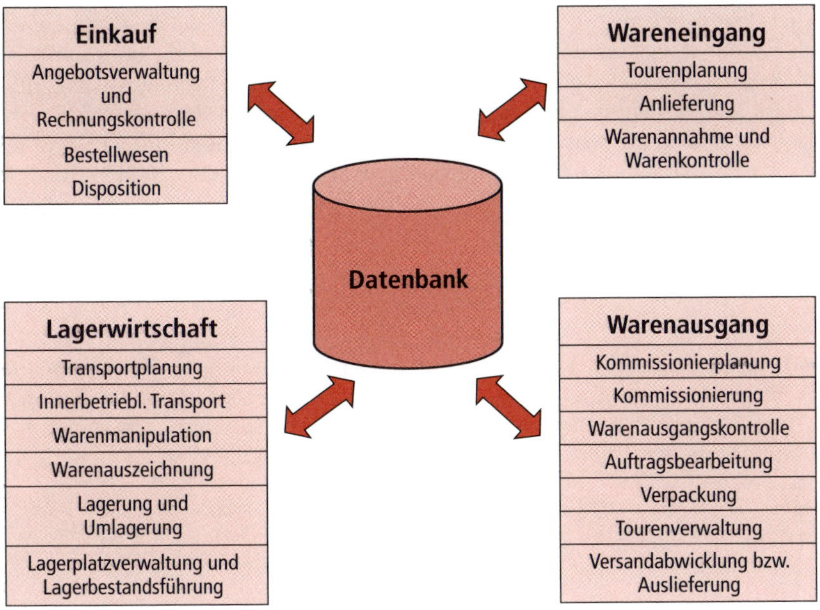

Abbildung 17.10: Datenbank eines integrierten Warenwirtschaftssystems (Quelle: Hansen, H. R., Neumann, G. (2005), S. 17)

Die Struktur der **Informationsflüsse** wird durch die Auftragsabwicklung und die unternehmensübergreifende Integration der Informationsflüsse bestimmt. Bei beiden Teilbereichen sollte die Auswahl der Hard- und Software sowie die Gestaltung der organisatorischen und datenverarbeitungstechnischen Schnittstellen so erfolgen, dass zum einen ein möglichst hoher Automatisierungsgrad erreicht wird und zum anderen eine hohe Auskunftsbereitschaft gegenüber den Kunden gewährleistet ist.

6 Vgl. Hansen, H. R., Neumann, G. (2005), S. 11 ff.

Eine große Herausforderung – vor allem für die Informationslogistik – stellt der Aufbau von **Kundeninformationssystemen** dar. Auf der einen Seite werden diese Systeme dazu genützt, um Informationen über das Kundenverhalten zu gewinnen. So erhalten große Handelsunternehmen, Hotelketten, Fluggesellschaften, Autovermietungen etc. dadurch, dass ihre Kunden entsprechende Service- und Kreditkarten benutzen, genaue Informationen über das Verhalten ihrer Kunden. Diese Informationen werden dazu verwendet, ihr Angebot dem Kundenverhalten entsprechend anzupassen.

Neben der Bedeutung für das Marketing haben die Kundeninformationssysteme eine wichtige Bedeutung für die Verbesserung der Prognosen. Weiß ein Unternehmen, wie die abgesetzten Produkte verwendet werden (z.B. km-Laufleistungen bei PKWs), so können daraus wichtige Informationen für die Ersatzteillogistik gewonnen werden. Hat ein Handelsunternehmen gute Informationen über das Kaufverhalten seiner Kunden, so kann es z.B. den Absatz von bestimmten Produkten vor Feiertagen besser abschätzen.

Das steigende Bedürfnis nach **individualisierten Produkten** erfordert eine differenzierte Marktbeobachtung und -bearbeitung. Für die einzelnen Zielgruppen müssen unterschiedliche Angebote entwickelt werden. Die Differenzierung kann dabei sowohl über die Produktentwicklung oder die für jeden Kunden individuelle Anfertigung erfolgen als auch über eine hohe Logistikleistung. So war einer der Haupterfolgsfaktoren der Firma Dell Computer die schnelle Verfügbarkeit der individualisierten PCs und die einfache Auftragsabwicklung durch ein Bestellsystem per Telefon, später unter konsequenter Ausnutzung des Internets.

ZUSAMMENFASSUNG

Ein möglichst reibungsloser Informationsfluss ist in der Logistik von höchster Bedeutung. Es gibt eine Vielzahl technischer Möglichkeiten, die Informationsflüsse effizient zu gestalten. In diesem Zusammenhang sind vor allem die Verkürzung von Wartezeiten, das Wegfallen nicht wertschöpfender Tätigkeiten sowie die Vermeidung von Übertragungs- und Eingabefehlern als Vorteile zu nennen.

ZUSAMMENFASSUNG

17.7.1 Übungsfragen

1. Grenzen Sie die Begriffe „Nachrichten“, „Daten“ und „Informationen“ voneinander ab.
2. Welcher Standard kommt bei der Datenfernübertragung (DFÜ) zum Einsatz?
3. Welche Daten werden bei der Betriebsdatenerfassung (BDE) erfasst?

Lösungen zu den Übungsfragen und weiterführende Materialien finden Sie auf der Companion Website zum Buch unter *www.pearson-studium.de*.

17.8 Auftragsabwicklung

Mit dem Ziel, die Auftragsdurchlaufzeiten bei der Mercedes-PKW-Produktion von bisher 40 bis 50 Tagen auf künftig nur noch zwölf bis 15 Tage zu verkürzen, hat DaimlerChrysler im Jahre 2002 einen neu gestalteten Kundenauftragsprozess namens „Global Ordering" geschaffen. Damit kann der Händler Kundenaufträge direkt beim Produktionswerk „einbuchen" und erhält im Gegenzug eine sofortige Terminbestätigung. Das Beispiel zeigt, dass durch Änderungen in der Auftragsabwicklung die Lieferzeiten deutlich gesenkt werden können.

Die Basis der logistischen Prozesse sind **externe Aufträge** (Kunden- und Bestellaufträge) sowie **interne Aufträge** (z.B. Fertigungs-, Lager-, Transport-, Kommissionier- und Verpackungsaufträge). Aufträge enthalten alle für die Logistik wichtigen Informationen wie z.B. Auftragsnummer, Auftragsdatum, Kundenadresse, Kundennummer, Kundeninformationen, Verkäufer, Verkaufsgebiet, Artikelbezeichnung, Artikelnummer, Menge des Artikels, Preis des Artikels, Verkaufsbedingungen, Liefertermin, Lieferanschrift, Versandart. Bei der Bearbeitung der internen und externen Aufträge werden in der Regel DV-Anlagen eingesetzt. Die Kunden geben die Ausgangsinformation, welche auf unterschiedlichen Übertragungswegen zu den Informationsempfängern gelangt.

Definition

Auftragsabwicklung ist die Koordination aller auftragsbezogenen Tätigkeiten von der Übermittlung des Auftrages bis zur Rechnungsstellung sowie die Ausführung aller zur Erfüllung des Auftrages erforderlichen informationsverarbeitenden administrativen Aufgaben.[6]

Damit die Auftragsbearbeitung nicht zu Verzögerungen führt, sollte ein dem Materialfluss vorauseilender Informationsfluss alle am Materialfluss beteiligten Stellen rechtzeitig mit Informationen versorgen, welche für die Erfüllung der Aufgaben dieser Stellen notwendig sind. Typische, den Güterfluss begleitende Auftragsinformationen sind Arbeitskarten in der Fertigung oder Zoll- und Versandpapiere. Die dritte Form der Informationsflüsse sind dem Güterfluss nachlaufende Informationsflüsse (z.B. Informationen zur Fakturierung).

Einen Überblick über die Prozesse der Auftragsabwicklung gibt die folgende Abbildung 17.11. Dabei werden vier grundlegende Prozesse unterschieden. Ausgangspunkt für alle folgenden Tätigkeiten ist die **Angebotserstellung** beim Kunden. Diese beginnt mit der Erstellung eines Auftrages und endet mit dessen Empfang in der Empfangsstelle des Unternehmens. Aufträge werden mündlich, per Brief, Telefax, Telefon oder EDI übermittelt. Der Empfang des Auftrages kann dem Kunden mit einer Auftragseingangsbestätigung bestätigt werden. Dadurch wird aber nur der Erhalt des Auftrages bestätigt; über die endgültige Annahme oder Ablehnung des Auftrages wird erst am Ende der Auftragsprüfung entschieden (vgl. Abbildung 17.11).

7 Vgl. Rohweder, D. (1996), S. 121

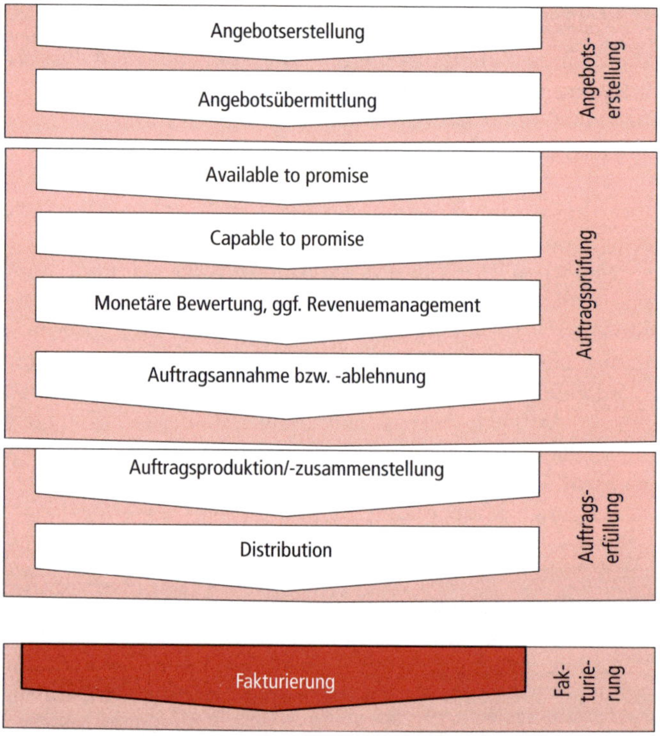

Abbildung 17.11: Prozesse der Auftragsabwicklung

Der Prozess der **Auftragsprüfung** beginnt mit der Verfügbarkeitsprüfung (Available to Promise). Dabei werden auf Basis der Gesamtplanung freie Kapazitäten im Unternehmen identifiziert. Im nächsten Schritt wird die Auslastung der innerbetrieblichen Kapazitäten mit Hinblick auf die Möglichkeit überprüft, einen zusätzlichen Auftrag anzunehmen (Capable to Promise). Als letzter Teilprozess der Auftragsprüfung vor der Auftragsannahme oder -ablehnung erfolgt die finanzielle Bewertung des Auftrages hinsichtlich der wirtschaftlichen Erfüllbarkeit. Dabei werden auch Preiskonditionen, Liefermodalitäten und die Bonität des Kunden überprüft.[8]

Nach erfolgter Annahme des Auftrages wird die **Auftragserfüllung** eingeleitet. Die Auftragsabwicklung erfordert dabei Maßnahmen im Bereich des Lagermanagements (Lagerhaltung) oder in der kurzfristigen Produktionsplanung, falls die gewünschten Güter nicht auf Lager sind.[9] Für die Distribution sind im Wesentlichen die beiden Schritte Zusammenstellung der Güter laut Auftrag (Kommissionierung) und Versand relevant. Der Auftragsabwicklung kommen dabei weitere informationsverarbeitende Aufgaben zu (z.B. Zusammenstellung und Überprüfung des Kommissionierauftrages, Erstellung der Versandpapiere).

8 Vgl. Pfohl, H.-Chr. (2004), S. 85
9 Vgl. Pfohl, H.-Chr. (2004), S. 86

Die **Fakturierung** (Rechnungsstellung) ist die Grundlage für Flüsse auf der monetären Ebene (vgl. Teil I, Kapitel 2.2) und bildet den letzten Prozess im Rahmen der Auftragsabwicklung. Die Fakturierung kann vor dem Versand (Vorfakturierung) gemeinsam mit den Gütern oder nach dem Versand (Nachfakturierung) erfolgen. Der Versand der Rechnung kann somit gemeinsam mit den Gütern erfolgen oder separat per Post, wobei zusätzliche Portokosten anfallen.

Ziel leistungsfähiger Logistiksysteme ist es, zu möglichst jedem Zeitpunkt Auskunft darüber zu geben, wo sich die Aufträge bzw. Sendungen befinden. Außerdem soll auch nach Abwicklung von (Transport-) Aufträgen ermittelt werden, wo die Sendungen zu welchem Zeitpunkt waren, um ggf. Schäden oder Eingriffe von außen rekonstruieren zu können. Die Systeme, die von den Transport- und Logistikdienstleistern dazu aufgebaut wurden, heißen Tracking-and-Tracing-Systeme.

Nach der eingesetzten Identifikationstechnik kann unterschieden werden in:

- **Manuelle Identifikation.** Hierbei werden die Informationen von Mitarbeitern auf Listen oder direkt in Computer eingegeben.
- **Barcodes** sind wohl die in der Logistik zur Zeit am meisten verbreitete Identifikationstechnik. Barcodes können nicht nur Produkte kennzeichnen (weite Verbreitung hat der EAN-Code in der Konsumgüterindustrie gefunden), sondern finden in vielen logistischen Bereichen Anwendung, z.B. bei der Kennzeichnung von Behältern, Fahrzeugen oder Sendungen. Barcodes ermöglichen ein schnelles Lesen von Informationen durch Scannen des Barcodes; allerdings muss immer ein Sichtkontakt vorhanden sein. Wie aus den Scannerkassen im Supermarkt bekannt ist, funktioniert das Scannen auch nur auf einer geringen Distanz und ist abhängig vom Zustand des Barcodes.
- **Radio Frequency Identification** (RFID). Es handelt sich dabei um eine Technik zur kontaktlosen, umfassenden Identifizierung von Objekten und Erfassung von Daten jeglicher Art. RFID funktioniert – wie der Name bereits ausdrückt – auf der Basis von Funkwellen. Im Wesentlichen besteht ein RFID-System aus zwei Komponenten: einem Transponder (Kunstwort aus Transmitter und Responder) mit eigenen Daten, physikalischen Eigenschaften und Funktionen sowie einem stationären bzw. mobilen Lese-/Schreibgerät (Interrogator) mit unterschiedlichen physikalischen Eigenschaften und Funktionen. Die Identifizierung kann kontaktlos erfolgen, ggf. auch auf Distanzen, die größer als 1 m sind (Long Range-Systeme). RFID-Technik ist schon weit verbreitet, z.B. bei Liftkarten. Vorteile in der Logistik sind die Identifikation von Gütern (z.B. Halbfertigteile, Produkte, Pakete, Stückgüter, Container, Verpackungen etc.) innerhalb von Unternehmen, aber auch in der Supply Chain. Ein weiterer Vorteil von RFID ist, dass in vielen Fällen Packungsinhalte identifiziert werden können, ohne das jeweilige Behältnis zu öffnen.

Ein weiteres wichtiges Unterscheidungsmerkmal von Tracking-and-Tracing-Systemen sind die **Ebenen der Erfassung**. Eine Erfassung kann auf

- Produktebene, z.B. durch aufgedruckte Barcodes oder eingebaute RFID-Transponder,
- Ebene der Nummer der Versandeinheit (NVE)
- Karton- oder Colli-Basis

- Palettenebene
- Containerbasis oder
- Lieferungsebene

erfolgen.

ZUSAMMENFASSUNG

Die Auftragsabwicklung im Unternehmen beschäftigt sich mit der Koordination aller dispositiven, auftragsbezogenen Tätigkeiten zur Erfüllung eines Auftrages. Ausgangspunkt für die Auftragsabwicklung können der externe Auftrag eines Kunden oder der interne Auftrag eines Unternehmensbereichs sein. Die Auftragsabwicklung besteht aus vier grundlegenden Prozessen und beginnt mit der Angebotslegung. Darauf folgen die Auftragsprüfung, die Auftragserfüllung und die Fakturierung. Dabei wird im Rahmen der Auftragsabwicklung zwischen einem dem Materialfluss zeitlich vorgelagerten Informationsfluss, einem den Materialfluss begleitenden Informationsfluss und einem auf den Materialfluss folgenden Informationsfluss unterschieden. Neue Identifizierungstechniken helfen, Transparenz in die Logistikprozesse zu bringen.

ZUSAMMENFASSUNG

17.8.1 Übungsfragen

1. Welche Arten von Aufträgen werden grundlegend unterschieden?
2. Nennen Sie Auftragsinformationen, die für die logistische Abwicklung eines Auftrages notwendig sind.
3. Nennen und beschreiben Sie die Prozesse der Auftragsabwicklung.

Lösungen zu den Übungsfragen und weiterführende Materialien finden Sie auf der Companion Website zum Buch unter *www.pearson-studium.de.*

Logistik als Koordinationsfunktion (Querschnittsfunktion)

18

ÜBERBLICK

Die Logistik als Koordinationsfunktion betrachtet nicht nur die logistischen Prozesse in einzelnen Unternehmensbereichen, sondern auch zwischen Unternehmensbereichen und externen Partnern (Kunden, Lieferanten und Entsorgungsunternehmen). Dies führt zur Bildung **logistischer Prozessketten** vom Lieferanten über Beschaffung (Beschaffungslogistik), Produktion (Produktionslogistik) und Absatz (Distributionslogistik) hin zum Kunden. Der Strom an Recyclinggütern, Verpackungen und Leergut führt in entgegengesetzter Richtung vom Kunden bis zum Lieferanten oder einem Entsorgungsunternehmen (Entsorgungslogistik; vgl. Abbildung 18.1).

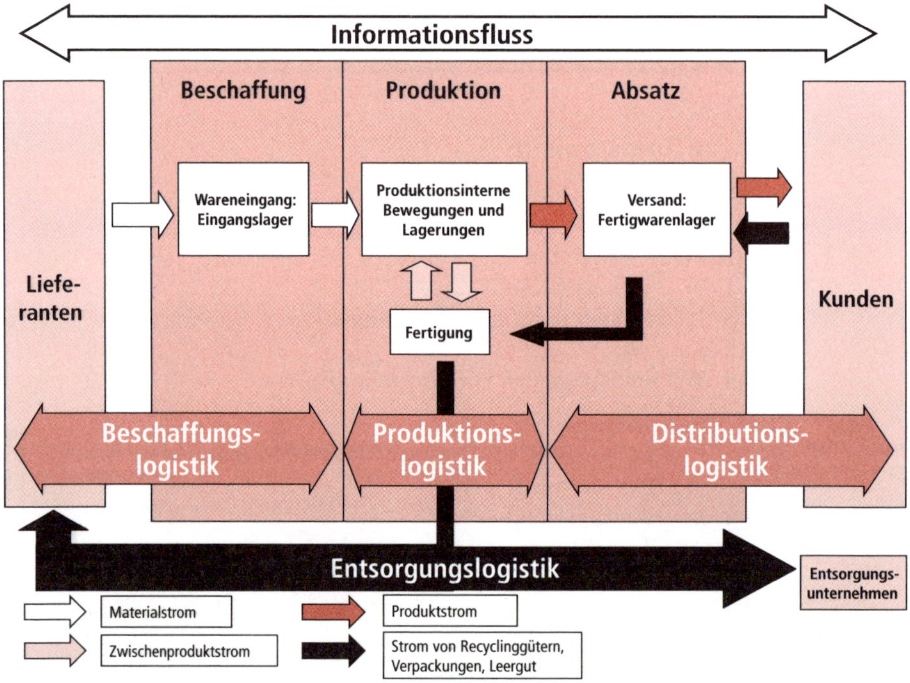

Abbildung 18.1: Prozesskettenbezogene Darstellung der Logistik

Die isolierte Betrachtung von Optimierungsaufgaben innerhalb der Beschaffungs-, Produktions- und Absatzwirtschaft kann zu Schnittstellenproblematiken und damit verbundenen Koordinationsproblemen (meist in Form von Zielkonflikten zwischen einzelnen Planungsfeldern) führen.[1] Besondere Bedeutung kommt daher bei der Betrachtung von Prozessketten den Schnittstellen zwischen einzelnen Planungsfeldern (Unternehmensbereichen, Unternehmen) zu.

Schnittstellen sind für den Informations- und/oder Material- bzw. Güteraustausch zwischen unterschiedlichen Systemen (Planungsfeldern) erforderlich.[2] Nach Art der Schnittstellen kann unterschieden werden in:

- Schnittstellen zwischen Elementen des Subsystems Logistik (Schnittstellen erster Ordnung)

1 Vgl. Weber, J. (2002), S. D5-2
2 Vgl. Sokianos, N. et al. (1998), S. 385 f.

- Schnittstellen zwischen Elementen des Subsystems Logistik und anderen Subsystemen bzw. Elementen (Schnittstellen zweiter Ordnung)
- Schnittstellen zwischen Elementen des Subsystems Logistik und Systemen außerhalb der Organisation (Schnittstellen dritter Ordnung)

Nach dem Übertragungsobjekt werden physische Schnittstellen (z.B. Materialumschlag) und informatorische Schnittstellen (z.B. EDI) unterschieden.[3] Einen Überblick über mögliche logistische Schnittstellen bei der betrieblichen Leistungserstellung gibt Abbildung 18.2.

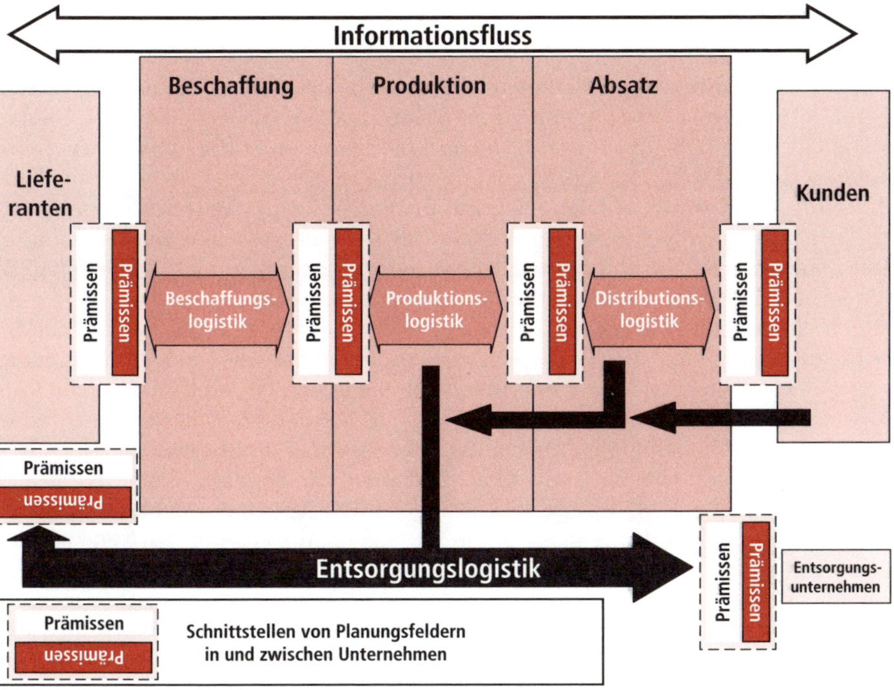

Abbildung 18.2: Schnittstellen von Planungsfeldern

Um die notwendigen Koordinationsaufgaben erfüllen zu können, werden der Logistik in den Unternehmen bereichsübergreifende Steuerungsaufgaben des Material- und Warenflusses übertragen. Im weitestgehenden Fall kann dies zur Übertragung von Aufgaben wie der Bestelldisposition, Produktionsplanung oder Vertriebsdisposition an die Logistik führen. Die Herauslösung dieser dispositiven Aufgaben aus den traditionellen Unternehmensbereichen Beschaffung, Produktion und Vertrieb und die damit verbundene Ausweitung des Aufgabenfeldes Logistik um material- und warenflussbezogene Koordinationsaufgaben führt zu einem machtvollen, aber auch komplexen Logistikbereich.[4]

3 Vgl. Feierabend, R. (1997), S. 922 f.
4 Vgl. Weber, J. (2002), S. D5-2

18.1 Beschaffungslogistik

Bei der Bestimmung des Aufgabenumfanges der Beschaffungslogistik muss im Wesentlichen die Abgrenzung zu den im Teil II vorgestellten Beschaffungsaufgaben, die bei vielen Unternehmen in einer Organisationseinheit **Beschaffung** zusammengefasst sind, geklärt werden. Aus Sicht der Logistik ist es Aufgabe der Beschaffung (des Einkaufs), Lieferkapazitäten zur Verfügung zu stellen. Hierzu gehören u.a. die Aufgaben:

- Beschaffungsmarktforschung
- Lieferantenmanagement
- Make or buy

Zur Beschaffung (Einkauf) zählen die marktbezogenen Aufgaben, die mit den Materialflüssen nur indirekt zusammenhängen. Häufig geben diese langfristige Rahmenbedingungen vor (z.B. die Frage, ob neue Lieferanten in Billiglohnländern gesucht werden sollen). Die kurzfristige Steuerung wird von diesen Aufgaben nur im Einzelfall beeinflusst. Wenn die Lieferanten und die Preise für die Materialien und bezogenen Teile festliegen, so muss der Einkauf an dem Prozess der Bereitstellung von Gütern und Materialien und der dazugehörigen Informationen nicht teilnehmen. Dies ist Aufgabe der **Beschaffungslogistik**.

Durch eine solche Abgrenzung zwischen Beschaffungslogistik und Beschaffung (Einkauf) wird es möglich, sowohl die Spezialisierungsvorteile der Beschaffungsaktivitäten als auch die Vorteile, die aus der Integration der Aufgaben der Beschaffung in die logistische Kette (Koordination mit dem Produktions- und Vertriebsbereich) resultieren, zu nutzen. Die Aufgabenverteilung im Bereich Bedarfsermittlung und Bestellung erfolgt in der Unternehmenspraxis sehr unterschiedlich. Es besteht die Tendenz, die grundsätzlichen mittel- bis langfristigen Aktivitäten dieser Bereiche, z.B. Abschluß von Rahmenverträgen, der Beschaffung (Einkauf) zuzuordnen, die Aktivitäten, die eng mit den Materialflüssen zusammenhängen, z.B. Abrufe innerhalb der Rahmenverträge, der Beschaffungslogistik zuzuordnen.

Die Abgrenzung zur Produktionslogistik umfasst zum einen den physischen Übergabepunkt der Waren bzw. Materialien. Zum anderen muss geklärt werden, welche Planungsaufgaben von der Beschaffungslogistik und welche von der Produktion bzw. der Produktionslogistik durchgeführt werden sollen, und wie die Schnittstelle für den Informationsfluss gestaltet ist. Zur Bedarfsermittlung werden in der Regel Daten aus den Produktionsplanungs- und -steuerungssystemen (PPS) herangezogen. PPS dienen zur simultanen Planung aller für die Produktion benötigten Elementarfaktoren.[5]

Abbildung 18.3 zeigt wesentliche Aufgaben der Beschaffungslogistik sowie der sich hieraus ergebenden Abgrenzung der Beschaffungslogistik von Beschaffung (Einkauf) und Produktion bzw. Produktionslogistik.

5 Vgl. Sokianos, N. et al. (1998), S. 335

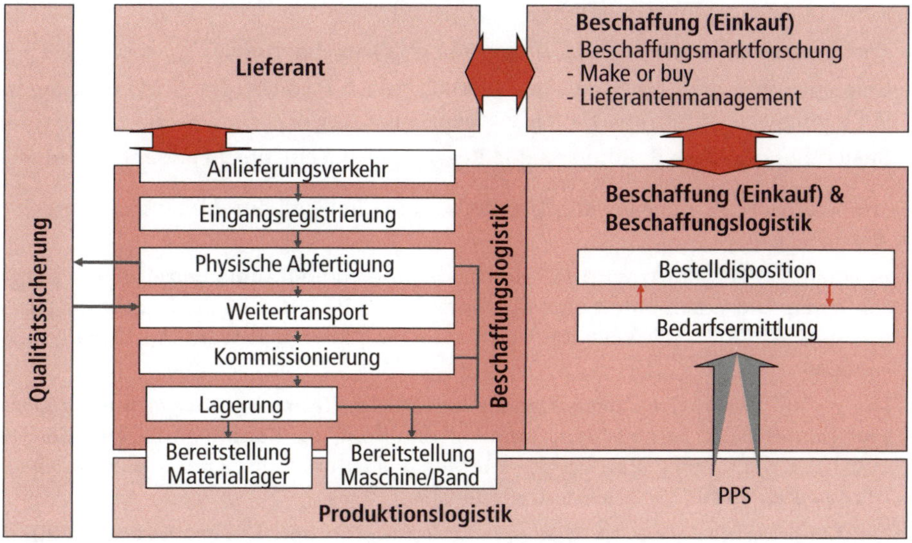

Abbildung 18.3: Abgrenzung der Beschaffungslogistik zu Beschaffung(Einkauf) und Produktionslogistik

Ziel der Beschaffungslogistik ist die Bereitstellung der richtigen Materialien zum richtigen Zeitpunkt in der richtigen Menge am richtigen Ort zu minimalen Kosten. Da die Beschaffungsstruktur (aus Sicht der Materialflüsse des Unternehmens) am Beginn der logistischen Kette steht, beeinflusst sie wesentlich die Leistungsfähigkeit der gesamten Logistik.

In den folgenden Unterkapiteln werden die enge logistische **Anbindung von Lieferanten** und die **Just-in-Time- Anlieferung** als Anwendungsbeispiele behandelt.

18.1.1 Anbindung der Lieferanten

Die Strategie der engeren Anbindung der Lieferanten an das Unternehmen ist eine Reaktion auf die steigenden Anforderungen an Liefergenauigkeit und -zuverlässigkeit, vor allem aber auch auf die steigenden Risiken, die aus den immer kürzer werdenden Produktlebenszyklen und der steigenden Variantenvielfalt resultieren. Außerdem sollen durch eine enge Zusammenarbeit **Transaktionskosten** (für Verhandlungen, Marktbeobachtung, aber auch für die Auftragsabwicklung, z.B. durch den Einsatz von Datenfernübertragung) eingespart und im Idealfall die Bestände innerhalb der gesamten logistischen Kette gesenkt bzw. möglichst an den Anfang der Wertschöpfung geschoben werden.

Die von den Automobilunternehmen aktiv betriebene Politik der Ansiedlung von Lieferanten in Werksnähe, um – wie etwa bei Autositzen realisiert – eine montagegerechte Anlieferung zu erreichen, wird für mittelständische Unternehmen nur begrenzt möglich sein. Sie können aber mit den Lieferanten, die bereits jetzt in ihrer Umgebung angesiedelt sind, **enge Kooperationen** vereinbaren. Diese zeichnen sich aus durch:

- Eine langfristige Zusammenarbeit
- Eine Trennung der (Rahmen)Aufträge von den Bestellabrufen
- Eine enge informationstechnische Verknüpfung, z.B. durch Datenfernübertragung (DFÜ, englisch: Electronic Data Interchange, EDI))
- Steuerungsanreize, z.B. Bonus-Malus-Regelungen bei entsprechendem Lieferservice

Bei der Realisierung einer logistischen Anbindung hat sich ein dreistufiges Vorgehen bewährt:

1. In einem ersten Schritt wird mit den Lieferanten eine **Rahmenvereinbarung** abgeschlossen. Diese beinhaltet eine Kapazitäts- und Bedarfsvorschau in der Regel für ein bis zwei Jahre. Die Vorschau sollte laufend aktualisiert werden, z.B. alle sechs Monate.
2. Die zweite Ebene der Zusammenarbeit sind die **Rahmenaufträge**. Sie legen die Lieferkonditionen fest und sind eine Verpflichtung des Käufers, innerhalb des vereinbarten Zeitraumes eine bestimmte Menge abzunehmen. Auch die Rahmenaufträge sollten laufend aktualisiert werden.
3. Die **Lieferabrufe** legen die Mengen, Liefertermine und Lieferorte fest. Während Rahmenvereinbarungen und Rahmenaufträge vom Einkauf abgeschlossen werden, sollten die Lieferabrufe direkt von den Disponenten getätigt werden. Die Bestellabwicklung wird somit zur Aufgabe der Logistik.

18.1.2 Das Just-in-Time-Prinzip

Eine vom zeitlichen Rahmen sehr genaue Bereitstellung folgt dem **Just-in-Time-Prinzip** (JIT) (die material- und produktionswirtschaftliche Literatur bezeichnet dies seit langem als „produktionssynchrone Beschaffung"). Rohmaterialien, Halbfertigprodukte oder Fertigprodukte werden (erst) dann bereitgestellt, wenn sie tatsächlich benötigt werden. Ein derartiges Bereitstellungskonzept reduziert Lagerbestände beim Unternehmen im Extremfall auf sehr geringe Reichweiten. Die oben beschriebenen Lieferabrufe werden bei einer JIT-Anlieferung in einzelne Abrufe unterteilt.

Das in Abbildung dargestellte Beispiel zeigt vier unterschiedliche Genauigkeitsstufen der JIT-Anlieferung. Je nachdem, ob ein Teil minutengenau, stundengenau oder tagesgenau angeliefert werden soll, erfolgen unterschiedliche Abrufe zu verschiedenen Zeitpunkten. Wenn die Anlieferung der Produkte sortiert und genau in der Reihenfolge erfolgt, in der die Produkte eingebaut werden, so wird dies als „Just-in-Sequence" bezeichnet. So werden die Sitze bei vielen Automobilherstellern vom Lieferanten in der Reihenfolge in einen Lkw verladen, wie der Automobilhersteller diese einbaut. Sie können dann direkt auf Gestellen zum Band transportiert werden.

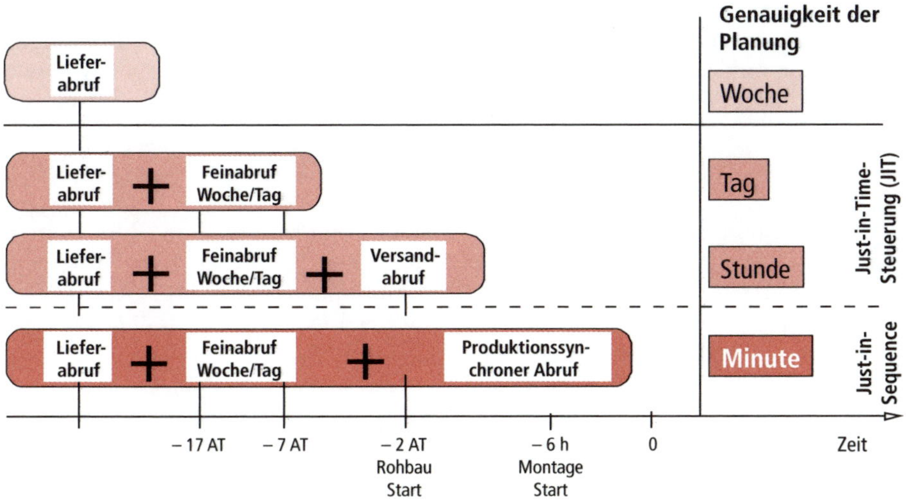

Abbildung 18.4: Unterschiedliche Genauigkeitsstufen der JIT-Steuerung in der Automobilproduktion

Vorteile von JIT liegen in der Verringerung von Kapitalbindungskosten, sonstigen Lagerkosten und der Vermeidung von Überbeständen. Weiterhin dienen Bestandsreduzierungen als Anstoß für eine Veränderung der Durchfluss-Strukturen. Just-in-Time-Produktion steht somit für eine vollständige Beherrschung eines erheblichen Teils der gesamten Materialflusskette. Bei der Vorbereitung von JIT-Konzepten werden in der Regel Schwachstellen in den Abläufen und in den Strukturen aufgedeckt. Die bei JIT notwendige Schaffung eines Vertrauensverhältnisses zwischen den Partnern kann als Vorteil angesehen werden.

Nachteile von JIT können in einem starken Abhängigkeitsverhältnis zwischen Kunden und Lieferanten liegen. Störungen beim Lieferanten oder beim Transport vom Lieferanten zum Kunden wirken sich, da es keine Puffer gibt, direkt auf den Kunden (z.B. dessen Produktion) aus. Entsprechende Risikoanalysen und Ausfallstrategien müssen entwickelt werden. Häufig werden als Nachteil von JIT-Anlieferungen eine Erhöhung der Anzahl der Lkw-Transporte und damit erhöhte Transportkosten genannt. Es wird auch bei JIT versucht, die Lkws möglichst gut auszulasten, d.h., es wird die Anliefergröße so gewählt, dass kein halbvoller Lkw die Güter transportiert. Auch schließen sich JIT und Bahntransporte nicht ganz aus. So gibt es z.B. in der Automobilindustrie tägliche Ganzzüge, die die Motoren oder andere Komponenten anliefern.

Eine **bestandslose Fertigung** lässt sich nur dann ins Auge fassen, wenn lieferantenbezogen die produktions- und vertriebswirtschaftlichen sowie abnehmerbezogen die material- und produktionswirtschaftlichen Steuerungssysteme präzise, zeitaktuell und hoch integriert funktionieren. Eine enge Informationskopplung über DFÜ (Datenfernübertragung, vgl. Kapitel 17.9) ist notwendig.

Der Lieferant muss einen (extrem) **hohen Servicegrad** einhalten. Die Anlieferung muss sehr präzise erfolgen. In der Regel wird auf eine Eingangsprüfung beim Kunden verzichtet, aus diesem Grund muss der Lieferant hohe Qualitätsstandards erfüllen. Da es bei geringeren Nachfragemengen schnell zu Leerkapazitäten kommt, sollte ein einigermaßen gleichmäßiger Bedarf vorliegen. Wenn hohe Schwankungen in der Nachfrage auftreten, so müssen diese gut prognostizierbar sein, damit eine Kapazitätsanpassung (nach oben oder unten) rechtzeitig durchgeführt werden kann. Damit Störungen im Transport nur in geringem Umfang auftreten, muss eine **funktionierende Verkehrsinfrastruktur** vorhanden sein. Insgesamt setzen JIT-Lösungen ein hohes Know-how bei allen involvierten Partnern voraus.

Z U S A M M E N F A S S U N G

Die Beschaffungslogistik dient der Bereitstellung von Gütern und Materialien und der dazugehörigen Informationen. Tätigkeiten der Beschaffung hingegen hängen mit den Materialflüssen nur indirekt zusammen. Zur Senkung von Transaktionskosten werden oftmals enge Kooperationen mit Lieferanten eingegangen. Die Senkung von Bestandskosten und Kapitalbindungskosten in der logistischen Kette wird mit innovativen Konzepten (z.B. JIT-Lösungen) erreicht.

Z U S A M M E N F A S S U N G

18.1.3 Übungsfragen

1. Welche Aufgaben werden im Rahmen der Beschaffungslogistik erfüllt?
2. Beschreiben Sie das dreistufige Vorgehen zur Anbindung von Lieferanten.
3. Wie funktioniert das Just-in-Time-Prinzip?
4. Welche Genauigkeitsstufen werden bei der JIT-Steuerung unterschieden?

Lösungen zu den Übungsfragen und weiterführende Materialien finden Sie auf der Companion Website zum Buch unter *www.pearson-studium.de.*

18.2 Produktionslogistik

Die **Produktionslogistik** sorgt dafür, dass alle Material-, Güter- und Informationsflüsse von der Bereitstellung der Materialien bis zur Fertigstellung der Güter reibungslos verlaufen. Dabei müssen die Schnittstellen zur Beschaffungslogistik, zur Distributionslogistik, zur Produktion und zur Qualitätssicherung im Einzelfall bestimmt werden. Einen Überblick über Aufgaben und mögliche Schnittstellen der Produktionslogistik gibt Abbildung 18.5.

Die physische Schnittstelle zur Beschaffungslogistik kann entweder der Warenausgang eines Beschaffungslagers bzw. der Wareneingang des Unternehmens sein. Wenn die Materialien direkt an die Maschine bzw. das Band geliefert werden, ergibt sich erst dort die Schnittstelle. Auch gegenüber der Distributionslogistik gibt es ein breites Spektrum an Schnittstellen. Es reicht von der Bereitstellung der Waren beim Warenausgang über die Bereitstellung bei einem Fertigwarenlager, ggf. können die Waren von der Distributionslogistik an der Maschine bzw. am Band abgeholt werden. Die informatorischen Schnittstellen zur Beschaffungs- und Distributionslogistik können in der Praxis ein Problem darstellen, z.B. wenn das Produktions-, Planungs- und Steuerungssystem (PPS-System) und die Systeme der Beschaffungs- und Distributionslogistik nicht integriert sind. Definitorisch ist dies jedoch kein Problem.

Die Abgrenzung zwischen den Aufgaben der Produktion und der Produktionslogistik ist sowohl aus praktischer als auch aus theoretischer Sicht ein weites Feld. Funktionell sollten alle Aufgaben, die den Materialfluss betreffen, Aufgaben der Produktionslogistik sein. In der Praxis kann dies jedoch bezüglich der organisatorischen Zuordnung durchaus unterschiedlich sein, z.B. wenn Produktionsmitarbeiter Transportaufgaben durchführen. Noch fließender sind die Übergänge im Bereich der informatorischen Schnittstellen. Hier sind viele Zuordnungen und Schnittstellenbildungen denkbar. Wenn überhaupt eine (tendenzielle) Zuordnung vorgenommen werden kann, so scheint die Zuordnung der Kapazitätsplanung sowie der Kapazitätsbereitstellungsplanung zur Produktion vertretbar, hingegen die Steuerung der Materialflüsse sowie der Materialbestände zur Produktionslogistik. Die Fragen der Fertigungssteuerung werden hier – aufgrund der Bedeutung für den Materialfluss – ebenso wie das Fertigungslayout der Produktionslogistik zugeordnet.

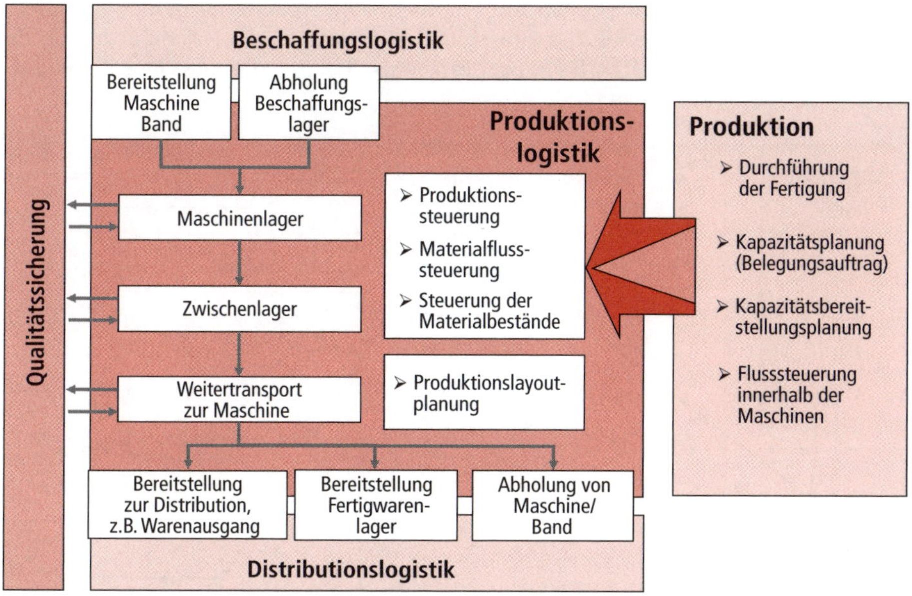

Abbildung 18.5: Abgrenzung der Produktionslogistik zur Beschaffungs- und Distributionslogistik

Aus logistischer Sicht sollte die **Qualitätssicherung** (QS, siehe Kapitel 15.4), insbesondere unter dem Gesichtspunkt der Beschleunigung der Prozesse und einer Verkürzung der Durchlaufzeiten, innerhalb der Fertigungsprozesse erfolgen. Die Einführung von Qualitätskontrollen außerhalb der Fertigungsprozesse gilt als problematisch. Werden die fertigen Teile einer QS-Abteilung übergeben – sei es im Wareneingang, in der Produktion oder im Anschluss an die Produktion – so bedeutet dies zusätzliche Schnittstellen und in der Regel eine erhebliche Verzögerung des gesamten Prozesses und damit eine Verlängerung der Durchlaufzeiten. Ziel muss es deswegen sein, eine „Null-Fehler"-Strategie zu verfolgen und eine Integration der Qualitätssicherungsaufgaben in die Produktionsprozesse (Werkereigenprüfung) zu erreichen. Auftretende Fehler werden sofort, notfalls durch Bandstop, und möglichst eigenverantwortlich gelöst. Ein weiterer wichtiger Aspekt, um eine hohe, gleichbleibende Qualität zu produzieren, ist der Einsatz robuster, einfacher Lösungen mit hoher Prozess-Sicherheit.

18.2.1 Produktionslayout

Bei historisch gewachsenen Fertigungslayouts (Maschinenanordnung in der Produktion) ist die Wahrscheinlichkeit hoch, dass durch die Anordnung der Maschinen der Materialfluss nur noch rudimentär erkennbar ist. Bei Verfolgung einzelner Bearbeitungsgänge in einer Fertigungsstätte erfolgen die Transporte zwischen einzelnen Fertigungsstufen oftmals kreuz und quer durch die Halle. So wurden bei der Analyse innerbetrieblicher Transportwege innerhalb der Fertigung und der jeweiligen Lager eines mittelständischen Maschinenbauunternehmens bei geordnetem Fertigungslayout Transportstrecken von mehr als 15 km (Betriebsgelände ca. 800 × 400 m) festgestellt!

Als Grund für ein nur wenig flussorientiertes Fertigungslayout wird angeführt, dass neue Fertigungsmaschinen dort aufgestellt werden, wo gerade Platz ist. Außerdem wird argumentiert, dass Maschinen für gleiche oder ähnliche Fertigungsvorgänge wegen der besseren Aufsichtsmöglichkeit und Mehrmaschinenbedienung am besten in einem Bereich aufgestellt werden sollten (klassische Werkstattfertigung, Funktionsprinzip siehe Teil III, Kapitel 14). Ein solches Layout behindert jedoch häufig den Materialfluss und führt zu Ineffizienzen. Ein typisches Beispiel aus dem Bereich der Fertigung zeigt Abbildung 18.6.

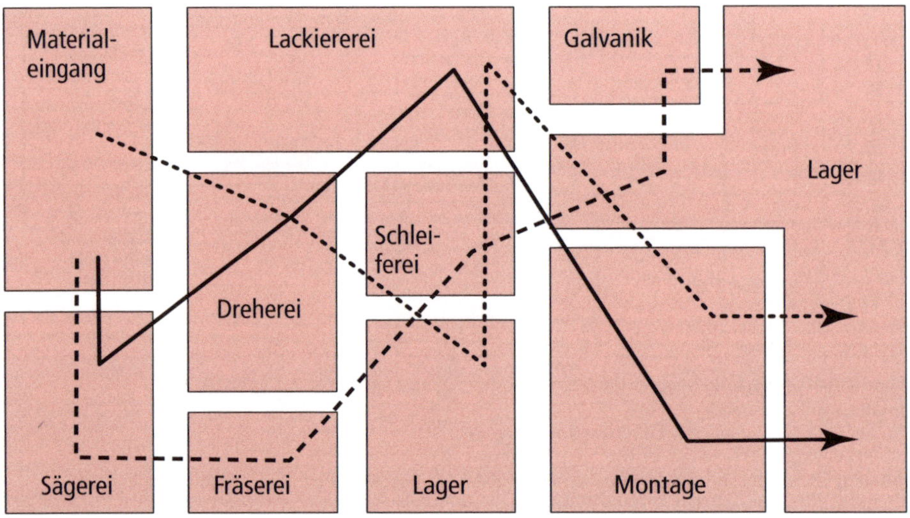

Abbildung 18.6: Probleme eines verfahrensorientierten Layouts aus Sicht der Logistik (Quelle: Suzaki, K. (1985), S. 14)

Der Vorteil eines solchen Fertigungslayouts liegt in der Maschinenüberwachung. Alle Drehmaschinen stehen in einem Bereich. Die „chemischen“ Prozesse Lackieren und Galvanisieren liegen beisammen. Ein weiterer Vorteil ist die Möglichkeit, eine höhere Auslastung der Maschinen zu erreichen. Diese auf den ersten Blick wirtschaftliche Anordnung der Maschinen und Fertigungsbereiche führt aber zu einer Vielzahl von Problemen:

- Produktionsplanung und Kapazitätsbestimmung werden erschwert
- Zu viele und zu lange Transporte
- Hohe Umlaufbestände
- Viele Handhabungsprozesse an einem Werkstück
- Lange Durchlaufzeiten
- Probleme der Fehlerermittlung und -beseitigung
- Unregelmäßige Materialflüsse
- Unübersichtliche Fertigung: Die räumliche Trennung von aufeinanderfolgenden Fertigungsschritten verhindert Abstimmung und Kommunikation zwischen Mitarbeitern unterschiedlicher Bereiche.

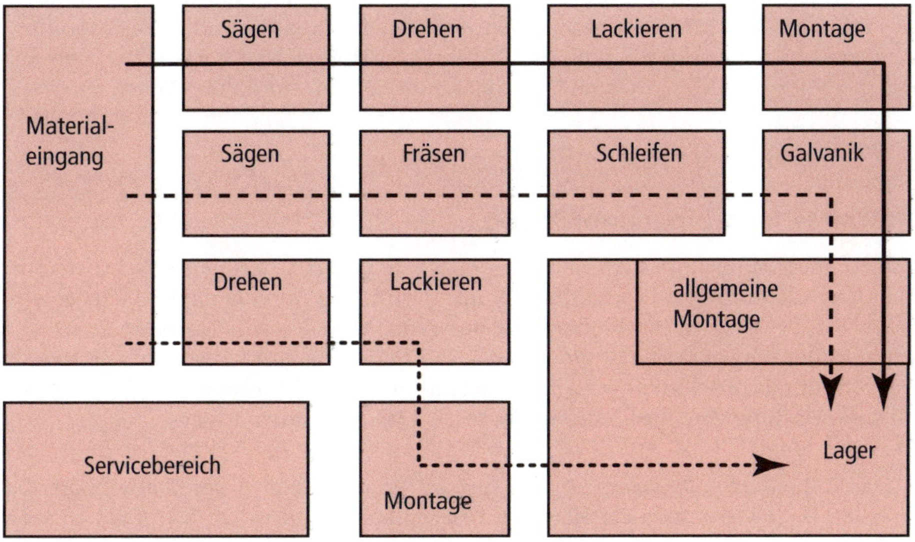

Abbildung 18.7: Vorteile eines produktorientierten Layouts aus Sicht der Logistik (Quelle: Suzaki, K. (1985), S. 14)

Um diese Probleme zu beseitigen, empfiehlt es sich aus Sicht der Logistik, das Fertigungslayout nach dem Objektprinzip zu gestalten, wie in Abbildung 18.7 (produktorientiertes Layout) dargestellt. Das Material fließt somit gleichmäßig und die Reihenfolge der Arbeitsgänge spiegelt sich klar im Fertigungslayout wider. Um eine produktorientierte Fertigung erfolgreich implementieren zu können, müssen die Mitarbeiter lernen, ein breiteres Spektrum von Maschinen zu bedienen. Die Verfahrensspezialisierung wird dabei zugunsten einer Produktspezialisierung aufgehoben. Eine ggf. geringere Auslastung der Maschinen wird dabei in Kauf genommen.

Das Lean Management (siehe Teil I, Kapitel 4.3.3) verfolgt einen anderen Ansatz, der in der Produktion als Lean Produktion und in der Logistik als Lean Logistik bezeichnet wird. Der allgemeine Grundsatz **„Vermeidung jeder Verschwendung"** wird auf die Produktions- und Logistikbereiche übertragen. Lagerstände, Personalaufwendungen und dispositiver Aufwand sollen unter dieser Prämisse minimal gehalten werden.

Die Umsetzung des Konzepts setzt eine Unternehmenskultur voraus, die eine ständige **Verbesserung der Organisationsstruktur** in kleinen, zielgerichteten Schritten ermöglicht (vgl. Teil I). Aus logistischer Sicht werden dabei die Vorteile der **Werkstattfertigung** (Auftragsbezogenheit und Flexibilität) mit denen der **Fließfertigung** (hohe Produktivität) verschmolzen. Im Unterschied zur Fließfertigung gilt hier aber nicht mehr das Prinzip der Objektfertigung, sondern das Prinzip der **Prozessorientierung**. Die gesamte Fertigungsstruktur ist am Ablauf des zur Produkterstellung nötigen Gesamtprozesses orientiert und sorgt mit einer Vielzahl an Maßnahmen im Bereich der Fertigungsstruktur, der Maschinenanordnung, der Prozess- und Qualitätskontrolle für überdurchschnittliche Produktionsergebnisse. Die wichtigsten Maßnahmen dazu sind die U-förmige Maschinenanordnung, Kanban, Jidoka und Poka-Yoke.

18.2.2 U-förmige Maschinenanordnung

U-förmige Maschinenanordnung

Eine Sonderform des produktorientierten Layouts ist die U-förmige Maschinenanordnung (auch: U-förmiges Produktionslayout). Damit die Mitarbeiter in der Lage sind, mehrere Tätigkeiten in der Reihenfolge des Produktionsprozesses auszuführen, ohne aufgrund der langen Wege zu einer losweisen Fertigung gezwungen zu sein, werden die Produktionsmittel in einer U-Form angeordnet (vgl. Abbildung 18.8).

Bei der Bildung von Fertigungsinseln mit U-förmigem Layout müssen einige Regeln befolgt werden:

- Die Reihenfolge der Maschinen entspricht der Prozessfolge der Bearbeitung. Zwischen zwei Maschinen existiert ein Ablageplatz für genau ein Teil (falls an jedem Arbeitsplatz des U-Layouts gleichzeitig mehrere Teile gefertigt werden, so wird jeweils das in einem Arbeitszyklus gefertigte Los zwischengelagert).

  Die Menge, die produziert werden kann, ist abhängig von der Zykluszeit (z), die durch die Summe der Werkstückwechselzeiten W_i bestimmt wird, solange keine Werkstückwechselzeit einer Maschine i und deren Maschinenlaufzeit (L_i) größer ist.

$$z = \sum_{i=1}^{n} W_i$$

- Die größtmögliche Kapazität (Menge pro Zeiteinheit x_{max}) ist – wie bei einem Fließband oder auch bei Einzelmaschinen – von der größten Summe aus Maschinenlaufzeit L_i und Werkstückwechselzeit W_i abhängig:

$$z_{min} = MAX(L_i + W_i) \text{ wobei } t = \text{Zeit}$$

$$x_{max} = \frac{t}{z_{min}}$$

- Die bedarfsgerechte Zykluszeit z ist durch die folgende Gleichung bestimmt (m = Bedarfsmenge):

$$\frac{m}{t} = \frac{1}{z} \Leftrightarrow z = \frac{t}{m}$$

- Innerhalb eines Zyklus macht der Arbeiter eine vollständige Runde. Genau ein Teil wird aus dem Behälter für Rohteile entnommen und eines wird fertiggestellt. In der Zelle befindliches Material bleibt gleich.

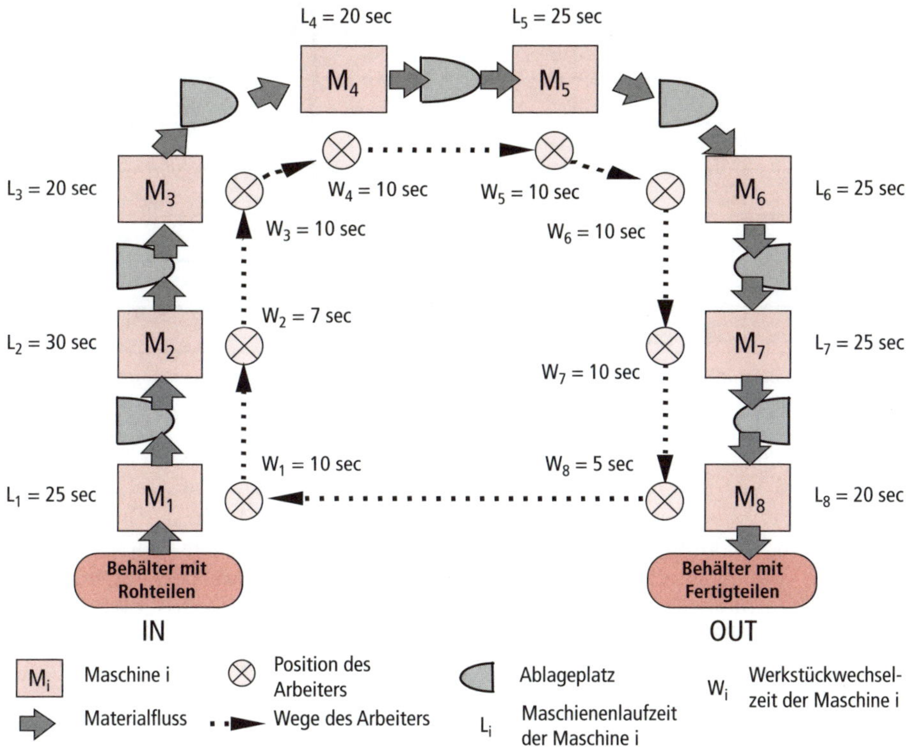

Abbildung 18.8: Beispiel für ein U-förmiges Maschinenlayout

Vorteile des U-förmigen Produktionslayouts sind:

- Größere Übersichtlichkeit: Die Arbeiter haben alle Maschinen im Blickfeld.
- Geringerer Flächenbedarf durch bedarfsgerechte Teilebereitstellung direkt an das Band bzw. an den Ort der Fertigung (Montage, Vorfertigung etc.). Hierdurch können „Doppelarbeiten" und Aufgaben vermieden werden, die keine oder nur eine geringe Wertschöpfung haben wie z.B. das Ein- und Auslagern.
- Mögliche Entkopplung von Materialfluss und Arbeitsfolge des Arbeiters. Die Kapazität der Gruppe kann in einem Bereich durch den verstärkten Einsatz von Mitarbeitern flexibel gestaltet werden. Die Zyklen der Mitarbeiter sollten möglichst gleich lang sein (Balancing).

Um die Abläufe zu planen und um bei der Planung der Arbeitsabfolge und dem Einsatz mehrerer Mitarbeiter schnell vorgehen zu können, hat sich das in Abbildung 18.9 gezeigte Standard Operation Sheet bewährt.

Standard Operation Sheet

Teile. Nr: 124.901	Standard Operations Routine Nr. 1	Datum 3.5.1998	Tagesbedarf 400 St.	Wegezeit / Werkzeugwechsel W_i
Prozess: Teilefert. 1		Mitarb: Beye	Zykluszeit 72 sec.	Maschinenlaufzeit L_i

Bearbeitungsreihenfolge	Bezeichnung	Zeiten W_i	L_i	12″ 24″ 36″ 48″ 1′ 72″ 84″ 96″ 108″ 2′ 134″ 146″ 158″
1	Material entnehmen und Entgraten Masch. 1	10″	25″	
2	Bohren auf Masch. 2	7″	30″	
3	Nachbohren Masch3	10″	20″	
4	Vorfräsen auf Masch. 4	10″	20″	
5	Fräsen auf Masch5	10″	25″	
6	Schleifen auf Masch. 6	10″	25″	
7	Polieren auf Masch. 7	10″	25″	
8	Endkontrolle u. Ablage auf Palette	5″	20″	

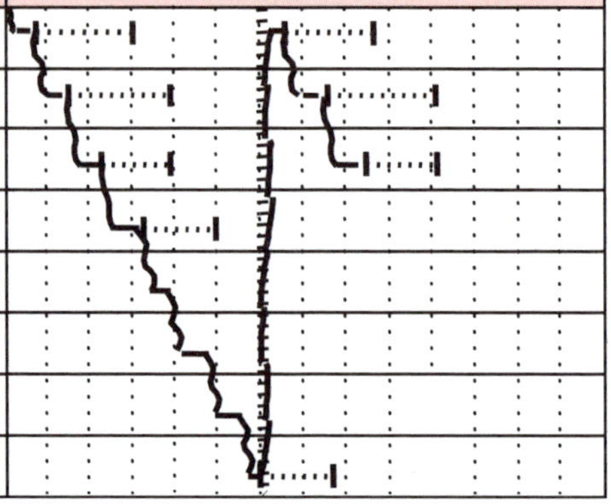

Abbildung 18.9: Beispiel eines Standard Operation Sheet für die oben beschriebene U-förmige Maschinenanordnung

Das Beispiel zeigt, dass beim Einsatz eines Mitarbeiters die Zykluszeit 72 Sekunden beträgt. Dabei werden nur die Rüstzeiten (W_i) berücksichtigt. Diese setzen sich aus drei Tätigkeiten zusammen: Entnahme des fertigen Teils, Einlegen eines neuen Teils und Start der Maschine. Der Mitarbeiter muss die Maschinenlaufzeit nicht abwarten. Pro Stunde können somit 50 Teile produziert werden. Der Tagesbedarf von 400 Teilen kann in acht Stunden gedeckt werden. Typisch für das U-förmige Layout ist, dass hierbei nicht die Maschinenlaufzeit maximiert wird, sondern der Fokus auf der Mitarbeiterproduktivität liegt.

18.2.3 Kanban

Bei der Kanban-Steuerung handelt es sich um ein einfaches Steuerungsprinzip, das auch im Bereich der Beschaffungslogistik eingesetzt werden kann. Im Prinzip ist es eine Pendelkarte, die zwischen zwei Produktionsbereichen bzw. einem Produktionsbereich und einem Lager, oder zwischen einem Lieferanten und seinem Kunden hin und her wandert.

Kanban ist ein Verfahren zur Produktionsregelung. Der teileerzeugende Bereich der Produktion (Quelle) wird mit dem nachgelagerten, Teile verbrauchenden Bereich (Senke) über ein Pufferlager verbunden (vgl. Abbildung 18.10). Wenn die Senke aus dem Pufferlager Teile entnimmt, wird an die Quelle der Auftrag zur Produktion weiterer Teile und somit auch zur Auffüllung des Pufferlagers erteilt. Dies erfolgt im Regelfall mit einer Karte. Die darauf festgehaltenen Informationen können in drei Kategorien eingeteilt werden:[6]

6 Vgl. Ohno, T. (1993), S. 54

- Entnahmeinformationen
- Transportinformationen
- Produktionsinformationen

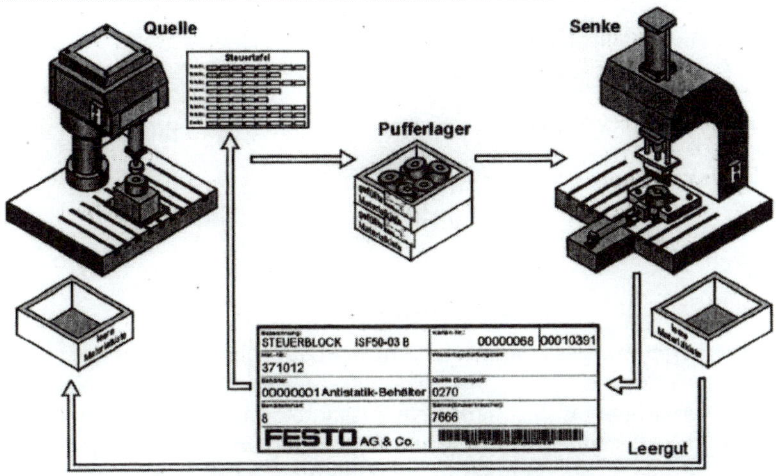

Abbildung 18.10: Kanban-Prinzip (Quelle: Regber, H., Zimmermann K. (2001), S. 67)

Bei anderen Varianten des Kanban wird statt der Karte ein Behälter verwendet (Behälter-Kanban) oder eine Softwarelösung (EDV-Kanban), um die Produktion neuer Teile in Gang zu setzen.[7] Kanban kontrolliert, steuert und regelt den gesamten Güterfluss, somit wird die Produktion eines Unternehmens überwacht. Die allgemeinen Regeln des Kanban sind in Tabelle 18.1 aufgelistet:[8]

Funktionen des Kanban	Anwendungsregeln
Liefert Entnahme- oder Transportinformationen	Nachfolgender Arbeitsgang entnimmt dem vorangehenden die vom Kanban angegebene Anzahl der Werkstücke.
Liefert Produktionsinformationen	Vorgelagerter Arbeitsgang stellt Teile in der vom Kanban angegebenen Menge und Reihenfolge her.
Verhindert Überproduktion und überflüssigen Transport	Kein Werkstück wird ohne Kanban hergestellt oder transportiert.
Dient als Arbeitsauftrag, angebracht an Gütern	Bringen Sie immer ein Kanban an Gütern an.
Verhindert fehlerhafte Produkte durch Feststellen des Arbeitsgangs, der die Fehler verursacht	Fehlerhafte Teile werden nicht an den nächsten Arbeitsgang weitergeleitet. Das Ergebnis sind fehlerfreie Endprodukte.

Tabelle 18.1: Funktionen und Anwendungsregeln des Kanban

7 Vgl. Regber, H., Zimmermann, K. (2001), S. 65 ff.
8 Vgl. Ohno, T. (1993), S. 57

Die Anzahl von Kanban (Karten oder Materialbehälter) lässt sich mit folgender Formel berechnen:

$$K = \frac{\textit{Erwarteter Bedarf in Durchlaufzeit + Sicherheitsbestand}}{\textit{Fassungsvermögen pro Materialbehälter}} = \frac{J \times tw \times (1+SB)}{M}$$

K ... Anzahl an Kanbans (Karten oder Materialbehälter)

J ... durchschnittliche Anzahl benötigter Einheiten pro Periode

tw ... durchschnittliche Wiederbeschaffungszeit benötigter Einheiten pro Periode

SB ... Sicherheitsbestand (in % des Bedarfs)

M ... Fassungsvermögen pro Materialbehälter in Stück

18.2.4 Weitere japanische Fertigungskonzepte

Jidoka (Autonomation): Das Prinzip der Autonomation ist die Weiterentwicklung der Automation. Es eliminiert den Überwachungsaufwand für automatisierte Prozesse, indem es die Maschinen mit Mechanismen ausstattet, die bei Abweichungen vom normalen Prozess die Maschine selbsttätig anhalten und dann das Überwachungspersonal informieren. Dieses Konzept zum Bandstopp kann auch auf ganze Fertigungsbereiche ausgedehnt werden. In diesem Fall wird jeder Arbeitnehmer mit der Möglichkeit ausgestattet, im Falle mangelnder Qualität, fehlender Teile etc. das Band und damit den Produktionsprozess zu stoppen. Organisatorische Rückkoppelungsschleifen sorgen dafür, dass die Ursache des zum Bandstopp führenden Problems behoben und ein Wiederauftreten desselben verhindert wird.

Die Kontrolle der gefertigten Teile wird direkt den am Herstellungsprozess beteiligten Mitarbeitern zugewiesen. Somit wird es möglich, in Verbindung mit Jidoka und dem Konzept des Bandstopps ein ausfallsicheres System zu schaffen, das es ermöglicht, den Ablauf des Herstellungsprozesses kontinuierlich zu verbessern.

Poka-Yoke: Poka heißt der unbeabsichtigte Fehler und Yoke heißt die Vermeidung. Es geht also beim Poka-Yoke darum, unbeabsichtigte Fehler zu vermeiden. Dies kann dadurch erfolgen, dass durch technische Vorkehrungen und Einrichtungen (narrensichere Mechanismen, Prüfungen während des Prozesses und automatische Korrektur) Fehler ausgeschlossen werden. Diese Form wird als hartes Poka-Yoke bezeichnet. Ziel ist es, das Auftreten von Problemen direkt an der Entstehungsquelle zu verhindern. Diese Poka-Yoke-Vorrichtungen machen es unmöglich, eine Maschine falsch zu bedienen oder zu bestücken. Damit wird ein reibungsloser Ablauf des Produktionsprozesses erreicht.

Abbildung 18.11 zeigt ein Beispiel aus einem Projekt bei einem Zentrifugenhersteller. Es soll ein rechteckiges Gehäuse auf eine rechteckige Bodenplatte aufgebracht werden, wobei die Vorderfront des Gehäuses auf der gleichen Seite wie die Vorderfront der Bodenplatte angebracht werden soll. Werden die Bohrlöcher der Bodenplatte symmetrisch in allen vier Ecken angebracht, so kann das Gehäuse in vier Richtungen angebracht werden. Werden die Bohrlöcher unsymmetrisch angeordnet, ergibt sich nur eine „richtige" Passform. Es kann kein Montagefehler begangen werden.

Heute werden aber auch Hilfsmittel (wie z.B. farbliche Markierungen, Checklisten, optische oder akustische Signale) eingesetzt, um Fehler zu verhindern. Diese werden als (weiches) Poka-Yoke bezeichnet. Wenn die Mitarbeiter diese Hilfsmittel missachten, können trotzdem Fehler entstehen.

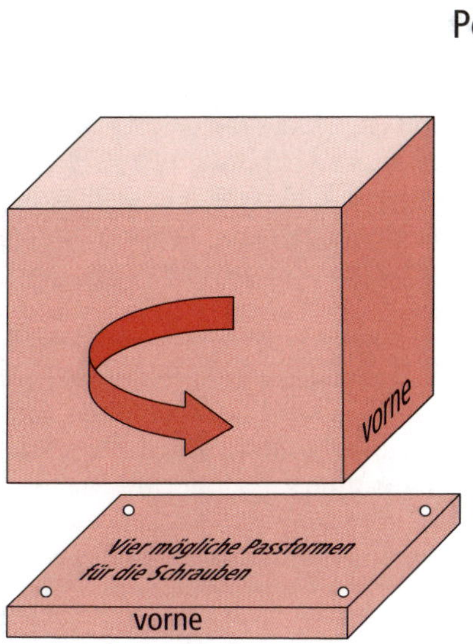

Abbildung 18.11: Poka-Yoke in der industriellen Fertigung

Z U S A M M E N F A S S U N G

Die Produktionslogistik hat die Aufgabe, alle Material- und Informationsflüsse von der Bereitstellung der Materialien an der Maschine bis zur Fertigstellung der Güter und der Bereitstellung für die Distributionslogistik zu organisieren. Den Schnittstellen zur Beschaffungs- und Distributionslogistik kommt dabei große Bedeutung zu. Ziele produktionslogistischer Konzepte sind die optimale Auslastung der vorhandenen Ressourcen sowie eine möglichst hohe Flexibilität.

Z U S A M M E N F A S S U N G

18.2.5 Übungsfragen

1. Welche Nachteile ergeben sich häufig bei einem verfahrensorientierten Fertigungslayout?
2. Nennen Sie Vorteile einer U-förmigen Maschinenanordnung.
3. Nennen Sie die Funktionen des Kanban und die dazugehörigen Anwendungsregeln. Worin liegt der große Vorteil des Kanban begründet?
4. Beschreiben und bewerten Sie das Jidoka-Konzept.

Lösungen zu den Übungsfragen und weiterführende Materialien finden Sie auf der Companion Website zum Buch unter *www.pearson-studium.de*.

18.3 Distributionslogistik

Die **Distributionslogistik** umfasst alle Güter- und Informationsflüsse von der Fertigstellung der Güter bis zur Annahme der Güter durch die Kunden. Moderne Distributionslogistik ist mehr als Warenverteilung. Sie wird heute als **aktives Wertschöpfungsmanagement** verstanden. Dies bedeutet, dass Unternehmen Strategien entwickeln müssen, die ein optimales Verhältnis zwischen Lieferservice und Logistikkosten gewährleisten. Einen Überblick über die Elemente der Distributionslogistik gibt Abbildung 18.12.

Die Abgrenzung der Distributionslogistik vom Absatz kann wie folgt geschehen: Aufgabe des **Absatz- und Marketing-Bereichs** eines Unternehmens ist die Marktbearbeitung. Hierzu müssen Aufträge akquiriert, Kunden betreut und neue Kunden gewonnen werden.

Die Distributionslogistik sollte alle Aufgaben, die mit den Material- und Güterflüssen zusammenhängen, übernehmen. Aufgrund von Spezialisierungsvorteilen und zur Vermeidung von Liegezeiten und Fehlern bei der Übergabe der Informationen sollte die gesamte **Auftragsbearbeitung** der Logistik zugeordnet werden. Auch für mittelständische Unternehmen bietet sich die Zuordnung der Auftragsannahme, der Übergabe der Aufträge an die Produktion und der Lieferpapiererstellung zur Logistikabteilung an. Diese muss die Qualität ihrer Dienstleistung sicherstellen und dokumentieren.

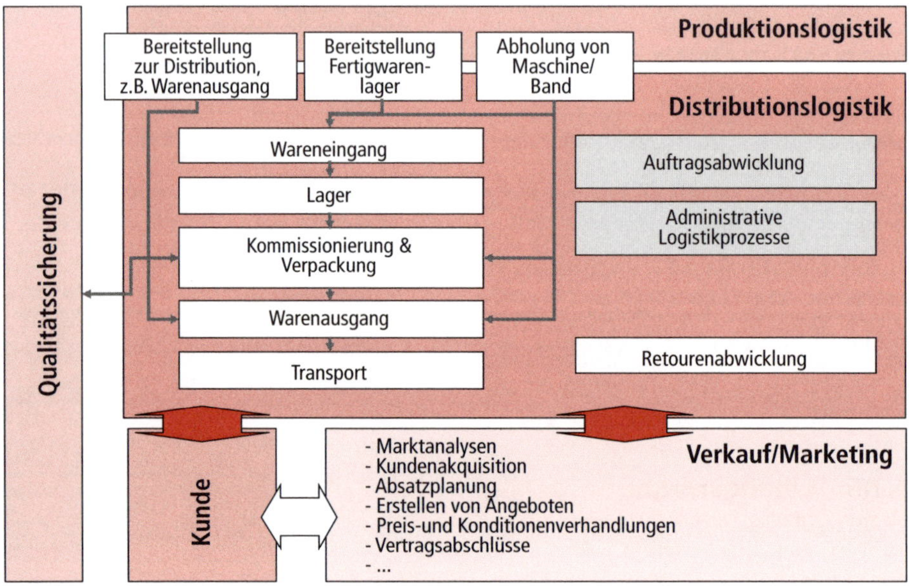

Abbildung 18.12: Elemente der Distributionslogistik

Als wichtige Fragestellungen der Distributionslogistik werden im Folgenden die Kunden- und Auftragsstruktur, die Bestimmung der Distributionskanäle und -strukturen sowie neue Entwicklungen in der Distributionslogistik behandelt.

18.3.1 Kunden- und Auftragsstruktur als Einflussfaktoren der Distributionslogistik

Die Leistungsfähigkeit und die Kosten der Distributionslogistik hängen von vielen Einflussfaktoren ab. Davon sind einige externer Natur und können kaum geändert werden (z.B. Zustand der Verkehrsinfrastruktur, Verfügbarkeit von Transportmitteln und Transportunternehmen). In einer traditionellen Sichtweise ist die Aufgabe der Distributionslogistik, lediglich die Aufträge, die der Verkauf akquiriert hat, auszuliefern. Diese Sichtweise hat dazu geführt, dass die Sendungsgrößen in den vergangenen Jahren ständig gesunken sind. Dabei ist zu beachten, dass Kunden- und Auftragsstrukturen die Logistikkosten und ggf. auch den Lieferservice beeinflussen.

Die **Kundenstruktur** kann durch die Anzahl und die Größe der Kunden charakterisiert werden. Verändert sich das Verhältnis von Großkunden zu Kleinkunden, so wirkt sich diese Veränderung (komplexitäts-) kostentreibend auf die Logistik aus. Wenn verhältnismäßig mehr Großkunden als Kleinkunden gegeben sind, wirkt das (komplexitäts-) kostensenkend. Die Anzahl der Märkte, die bedient werden, muss bei der Gestaltung der Distributionsstruktur ebenso berücksichtigt werden wie die räumliche Streuung der Kunden. Eine Verteilung in der Fläche erfordert komplexere logistische Systeme. Genaue Kenntnisse der für die jeweiligen Kundentypen anfallenden Logistikkosten über alle Stationen der Materialflusskette hinweg liegen derzeit in den Unternehmen nur selten vor. Deshalb ist zu vermuten, dass Kundenstrukturanalysen zu einer Reduzierung der Kundenzahl und/oder zu einer Veränderung kundenspezifischer Preise führen werden.

Die **Auftragsstruktur** ist gekennzeichnet durch das Volumen, die Heterogenität und die Varianz der Aufträge. Bei großen Auftragsvolumina lassen sich Economies of Scale (Betriebsgrößenvorteile) für die material- und güterflussbezogenen Distributionsaufgaben realisieren. Auch die Koordinationsaufgabe ist in der Regel einfacher zu bewältigen. Eine starke Heterogenität und eine hohe Schwankungsbreite hinsichtlich der Zusammensetzung und des zeitlichen Auftretens der Aufträge stellen höhere Anforderungen an das Logistiksystem. Wiederum liefern entsprechende Strukturanalysen Ansatzpunkte für eine gezielte Beeinflussung des Auftragsverhaltens (z.B. bezüglich der Forderung nach hohen Mindermengenzuschlägen).

18.3.2 Distributionskanäle

Die **Distributionskanäle** können definiert werden als unternehmenseigene oder unternehmensfremde Organisationseinheiten, die beim Verkauf und beim physischen Weg der Ware vom Produzenten zum Endverbraucher beteiligt sind. Alternative Distributionskanäle sind in Abbildung 18.13 dargestellt.

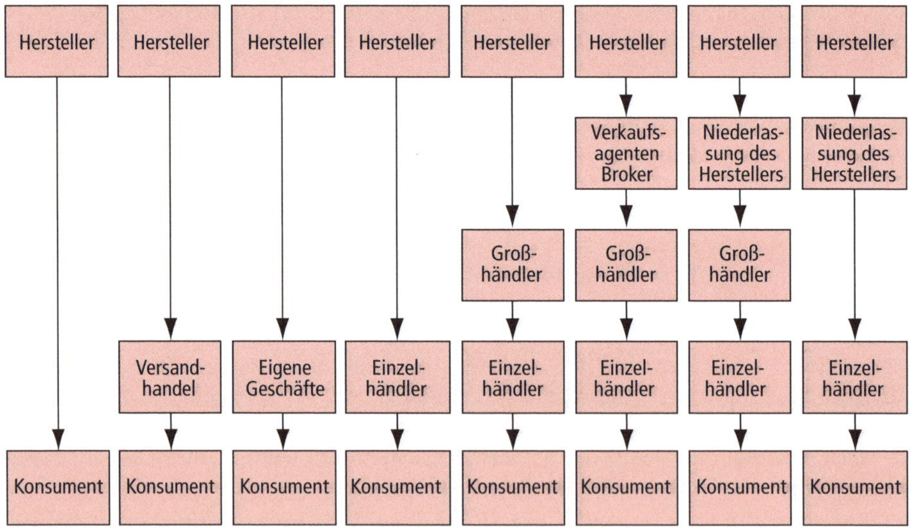

Abbildung 18.13: Alternative Distributionskanäle

Die Ausgestaltung des Distributionskanals und die Charakterisierung der einzelnen Organisationseinheiten können nach unterschiedlichen Kriterien erfolgen:

Eigentumsübernahme (Ownership): Händler und Distributeure kaufen Produkte von Herstellern und übernehmen so alle mit dem Besitz verbundenen Risiken. Verkaufsmittler erwerben keine Eigentumsrechte an den Produkten. Je nach Einbindung der Verkaufsmittler in den Distributionskanal und nach der übernommenen Funktion können verschiedene Verkaufsmittler unterschieden werden. Verkaufsagenten sind in die Verkaufsorganisation des Herstellers eingebunden. Logistikdienstleister übernehmen keine Eigentumsrechte. Ihr Risiko ist in der Regel auf die von ihnen auszuführende logistische Dienstleistung beschränkt.

Nach der Übernahme der Funktionen: Organisationseinheiten können eine spezifische Funktion übernehmen, z.B. Transportunternehmen, Lagerunternehmen; Großhändler erfüllen mehrere Funktionen wie Sortierung, Kommissionierung, Montage, Verpackung, Verkauf, Transport, Lagerhaltung, Finanzierung, Marktforschung, Kommunikationspolitik, Serviceleistungen (z.B. Reparaturen, Instandhaltung).

Nach Kundengruppen: Segmentierungen können hier nach unterschiedlichen Kriterien erfolgen, z.B. „Kaufkraft“, „Altersgruppen“, „Interessengruppen“ (so haben Umweltverbände wie Greenpeace leistungsfähige Verkaufsorganisationen).

Nach Produkten: z.B. Agrargroßhandel, Getränkegroßhandel, Sanitärgroßhandel.

Auch wenn in vielen Branchen der Direktvertrieb oder der Weg „Industrieunternehmen – Großhändler – Einzelhändler – Endverbraucher“ eine lange Tradition aufweist, sollten bei der Entwicklung eines **Distributionskonzepts** mögliche Veränderungen des Distributionskanals Berücksichtigung finden. Beispiele wie „das unmögliche Möbelhaus“ IKEA, das die Möbelindustrie auf den Kopf gestellt hat, oder die Entwicklungen in der Spielwarenindustrie durch das aggressive Auftreten von Toys„R“Us sind den Verbrauchern wohl bekannt.

18.3.3 Anzahl der Lager und Lagerstufen: Zentrallager vs. Dezentrale Lager

Die **Distributionsstruktur** ist gekennzeichnet durch die Anzahl der Lagerstufen, die Anzahl der Lager auf jeder Stufe und die Frage nach den Standorten der Lager. Für die Verbindungen zwischen den Lagern müssen z.B. die Transportmittel ausgewählt werden; die Häufigkeit, die Zeitpunkte und die Kapazitäten der Verbindungen bestimmt, sowie die Reihenfolge der Bedienung der Lager festgelegt werden. Einen Überblick über alternative Distributionsstrukturen mit unterschiedlichen Lagerstufen gibt Abbildung 18.14:

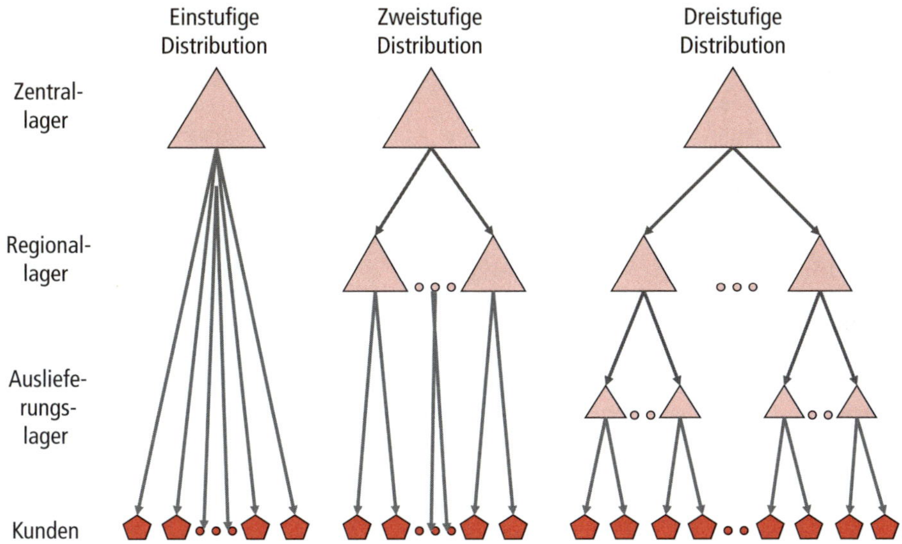

Abbildung 18.14: Alternative Distributionsstrukturen

Die Wahl der optimalen Distributionsstruktur wurde in der Vergangenheit häufig von dem Argument geprägt, dass Kundennähe und ein hoher Lieferservicegrad nur durch regionale/lokale Präsenz und eine mehrstufige Distributionsstruktur erreicht werden können. Durch das verbesserte Logistikangebot von Speditionen lassen sich aber bereits heute 24-Stunden-Auslieferungen innerhalb großer Teile Europas mit einer einstufigen Distribution realisieren. Außerdem wird die Verfügbarkeit der Ware bei Zentrallagerkonzepten erhöht. Die Frage der Distributionsstruktur wird somit immer stärker eine Kostenfrage. Bei der Kostenanalyse müssen die **Gesamtkosten** berücksichtigt werden. Wesentliche Kostengrößen sind:

Kosten der Lagerung: Je mehr Lager ein Unternehmen unterhält, desto höher werden die Lagerkosten für Miete, Instandhaltung, Lagerhilfsmittel, Datenverwaltung, Handhabungskosten etc.

Bestandskosten: Je mehr Lager ein Unternehmen unterhält, desto höher werden die Bestände und damit verbunden die Bestandskosten.

Transportkosten zu den Lagern: Je mehr Lager ein Unternehmen unterhält, desto mehr Transporte zu den einzelnen Lagern und vor allem auch zwischen den Lagern fallen an.

Auslieferungskosten von den Lagern zum Kunden: Bei einer mehrstufigen Lagerstruktur sinken die Auslieferungskosten.

In den 80er- und 90er-Jahren zeichnete sich ein deutlicher **Trend zur zentralen Lagerhaltung** ab, da Betriebsgrößenvorteile, eine bessere Bestandsdisposition sowie eine erhebliche Bestandsreduzierung in der Regel zu deutlichen **Gesamtkostenvorteilen** führen. Allerdings kann die Veränderung der Rahmenbedingungen (z.B. die EU-Erweiterung oder steigende Transportkosten) dazu führen, dass der Zentralisierungstrend sich verlangsamt oder sogar umkehrt. Eine Überprüfung der Lagerstrukturen und der Lagerstandorte muss ohnehin unternehmensindividuell durchgeführt werden. Für die **Standortanalyse** gibt es leistungsfähige Modelle, die die optimalen Lagerstrukturen und Lagerstandorte unter Zuhilfenahme der oben genannten Kriterien berechnen.

18.3.4 Cross-Docking

Der Ursprung der Cross-Docking-Konzepte kommt aus der Anwendung des Just-in-Time- bzw. Just-in-Sequence-Prinzips im Handel. Während in der Produktionslogistik die unterschiedlichen Anlieferungen von Materialien, Vor- oder Halbfertigprodukten mit der Montage bzw. Produktion abgestimmt werden, wird unter Cross-Docking eine Abstimmung der Lieferungen unterschiedlicher Lieferanten/Produkte mit den Auslieferungen an die Filialen verstanden. Die Produkte werden nur umgeschlagen und ggf. für eine geringe Zeitdauer zwischengelagert. Die Funktionsweise des Cross-Docking zeigt Abbildung 18.15. Die Lieferungen der Lieferanten werden direkt den Filialen zugeordnet und kurze Zeit später an sie ausgeliefert.

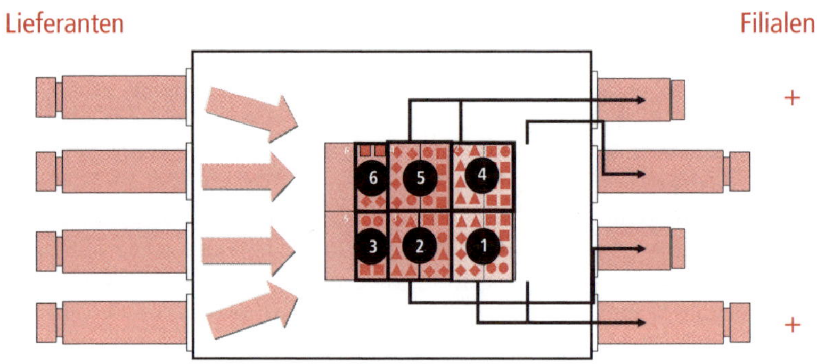

Abbildung 18.15: Funktionsprinzip des Cross-Docking

Es ist offensichtlich, dass durch ein solches Vorgehen Lagerbestände und Lagerhaltungskosten reduziert werden können. Das Cross-Docking reduziert aber auch – gegenüber einer Direktbelieferung der Filialen durch die Lieferanten – den Aufwand in der Filiale für die Annahme und das Einschlichten/Einsortieren der Güter in die Regale. Anstelle einer Vielzahl von Lieferungen erhält die Filiale nur noch eine oder wenige Anlieferungen. In der Realität enthält eine Anlieferung nicht alle Warengruppen. So werden z.B. aufgrund der unterschiedlichen Temperaturanforderungen unterschiedliche Fahrzeuge eingesetzt. Für langsam drehende Artikel wird in der Regel keine Cross-Docking-Lösung gewählt, diese werden häufig in einem Lager zwischengelagert. Es werden zwei Arten des Cross-Docking unterschieden:

- Beim **einstufigen Cross-Docking** kommissionieren die Lieferanten ihre Ware filialbezogen vor. Diese Verpackungseinheit wird mit (filialreinen) Sendungen anderer Lieferanten zusammengebracht und an die Filiale versendet. Ein einstufiges Cross-Docking vermindert durch die Vorkommissionierung die Auslastung der Lkws. Deswegen ist es für lange Distanzen (insb. länderübergreifend) häufig nicht wirtschaftlich.
- Beim **zweistufigen Cross-Docking** werden die Waren vom Lieferanten artikelrein angeliefert und im Cross-Docking-Lager auf die Filialen verteilt. Da die Menge auf den (artikelrein) angelieferten Paletten in der Regel nicht 100%ig mit den Bestellungen der Filialen übereinstimmt, gibt es beim zweistufigen Cross-Docking zwei Strategien: Beim „Pick to Zero" werden die Paletten vollständig gelehrt. In diesem Fall müssen die Filialen in der Lage sein, Über- und Unterbelieferungen bewältigen zu können. Alternativ können die Restbestände in ein Zwischenlager eingelagert werden.

Um Cross-Docking-Lösungen zu realisieren, sind einige Voraussetzungen notwendig:

- Genaue Planung, da es kein oder nur geringe Pufferlager geben sollte
- Hohe Liefertreue, Lieferfähigkeit und Lieferqualität der Lieferanten
- Elektronischer Datenaustausch (EDI), aufgrund der Häufigkeit und – im Falle des einstufigen Cross-Docking – der Vielzahl der filialbezogenen Bestellungen (bzw. Bestellinformationen)
- Die Lieferanten sollten ein größeres Liefervolumen besitzen
- Die Waren bzw. die Sendungen, die über ein Cross-Docking-Lager führen, sollten einen einfachen Umschlag ermöglichen. Idealerweise ist dies durch Palettierung gewährleistet.
- Eine hohe Umschlagshäufigkeit der Ware sollte vorhanden sein, da sonst die Abstimmung der Lieferungen der Lieferanten mit der Belieferung der Filialen schwierig ist.

Idealerweise wird nur das logistische Hilfsmittel (Ladungsträger) umgeschlagen, ohne einzelne Verpackungseinheiten zu verändern (Sortieren, Umpacken oder Preisauszeichnung).

Z U S A M M E N F A S S U N G

Die Distributionslogistik beschäftigt sich mit allen Güter- und Informationsflüssen von der Fertigstellung der Güter bis zu deren Abnahme durch die Kunden. Bei der Bestimmung der passenden Distributionskanäle kommen der Kunden- und Auftragsstruktur des Produzenten besondere Bedeutung zu. Bei der Wahl der optimalen Distributionsstruktur sind die anfallenden Gesamtkosten zu berücksichtigen. Der Trend ging lange Zeit hin zu Zentrallagerlösungen. Heute versucht man, z.B. durch Cross-Docking, eine Flächenbedienung aufzubauen.

Z U S A M M E N F A S S U N G

18.3.5 Übungsfragen

1. Welche Aufgaben werden im Rahmen der Distributionslogistik erfüllt?
2. Nennen Sie Organisationseinheiten, die beim Verkauf und beim physischen Weg der Ware vom Produzenten zum Endverbraucher beteiligt sind.
3. Welche Kostengrößen sind bei der Bestimmung der optimalen Distributionsstruktur relevant?
4. Nennen Sie Argumente für die Zentralisierung der Lagerhaltung. Welche Entwicklungen könnten dem entgegenstehen?
5. Wie unterscheiden sich einstufiges und zweistufiges Cross-Docking?

Lösungen zu den Übungsfragen und weiterführende Materialien finden Sie auf der Companion Website zum Buch unter *www.pearson-studium.de.*

18.4 Entsorgungslogistik

Entsorgungslogistische Aufgaben sind nicht auf einzelne Abschnitte der Wertschöpfung beschränkt, sie können alle (logistischen) Teilbereiche betreffen. Eine Abgrenzung kann über die entsorgungslogistischen Objekte erfolgen. Ein weiteres Charakteristikum ist die Flussrichtung. Im Gegensatz zu den meisten Logistikflüssen fließen die entsorgungslogistischen Objekte in der Regel vom Kunden bzw. den Absatzmärkten hin zu den Unternehmen.

Die Rahmenbedingungen für die Gestaltung der **Entsorgungslogistik** sind gesetzliche Bestimmungen, der Wunsch der Kunden nach umweltfreundlichen Produkten und Dienstleistungen, sowie ein Wertewandel innerhalb des Managements der Unternehmen und der Gesellschaft. Grundsätzlich gilt:

Vermeidung vor Verwertung vor Entsorgung

Der Vorrang der Vermeidung und Verwertung gilt aber nicht uneingeschränkt. Die Abfallvermeidung muss technisch möglich sein, und die Mehrkosten dürfen im Verhältnis zu anderen Entsorgungsmöglichkeiten nicht unzumutbar sein. Eine Abgrenzung der Entsorgungslogistik vom Umweltmanagement ist in Abbildung 18.16 dargestellt.

Objekte der Entsorgungslogistik sind:[9]

- **Abfall:** Bewegliche Sachen, deren geordnete Entsorgung zur Wahrnehmung des Allgemeinwohls, insbesondere des Schutzes der Umwelt, erforderlich ist (objektiver Abfallbegriff)
- **Recyclingobjekte:** Bewegliche Sachen, die einer Wiederverwertung, Wiederverwendung, Weiterverwertung oder Weiterverwendung zugeführt werden
- **Abluft:** Nicht gefasste gasförmige Stoffe
- **Abwasser:** Stoffe, die in Gewässer, Kanalisationen oder Kläranlagen eingeleitet werden
- **Leergut:** Verpackungen und Transporthilfsmittel, deren Wiederverwendung vorgesehen ist

9 Vgl. Weber, J., Kummer, S. (1998), S. 293 ff.

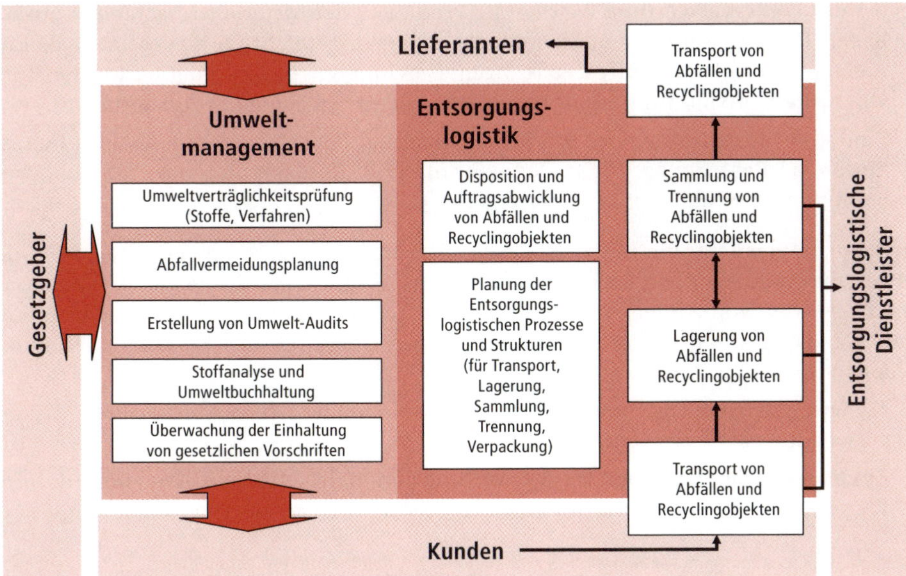

Abbildung 18.16: Abgrenzung der Entsorgungslogistik

In der betrieblichen Praxis gewinnt die Verwertung für Stoffe an Bedeutung, die während der Beschaffungs-, Produktions- und Absatzprozesse sowie in zunehmendem Maße auch während und nach der Benutzung der Produkte durch den Käufer/Endverbraucher keine direkte Verwendung mehr finden. Probleme bei der Gestaltung der Entsorgungsstruktur resultieren zum einen daraus, dass die Richtung der Materialflüsse umgekehrt verläuft, was zu einem Umdenken bei der Aufgabenverteilung für die Dienstleistungen Sammeln, Sortieren, Transportieren und Lagern führt. Zum anderen ist eine Neugestaltung der (bislang vernachlässigten) folgenden Aufgaben für alle Materialien und Produkte erforderlich:

- Die **Vermeidung** von Faktorverbräuchen (z.B. Wegfall von Umverpackungen) schont nicht nur die Umwelt, sondern macht auch entsorgungslogistische Prozesse überflüssig.
- Die **Reduzierung** (z.B. Schnittoptimierung beim Stanzen von Teilen aus Blechen) von Faktorverbräuchen schont die Umwelt und vermindert den entsorgungslogistischen Aufwand.
- Bei der **Wiederverwendung** (z.B. Einführung von Mehrwegverpackungen) werden die Materialien oder Produkte auf der gleichen Stufe ohne eine zusätzliche Bearbeitung wiederverwendet.
- Bei der **Wiederverwertung** werden Materialien oder Produkte nach einer Bearbeitung/Wiederaufarbeitung auf gleicher Stufe eingesetzt (z.B. Einschmelzen von Kunststoffverpackungen, Gewinnung von sortenreinem Granulat und Herstellung gleichwertiger Kunststoffverpackungen).
- Bei der **Weiterverwendung** werden die Produkte oder Materialien ohne eine Bearbeitung/Wiederaufarbeitung auf einer niedrigeren Stufe verwendet. Aus einem Autoreifen können z.B. eine Schaukel auf einem Kinderspielplatz oder Fahrbahnbegrenzungen auf einer Gokart-Bahn entstehen.

- Bei der **Weiterverwertung** werden die Produkte oder Materialen nach einer zusätzlichen Bearbeitung/Wiederaufbereitung auf niedrigerer Stufe eingesetzt (z.B. Einschmelzen von Kunststoffverpackungen, Gewinnung von Granulat und Herstellung von niederwertigen Kunststoffprodukten wie Parkbänke oder Füllmaterialien).
- Sind eine Vermeidung oder die oben genannten Recyclingarten nicht möglich, so muss eine **Beseitigung** durch Deponierung (z.B. Endlagerung von Abfällen), Verbrennung oder Kompostierung erfolgen.

Die Logistik versucht, die hinsichtlich der Entsorgungsstrukturen gestellten Anforderungen durch den Aufbau **kreisförmiger Material-** und **Güterflüsse** zu bewältigen. Es gibt zwei Arten von Systemen, die unternehmensspezifisch, branchenspezifisch oder branchenübergreifend aufgebaut werden können. Nach Art des Systems wird unterschieden in:

- **Mehrwegsysteme:** Die Verwertung von Materialien und Waren wird durch Wiederverwendung sichergestellt.
- **Zyklische Einwegsysteme:** Die Verwertung von Materialien und Waren wird durch Recycling oder Verwertung auf gleicher oder niedrigerer Stufe gewährleistet.

Z U S A M M E N F A S S U N G

Die Entsorgungslogistik steht unter dem Paradigma der Vermeidung vor Verwertung vor Entsorgung. Die in der Entsorgungslogistik zu betrachtenden Stoffe entstehen bei Beschaffungs-, Produktions- und Absatzprozessen, aber auch während und nach der Benutzung von Produkten. Die Richtung der Güterflüsse ist dabei gegenläufig zu den Material- und Warenströmen in der Produktion. Als Organisationsform von Entsorgungsstrukturen kommen Mehrwegsysteme oder zyklische Einwegsysteme infrage.

Z U S A M M E N F A S S U N G

18.4.1 Übungsfragen

1. Welche Aufgaben werden im Rahmen der Entsorgungslogistik erfüllt?
2. Mit welchen Objekten beschäftigt sich die Entsorgungslogistik?
3. Nennen Sie Organisationsformen für die Realisierung von Entsorgungssystemen.

Lösungen zu den Übungsfragen und weiterführende Materialien finden Sie auf der Companion Website zum Buch unter *www.pearson-studium.de*.

Logistik als Flussorientierung

19

ÜBERBLICK

19.1 Logistik im Führungssystem

Bei Betrachtung des Unternehmens als System kann zwischen dem Führungssystem und dem Leistungssystem unterschieden werden (vgl. Abbildung 19.1). Die Aufgabe des Führungssystems ist es, das Leistungssystem effizient und effektiv zu führen. Dazu ist es in mehrere Führungsteilsysteme gegliedert, die spezielle Führungsaufgaben wahrnehmen. Aus dieser Spezialisierung der Führung resultiert ein Koordinationsbedarf zwischen den einzelnen Führungsteilbereichen, welcher durch ein Metaführungssystem realisiert werden soll. Bezogen auf die einzelnen Führungsteilsysteme ergeben sich folgende Prämissen:

- Im **Wertesystem** soll das Denken in Stoff-Flüssen und -Kreisläufen als grundsätzlicher Wert verankert werden. Diese grundlegenden Werte bilden die Basis des Führungshandelns und unterliegen meist keinen kurzfristigen Änderungen.
- Die Beherrschung turbulenzarmer Leistungsprozesse bedeutet eine strategische Fähigkeit und stellt die Grundlage für die **Planung** dar.
- Flussbezogene Zielgrößen müssen neben den traditionellen Größen im **Kontrollsystem** überprüft werden. Die Kontrollen dürfen ihrerseits nicht zu Fluss-Störungen führen.
- Das **Informationssystem** muss einen Erfahrungsaufbau zur flussgerechten Gestaltung der Führung ermöglichen.
- In der **Personalführung** gilt es, die Bedeutung der Beherrschung turbulenzarmer Leistungsprozesse durch eine entsprechende Ausrichtung der Anreizsysteme (z.B. Karrieregestaltung, Entgeltsysteme) zu berücksichtigen.
- In der **Organisation** schließlich muss der Nutzen einer Prozess-Spezialisierung standardmäßig neben dem Nutzen anderer Spezialisierungsrichtungen Berücksichtigung finden.

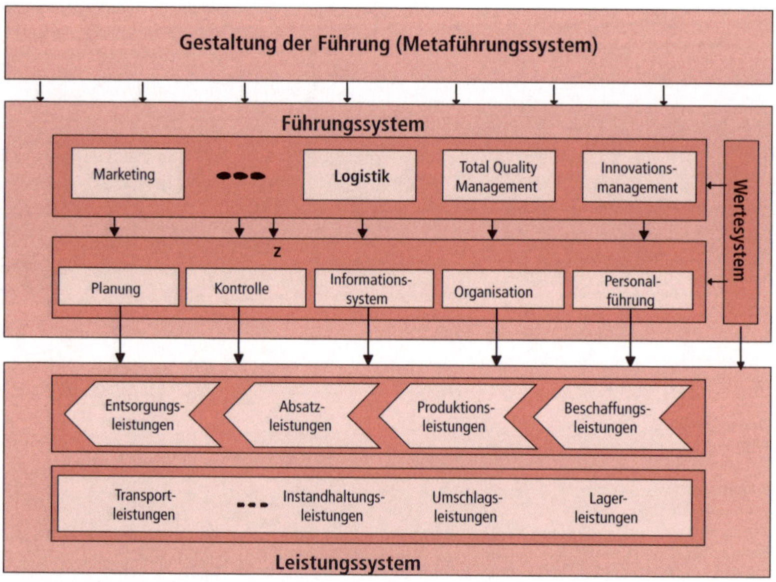

Abbildung 19.1: Stellung der Logistik im Führungssystem

19.2 Bewertungskriterien für die Umsetzung des Flussprinzips

Der Grad der Umsetzung des Flussprinzips im Unternehmen kann von der Unternehmensführung anhand bestimmter Messgrößen bewertet und kontrolliert werden. Bewertungskriterien für die Umsetzung des Flussprinzips sind Struktur-, Prozess- und Leistungsmerkmale des Unternehmens. Diese werden im Folgenden kurz vorgestellt:

19.2.1 Flussbezogene Strukturmerkmale

Komplexität erhöht den Koordinationsaufwand und erschwert eine effiziente betriebliche Leistungserstellung. Zur Reduktion der Komplexität tragen ein abgestimmtes Produktprogramm, klare Strukturen im Unternehmen und die spätest mögliche Variantenbildung in der Produktion bei. Mögliche Messgrößen sind z.B. die Anzahl der Elemente (Zahl der Produkte, Fertigungsstufen, Materialarten ...) und die Anzahl der Beziehungen (Schnittstellen) im Unternehmen.

Kohärenz ermöglicht durchgängige, flussorientierte und damit effiziente Prozesse der Leistungserstellung. Dies kann durch eine abgestimmte Wertschöpfungsstruktur mittels flussgerechter Organisation, flacher Strukturen im Unternehmen, konsequenter Produktorientierung/Segmentierung, Dezentralisierung und Schaffung durchgängiger Informationssysteme erreicht werden. Mögliche Messgrößen sind die Länge der Prozessketten (z.B. Zahl der für einen einzelnen Auftrag von der Annahme bis zur Auslieferung verantwortlichen Stellen), der Grad der Auftragsbezogenheit des Wertschöpfungsprozesses oder die Zahl der Wechsel des Dispositionsverfahrens im Zuge der Auftragsbearbeitungskette.

Wandelbarkeit stellt in einem dynamischen Umfeld die Grundvoraussetzung für langfristige Wettbewerbsfähigkeit und nachhaltiges Wachstum dar und unterstützt die Reduzierung von Anpassungs- und Umstellungskosten. Sie begünstigt die Adaptionsfähigkeit der Strukturen an neue Prozesse und Produkte. Voraussetzung dafür sind engagierte Mitarbeiter mit einem hohen Maß an Einsatzflexibilität, Verantwortung und Qualifikation. Messgrößen sind z.B. der Grad an Standardisierung von Schnittstellen, die Umstelldauer von Teilprozessen oder die benötigte Zeit für Produkteinführungen.

Koordinierbarkeit ist die Voraussetzung für flexible Systemleistungen und Wandelbarkeit und trägt entscheidend zur Einsparung von Koordinationskosten bei. Voraussetzungen dafür sind ein effizientes Führungssystem, bedarfsgerechte Information, eindeutige Zuständigkeiten und die Güte und Schnelligkeit von Entscheidungen. Messgrößen für die Koordinierbarkeit sind die Regelungsdichte, die Zahl der für einen einzelnen Auftrag von der Annahme bis zur Auslieferung verantwortlichen Stellen, die Zeit zwischen dem Auftreten eines Problems und der Entscheidungsfindung für eine Problemlösung und die Anzahl der Entscheidungsrevisionen.

19.2.2 Flussbezogene Prozessmerkmale

Kundenorientierung ist Grundvoraussetzung für die Gewinnung neuer Kunden und sichert somit das langfristige Wachstum nach dem Motto: Nur kundengerechte Leistung ist erlöswirksam! Dies beinhaltet eine marktorientierte Unternehmensführung, die kundengetriggert und kundengerecht (JIT) agiert. Mögliche Messgrößen sind das Vorhandensein von TQM-Prozessen und die Häufigkeit der Erhebung der Kundenzufriedenheit.

Fehlertoleranz und **Stabilität** von Prozessen erhöht die Leistungsfähigkeit des Netzwerkes. Dafür müssen Prozesse ausfallsicher und reproduzierbar sein. Messgrößen hierfür sind die Anzahl von Fehlern, die Schnelligkeit der Beseitigung aufgetretener Fehler und die Ausfallsicherheit von Prozessen und Teilprozessen.

Durchsatz beschreibt die Leistungsmenge pro Zeit und Ort. Ein steigender Durchsatz erhöht unter sonst gleichen Bedingungen die Produktivität und Wirtschaftlichkeit des Unternehmens. Mögliche Messgrößen sind Auslastungsgrade, Engpässe oder der Durchsatz einzelner Stufen der Wertschöpfungskette.

Effizienz bedeutet die kostenminimale Erstellung der Systemleistung im Wertschöpfungsnetzwerk (ökonomisch adäquate Gestaltung der Wertschöpfung). Diese wirkt sich unmittelbar auf die Umsatzrentabilität des Unternehmens aus. Messgrößen können der Verlauf der Auftrags- bzw. Kundenindividualisierung über die Wertschöpfungskette, die Stellung von Pufferlagern im Wertschöpfungsprozess, Prozesskosten einzelner Auftragsklassen oder Produktivitätskennzahlen sein.

19.2.3 Flussbezogene Leistungsmerkmale

Die **Menge** (Leistungsmenge) bestimmt in Form von Leistungsvolumina die Umsatz- und Wachstumsmöglichkeiten auf den Märkten. Messgrößen dafür sind z.B. die Leistungsmengen einzelner Stufen der Wertschöpfungskette, Auslastungsgrade oder Engpässe.

Die **Schnelligkeit** der Leistungserbringung ist besonders aus Kundensicht ein wichtiger Faktor. Als Messgrößen können hierfür Prozesszeiten einzelner Stufen der Wertschöpfung, Durchlaufzeiten von Aufträgen und Auftragselementen oder Lieferzeiten sein.

Flexibilität ist notwendig für die operative Anpassungs- und Dispositionsfähigkeit des Unternehmens und beeinflusst die Reaktionsfähigkeit auf Leistungsanfragen. Flexibilität ermöglicht, Schwankungen im Leistungssystem des Kunden aufzufangen und ist daher für den Kunden wertvoll. Als Messgrößen können die Umstellungszeiten von Bearbeitungsstationen, die Frist der spätesten Änderungsmöglichkeit eines Auftrags durch den Kunden und die Umstellungsdauer der Produktion auf neue Produkte sein.

Präzision zur Sicherstellung zuverlässiger Logistikleistung bedeutet, die richtige Leistung in der richtigen Menge zur richtigen Zeit am richtigen Ort zu erbringen, um dem Kunden hohe Verfügbarkeit und Ausfallsicherheit zu bieten. Mögliche Messgrößen sind Lieferzuverlässigkeit, Servicegrade, Struktur und Umfang von Fehlmengensituationen.

Diese Auflistung von flussbezogenen Merkmalen dient der Ermittlung des Informationsbedarfs für die Kontrolle der Umsetzung des Flussprinzips im Unternehmen und erhebt keinen Anspruch auf Vollständigkeit. Vielmehr soll sie das Prinzip des Vorgehens vermitteln und darauf hinweisen, dass die Flussorientierung sich nur dann effizient und effektiv realisieren lässt, wenn alle Teilbereiche der Führung abgestimmt zusammenwirken.

Z U S A M M E N F A S S U N G

Das Ziel der Logistik besteht darin, das Leistungssystem des Unternehmens flussorientiert zu gestalten. Um das Ziel zu erreichen, nimmt die Logistik eine Koordinationsfunktion im Führungssystem war. Sie umfasst die Strukturgestaltung aller Führungsteilsysteme, die zwischen diesen bestehende Abstimmung sowie die führungssysteminterne Koordination. Das zentrale Ziel der flussorientierten Gestaltung des Unternehmens liegt in der Erhöhung der Reaktionsfähigkeit sowie der Reaktionsgeschwindigkeit auf veränderte Umweltbedingungen. Der Grad der Umsetzung der Flussorientierung kann anhand von Struktur-, Prozess- und Leistungsmerkmalen beurteilt werden.

Z U S A M M E N F A S S U N G

19.3 Übungsfragen

1. Welche Vorteile hat ein Unternehmen durch die Implementierung des Paradigmas der Flussorientierung?
2. Versuchen Sie eine Systematisierung flussbezogener Information vorzunehmen.

Lösungen zu den Übungsfragen und weiterführende Materialien finden Sie auf der Companion Website zum Buch unter *www.pearson-studium.de*.

Supply Chain Management (Netzwerk, ganzheitlicher Ansatz)

20

ÜBERBLICK

20.1 Kernbestandteile des Supply Chain Managements

Grundvoraussetzung für effizientes SCM sind **Kooperationen zwischen Unternehmen**. Diese bedeuten für alle Kooperationspartner Chancen und Risiken. Trotz der in Tabelle 20.1 dargestellten Risiken sind Kooperationen für die Umsetzung von SCM unbedingt erforderlich, da nur dadurch die enormen Chancen realisiert werden können.[1]

Chancen	Risiken
Synergie-Effekte	Know-how-Preisgabe
Know-how-Zuwachs	Einseitige Abhängigkeiten
Kostenersparnis	Einseitige Ausnutzung des Machtgefälles
Zeitersparnis	Ungünstige Kosten-Nutzen-Relationen
Erschließung neuer Märkte	Flexibilitätsverluste
Gemeinsame Marketing-Aktivitäten	Unterschätzter Zeitaufwand

Tabelle 20.1: Chancen und Risiken einer Kooperation

Oftmals können unternehmerische Teilaufgaben nur im Rahmen einer Kooperation ökonomisch sinnvoll erfüllt werden. Gründe dafür können betriebsinterne Ressourcenknappheiten (z.B. Personal, Kapital), ein unwirtschaftliches Verhältnis zwischen innerbetrieblichem Aufwand zur Erfüllung der Teilaufgabe und Wert der Teilaufgabe oder die Notwendigkeit der Zusammenarbeit mehrerer Unternehmen zur Erfüllung der Teilaufgabe sein.

Basis für eine zwischenbetriebliche Kooperation sind langfristige Vereinbarungen (engl. Partnering), die allen Kooperationspartnern Rechte und Pflichten einräumen, mit dem Ziel, Kundenbedürfnisse gemeinsam möglichst effizient und umfassend zu befriedigen.

Im Zusammenhang mit SCM werden in der Literatur und in der Praxis oft folgende Sachverhalte assoziiert:

- Integrierte Betrachtung der Supply Chain
- Reengineering
- Bestandsmanagement
- Pull-Strategie/Endkundenorientierung
- Kommunikation/Information innerhalb der Supply Chain
- Supply Chain Management-Software
- Koordination der Supply Chain
- Langfristige Vereinbarungen/Partnering

Auch wenn dadurch wesentliche Bestandteile des Supply Chain Managements angesprochen werden, so ist eine enumerative Aufstellung wenig befriedigend. In Projekten zum Supply Chain Management hat sich für den Ablauf folgende Vorgehensweise bewährt:

1 Vgl. Kuhn, A., Hellingrath, H. (2002), S. 44

1. Supply Chain Analyse
2. Supply Chain Design
3. Supply Chain Planning
4. Supply Chain Operations
5. Supply Chain Controlling

Wir stellen diese Phasen im Folgenden vor.

20.1.1 Supply Chain Analyse

In vielen Unternehmen herrscht keine Transparenz über die Supply Chains, in welche das Unternehmen eingebunden ist. Häufig kennt man nur die Kunden und Lieferanten der jeweilig benachbarten Stufe. Jedoch sind selbst diese Informationen zumeist in unterschiedlichen Unternehmensbereichen bekannt. Zu Beginn eines Supply Chain-Projekts steht deswegen häufig die Supply Chain Analyse.

In dieser Phase können einfache grafische Hilfsmittel, wie sie z.B. aus der Netzplantechnik bekannt sind, angewendet werden. Abbildung 20.1 zeigt ein solches Beispiel für eine Supply Chain mit einem fokalen Unternehmen. Es hat sich darüber hinaus bewährt, kritische Pfade innerhalb der Supply Chain sowie Verbindungen, die gemanaged bzw. überwacht werden, zu kennzeichnen. Ein Problem ist, worauf an dieser Stelle nur hingewiesen werden kann, dass die meisten Unternehmen in mehrere Supply Chains eingebunden sind.

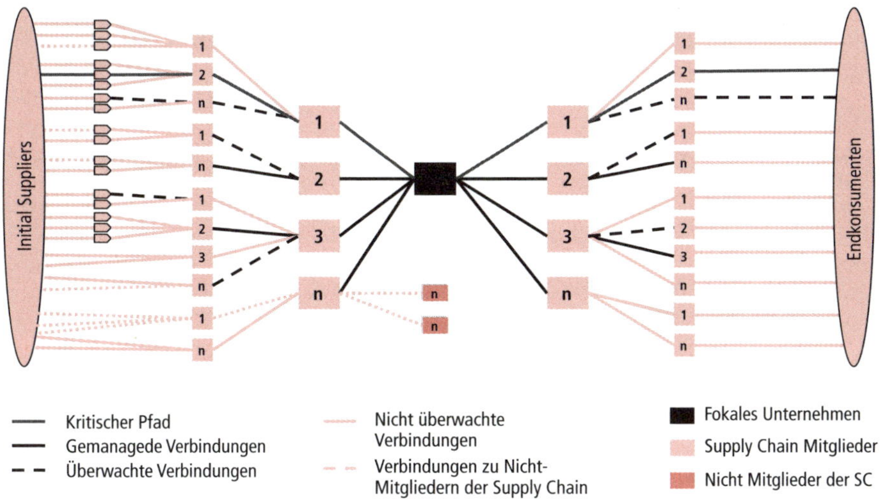

Abbildung 20.1: Supply Chain Analyse

20.1.2 Supply Chain Design

Hat man die Informationen über die bestehenden Supply Chains, so folgt als nächster Schritt die Frage, ob das bestehende Netzwerk effizient ist und wie eine Verbesserung der Supply Chains vorgenommen werden kann, z.B. ob eine Reduzierung der Lieferanten vorgenommen werden soll oder ob für den kritischen Pfad zusätzliche Lieferanten gefunden werden können.

20.1.3 Supply Chain Planning

Die Entwicklung der Planungssysteme in den Unternehmen ist eng mit der Entwicklung der Informationssysteme gekoppelt. Tabelle 20.2 zeigt wesentliche Entwicklungsschritte.

Betrachtungsgegenstand	Fokus der Informationsverarbeitung	Typische Schlüsselanwendungen
Teilfunktion	Automatisierung	MRP, Eigenentwicklungen
Gesamtfunktion	Softwarepakete	MRP II, DRP
Gesamtes Unternehmen	Gemeinsame Datenbasis	Enterprise Ressource Planning (ERP)
Supply Chain	Funktionsübergreifende, simultane Planung	SCM-Software, Advanced Planning Tools (APS)

Tabelle 20.2: Entwicklungsschritte der betrieblichen Planungssysteme

Leitidee der **Supply Chain Management-Software** ist die ganzheitliche, prozessorientierte Planung und Steuerung der Flüsse von Informationen, Waren und Finanzmitteln in der Supply Chain. Bestandteile dieser Softwaresysteme sind:

- Vertikale Ergänzung durch eine Strukturkonfigurationsebene (strategische Ebene)
- Austausch von Planungs- und Ist-Daten in Echtzeit
- Simultane Planung von Bedarf, Kapazitäten und Material
- Berücksichtigung von Restriktionen
- Decision Support Systems
- „What if analyses"
- Unternehmensübergreifende Planungsunterstützung

Sowohl in der Praxis als auch in der theoretischen Auseinandersetzung mit Supply Chain Management spielen Fragen der Kooperation und Organisation eine immer bedeutendere Rolle. Wer in Supply Chains mit wem auf welche Art kooperieren soll, kann aus unterschiedlichsten Perspektiven betrachtet werden. Fasst man die bisherige Diskussion um Kooperation und Organisation zusammen, so kann man feststellen, dass effiziente Kooperationsmodelle den Unternehmen eine Vielzahl neuer Chancen eröffnen.

Mit der Ausweitung des Betrachtungshorizonts von einer punktuellen Optimierung der Logistik hin zu einer unternehmensübergreifenden Optimierung von Supply Chains stellt sich die Frage nach der Funktion logistischer Dienstleistungsunternehmen neu.[2] Getrieben von der Suche nach neuen Geschäftsfeldern und sicher auch von der einen oder anderen Beratungsgesellschaft, sahen sich diese vielfach schon als Koordinatoren von Supply Chains.

Nicht nur die Ernüchterung nach dem Ende des Dot-com-Hype am Ende des 20. Jahrhunderts, sondern auch die Probleme bei der Implementierung eines Supply Chain Managements haben hier zu einer gewissen Ernüchterung geführt. Dennoch bleibt es unbestritten, dass **Logistikdienstleister** eine wichtige Rolle für die Koordination von

2 Vgl. Baumgarten, H., Kasiske, F., Zadek, H. (2002), S. 27 ff.

Supply Chains spielen. Unternehmen wollen nicht dadurch, dass sie die ganze Koordination der Supply Chain einem Logistikdienstleister übertragen, in Abhängigkeit geraten. Dies gilt umso mehr, als sich die **Abhängigkeit** aufgrund von Know-how-Verlusten mit der Zeit noch steigert.

Der Begriff der **Kollaboration** (lat. für freiwillige Zusammenarbeit mit dem Feind) weckt im deutschen Sprachgebrauch negative Assoziationen. Vielleicht setzt sich der englischsprachige Begriff „collaboration" oder „Collaborative Planning" deswegen nicht so schnell durch, wie dies für andere aus den USA kommende Schlagwörter der Fall ist. Tatsache ist jedoch, dass die Zusammenarbeit in den Supply Chains an Bedeutung gewinnt.

Ein notwendiger Bestandteil einer effizienten Zusammenarbeit ist dabei die **Nutzung neuer Informations- und Kommunikationstechniken**. Allerdings waren dem Einsatz dieser Techniken in der Vergangenheit Grenzen gesetzt. So war es aus Kostengründen in der Regel nicht möglich, kleine, weit entfernt liegende Lieferanten mit traditionellen I&K-Techniken, z.B. EDI, eng mit den OEMs zu vernetzen. Durch das Internet ergeben sich für die Zusammenarbeit in der Supply Chain neue Möglichkeiten.[3]

Neue Ansätze in der Zusammenarbeit zwischen (Einzel-) Händlern und den Konsumgüterherstellern wurden in den vergangenen Jahren unter dem Schlagwort **Efficient Consumer Response (ECR)** entwickelt und entlang der Supply Chains implementiert. Efficient Consumer Response (ECR) ist ein Ansatz zur Zusammenarbeit zwischen (Einzel-) Händlern und den Konsumgüterherstellern. Durch diese Kooperationskonzepte verändern sich die logistischen Prozesse zum Teil radikal. Einerseits versuchen die großen (Einzel-)Händler logistische Aufgaben, z.B. die Belieferung der Filialen und die Transporte von den Herstellern zu Zentral- oder Regionallagern, sowie Kommissionierungs- und Lagerhaltungsaufgaben zu übernehmen. Auf der anderen Seite gibt es Konzepte, die die Belieferung von Waren durch die Lieferanten bis in die Regale der Filiale vorsehen.

ECR enthält logistikbezogene Prozesse, die als Efficient Replenishment (ER) bezeichnet werden. Konzepte hierzu sind:

- Collaborative Planning, Forecasting and Replenishment (CPFR)
- Continuous Replenishment Program (CRP)
- Cross-Docking
- Direct Store Delivery (DSD)
- Efficient Unit Loads (EUL)
- Quick Response (QR)

Die effiziente Gestaltung marketingbezogener Prozesse wird Category Management (CM) genannt. Konzepte hierfür sind:

- Efficient Product Introduction (EPI)
- Efficient Promotion (EP)
- Efficient Store Assortment (ESA)
- Efficient Store Merchandising (ESM)

3 Vgl. Putzlocher, S. (2002), S. 463 ff.

Die effiziente Verwaltung und die Informationsverarbeitung können unter dem Begriff „Efficient Administration" (EA) zusammengefasst werden. Ansatzpunkte sind:

- Electronic Data Interchange (EDI)
- Computer-Aided Ordering (CAO)

Durch diese **Kooperationskonzepte** verändern sich die logistischen Prozesse zum Teil radikal. Einerseits versuchen die großen (Einzel-) Händler logistische Aufgaben, z.B. die Belieferung der Filialen, die Transporte von den Herstellern zu Zentral- oder Regionallagern sowie Kommissionierungs- und Lagerhaltungsaufgaben zu übernehmen. Auf der anderen Seite gibt es Konzepte, die die Belieferung von Waren durch die Lieferanten bis in die Regale der Filiale vorsehen. Vor diesen Verschiebungen im Leistungsspektrum stellt sich die Frage, für welche Produkte welche Supply Chain-Lösungen effizient sind.

Auf der Suche nach neuen Absatz- und Beschaffungsmärkten wenden sich die Unternehmen seit geraumer Zeit den Ost-Märkten zu. Auch wenn die Erfahrungen, die die Unternehmen dabei gesammelt haben, sehr durchwachsen sind, spielen die GUS- oder die asiatischen Staaten dabei eine wichtige Rolle. Anders als beim Aufbau logistischer Netzwerke in (West-) Europa oder Nordamerika müssen dabei nicht nur die unterschiedlichen Voraussetzungen in der logistischen Infrastruktur, sondern vor allem auch andere Spielregeln der Kooperation berücksichtigt werden.

20.1.4 Supply Chain Operations

Die Supply Chain Operations behandeln die Abwicklung der Aufträge inklusive aller Steuerungs- und Regelprozesse zur operativen Umsetzung der logistischen Aufgaben zur Planung, Steuerung und Überwachung des Materialflusses.[4] Im Wesentlichen werden hier Logistikleistungen erbracht.

20.1.5 Supply Chain Controlling

Um ein partnerschaftliches Supply Chain Management aufzubauen, sind die Schaffung von Vergleichsmaßstäben und ein gegenseitiger Informationsaustausch zur Erzielung einer gerechten Aufteilung der Vorteile einer Zusammenarbeit innerhalb der Wertschöpfungskette notwendig. Eines der Hauptprobleme des **Supply Chain Controlling** sind dabei fehlende oder aber nicht vergleichbare Informationen über die einzelnen Teilprozesse in der Wertschöpfungskette. Es fehlen darüber hinaus auch die Vergleichsmaßstäbe, welche unternehmensübergreifend und intersubjektiv nachvollziehbar, und von den beteiligten Partnern akzeptiert sind. Diese aufzubauen, ist ein wesentliches Ziel des Supply Chain Controlling.

Abbildung 20.2 gibt einen Überblick über die **Instrumente**, die im Rahmen des Supply Chain Controlling eingesetzt werden können. Die bereits aus dem **Unternehmenscontrolling** bekannten Instrumente müssen dabei auf die unternehmensübergreifende Problemstellung des Supply Chain Controlling angepasst werden. Was sich auf den ersten Blick einfach anhört, ist jedoch in der Praxis des Suppply Chain Mangement mit vielen Detailproblemen, z.B. der Währungsproblematik, unterschiedlichen Gewichtseinheiten oder unterschiedlichen Materialnummern und -bezeichnungen verbunden.

4 Vgl. Beckmann, H. (2004), S. 79

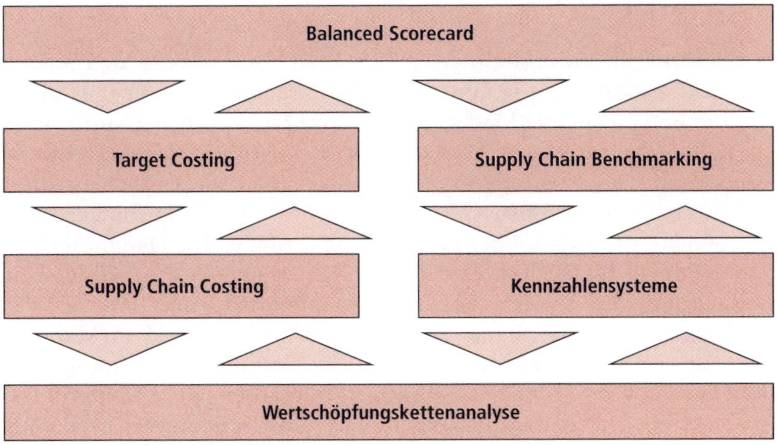

Abbildung 20.2: Überblick über Instrumente des Supply Chain Controlling

20.2 Probleme innerhalb von Supply Chains

Bei **marktlicher Koordination** von Wertschöpfungsketten erfolgt eine Koordination der Beziehungen innerhalb logistischer Ketten im Wesentlichen über die Preise. Verstärkt sich in der Wertschöpfungskette die Zusammenarbeit, so bilden sich aufgrund einer vordergründigen Maximierung der eigenen Vorteile oftmals traditionelle, machtorientierte Strukturen heraus. So geben die Unternehmen, die eine größere Machtposition besitzen, den **Wettbewerbsdruck** an ihre Lieferanten weiter, wie man z.B. anhand der Zusammenarbeit zwischen Lebensmitteleinzelhandel und Lebensmittelindustrie und der Reduzierung der Provisionen der Reisebüros durch die Fluglinien sehen kann. Die damit verbundenen Begleiteffekte zeigen, dass dieses Vorgehen häufig nicht rational ist. So schaffen es die vermeintlich unterlegenen Partner, die ihnen aufgebürdeten Kosten in Verhandlungen wieder einzubringen, z.B. indem Lieferanten erzielte **Rationalisierungsvorteile** nicht oder nur verzögert an die Hersteller weitergeben. Allgemein fördert die Ausnutzung einer Machtposition opportunistisches Verhalten, wodurch in vielen Fällen eine optimierte Gestaltung der gesamten Wertschöpfungskette verhindert wird.

Neben dieser **Anreizproblematik** beim Supply Chain Management lässt sich in vielen Wertschöpfungsketten der Peitscheneffekt (Bullwhip-Effekt) beobachten. Aus relativ geringen Schwankungen der Nachfrage der Endkunden entstehen durch eine verzögerte und/oder verzerrte Weitergabe der Absatzinformationen Aufschaukelungsprozesse. Ursachen dafür sind vor allem veraltete Prognoseverfahren, hohe Bestellmengen und schwankende Produktpreise. Da ohne Supply Chain Management jeder Teil der Prozesskette nur seinen Bereich betrachtet, ergeben sich hohe Bestandskosten bei hohen Lieferrückständen. Typisch für den Peitscheneffekt ist die Praxis, auf allen Stufen der Wertschöpfungskette Sicherheitsreserven zur Deckung der erwarteten Nachfrage zu bilden. Negativ wirken sich auch Sonderangebote und Mengenrabatte aus: Abnehmer werden hierdurch verleitet, über ihren aktuellen Bedarf hinaus einzukaufen; die Bestelleingänge sind größer als die Nachfrage nach dem Produkt.

20.3 Ausblick

Supply Chain Management in der hier vorgestellten Form ist eine **komplexe Management-Aufgabe**. Diese kann häufig nur von Großunternehmen, die über entsprechendes Know-how und entsprechende Management-Kapazitäten verfügen, durchgeführt werden. Es besteht der begründete Verdacht, dass die Initiatoren des Supply Chain Managements auch dessen Früchte ernten wollen. Wie oben gezeigt, ist dieses Spiel aber gefährlich, da es opportunistisches Verhalten provoziert. Die Tendenz, das Supply Chain Management zu intensivieren, birgt darüber hinaus für kleine und mittelständische Unternehmen die Gefahr, dass die Großunternehmen aus Gründen der **Komplexitätsreduzierung** ihre Lieferantenanzahl erneut reduzieren.

Auf der anderen Seite bietet das Supply Chain Management in Verbindung mit **Internetlösungen** für kleine und mittelständische Unternehmen die Chance, schnell und kostengünstig, z.B. durch das **Web-EDI** (Elektronische Datenfernübertragung durch das Internet), Daten auszutauschen. Für die Großunternehmen wird in der Zukunft eine effiziente Geschäftsbeziehung mit kleinen und mittelständischen Unternehmen nur unter Ausnutzung eines **elektronischen Datenaustauschs** möglich sein. Hier gilt es für alle Seiten, Know-how aufzubauen.

Z U S A M M E N F A S S U N G

Voraussetzung für Supply Chain Management ist die zwischenbetriebliche Kooperation. Dabei muss jedes Unternehmen Chancen und Risiken abwägen, die durch eine langfristige Bindung („Partnering“) entstehen können. In der Praxis hat sich eine fünfstufige Vorgehensweise, bestehend aus Analyse, Design, Planung, Betrieb und Controlling von Supply Chains, bewährt.

Die zwischenbetriebliche Zusammenarbeit im Rahmen des Supply Chain Managements kann zu Problemen zwischen den Partnern führen, wenn erzielte Rationalisierungsvorteile nicht zwischen allen Beteiligten aufgeteilt werden. Der Wettbewerbsdruck vom Markt wird dabei oftmals an den Partner mit der schwächeren Verhandlungsposition weitergegeben. Um Supply Chain Management als komplexe Management-Aufgabe wahrzunehmen, ist neben partnerschaftlichem Verhalten auch eine enge informationstechnische Anbindung zwischen allen Supply Chain-Partnern notwendig.

Z U S A M M E N F A S S U N G

20.4 Übungsfragen

1. Welche Chancen und Risiken können beim SCM für ein Unternehmen auftreten?
2. Was beinhaltet der Begriff des „Partnering“?
3. Wozu wird Supply Chain Management-Software eingesetzt?
4. Nennen Sie Instrumente des Supply Chain Controlling.
5. Welche Supply Chain-Partner sind in der Lage, den Wettbewerbsdruck weiterzugeben?
6. Was bedeutet der Peitscheneffekt? Wann tritt er auf?

Lösungen zu den Übungsfragen und weiterführende Materialien finden Sie auf der Companion Website zum Buch unter *www.pearson-studium.de.*

20.5 Verwendete Literatur

Bäck, H (1984): Erfolgsstrategie Logistik, München.

Baumgarten, H., Kasiske, F., Zadek, H. (2002): Logistik-Dienstleister – Quo vadis? Stellenwert der Fourth Party Logistics Provider (4PL), in: Logistikmanagement, 4. Jg., Nr. 1, S. 27–40.

Beckmann, H. (2004): Supply Chain Management, Berlin/Heidelberg.

Feierabend, R. (1997): Schnittstellen, logistische, in: Bloech, J., G. B. Ihde, (Hrsg.): Vahlens Großes Logistiklexikon, München, S. 922–923.

Haldimann, H. R. (1975): Integrale Logistik, Zürich.

Hansen, H. R., Neumann, G. (2005): Wirtschaftsinformatik 1, 9. Auflage, Stuttgart.

Hitchcock, F. L. (1941): The Distribution of a Product from Several Sources to Numerous Localities, in: Int. Journal of Mathematics and Physics, Vol. 20, S. 224–230.

Jünemann, R. (2000): Materialflusssysteme, 2.Auflage, Berlin.

Kuhn, A., Hellingrath, H. (2002): Supply Chain Management, Berlin/Heidelberg.

Ohno, T. (1993): Das Toyota-Produktionssystem, Frankfurt/Main.

Pfohl, H.-C. (1994): Logistikmanagement, Berlin u.a.

Pfohl, H.-C. (2004): Logistiksysteme, 7. Auflage, Berlin u.a.

Putzlocher, S. (2002): Maximierung der Produktionssicherheit durch Supply Chain Management bei DaimlerChrysler, in: Baumgarten, H., H. Stabenau, J. Weber, J. Zentes (Hrsg.): Management integrierter logistischer Netzwerke, Bern u.a., S. 463–476.

Regber, H., Zimmermann, K. (2001): Change Management in der Produktion, Landsberg/Lech.

Rohweder, D. (1996): Informationstechnologie und Auftragsabwicklung: Potenziale zur Gestaltung und flexiblen kundenorientierten Steuerung des Auftragsflusses in und zwischen Unternehmen, in: Pfohl, H.-C. (Hrsg.): Unternehmensführung und Logistik, Band 9, Berlin, S. 61–182.

Sokianos, N., Drüke, H., Seel, C., Wieneke-Toutaoui, B. (1998): Lexikon Produktionsmanagement, Landsberg/Lech.

Stölzle, W., Heusler, K. F., Karrer, M. (2004): Erfolgsfaktor Bestandsmanagement, Zürich.

Straube, F. (2005): Trends und Strategien in der Logistik – Ein Blick auf die Agenda des Logistik-Managements 2010, Hamburg.

Suzaki, K. (1985): Japanese Manufacturing Techniques: Their importance to U.S. Manufacturers, in: Journal of Business Strategy, 5. Jg., Nr. 3, S. 10–19.

Weber, J., Kummer, S. (1990): Aspekte des betriebswirtschaftlichen Managements der Logistik, in: DWB, 50. Jg., S. 775–787.

Weber, J., Kummer, S. (1998): Logistikmanagement, 2. Auflage, Stuttgart.

Weber, J. (2002): Logistik-Controlling, in: Arnold, D., H. Isermann, A. Kuhn, H. Tempelmeier (Hrsg.): Handbuch Logistik, Berlin/Heidelberg, S. D5-1 – D5-13.

Weber, J. (2002): Logistik- und Supply Chain Controlling, Stuttgart.

Weber, J. (1996): Zur Bildung und Strukturierung spezieller Betriebswirtschaftslehren, in: Die Betriebswirtschaft, 56. Jg., Nr. 1, S. 63–84.

Internetquellen:

http://www.ssi-schaefer-peem.com
http://www.keyence.com.sg

Register

C

D

E

F

G

M

O

P